机场场道维护与管理系列丛书

机场场道工程材料与管理

李荣波 施泽荣 施 冕 任素丽 编著

合肥工業大學出版社

目　　录

第一章　机场场道基础知识

机场飞行区是指机场供飞机起飞、着陆、滑行和停放使用的场地和近空空域，包括升降带、跑道端安全区、滑行道、机坪和机场净空区域（如图 1－1 所示）。

机场场道是机场飞行区的主要组成部分，是供飞机起飞、着陆、滑跑以及进行飞行准备和维护保养的场地，是机场最重要的基础设施和服务资源，主要包括跑道、滑行道和机坪。

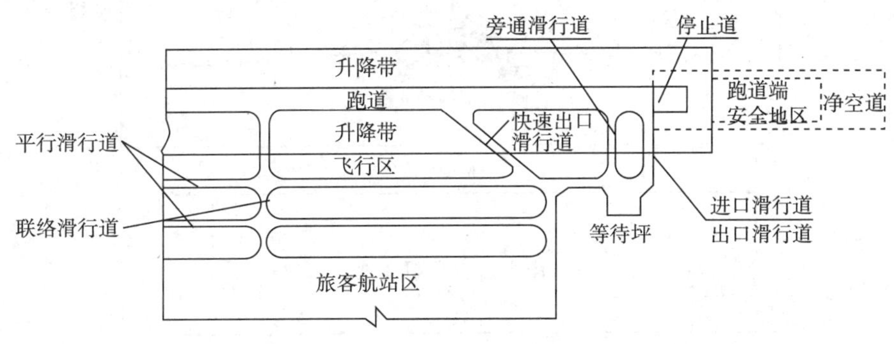

图 1－1　机场飞行区平面设计示例

第一节　飞行区等级划分

飞行区等级常用来指机场等级，象征着机场飞行区对飞机及其他航空器的接纳能力。根据国际民航组织的规定，飞行区等级根据指标Ⅰ和指标Ⅱ来划分（表 1－1）。其中指标Ⅰ的判断指标是“飞机基准飞行场地长度”，它是指飞机以规定的最大起飞重量，在海平面高度、标准大气条件、无风和跑道纵坡为零的条件下，飞机起飞所需的最小飞行场地长度。指标Ⅱ的判断指标是翼展和主起落架外轮距。翼展，是指固定翼飞行器的机翼左右翼尖之间的距离，是衡量机翼气动外形的主要几何参数之一，翼展和主起落架外轮距的示意图如图 1－2、图 1－3 所示。根据机场起降的最大机型可以确定机场飞行区等级或者根据飞行区等级可以判断该机场的跑道长度以及适用的最大机型。

表 1－1　飞行区等级指标

飞行区指标Ⅰ	基准飞行场地长度（m）	飞行区指标Ⅱ	翼展（m）	主起落架轮距（m）
1	<800	A	<5	<4.5
2	800～1200（不含）	B	5～24（不含）	4.5～6（不含）

（续表）

飞行区指标Ⅰ	基准飞行场地长度（m）	飞行区指标Ⅱ	翼展（m）	主起落架轮距（m）
3	1200～1800（不含）	C	24～36（不含）	6～9（不含）
4	≥1800	D	36～52（不含）	9～14（不含）
		E	52～65（不含）	9～14（不含）
		F	65～80（不含）	14～16（不含）

注：表中基准飞行场地长度指的是在标准条件下（零海拔，气温为 15℃，无风，跑道坡度为零），以该机型规定的最大起飞重量为准的最短平衡场地长度或最小起飞距离。

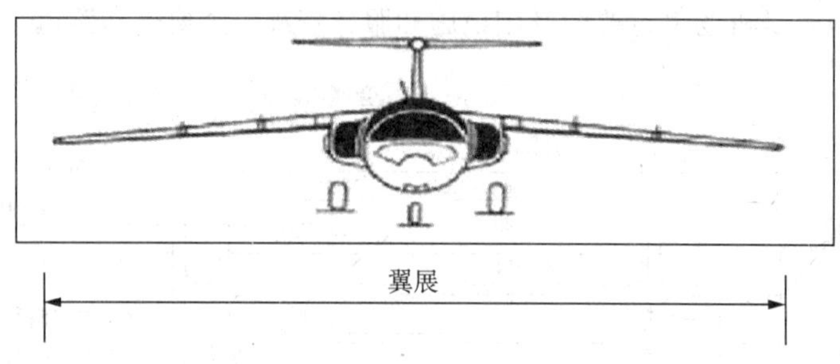

图 1-2　飞机翼展

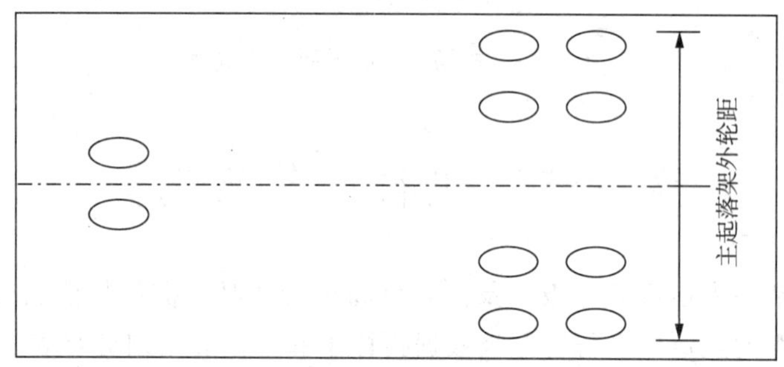

图 1-3　飞机主起落架外轮距

国内外民用飞机需要的飞行区等级是不同的，例如 B757—200 飞机需要的飞行区等级为 4D，A380—841 飞机需要的飞行区等级为 4F。目前世界上主要民航运输机的基本参数，请参考附录 A。

第二节　跑　道

跑道是陆地机场上供飞机起飞和着陆用的一块长方形场地，是机场的核心设施之一。在整个机场的平面布局中，跑道的位置和数量起主导作用。它不仅影响机场本身的平面布置，而且影响机场在城市中的位置选择。跑道的布置直接影响机场的用地规模、净空限制的范围、噪声影响的范围，也受到机型、风向、航班量等因素的影响。

一、跑道运行类别

跑道根据其配置的无线电导航设施的情况，可分为非仪表跑道和仪表跑道两大类。非仪表跑道是指只能供飞机用目视进近程序飞行的跑道；仪表跑道是指根据飞行仪表和对障碍物保持规定的超障余度所进行的一系列预定的机动飞行的跑道。仪表跑道又分为三种：非精密进近跑道、类精密进近跑道和精密进近跑道。非精密进近跑道是指有方位引导，但没有垂直引导的仪表进近跑道；类精密进近跑道是指有方位引导和垂直引导，但不满足建立精密进近和着陆运行要求的仪表进近跑道；精密进近跑道是指使用精确方位和垂直引导，并根据不同的运行类型规定相应最低标准的仪表跑道。

将以上跑道运行类别用树形图 1－4 表示如下。其中，决断高（DH），是在精密进近或类精密进近中规定的一个高度或高。在这个高度或高上，如果不能建立为继续进近所需的目视参考，则必须开始复飞。跑道视程（RVR）是指位于跑道中线上的航空器飞行员所能看到跑道道面标志或跑道边灯或中线灯的距离。

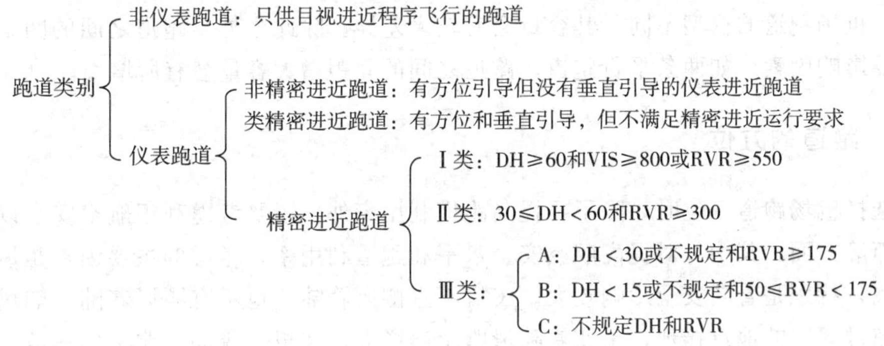

图 1－4　机场跑道运行类别树形图

二、跑道数量和构型

1. 跑道的数量

机场跑道的数量主要取决于机场的容量需求，即年起降架次。除此之外，机型组合、跑道运行类别、运作方式、气象条件和周边环境等因素对跑道数量的选取也有影响。

一般情况下，机场的初始旅客量较少，大部分机场在初建时，通常只设一条跑道，有的运输量大的机场设两条甚至更多的跑道。跑道按其作用可分为主要跑道、辅助跑道。主要跑道，是指在条件许可时比其他跑道优先使用的跑道，按使用该机场最大机型的要求修建，长度较长，承载力也较高。辅助跑道也称次要跑道，是指因受侧风影响，飞机不能在主跑道上起飞着陆时，供辅助起降用的跑道。由于飞机在辅助跑道起降都有逆风影响，所以其长度比主跑道短一些。

2. 跑道的构型

跑道构型主要是指跑道的数量、方位以及航站楼区相对跑道的位置。跑道的基本构型一般有单跑道、交叉跑道、开口（V 型）跑道和平行跑道等四种，多跑道的实际构型均由

这四种基本构型复合而成。

（1）单条跑道构型：单条跑道构型是最简单的一种构型。航站区尽可能靠近跑道中部，由联络滑行道与跑道连接。这种构型占地少，适用于中小型地方机场或飞行量不大的干线机场。

（2）交叉跑道构型：当常年风向变化使得机场的使用必须要求由两条或两条以上跑道交叉布置时，产生交叉跑道构型，并把航站区布置在交叉点与两条跑道所夹的场地内。

（3）开口（V型）跑道构型：两条跑道不相交，散开布置。与交叉跑道一样，当一个方向来强风时，只能使用一条跑道；当风小时，两条跑道可以同时使用。

（4）平行跑道构型：根据跑道的数目及其间距，它们的容量一般相同。常见的为两条平行跑道，也有些大机场设置四条平行跑道。根据两条跑道中心线间距不同而分为窄距、中等间距和远距平行跑道。

纵观国内外大型机场，平行跑道因其容量大、运行安全等优势成为大型枢纽机场的主流跑道构型。但是，在当今社会土地资源和环境保护越来越受到重视的情况下，远距平行跑道很难得到实施。因此，两端错开平行跑道布局，尤其是窄距平行跑道逐渐被一些机场所采用。机场跑道的构型不同，其容量会有较大差异。除此之外，跑道之间的间距也是容量的重要影响因素。如两条平行跑道，跑道之间的间距增大容量会有所增长。

三、跑道的方位

在选择机场跑道方位时，除了要提高跑道利用率外，还要考虑利于航空安全以及减少环境噪声等方面。其中，对提高航空安全水平和跑道利用率，考虑的主要因素是风。风对飞机起飞，特别是着陆安全影响较大。飞机不宜侧风着陆，也不宜顺风着陆，顺风容易使飞机在超过规定的地点接地，也使着陆滑跑距离增大，甚至造成冲出跑道的事故。最好是逆风着陆，但逆风风速过大时飞机也不能安全着陆。

飞机在有大侧风的情况下着陆会随侧风偏移，不容易对准跑道，极有可能发生不安全事件。所以在有大侧风时，机场就要关闭。机场跑道的最大容许侧风分量一般由航行部门根据机型作出规定。作为粗略的标准，对于基准飞行场地长度大于等于 1500m 的飞机，最大允许侧风分量为 10m/s，如果跑道摩阻性能不良，应不大于 6.5m/s；对于基准飞行场地长度 1200～1500m 的飞机，最大允许侧风分量为 6.5m/s；对于基准飞行场地长度小于 1200m 的飞机，最大允许侧风分量为 5m/s。

通常，我们用机场利用率的概念来表示风对机场跑道使用的影响。机场利用率是指在风的影响下机场能够保证飞机起飞和着陆的可能性，以百分比表示。某机场的跑道利用率为 95%，表示机场能保证起飞着陆的时间百分率为 95%。即在风的影响下，平均一年能够保证飞机起飞着陆的天数为 365×95%＝347 天。所以，确定跑道方位时，应尽量把跑道设在机场利用率最大方向上，以使得一年能起飞着陆的日数最多。根据规定，机场利用率应不小于 95%。当机场利用率少于 95%时，应考虑设置次要跑道，以保证机场利用率不小于 95%。为了获得机场最大的跑道利用率，必须根据机场所在地的风频率统计资料，即一年中各段风速在各个方向的发生次数资料，或风频率统计的形象图示——风徽图（风玫瑰图），见图 1-5，按一定规则来确定最佳跑道方位。

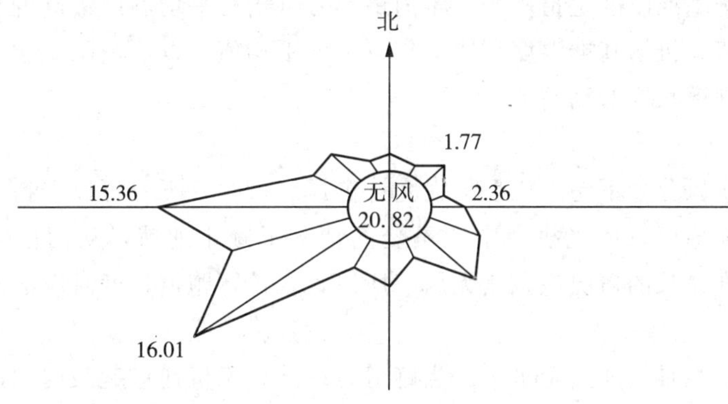

图 1-5　某机场所在地风徽图

机场的跑道号码标志实际上反映了跑道的方位信息。跑道号码标志通常由两位数字组成，如果是两条或以上平行跑道，还应另加一个字母。当飞机向跑道一端进近或从一端起飞时，其进近或起飞方向与磁北方向（采用与磁北方向而不是真北方向夹角的原因是由于机载航空罗盘是利用地磁场来确定方向）将呈一夹角，其夹角值从磁北开始顺时针度量。将夹角值除以 10，并四舍五入取其整数，即为跑道这一端的号码。如果整数只有个位数，则应在该整数前加 0。

四、跑道长度

跑道的长度对机场能接纳的机型、起降安全、用地规模和机场费用等都有很大影响。但是，跑道长度应坚持恰到好处的原则。事实上，过长的跑道会增加机场占地、建设投资和维护支出，而且影响其他功能区的规划布局。

跑道的长度取决于很多因素，比较重要的因素包括：机场所在地的海拔标高、机场气温、风、跑道纵坡、跑道表面状况、所起降机型的飞行性能等。

1. 机场标高

机场标高，是指机场跑道最高点距离平均海平面的垂直距离。机场标高不同，大气压力也不同。随着机场标高的增加，大气压力降低，大气密度下降，于是飞机发动机推力降低、飞机离地速度和接地速度均要增加，使得飞机起飞滑跑距离和着陆滑跑距离相应增大，故跑道长度需求增加。反之，机场标高降低，则所需跑道长度减短。高原机场跑道比相同等级的平原机场跑道要长，原因就在于高原气压比平原要低。粗略估计时，可按机场标高每增高 300m，跑道长度增加 7%来计算。计算跑道长度时，气压应根据机场所在地气象台实测资料确定。

2. 机场温度

温度主要是通过大气密度的变化影响跑道长度。当气温升高时，大气密度降低，在相同速度情况下，机翼上的升力减小，同时发动机推力减小，飞机离地和接地速度增加，从而使起飞滑跑距离和着陆减速距离增大，因而使所需跑道增长。反之，温度降低，所需跑道长度减短。粗略估计时，可按气温每增高 1℃，起飞跑道长度增加 1%来计算。

机场的温度随时都在变化，为了提高跑道的利用率和安全性，跑道长度计算应采用机场基准温度。机场基准温度是指机场一年内最热月（指月平均温度最高的那个月）的日最高温度的月平均值。机场基准温度宜取五年以上的平均值，以便消除一年气温突高或突低的偶然性，提高跑道长度的利用率。

3. 风

当机场风的侧风分量不超过机型最大允许侧风分量时，飞机可以选择合适的方向进行逆风起降。逆风起降可以使飞机在空速不变的情况下减小地速，从而使起降滑跑距离缩短。所需跑道长度最长的情况应该是无风，所以，在计算跑道长度时应按照无风进行。

4. 跑道纵坡

跑道在修建时很难保证完全水平。当跑道有纵坡，飞机逆坡起飞时，因飞机发动机的推力要克服飞机的重力在纵坡方向上的分力，所以需要跑道长度较长；反之，顺坡起飞所需跑道较短。跑道长度通常按逆坡起飞的不利情况确定。粗略估计时，可按逆坡每增加1%，跑道长度增加7%来计算。

5. 跑道表面状况

跑道的表面如有积水、冰雪会降低跑道的道面摩阻性能，从而使飞机减速时所需跑道长度增加。在确定跑道长度时，要结合当地的气候特征进行计算。

6. 飞机性能

使用跑道长度的关键取决于飞机的性能。通常情况下，每个机场跑道都会服务于多种机型，不同机型的所需跑道长度不同。通常，机型较大的飞机所需跑道长度较长。在计算跑道长度时，需要根据对跑道长度要求最大的设计飞机性能来计算跑道长度。

为了保证飞机在各种条件下使用的安全，所以在计算跑道长度时应按照飞机质量最大、气温最高、气压最低、无风、逆坡起飞顺坡着陆、飞行员驾驶不够精确等不利条件因素进行。除此之外，确定跑道长度还需要考虑很多其他方面的影响因素，比如机场的建设经费、机场建设的地形条件限制、机场的长远规划等。

五、跑道的宽度

1. 跑道宽度

跑道要有足够的宽度，以满足飞机安全地在道面上起降滑跑的要求。在设计跑道宽度时要考虑的因素主要有：跑道运行类别，如仪表跑道、非仪表跑道、精密进近跑道、非精密进近跑道等；飞机主起落架外轮距；飞机滑跑时的横向偏移等。考虑到机场侧风影响以及飞行员驾驶水平差异，跑道宽度必须具有一定宽度的裕量，通常民用机场跑道宽度要求见表 1-2。

表 1-2　跑道最小宽度要求　（单位：m）

飞行区等级指标Ⅰ	飞行区等级指标Ⅱ					
	A	B	C	D	E	F
1①	18	18	23	—	—	—
2①	23	23	30	—	—	—

（续表）

飞行区等级指标Ⅰ	飞行区等级指标Ⅱ					
	A	B	C	D	E	F
3	30	30	30	45	—	—
4	—	—	45	45	45	60

注①：代码1或2的精密进近跑道宽度应不小于30m。

2. 跑道道肩

作为跑道和土质地面之间的过渡，在紧接跑道边缘要铺设道肩，以减少飞机一旦冲出或偏出跑道时被损坏的风险，也起到减少雨水从邻接土质地面渗入跑道下面土基的作用，确保土基强度。跑道道肩通常用水泥混凝土或沥青混凝土筑成，一般会与跑道使用相同的材料铺设。由于飞机不在道肩上滑行，所以道肩的厚度比跑道薄一些。

设置跑道道肩的目的在于：(1) 对道面边缘起保护作用，防止飞机发动机吸入石子和杂物；(2) 坚实且平整的道肩还可以增加道面的有效宽度，使发动机的尾流不会吹到土面区，从而改善道面边缘的工作状况，使道面的使用寿命延长；(3) 道肩应具有足够的强度，在飞机偶然滑出跑道时，道肩可以承担机轮荷载，使飞机免遭结构性损坏，还可以支撑可能在道肩上行驶的地面车辆；(4) 道肩作为结构道面与邻近地面之间的过渡地区，可以使跑道表面的雨水在离跑道边缘较远的地方渗入土质区，从而保护跑道道面土基；(5) 道肩也可用于在其上设置助航灯光；跑道道面两侧的道肩宽度至少为1.5m，飞行区指标Ⅱ为D或E的跑道，应确保道肩加上结构道面的总宽度不小于60m。飞行区指标Ⅱ为F的跑道，道面和道肩的总宽度不应小于75m。跑道道肩的内边应与跑道道面齐平。其横向最大横坡不应超过2.5%。

六、跑道坡度

1. 跑道纵坡

跑道纵坡可分为平均纵坡和有效纵坡。平均纵坡，为跑道中心线两端高差除以跑道长度；有效纵坡，是指跑道中心线上最高点与最低点的高差除以跑道长度。跑道长度计算通常采用平均纵坡。

跑道的纵坡应尽可能平缓。理想的跑道纵坡断面为水平面，也就是纵坡为零。但实际上，由于机场场址的地势变化以及对工程量、成本的考虑，很难做到纵坡为零。为了保障飞行安全并提供足够的跑道视距，跑道纵坡应尽可能平缓。跑道各部分纵坡不应大于表1-3中规定的值。

表1-3　跑道各部分最大纵坡

飞行区指标Ⅰ	4	3	2	1
跑道上最高点、最低点差值与跑道长度的比值	1%	1%	2%	2%
跑道两端各四分之一长度	0.8%	0.8%①	2%	2%

（续表）

飞行区指标Ⅰ	4	3	2	1
跑道其他部分	1.25%	1.5%	2%	2%
相邻两个坡度的变化	1.5%	1.5%	2%	2%
变坡曲线的最小曲率半径（m）	30000	15000	7500	7500
变坡曲面变化率，每30m为	0.1%	0.2%	0.4%	0.4%

注①：指适用于Ⅱ类或Ⅲ类精密进近跑道，否则为1.5%。

2. 跑道横坡

当跑道上有积水时，会使得跑道道面摩阻性降低，甚至会造成飞机机轮水上滑飘现象，很容易出现航空事故。为了杜绝这种危险的出现，跑道道面必须要能够将道面的积水快速排除。为了做到快速排水和飞机运行平衡，跑道宜采用双面坡，跑道中线两侧的横坡应对称。如图1-6所示，并使各部分的横坡基本一致，具体关于机场跑道横坡的标准见表1-4。条件许可时宜采用该表中规定的最大横坡，在与跑道或滑行道相交处可根据需要采用较平缓的坡度。

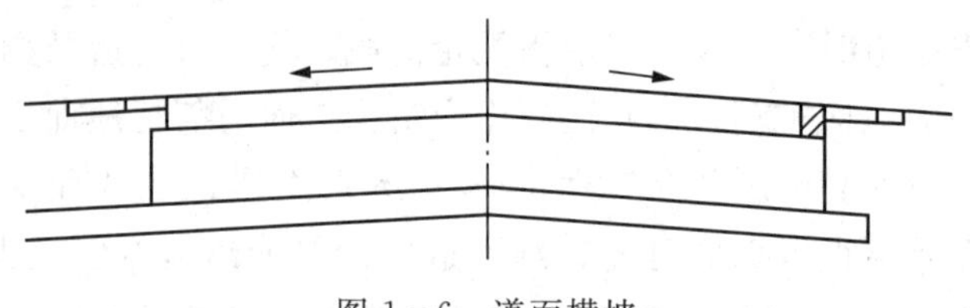

图1-6　道面横坡

表1-4　跑道横坡

飞行区指标Ⅱ	F	E	D	C	B	A
最大横坡	1.5%	1.5%	1.5%	1.5	2%	2%
最小横坡	1%	1%	1%	1%	1%	1%

第三节　滑行道

滑行道是机场内设置的供飞机滑行所用的规定通道。滑行道的主要功能是提供从跑道到机坪和维修区的通道，应使刚着陆的飞机迅速离开跑道，不与滑行起飞的飞机相互干扰，并尽量避免延误随后到来的飞机着陆。此外，滑行道还提供了飞机由机坪进入跑道的通道。滑行道将性质不同和分散的机场各功能区（飞行区、航站区和维修区）连接起来，使机场最大限度地发挥其容量作用并提高运行效率。

一、滑行道系统的组成

各滑行道组成了机场的滑行道系统。滑行道系统的各组成部分起着机场各种功能的过

渡媒介作用，是机场充分发挥功能所必需的。滑行道系统应使飞机往来于跑道和机坪之间的活动受到最小的限制，应能在没有明显延误的情况下满足飞机在跑道系统上的起降需求，应使滑行道保证至少 30km/h 的平均滑行速度。如图 1－7 所示，滑行道系统的组成主要有以下几个部分：

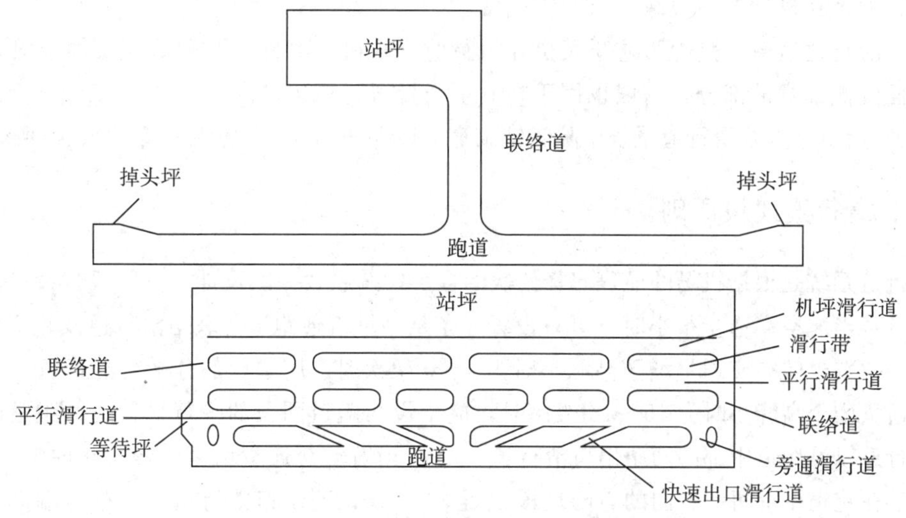

图 1－7　滑行道系统组成

（1）联络道：即直接连接机坪和跑道端头的那部分滑行道，交通量小的机场只设一条，交通量较大的机场需要在跑道两端同时设置。双平行滑行道之间设置垂直连接的短滑行道，也称为联络滑行道，供飞机从一条平行滑行道通往另一条平行滑行道用。

（2）掉头坪：交通量较小的机场会设置一种滑行道，将跑道端加宽，用于飞机在掉头坪原地掉头，即为掉头坪。

（3）平行滑行道：当机场交通量较大时，需要设置一条与跑道平行，短于跑道或与跑道等长的滑行道，称为主滑行道，又称为平行滑行道。平行滑行道供飞机通往跑道两端用。在交通量很大的机场，通常设置两条平行滑行道，分别供飞机来往单向滑行使用。这两条平行滑行道合称为双平行滑行道。

（4）出口滑行道：是供着陆飞机脱离跑道之用。交通量较大的机场，除了设在跑道两端的出口滑行道外，还应在跑道中部设置。设在跑道中部的有直角出口滑行道和锐角出口滑行道两种。

（5）快速出口滑行道：当机场交通量很大时，为了减少飞机着陆时占用跑道的时间而设置的一种与跑道成锐角的出口滑行道，称为快速出口滑行道。飞机可以在速度较快时从快速出口滑行道脱离跑道。快速出口滑行道与跑道的交角应不大于 45°，也不应小于 25°，宜为 30°。一条跑道上有多条快速出口滑行道时，交角宜相同。快速出口滑行道应在转出弯道后有一直线距离，其长度应使飞机滑行到与其相交的滑行道之前能完全停住。该长度与交角和飞机减速度等有关。一般地，飞行区指标Ⅰ为 3 或 4 时，直线段长度宜不小于 75m；飞行区指标Ⅰ为 1 或 2 时，直线段长度宜不小于 35m。

（6）等待坪：当交通量超过跑道最大容量时，为了让将要起飞的飞机在合适的飞行区等待起飞，将两端联络道加宽而形成的一种滑行道。

(7) 旁通滑行道：其设置在跑道端附近，供准备起飞的飞机决定不起飞时从联络道迅速滑回，或当联络道堵塞时飞机进入跑道使用。

(8) 机坪滑行道：是滑行道系统中位于机坪上的那部分，供飞机穿越机坪或进入停机位使用，大多在机坪道面边缘。

(9) 滑行道道肩：是为了防止飞机在滑行时发动机对滑行道两侧地面吹蚀或吸入异物而对道面两侧加宽的部分，一般也用于在其上设置滑行道边灯。

(10) 滑行带：是滑行道系统中除了铺砌道面以外的部分，一般种植草皮或为裸露地面。

二、滑行道建设原则

滑行道系统是根据机场的航班起降架次的多少，按照“一次设计，分阶段建设”的原则建设：(1) 当航空交通量很小时，可只设置一条从站坪直通跑道的联络滑行道及跑道两端的掉头坪。(2) 当航空交通量增至高峰小时为 8～9 架次时，应增设部分平行滑行道。(3) 当航空交通量增至高峰小时为 15～18 架次时，应增设与跑道同长的平行滑行道、跑道两端的进口滑行道以及跑道中部的两条出口滑行道。(4) 当航空交通量增至高峰每小时 25～30 架次时，应在跑道中部每一方向的着陆地段设置 2～3 条快速出口滑行道，在跑道端部宜增设旁通滑行道或等待坪。(5) 当航空交通量进一步增大时，宜设第二条平行滑行道。

滑行道的建设既要满足当前的使用要求，又要经济节约，还要满足未来的扩建规划。每期工程要为下一期扩建提供方便。滑行道布局要简洁明了，尽量直线布置，减少转弯和交叉。在转弯和交叉点应设置大半径弯道和必要的增补面。应避免穿越跑道。尽量使塔台能看到所有滑行道。同时，滑行中的飞机应不影响停放的飞机，也不干扰导航信号。若滑行道上滑行的航空器或行驶的车辆突出障碍物限制面或干扰无线电助航设备，在该滑行道上应设立跑道等待位置，确保等待的航空器或车辆不侵犯无障碍物区、进近面、起飞爬升面或仪表着陆系统、微波着陆系统的临界/敏感区等各限制区，并且不干扰无线电助航设备的运行。

三、滑行道技术要求

1. 滑行道宽度

为了防止伸出于滑行道边缘的涡轮发动机吸入可能损坏发动机的石子或其他物体，也为了防止滑行道两侧附近地面被吹蚀，故在滑行道两侧对称地设置道肩。滑行道道肩表面要经过整备，使道面与附近地面有个过渡，民航机场一般采用铺砌道面来加工道肩。滑行道与两侧道肩总宽度见表 1－5。

表 1－5　滑行道道面及道肩最小总宽度

飞行区指标Ⅱ	滑行道直线段道面及道肩的最小总宽度 (m)
C	25
D	38

（续表）

飞行区指标Ⅱ	滑行道直线段道面及道肩的最小总宽度（m）
E	44
F	60

为了保护在滑行道运行的飞机的安全，同时也为减少由于飞机偶尔滑出滑行道时造成的损害，在滑行道两侧还应设置安全地带，以构成滑行带。滑行带应经过平整。

滑行道道肩和滑行带构成了无障碍地区，可使飞机偶然进入或紧急进入时，受到的危害减至最小，同时还能支撑进入该地区的消防救援车辆。

2. 滑行道坡度

为了满足滑行道的排水和视距要求，滑行道的最大纵坡、变坡曲线、最小半径和最大横坡应满足表 1-6 的规定。

表 1-6 滑行道坡度

飞行区指标Ⅱ		F	E	D	C	B	A
纵坡	不大于	1.5%	1.5%	1.5%	1.5%	3%	3%
	变坡曲线的变化率（最小曲率半径 m）	每 30m 不大于 1%（3000）	每 30m 不大于 1%（3000）	每 30m 不大于 1%（3000）	每 25m 不大于 1%（2500）	每 30m 不大于 1%（3000）	每 25m 不大于 1%（2500）
横坡	不大于	1.5%	1.5%	1.5%	1.5%	2%	2%
	不小于	1%	1%	1%	1%	1%	1%

3. 滑行道最小间距

为了保证飞机运行安全，滑行道与跑道，滑行道与滑行道，滑行道与物体之间要有一定的距离。这个距离与规划运行的最大飞机翼展和飞机主起落架外轮与滑行道边缘的净距（最大容许侧向偏移）有关。

（1）平行滑行道之间的距离：确定平行滑行道之间（其中之一可能是机坪滑行道）的最小间隔的依据，是在各滑行道上滑行的飞机都向对方侧向偏移至滑行道边缘时，翼尖之间保持足够的净距（即安全距离）。

（2）滑行道与物体之间的距离：在滑行道与机坪滑行道上，飞机的滑行速度假定相等，因此二者和物体的距离也认为是相等的。当飞机一旦偏离滑行道中心线时，飞机翼尖和物体之间保持一净距。

（3）飞机机位滑行通道与物体之间的距离；飞机在机位滑行道上滑行速度较低，驾驶员注意力提高，较少偏离中心线，因此侧向偏移要小一些，所以不是假设达到最大容许侧向偏移。

（4）平行滑行道与跑道的最小间隔距离；要求位于平行滑行道中心线上的飞机翼尖不侵入升降带。

具体规定间距数值见表 1－7。

表 1－7　滑行道的最小间距

飞行区指标Ⅱ	滑行道中线距跑道中线的距离								滑行道中线距滑行道中线的距离	滑行道中线（不包括机位滑行通道）距物体的距离	机位滑行通道中线距物体的距离
	仪表跑道				非仪表跑道						
	飞行区指标Ⅰ				飞行区指标Ⅰ						
	1	2	3	4	1	2	3	4			
（1）	（2）	（3）	（4）	（5）	（6）	（7）	（8）	（9）	（10）	（11）	（12）
A	82.5	82.5	—	—	37.5	47.5	—	—	23.75	16.25	12
B	87	87	—	—	42	52	—	—	33.5	21.5	16.5
C	—	—	168	168	—	—	93	—	44	26	24.5
D	—	—	176	176	—	—	101	101	66.5	40.5	36
E	—	—	—	182.5	—	—	—	107.5	80	47.5	42.5
F	—	—	—	190	—	—	—	115	97.5	57.5	50.5

注：①第（2）～（9）栏中的间隔距离代表跑道和滑行道的一般组合。

②第（2）～（9）栏中的距离不能保证在一架等待飞机的后面有足够净距以允许在平行滑行道上的另一架飞机通行。

第四节　机　　坪

机坪是飞机停放、上下旅客、装卸货物、对飞机进行各种地面服务（如机务维修、上水、配餐、加电、清洁等）的场所，是民用机场运输作业的核心区域。

一、机坪的分类

机坪上的停机位分为近机位和远机位两种。近机位，靠近航站楼布置，旅客可通过登机廊桥方便地上下飞机；远机位，则位于远离航站楼的开阔机坪区域，旅客需乘坐摆渡车到达远机位，然后通过客梯车上下飞机。

机坪按照功能的不同划分为客机坪、货机坪、等待机坪和维修机坪。（1）客机坪：供旅客上下飞机用的停机位置。客机坪的构型及大小，主要取决于飞机数量、旅客登机方式及旅客航站的构型。（2）货机坪：在货运量大和专门设有货运飞机航班的机场，需要有专门处理空运货物陆空转换的货物航站及相应的货机坪。航空运输业的货运量增长很快，货机坪的位置要适应预测货物吞吐量的发展要求。（3）等待机坪：一般设在跑道端部。为预备起飞的飞机等待放行或让另一架飞机绕越提供条件。选用等待机坪或绕越滑行道，主要根据飞机场高峰飞行架次、场址条件和可能性确定。（4）维修机坪：为飞机停放及各种维修活动提供的场所。维修机坪的布置，除应考虑维修设备的不同要求外，还要考虑飞机试车时气流的吹袭影响，它可能对停放、滑行的飞机、地面设备和人员造成威胁。

二、机坪的设置要求

1. 机坪设施要求

航空器地面保障和运输服务涉及大量的特种车辆和设备，如加油车、电源车、空调车、清水车、污水车、行李车、平台车等。所以机坪上应设置特种车辆和地面设备停放区域，通常设置在指廊通道下或站坪和服务车辆道旁的适当位置。供飞机加油的机坪必须安装静电接地装置。静电接地位置应根据飞机停放和加油点位置进行确定。机坪上通常设置有飞行前校正高度表的位置，使飞机在起飞前校正高度。飞行前校正高度表位置的高程，必须为该位置场地的平均高程，精确至米。供小型飞机停放的机坪上，应设置飞机系留装置。刚性道面上的系留装置应避开道面接缝。站坪还要设置所需的供水、供电、供油、照明设施、飞机锚泊设施、飞机引导、停靠装置等。

2. 机坪强度、平整度要求

机坪的道面强度应能承受使用该机坪的各种机型的荷载。机坪的坡度应能防止其表面积水，并在符合排水要求的条件下尽可能平坦。飞机机位部分的最大坡度，最多不大于0.8%。机坪表面的平整度要求与对跑道道面的平整度要求相同。

3. 机坪道肩要求

机坪应设置道肩，道肩表面应与其相邻的机坪道面齐平。道肩宽度应不小于1.5m，并应满足机坪上停放或滑行飞机的外侧发动机位于道肩范围内。道肩的横坡宜较其相邻的机坪坡度大0.5%，但是，最大坡度应不大于2.5%。

4. 机坪的布局

机坪面积应按机型、机位数、飞机停放形式及运行方式、平均每架飞机停放面积、安全净距、机坪滑行通道、机坪服务车道布置等进行综合规划。机坪机位数，应按典型高峰小时飞机起降架次、机型及其组合、飞机占用机位时间、机位利用系数等进行计算。

飞行区指标Ⅱ为D、E、F的机场，宜设置一个隔离机位，用于停放不宜与其他飞机混停的飞机。隔离机位距其他机位、建筑物或公用地区的净距不小于100m，并不得位于地下燃气、燃油管道以及电力或通信电缆之上。

5. 飞机停驶方式

飞机进、出站坪机位，既可依靠自身的滑行（滑入、滑出），也可依靠飞机牵引车（拖入、推出）。飞机停靠后相对机位可有五种方位：机头向内、机头斜角向内、平行、机头斜角向外、机头向外。不同的进出机位方式和飞机停靠方式，不仅影响站坪设计，还与飞机地面服务便捷程度以及发动机噪声、喷气吹袭对旅客和航站楼的影响程度等有关系。显然，机头向内、由牵引车推出时所需机位尺寸最小。此时，机头与航站楼净距较小，便于与登机桥搭接。飞机发动机对航站楼无喷气喷袭，噪声干扰也最小。

飞机滑入、滑出，机头斜角向内时，无须牵引车，主舱门距机门也比较近，噪声、喷气吹袭对航站楼的影响也比较小。但由于飞机滑出时要转较大的弯，故与机头向内时相比所占机位尺寸较大。飞机滑入、滑出，平行于航站楼放置时，会占用相当大的机位尺寸。

6. 机位尺寸

机位尺寸主要取决于飞机的大小（翼展和机身长度）和进出机位的停驶方式。同时也

要考虑地面服务的方便，以及建筑物与相邻飞机的净距。

飞机在机位停靠时，许多地面服务车辆、设备要对飞机进行地面服务。在确定机位尺寸时必须考虑这些车辆、设备的运行、就位、移动的方便。由于地面服务、站坪有时会显得很拥挤，对飞机及其安全运行不利。因而，近年来出现了无车辆站坪的概念。所谓无车辆站坪，就是用固定在站坪机位下的各种固定设备取代地面车辆，从而减少在机坪上活动的地面服务车辆。但由于固定设备都是根据一定的机型设计的，故对机型改变的适应性降低。

第五节　停止道和净空道

一、停止道

1. 设置目的

停止道设在跑道端部，供飞机中断起飞时能在其上面安全停住，以弥补跑道长度的不足。停止道应整备或修建得能承受飞机中断起飞时的荷载，不致使飞机机构受损。由于使用次数很少，所以停止道可以铺低级道面。

机场设置停止道可以缩短跑道长度。但由于跑道两端都要设长度相同的停止道，使机场占地面积增大，因此在征地困难的地区，不宜设停止道。

2. 设置要求

停止道的宽度同与其连接的结构跑道宽度相同；长度应等于飞机加速—停止距离与跑道道面长度之差；其表面摩阻特性应不小于结构道面的表面摩阻特性；停止道的坡度和变坡应与跑道坡度相同，但停止道上可不采用：跑道两端各四分之一长度0.8%的纵坡限制；飞行区指标Ⅰ为3或4的跑道，停止道与跑道相接处和停止道上的最大变坡率可为每30m不大于0.3%（最小曲率半径为10000m）。

二、净空道

1. 设置目的

设置净空道的目的在于飞机可在其上空进行一部分爬升，确保飞机在净空道范围内完成初始爬升（10.7m高），以弥补跑道长度的不足。净空道设在跑道两端，其土地应由机场当局管理，以便确保不会出现危及飞行安全的障碍物。

2. 设置要求

净空道起点应设在可用起飞滑跑距离的末端，即跑道道面末端。净空道对称的设在跑道中心线延长线两侧，总宽度至少为150m。净空道长度最大不超过可用起飞滑跑距离的一半。

净空道的地面不应突出于1.25%升坡的平面，该平面的底边是一条水平线，且与含有跑道中线的垂直面相垂直；通过位于可用起飞滑跑距离末端处跑道中线上的一点。

当净空道地面的坡度相对小，或当平均坡度为升坡时，净空道的地面坡度应避免急剧

向上的变坡。在这种情况下，净空道中线延长线两侧各 22.5m 或跑道的一半宽度（取其较大值）范围内的坡度、变坡和自跑道至净空道的过渡，宜与其相连的跑道的坡度、变坡相一致。

净空道一般为植草的压实土道面，其上不应设有对空中的飞机安全有危害的设备或装置。因航行需要在净空道地面上设置的设备或装置应满足易折要求，安装高度应尽可能低。

第六节　防吹坪

跑道两端应设置防吹坪，当其他铺筑面可以起到防吹坪的作用时，可以不单独设置。

一、设置目的

由于涡轮发动机喷出气流对地面有很强的吹蚀作用，特别是对跑道端外地面区域影响更大。为了防止紧靠跑道端的地面受到燃气的吹蚀，同时也避免提前着陆的飞机有碰上跑道端部裸边的危险，因此在跑道入口前一定距离内设置防吹坪，在该区域内可铺砌道面或植草皮。

二、设置要求

防吹坪的宽度不应小于结构道面的宽度加上道肩的宽度。防吹坪的长度要求：自跑道端向外延伸的距离不应小于表 1-8 中的要求。

防吹坪表面应能承受飞机气流的吹蚀，其强度应确保飞机过早接地或冲出跑道时对飞机危害最小。防吹坪应与其相连的跑道表面齐平，坡度应满足升降带及跑道端安全区相应部位的坡度要求。为了防止飞行员在空中将防吹坪看作跑道，防吹坪的颜色宜与跑道表面的颜色有显著差别，以便于区分。

表 1-8　防吹坪最小长度　　（单位：m）

飞行区指标Ⅱ	防吹坪的最小长度
A	30
B	45
C、D	60
E、F	60，宜为 120

第七节　升降带

一、升降带的概念

为了减少飞机一旦冲出跑道遭受损坏的危险，也为了保证飞机安全起降，划定一块包括跑道、停止道在内的矩形场地，称为升降带。

升降带主要供保证飞机在起飞着陆滑跑过程中一旦偏出跑道时的安全用，升降带在跑道周围形成了一个保护区和事故缓冲区，其范围内不允许有危及飞行安全的障碍物，如设有助航设备需要满足易折要求。升降带的土质地区应平整并压实，其纵横坡度应足以防止积水和符合无线电导航设施的技术要求。但纵横坡度不宜过大，以防止雨水冲蚀地面和确保飞机偏出跑道时的安全。

二、升降带的要求

1. 升降带的长度

升降带应在跑道入口前，自跑道端或停止道端至少向外延伸下述距离：

(1) 飞行区指标Ⅰ为1的仪表跑道——60m；

(2) 飞行区指标Ⅰ为2、3或4的跑道——60m；

(3) 飞行区指标Ⅰ为1的非仪表跑道——30m。

2. 升降带的宽度

升降带应在全长范围内，从跑道中线及其延长线向每侧扩展一定距离，其距离不小于表1-9所示范围。

表1-9 升降带宽度 (单位：m)

飞行区指标Ⅰ		4	3	2	1
每侧扩展距离（距跑道中线）	仪表跑道	150	150	75	75
	非仪表跑道	75	75	40	30

3. 升降带的平整

升降带的一定宽度范围内的地面需要平整，以供飞机在滑出跑道的情况下使用。升降带平整区域：由跑道中线及其延长线的两侧，对于基准代码为3或4的跑道各75m；对于基准代码为2的跑道为40m；基准代码为1的仪表跑道为40m，但基准代码为1的非仪表跑道为30m。上述内容如表1-10所示。

表1-10 升降带平整的最小范围（自跑道中线及其延长线向两侧延伸）(单位：m)

跑道运行类型	飞行区指标Ⅰ		
	3或4	2	1
仪表跑道	75	40	40
非仪表跑道	75	40	30

而对于基准代码为3或4的精密进近跑道的升降带宜进行较大范围的平整，如图1-8所示。需要平整的部分在升降带中部扩大为距离中线105m。

与跑道、道肩或停止道相接部分的升降带表面应与跑道、道肩或停止道相齐平，不得高于跑道、道肩或停止道边缘，并且不宜低于跑道、道肩或停止道边缘30mm以上。

升降带平整范围内不应设置开口的排水明沟，在有结构物并且其表面需与升降带表面

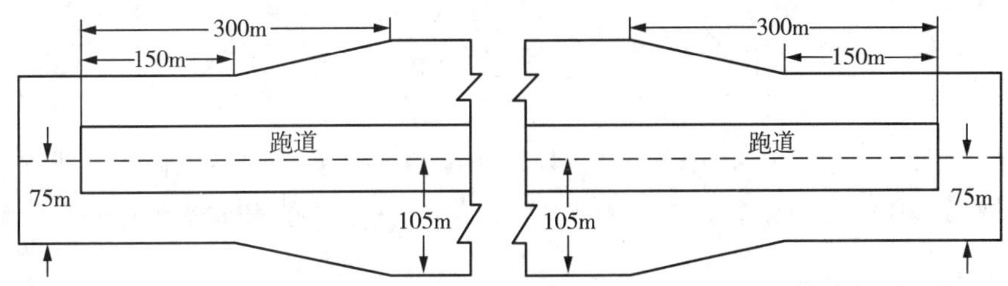

图 1－8 基准代码为 3 或 4 的精密进近跑道的升降带的平整范围

齐平时，可采用从结构物顶部向下放坡到至少比升降带表面低 0.3m 的方法来消除直立面。凡其功能不需要在表面上的其他物体，应埋至不小于 0.3m 的深处。在升降带平整范围内，与跑道相交的其他跑道或滑行道，其道肩铺筑面与土面相接处应采取措施消除道面结构直立面。

4. 升降带的强度

升降带在其平整范围内，应使其强度达到足够要求，减少在承载能力上与跑道的差异，以使得偶尔滑出跑道的飞机遭受的损害减至最小。

5. 升降带平整范围内的坡度

升降带平整范围内的纵、横坡坡度应符合表 1－11 中的规定值。纵坡变化应平缓，避免急剧的变坡或突然的反坡。为利于排水，从跑道道肩或停止道的边缘向外的前 3m 内的横坡应为降坡，坡度可达到 5%。升降带平整范围以外任何部分的横坡升坡应不超过 5%，条件允许时，降坡坡度宜不超过 5%。

表 1－11 升降带平整范围的坡度要求

飞行区指标Ⅰ	4	3	2	1
纵坡，不大于	1.5%	1.75%	2%	2%
横坡，不大于	2.5%	2.5%	3%	3%

6. 升降带内的物体

位于升降带上可能对飞机构成危险的物体，应视为障碍物并尽可能将其移除。除了为保证飞行安全所必需的并符合易折性要求的目视助航设备或出于飞机安全目的应安放在升降带内的设备设施外，升降带下列范围内不应有固定的物体：

(1) 飞行区指标Ⅰ为 4 和飞行区指标Ⅱ为 F 的Ⅰ类、Ⅱ类、Ⅲ类精密进近跑道，距跑道中线两侧各 77.5m 以内；

(2) 飞行区指标Ⅰ为 3 或 4 的Ⅰ类、Ⅱ类、Ⅲ类精密进近跑道，距跑道中线两侧各 60m 以内；

(3) 飞行区指标Ⅰ为 1 或 2 的Ⅰ类精密进近跑道，距跑道中线两侧各 45m 以内。

当跑道用于起飞或着陆时，升降带上述区域内不应有可移动的物体。需要说明的是，对于升降带平整度、强度、坡度等要求是针对升降带平整范围的，平整范围之外区域并不要求达到这些指标的规定值。

第八节　跑道端安全区

在升降带两端，应设置跑道端安全区，用来减少起飞着陆的飞机偶尔冲出跑道以及提前接地时遭受损坏的危险。其道面必须平整、压实，并且不能有危及飞行安全的障碍物。

一、跑道端安全区尺寸

跑道端安全区应自升降带端向外延伸至少 90m。飞行区指标Ⅰ为 3 或 4 的跑道端安全区宜自升降带端向外延伸至少 240m；飞行区指标Ⅰ为 1 或 2 的仪表跑道端安全区宜自升降带端向外延伸至少 120m。跑道端安全区的宽度应至少等于与其相邻的跑道宽度的 2 倍，条件许可时应不小于与其相邻的升降带平整部分的宽度。

设置跑道端安全区时，应考虑提供足够长度以将由于极有可能出现的各种不利运行因素的组合所导致的冲出跑道或着陆时接地过早的飞机抑制住。在精密进近跑道上，仪表着陆系统的航向台一般是第一个直立的障碍物，跑道端安全区应延伸到这个设施。在其他情况和非精密进近跑道或非仪表跑道上，第一个直立的障碍物可能是道路、铁路或其他人为的或自然的物体，在这种情况下，跑道端安全区应尽可能地延伸到该障碍物。

对于某些需要提高跑道运行安全裕度的现有机场尤其是军用机场，可安装飞机拦阻系统。拦阻系统设计时应考虑的飞机参数包括但不限于：允许的起落架载荷、起落架构型、轮胎接触压力、飞机重心和飞机速度等。拦阻系统应针对使用跑道要求最严格的飞机机型进行设计，并确保不会给提前接地的飞机造成危险。此外，拦阻系统的设计应允许飞机消防和救援车辆安全进出并在其中行驶。

二、跑道端安全区内的物体

位于跑道端安全区内可能对飞机构成危险的物体应被视为障碍物，并尽可能移除。在跑道端安全区范围内，应采取措施消除结构直立面。

三、跑道端安全区坡度与强度

跑道端安全区应经过清理、平整，移去障碍物，还要设法保证达到必要的强度和坡度要求，以减少偶尔进入该地区的飞机遭受的损害，同时，也有利于救援和消防车辆的活动。但跑道端安全地区的表面质量可不必做得和升降带同样好。

跑道端安全区的坡度应使该地区的任何部分不突出进近面或起飞爬升面，并且：(1) 跑道端安全区的纵坡的降坡应不大于 5%，变坡应平缓，避免急剧的变坡或反坡；(2) 跑道端安全区的横坡，其升坡或降坡均应不大于 5%，并应满足通信导航和目视助航设施场地要求，不同坡度之间的过渡应尽可能平缓。

第二章　机场道面

第一节　机场道面分类

一、按道面材料分类

按照机场道面的不同材料，可分为以下五类：

（1）水泥混凝土道面：水泥混凝土道面是以水泥作为胶结材料，辅以砂、石骨料加水拌和均匀铺筑而成的道面，在必要时会加入适量外加剂、掺加料或其他改性材料等。这种道面具有强度高，耐侵蚀，使用品质好，应用广泛的优点。但初期投资大，完工后需要较长的养护期，不能立即开放交通，且养护维修难度大，耗时长。对于道面维修作业实施不停航施工时，很少采用水泥混凝土道面（不影响飞机起降、滑行、停放等区域除外）。

（2）沥青类道面：以沥青材料作为黏结剂，辅以砂、石骨料、矿粉以及外加剂，在一定温度下拌和均匀，碾压成型后构成的道面。这类道面的优点是：平整性好，飞机滑行平稳、舒适；强度较高，能够满足各种飞机的使用要求；铺筑完成后不需要养护期，可以立即投入使用，特别适合于机场不停航施工。但沥青材料对温度较为敏感，在温度超过60℃时就会发软，影响沥青道面的强度，若飞机发动机的气流作用时间较长则对沥青道面会产生影响，故跑道端部和机坪很少采用沥青道面。在停机坪上，沥青道面也会受到航油的侵蚀，导致沥青被溶解，混合料散碎，进而形成坑洞，使沥青道面被破坏。

（3）砂石类道面：在碾压平整的土基上，铺筑砂石类材料，经充分压实而成的道面。这是早期出现的机场道面。因其承载力低，晴天扬尘，雨天泥泞无法飞行，目前在民用机场中应用较少。

（4）土道面：土道面是指以平整碾压密实的土质表面作为道面的面层，供飞机起落滑跑之用的道面。这种道面造价低，施工简便，主要用于轻型飞机起降的机场。军用机场的应急起飞跑道通常为土质道面。土道面通常都种植草皮，以提高其承载力。

（5）其他类道面：如钢板道面、水上机场的水面道面、冰上机场的冰道面等。

二、按道面品质分类

按照机场道面的品质，可分为以下三类：

（1）高级道面：这类道面的面层用高级材料构成。道面结构强度高，抗变形能力强，

稳定性和耐久性好。水泥混凝土道面、配筋水泥混凝土道面、预应力钢筋混凝土道面、沥青混凝土道面均属高级道面，其中以水泥混凝土道面和沥青混凝土道面应用最为广泛。高级道面具有良好的使用品质，受气候条件影响小，是目前民用运输机场广泛采用的机场道面。

（2）中级道面：主要包括沥青贯入式、碎石和沥青表面处置等类型的道面。这类道面无接缝，表面平整，使用品质尚可。中级道面初建费用远低于高级道面，可以根据机场使用机型的发展变化和需要分期建设，这在投资上是有利的。

（3）低级道面：主要包括沙石道面、土道面和草皮道面。这类道面承载力低，通常作为轻型飞机的起降场地，用于初级航校机场、滑翔机场和农用飞机场等。

三、按道面力学性质分类

按照荷载作用下道面的受力特征和计算图示，机场道面可划分为两种基本类型：

（1）刚性道面：刚性道面的面层是一种强度高、整体性好、刚度大的板体，能把基本荷载分布到较大的土地面积上，因此刚性道面结构承载力大部分由道面板本身提供。水泥混凝土道面、配筋混凝土道面和预应力钢筋混凝土道面等都属于刚性道面。设计刚性道面时，考虑的主要因素是混凝土的结构强度。刚性道面板主要在受弯拉条件下工作，其承载力由板的厚度、混凝土弯拉强度、配筋率以及基层和土基的强度来确定。正确设计的刚性道面，能够承受机轮荷载在板内引起的弯拉应力，把荷载分散到更大面积的基层和土基上，使土基不致产生过大的变形。由于水泥混凝土具有较高的抗压强度，荷载在板内引起的压应力一般不起控制作用，而混凝土的弯拉强度则比抗压强度低得多。当荷载引起的弯拉应力超过混凝土的弯拉强度时，板将产生断裂，导致刚性道面的破坏。因此在设计刚性道面时，考虑的主要强度因素是抗弯拉强度。

（2）柔性道面：柔性道面抵抗弯曲变形的能力弱，各层材料的弯曲抗拉强度均较小，在轮载作用下表现出相当大的形变性。因此只能把轮载压力传布到较小的面积上，各层材料主要在受压作用状态下工作。柔性道面有沥青类道面、沙石道面、土道面等。轮载作用下柔性道面弯沉值（变形）的大小，反映了柔性道面的整体强度。当荷载引起的弯沉值超过容许弯沉值时，柔性道面就会发生损坏。因此，机场柔性道面厚度设计通常以容许弯沉作为控制标准。同时对面层下表面的弯拉应力进行验算。

四、按道面施工方式分类

按道面施工的方式，可分为以下两类：

（1）现场铺筑道面：现场铺筑道面是指将拌和均匀的道面材料现场铺筑而构成的道面。水泥混凝土道面沥青类道面以及各种沙石道面结合料处治土道面等都属于现场铺筑道面。

（2）装配式道面：装配式道面的面层不是在现场浇筑的，而是在工厂预制运抵现场装配而成的。这类道面包括水泥混凝土砌块、预应力钢筋混凝土板、钢板道面等，目前应用很少。

第二节 机场道面的构造

飞机机轮荷载与自然因素对道面结构的影响，随深度增加而逐渐减弱。因此，对道面材料的强度、刚度和稳定性的要求也随深度而逐渐降低。为满足这一特点，降低工程造价的方法是将机场道面结构设计为多层结构。面层用高级材料，下层用次高级材料，底层用低级材料。按使用要求、受力状况、道基支撑条件和自然因素影响程度的不同，在道基顶面采用不同规格和要求的材料，分别铺设垫层、基层和面层等结构层，其中基层和面层属于道面结构层，道床是指道基顶面以下 1.2m（飞行区指标Ⅱ为 E、F）或 0.8m（飞行区指标Ⅱ为 A、B、C、D）的道基部分，如图 2-1 所示。

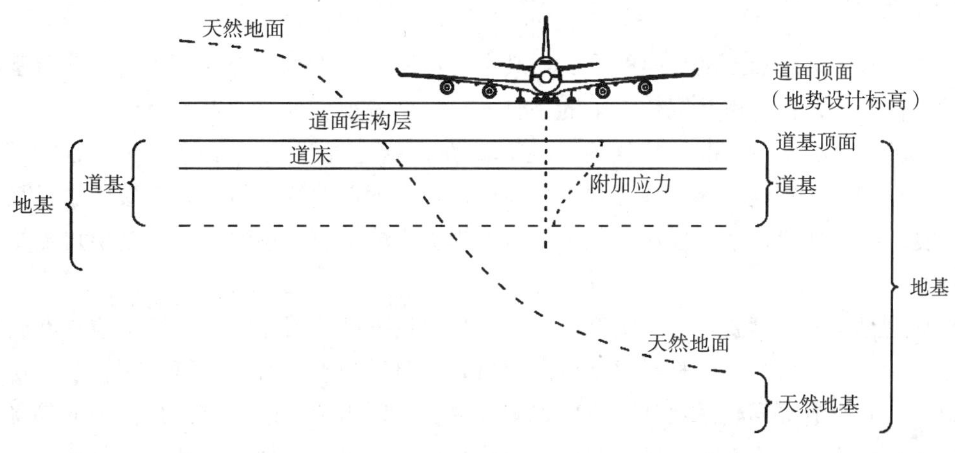

图 2-1 道面结构图

一、面层

机场道面的面层是直接同机轮和大气相接触的一层，承受机轮荷载的竖向应力、水平力和瞬时冲击力的作用，同时又受到降水的侵蚀作用、温度变化和阳光照射等自然因素的影响。面层的作用是为飞机起飞、降落和滑跑提供良好的道面状况，同时在保持自身完好性的前提下，把机轮荷载传递和扩散到基层中去。为了达到上述要求，面层应具有较高的结构强度、刚度和温度稳定性，还要耐磨、不透水，其表面还应具有良好的平整度和抗滑性，以保证飞机起降和滑行时既能满足舒适性又可以安全地加减速。目前，在民用机场中广泛使用的面层材料有水泥混凝土和沥青混凝土。

二、基层

机场道面的基层是面层和垫层或压实土基之间的结构层，是道面层次中的承重结构。面层传导下来的垂直荷载由基层承载，并将荷载进一步扩散到垫层或土基层。所以，基层要具有足够的强度和刚度。基层因为在面层之下，所以其受自然因素的影响不如面层，但基层必须有足够的水稳定性和抗冻性。

机场道面基层的作用主要有以下几点：

（1）改善土基的受力状况，延缓土基塑性变形的积累，从而使面层获得均匀稳定的支撑，保证道面的使用寿命。

（2）缓和水、温度变化对土基的影响。通过设置基层，可以减少基轮荷载对土基的压力，隔断或减轻水对土基的作用，改善道面的水、温度状况，控制和抵抗土基不均匀冻胀的不利影响。

（3）提高道面结构承载力，改善面层的受力条件。良好的基层可以给予面层较大的支撑力，将面层的荷载分散到较大的面积上，从而减小单位面积上的压强，保护面层。

（4）为铺筑面层提供平整坚固的作业面，从而改善施工条件。

三、垫层

垫层是介于基层和土基之间的层次，其主要作用有：隔水、排水、防冻以改善基层和土基的工作条件；传递由基层传下来的垂直荷载，以减小土基所产生的变形。

垫层并不是必须设置的结构层次，主要是在土基水温状况不良时设置。如地下水位高，排水不良，土基经常处于潮湿状态的地段；排水不良的挖方地段，有裂隙水、泉水等水文不良的挖方地段；季节性冰冻地区可能产生冻胀的中湿、潮湿地段；基层可能受到污染的地段。

对垫层材料的强度要求不一定高，但其水稳定性要好，用作防冻层时还应具有较好的抗冻性。为降低造价，垫层材料通常就地取材，一般采用砂砾石或碎石；用作防冻层或隔温层时，如有炉渣等导热系数低的材料，则效果更佳；当缺乏砂石料或矿渣炉渣等颗粒材料时，也可采用水泥或石灰等结合料稳定土作垫层，但在季节性冰冻地区的潮湿地段，石灰土抗冻性能较差，不应采用。设置垫层，可以增加道面结构总厚度，从而减小积存的冻胀量，是季节性冰冻地区防治或控制道面冻胀的重要措施。

四、道基

道基位于道面结构的下面，承受全部上层道面结构的自重和机轮荷载应力。道基的平整性和压实质量，在很大程度上决定着整个道面结构的稳定性。因此，无论是填方还是挖方，道基均应按要求予以压实。对于特殊土质应采取相应的技术措施，以免在机轮荷载和自然因素的长期反复作用下，产生过量的形变和其他病害，从而加速道面结构的损坏。

第三节　机场道面技术要求

飞机的起降、滑行、停放等操作都是在机场道面上完成的。道面要承受飞机的重力荷载、水平荷载，抵抗发动机高速高温喷气流的吹蚀，同时还要承受冷热交替、干湿变化、冻融循环等自然因素的持续作用。近年来，随着高胎压、超重型飞机的使用，对道面的技术要求也越来越高。只有道面有良好的技术性能，才能保证飞机起降、滑行的安全平稳。

机场道面暴露在大气环境中，直接承受机轮荷载的作用和环境因素的影响，应以具有足够的弯拉强度、疲劳强度、抗压强度和耐久性。此外，为保证飞机起降安全与乘客舒适性，面层还应具有良好的抗滑、耐磨、平整等表面特性。

一、强度和刚度

飞机在道面上滑行或停放时，不仅会把竖向压力传给道面，还会同时把水平荷载传给道面。此外，道面内的温度变化也会引起温度应力。在这些外力的作用下，道面结构内会产生拉应力、压应力和剪切应力。如果道面结构整体或某一部分的强度或抗变形能力不足以抵抗这些应力时，道面就会出现断裂、沉陷、波浪或轮辙，使道面使用性能降低。因此，道面结构整体及其各组成部分，应具备同机轮荷载和温度荷载相适应的强度。为此，要正确分析机轮荷载和温度荷载作用下道面结构的应力状况，研究道面结构的强度形成机理，从而设计和修建出经久耐用的机场道面结构。

刚度是指道面结构抵抗变形的能力。道面的整体或某组成部分的刚度不足，即便是强度足够，也会在机轮荷载作用下产生过大的变形，使道面出现波浪、轮辙和沉陷等不平整的病害，影响飞机滑行的平稳性或者促使道面结构出现断裂现象，缩短道面的使用寿命。因此，不仅要研究道面结构的应力和强度之间的关系，还要分析其荷载和变形的关系，使整个道面结构及各个部分的变形量控制在允许的范围内。

二、抗滑性

为了满足航空运输的需要，要求机场道面允许飞机在较恶劣的气象条件下进行起飞和着陆，这样机轮与道面间必须有足够的摩阻力，这是防止飞机制动时打滑和方向失控的重要保证。大型民用运输机对着陆时的操纵和制动的可靠性有较高的要求，而这种可靠性在很大程度上取决于机轮与道面之间有无足够的摩阻力。因此机场道面的防滑问题就是飞机滑跑的安全问题。

表示机场道面抗滑性能的主要指标有道面摩擦系数和道面粗糙度。影响轮胎与道面之间摩擦系数大小的因素很多，诸如飞机滑行速度、道面粗糙度、道面状态（干燥、潮湿或被污染）、轮胎磨损状况、胎面的花纹、轮胎压力、滑溜比等。摩擦系数的测定方法和仪器有很多，国际民航组织和中国民航规定应使用有自湿装置的连续摩阻测试仪测量跑道的摩擦系数。我国许多军用机场目前还在使用摆式摩擦系数测定仪。摆锤底面装有轮胎面组成的滑块儿，以一定高度自由下摆，经潮湿道面时，因摩擦而损失部分能量，由回摆高度可知损失能量的大小，根据功能原理确定道面的抗滑性能。实验条件大致相当于以 50km/h 速度滑跑时的摩擦情况。

道面的粗糙度也称为纹理深度，系指道面的表面构造，包括宏观构造（粗纹理）和微观构造（细纹理）。粗纹理是指道面表面外露集料之间的平均深度，可用填砂法等方法测定。细纹理是指集料自身表面的粗糙度，用磨光值表示。道面表面的纹理构造，使道面表面雨天不会形成较厚的水膜，避免飞机滑跑时产生水上飘滑现象。在飞机滑跑速度不高时，道面表面的水来得及从滚动的机轮下排除，一部分水则被控制在集料表面的纹理之中。这时轮胎同道面表面能保持有摩阻作用的接触。细纹理对潮湿表面的抗滑起决定作用，当滑跑速度较高时，粗纹理对道面抗滑性起决定作用，其功能是提供排水通路，使道面表面的水能从高速滚动的机轮下迅速排除，从而避免形成水膜，使轮胎仍能同道面保持接触。而细纹理提供的低速抗滑性能在高速滑跑条件下仍能发挥作用。显然，飞机滑跑速度越大，为迅速排出表面水，所需要的纹理深度越大。因此，在道面设计和施工时应当有效地控制道面表面的纹理深度，以获得足够的道面摩阻力。

平均纹理深度通常采用填砂法测量，计算公式如式（2－1）。

$$\delta=\frac{40V}{\pi D^2} \tag{2-1}$$

式中，δ 为平均纹理深度；V 为填满圆面积内凹下部分所用砂量；D 为摊砂圆面积的直径。

提高水泥混凝土道面的抗滑性能，通常采取增大其纹理深度的表面处理措施。

三、平整度要求

机场道面平整度，是指道面的表面对于理想平面的竖向偏差，是表征道面表面特性的一个重要指标。它对飞机在滑行中的动力性能、行驶质量和道面承受的动力荷载三者的数值特征起着决定性的作用。

1. 道面不平整产生原因及其影响

机场道面在刚刚投入使用时的平整度是满足设计要求的，但是，在使用过程中由于受到荷载和自然因素的长期反复作用，就会产生道面不平整。一般来说，机场道面不平整的产生原因主要有以下几种情况：

（1）在飞机荷载的不断作用下，使道面在竖向方向产生累积塑性变形；

（2）地下水位的升降会引起土基和基层的不均匀沉降；

（3）基层或土基中的水结冰引起的道面鼓胀，冰融化引起道面承载力下降，道面凹陷；

（4）道面上下层的温度差，产生温度应力引起的道面板的翘曲；

（5）道面表面的磨耗、剥落、腐蚀、拥包等病害情况引起的道面表面不平整等。

机场道面不平整可能产生的影响主要有：

（1）道面不平整会使道面摩阻性不均，尤其是在雨雪天气时会造成道面低洼处积水结冰，严重影响飞行安全；

（2）飞机在不平整道面上滑行时，会造成飞机的颠簸和震动，从而使飞机乘员舒适度降低，影响飞行员的仪表判读和对飞机设备的操控；

（3）当飞机高速滑行时，剧烈的振动可能造成起落架过载甚至折断，振动会使飞机承受的动载增加，导致机件磨损甚至脱落，使用寿命下降；

（4）飞机的振动使得飞机对道面的竖向荷载增大，从而加速道面的破坏，缩短道面使用寿命。

2. 道面平整度评价方法和标准

机场道面平整度评价的指标有很多，比较常见的有：3m 直尺下最大空隙、国际平整度指数 IRI（International Roughness Index）、驾驶舒适度指数 RQI（Ride Quality

Index)、飞机竖向加速度、机场道面平整度指数 APRI（Airport Pavement Roughness Index)、道面平整度指数 PSI（Pavement Smoothness Index）等。国际民航组织的标准是“竣工的跑道道面磨耗层表面的平坦度在用 3m 直尺测量时，不论直尺以任何方向放在任何地方直尺底边与道面之间的空隙应不大于 3mm”。

3m 尺方法对测量人员的技术水平和测量设备要求较低，因而被许多机场所采纳。测量水泥混凝土道面平整度的方法是用 3m 直尺沿块板两对角线各平放一次，用塞尺量测尺与板块之间的最大间隙，即为该处道面的平整度。测定沥青混凝土道面平整度的方法是用 3m 直尺沿道面纵向和横向十字交叉各放一次，用塞尺量测尺与道面间的最大间隙既为该处道面的平整度。平坦度的测点数由调查区域面积决定，通常是 2000 个/m^2 测点，位置用随机抽样法确定。

根据民航有关规定，可将沥青和水泥混凝土道面的变形损坏划分为轻度、中度和重度三个等级，分别如表 2-1、表 2-2 所示。

表 2-1　沥青混凝土道面三米尺变形损坏评价标准

评价等级	轻度	中度	重度
变形高度超过 10mm 的面积（m^2）	＜20	20～50	＞50

表 2-2　水泥混凝土道面三米尺变形损坏评价标准

评价等级	轻度	中度	重度
三米尺测得变形高低差（mm）	＜5	5～10	＞10

四、气候稳定性

机场道面暴露在自然环境中，受各种气候因素（光照、温度、湿度等）的影响，道面结构的性能会发生变化，很多情况下，道面受到自然气候的破坏比遭受机轮荷载作用的破坏更为严重。常见的气候造成的病害有：沥青道面在夏季高温季节可能会变软、泛油，出现轮辙和拥包；在冬季低温时又可能因收缩受到约束出现开裂，这将影响道面的使用品质和使用寿命。同样，水泥混凝土道面在水的作用下会出现唧泥或板底脱空，进而造成板的断裂，这些都给其结构设计和材料组成设计带来复杂性。为此，在进行机场道面设计时，要充分调查和分析机场周围的气候条件、水文地质条件，研究建筑材料的性能同温度和湿度的关系，在此基础上选取合适的设计参数和结构组合，设计出在当地气候条件下具有足够稳定性的道面结构。

五、耐久性

道面的耐久性是指道面在长期的自然因素影响和荷载反复作用下，仍能保持正常使用状态的能力。机场道面在其使用年限内（通常水泥混凝土设计使用年限为 30 年左右，沥青混凝土为 20 年左右)，受到轮载和气候长期、反复作用，道面结构的整体或某一组成部分会逐渐出现疲劳损坏和塑性变形累积。若耐久性不足，道面使用较短的时间后就需要修复或改建，既干扰正常飞行，又造成投资的浪费。为此，设计和修建的机场道面结构，应使其在使用寿命年限内，具有较高的抗疲劳和抗塑性变形能力。

六、经济性

机场建设是一项浩大的工程。为了减少建设成本，道面设计不仅要保证各项技术达到要求标准，还应考虑建设经费最低。在考虑节省建设经费的时候，要把前期建设费用和将来的维修维护费用以及因维修造成的停航的损失全部计算在内，从而得出一个经济最优方案。这就要求机场道面的设计和施工人员进行充分调查论证，进行多方案比较，以提高机场道面建设的经济性。

第三章 水泥混凝土面层材料

机场道面的面层是直接同机轮和大气相接触的一层，承受机轮荷载的竖向应力、水平力和瞬时冲击力的作用，同时又受到降水的侵蚀、温度变化和阳光照射等自然因素的影响。面层的作用是为飞机起飞、降落和滑跑提供良好的道面状况，同时在保持自身完好性的前提下，把机轮荷载传递和扩散到基层中去。为了达到上述要求，面层应具有较高的结构强度、刚度和温度稳定性，还要耐磨、不透水，其表面还应具有良好的平整度和抗滑性，来保证飞机起降和滑行时既能满足舒适性又可以安全地加减速。目前，在民用机场中广泛使用的面层材料是水泥混凝土。

水泥混凝土道面是以水泥作为胶结材料，辅以砂、石骨料加水拌和均匀铺筑而成的道面，在必要时会加入适量外加剂、掺加料或其他改性材料等。这种道面具有强度高，耐侵蚀，使用品质好，应用广泛的优点。但初期投资大，完工后需要较长的养护期，不能立即开放交通，且养护维修难度大，耗时长。对于道面维修作业实施不停航施工时，水泥混凝土道面很少采用（不影响飞机起降、滑行、停放等区域除外）。

机场道面水泥混凝土主要由水泥、粗集料、细集料、水、外加剂和掺合料组成，本章就每一种组成材料进行详细表述。

第一节 水　泥

水泥是一种粉状水硬性无机胶凝材料。加水搅拌后成浆体，能在空气中硬化或者在水中经物理化学过程，产生强度和胶凝能力，将砂石等散状材料胶结成整体，或将构件结合成整体。它是机场场道工程中用量最大的建筑材料之一。

一、水泥的历史

人类使用水泥的历史可以追溯到公元初，古罗马人在建筑中使用的石灰与火山灰的混合物与现代的石灰火山灰水泥很相似。用它胶结碎石制成的混凝土，硬化后不但强度较高，而且还能抵抗淡水或含盐水的侵蚀。长期以来，它作为一种重要的胶凝材料，广泛应用于建筑工程。这是水泥的雏形。1756 年，英国工程师 J. 斯米顿在研究某些石灰在水中硬化的特性时发现：要获得水硬性石灰，必须采用含有黏土的石灰石来烧制；用于水下建筑的砌筑砂浆，最理想的成分是由水硬性石灰和火山灰配成。这个重要的发现为近代水泥的研制和发展奠定了理论基础。1796 年，英国人 J. 帕克用泥灰岩烧制出了一种水泥，外观呈棕色，很像古罗马时代的石灰和火山灰混合物，命名为罗马水泥。因为它是采用天然泥灰岩做原料，不经配料直接烧制而成的，故又名天然水泥。具有良好的水硬性和快凝特性，特别适用于与水接触的工程。1824 年英国建筑工人约瑟夫·阿斯普丁（Joseph Aspdin）发明了水泥并取得了波特兰水泥的专利权，他用石灰石和黏土为原料，按一定比例配合后，在类似于烧石灰的立窑内煅烧成熟料，再经磨细制成水泥。因水泥硬化后的颜色与英格兰岛上波特兰地方用于建筑的石头相似，被命名为波特兰水泥。它具有优良的建筑性能，在水泥史上具有划时代意义，由此进入了人工配制水硬性胶凝材料的新阶段。

二、水泥的分类

自 20 世纪硅酸盐水泥出现后，其应用日益普遍，人们也在不断改进波特兰水泥的性能，各种不同用途的水泥，如快硬水泥、抗硫酸盐水泥等相继出现。近几十年来，各种通用水泥、专用水泥和特性水泥品种层出不穷，其品种已达一百余种。

1. 按化学成分划分

按化学成分水泥可分为硅酸盐类水泥、铝酸盐类水泥、硫铝酸盐类水泥、铁铝酸盐类水泥、氟铝酸盐类水泥等。

2. 按用途和性能划分

按用途和性能水泥又可分为通用水泥、专用水泥、特性水泥等。通用水泥是指土木建筑工程中大量使用的具有一般用途的水泥，按混合材料的品种和掺加量可分为硅酸盐水泥、普通硅酸盐水泥、矿渣硅酸盐水泥、火山灰硅酸盐水泥、粉煤灰硅酸盐水泥和复合硅酸盐水泥六大品种，其各种类水泥的组分要求见表 3－1；专用水泥是指具有专门用途的水泥，如道路硅酸盐水泥、油井水泥、大坝水泥等；特性水泥是某种性能比较突出的水泥，如快硬硅酸盐水泥、低热矿渣硅酸盐水泥、膨胀硫铝酸盐水泥、抗硫酸盐硅酸盐水泥等。

表 3－1　通用硅酸盐水泥的组分要求

品种	代号	组分（%）				
		熟料＋石膏	粒化高炉矿渣	火山灰质混合材料	粉煤灰	石灰石
硅酸盐水泥	P·I	100				
	P·Ⅱ	≥95	≤5			
		≥95				≤5
普通硅酸盐水泥	P·O	≥80 且＜95	＞5 且≤20			
矿渣硅酸盐水泥	P·S·A	≥50 且＜80	＞20 且≤50			
	P·S·B	≥30 且＜50	＞50 且≤70			
火山灰质硅酸盐水泥	P·P	≥60 且＜80		＞20 且≤40		
粉煤灰硅酸盐水泥	P·F	≥60 且＜80			＞20 且≤40	
复合硅酸盐水泥	P·C	≥50 且＜80	＞20 且≤50			

水泥品种繁多，在机场场道面层工程中使用的水泥应选用硅酸盐水泥、道路硅酸盐水泥或普通硅酸盐水泥，满足收缩性小、耐磨性强、抗冻性好、含碱量低的水泥，不宜选用早强型水泥，所选水泥的各项技术指标应符合国家现行标准。水泥混凝土设计强度不小于5MPa时，所选水泥实测28d抗折强度宜大于8MPa。水泥的物理性质及化学成分宜符合《民用机场飞行区水泥混凝土道面面层施工技术规范》（MH/T 5006）以及国家现行有关标准的规定。

三、硅酸盐水泥

1. 硅酸盐水泥的分类

硅酸盐水泥，即国外通称的波特兰水泥，属于通用硅酸盐水泥，是由硅酸盐水泥熟料、0～5%石灰石或粒化高炉矿渣、适量石膏磨细制成的水硬性胶凝材料。根据我国现行标准《通用硅酸盐水泥》（GB175—2007）的规定，硅酸盐水泥的代号为P·Ⅰ和P·Ⅱ。代号为P·Ⅰ的硅酸盐水泥是一种不掺加混合材料，全部用硅酸盐水泥熟料和适量石膏磨细制成的水硬性胶凝材料，称Ⅰ型硅酸盐水泥；代号为P·Ⅱ的硅酸盐水泥是掺加质量比例不大于5%的粒化高炉矿渣或石灰石，与硅酸盐水泥熟料和适量石膏磨细制成的水硬性胶凝材料，称Ⅱ型硅酸盐水泥。

2. 硅酸盐水泥的原料

生产硅酸盐水泥的主要原料分为石灰质原料和黏土质原料两大类。石灰质原料主要包括石灰石、白垩、石灰质凝灰岩等物质，它们主要提供氧化钙；黏土质原料主要包括黏土、黏土质页岩、黄土等物质，它们主要提供氧化硅、氧化铝以及少量氧化铁等成分。当两种原料的化学组成不能满足组分要求时，应根据所缺少的组分加入一定量的辅助原料进行组分调整。当生料中的SiO_2组分不足时，可以添加一定量的硅藻土、硅藻石进行调整；如生料中的Fe_2O_3组分不足时，可以加入一定量的黄铁矿渣进行调整。此外在实际生产中会加入少量的矿化剂，用来改善生料易烧性，提高熟料产量，降低能耗。如复合矿化剂：石膏＋萤石。生产硅酸盐水泥原料的主要化学组分比例如表3-2所示。

表3-2　硅酸盐水泥原料的组分比例

原料种类	主要成分	常用缩写	含量（%）
石灰质原料	CaO	C	62～67
黏土质原料	SiO_2	S	19～24
	Al_2O_3	A	4～7
	Fe_2O_3	F	2～5

3. 硅酸盐水泥的生产过程

（1）生料配制与粉磨。几种原材料按照水泥熟料所要求的化学成分来确定其比例。各种原料按设计的比例配合后，可同时将这些原料磨细到规定的细度，或者分别磨细，并且使其混合均匀，成为水泥的生料。水泥生料的制备方法分为干法和湿法。干法是将各种原料烘干，再在磨机中磨成生料粉，湿法是在原料中加水后在磨机中磨成生料浆。在煅烧过

程中，干法比湿法煅烧减少了蒸发水分所需的热量。由于生料干粉的流动性较差，原料之间混合不好，水泥熟料成分不均匀。由于湿法制备成具有流动性的泥浆，所以各原料之间混合好，生料成分均匀，使烧成的熟料质量高，这是湿法生产的主要优点。

（2）高温煅烧。将制备好的生料入窑进行高温煅烧（煅烧温度约为1450℃），生成以硅酸钙为主要成分的硅酸盐水泥熟料。在水泥的煅烧过程中，生料发生了一系列的物理化学反应。首先是干燥与脱水：干燥是生料中自由水的蒸发，脱水是黏土矿物分解释放结晶水；其次是碳酸盐分解：在碳酸盐分解的同时，石灰质与黏土质之间通过质点的相互扩散，进行固相反应，生料中的氧化物 CaO、SiO_2、Al_2O_3 和 Fe_2O_3 相互化合，生成的熟料是结晶细小的多种矿物的集合体；最后是熟料的冷却：其过程实质上是液相的凝固与相变同时进行的。

煅烧熟料的设备主要有立窑和回转窑两类，立窑筒体立置不转动，适用于生产规模较小的工厂；回转窑窑筒体卧置（略带斜度），并能作回转运动，大、中型厂宜采用回转窑。

（3）熟料、混合材料、石膏粉磨。在水泥中掺加石膏主要是为了调节水泥的凝结速度，石膏的缓凝作用，主要是控制铝酸三钙的水化反应速度。石膏对铝酸三钙的缓凝作用主要是由于在铝酸三钙表面形成包裹层的结果。水泥中的石膏可与铝酸三钙水化生成难溶于水的钙矾石，其溶解度很小，且迁移比较困难，生成后凝聚在水泥颗粒表面形成水化物薄膜，封闭了水泥的表面，阻滞水分子及离子的扩散，从而延缓了水泥颗粒特别是铝酸三钙的水化速度。若直接将磨细的水泥熟料与水拌和，由于铝酸三钙水化反应速度很快，水泥的凝结速度就会过快，将导致水泥浆发生短时间凝结现象，无法正常施工且影响水泥质量。往水泥中掺加石膏的量主要决定于铝酸三钙的含量，也与混合材料的种类和数量有关。一般来说，当水泥中铝酸三钙含量大时，可适当增加石膏掺加量。但石膏掺量过多，则可能会引起水泥体积安定性不良。

熟料冷却后，在烧成的熟料中加入3%左右的石膏共同磨细，所形成的产品即为硅酸盐水泥。因此，硅酸盐水泥生产工艺过程概括起来为“两磨一烧”，其生产流程如图3-1所示。

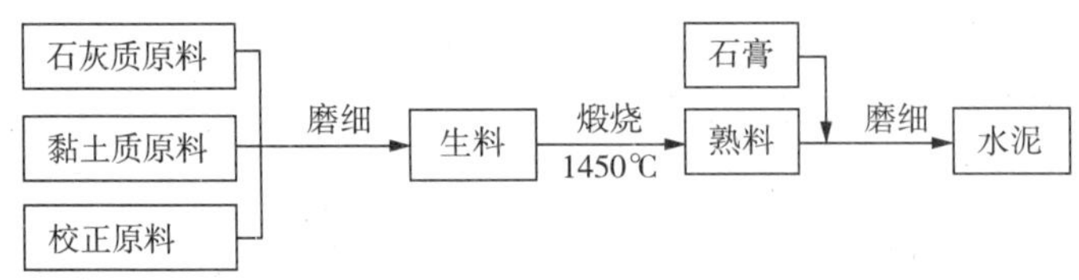

图3-1　硅酸盐水泥“两磨一烧”流程图

4. 硅酸盐水泥熟料的矿物组成

（1）熟料中的主要矿物

硅酸盐水泥熟料是指将配制好的水泥生料煅烧至部分熔融，所得到的以硅酸盐为主要矿物成分的水硬性胶凝物质，其中四种主要矿物成分为：硅酸三钙（$3CaO \cdot SiO_2$，简式为 C_3S）；硅酸二钙（$2CaO \cdot SiO_2$，简式为 C_2S）；铝酸三钙（$3CaO \cdot Al_2O_3$，简式为 C_3A）；铁铝酸四钙（$4CaO \cdot Al_2O_3Fe_2O_3$，简式为 C_4AF）。硅酸盐水泥熟料中四种主要矿物组成与含量如表3-3所示。

表 3-3 硅酸盐水泥熟料的矿物组成

矿物成分	化学分子式	缩写	含量（%）
硅酸三钙	$3CaO \cdot SiO_2$	C_3S	40～60
硅酸二钙	$2CaO \cdot SiO_2$	C_2S	10～40
铝酸三钙	$3CaO \cdot Al_2O_3$	C_3A	10～20
铁铝酸四钙	$4CaO \cdot Al_2O_3Fe_2O_3$	C_4AF	5～15

（2）熟料中主要矿物成分的性质

① 硅酸三钙。硅酸三钙（C_3S）是无色晶体，是硅酸盐水泥中最主要的矿物成分，其含量通常在50%左右。硅酸三钙在水泥熟料中并不是以纯矿物的形式存在，而是与少量其他氧化物，如氧化镁、氧化铝、氧化铁等形成固熔体，通常称为A矿。硅酸三钙水化速度较快，水化热高，且早期强度高，28d强度可达一年强度的70%～80%。但硅酸三钙的抗水性较差，含量过高时，不仅给煅烧带来困难，而且使得游离氧化钙增加，从而影响水泥的强度和安定性。它对硅酸盐水泥的性质特别是强度有着重要的影响。

② 硅酸二钙。硅酸二钙在硅酸盐水泥中的含量在30%左右，亦为主要矿物组分。硅酸二钙也不是以纯矿物的形式存在的，它通常与少量其他氧化物，如氧化镁、氧化铝、氧化铁等少量氧化物形成固熔体，称为B矿。遇水时对水反应较慢，水化热很低，它的水化产物对水泥早期强度贡献较小，但它有相当长期的活性，其水化物强度可在一年后超过硅酸三钙水化物的强度，因此对水泥后期强度起主要作用。而且硅酸二钙有耐化学侵蚀，干缩性小的优点。

③ 铝酸三钙。铝酸三钙在硅酸盐水泥中含量通常在15%以下，呈玻璃态或不规则的微晶。它是四种组分中遇水反应速度最快、水化热最高的矿物成分。铝酸三钙的含量决定水泥的凝结速度和释热量，其水化产物强度在3天内就能充分发挥出来，早期强度较高，对提高水泥早期强度起一定作用，后期强度不再增加。缺点是铝酸三钙的水化物耐化学侵蚀性差，尤其是抗硫酸盐侵蚀性差，干缩性大。

④ 铁铝酸四钙。铁铝酸四钙在硅酸盐水泥中通常含量在10%左右。在水泥熟料中，铁铝酸四钙的组成相对比较复杂，其中还含有少量氧化镁、氧化硅和氧化钾等氧化物，因此又称为C矿。铁铝酸四钙遇水反应较快，水化热较高；强度虽然较低，但对水泥抗折强度起重要作用；耐化学侵蚀性好，干缩性小。

（3）熟料中主要矿物成分的性质比较

硅酸盐水泥熟料中四种矿物组成的主要特性比较情况如下：

① 水化速度：C_3A 最快，C_3S 较快，C_4AF 也较快，C_2S 最慢。

② 水化热：C_3A 最大，C_3S 较大，C_4AF 较小，C_2S 最小。

③ 强度：C_3S 最高，C_2S 早期低，但后期增长较大。故 C_3S 和 C_2S 为水泥强度主要来源。C_3A 强度不高，C_4AF 含量对抗折强度有利。

④ 耐化学侵蚀性：C_4AF 最好，其次为 C_2S、C_3S，C_3A 最差。

⑤ 干缩性：C_4AF 和 C_2S 最小，C_3S 较大，C_3A 最大。

硅酸盐水泥的四种主要矿物成分的性质归纳如表 3－4 所示。

表 3－4 熟料中四种矿物成分的性质比较

矿物组成		硅酸三钙 C_3S	硅酸二钙 C_2S	铝酸三钙 C_3A	铁铝酸四钙 C_4AF
与水反应速度		中	慢	快	中
水化热		高	低	高	中
对强度的作用	早期	高	低	中	中
	后期	高	高	低	中
耐化学侵蚀性		中	良	差	优
干缩性		中	小	大	小

硅酸盐水泥中的多种矿物组分比例不是固定的，人们可以根据实际需要调整各矿物组分的含量比例，从而生产出性能各异的水泥。例如，提高硅酸三钙的含量可制得高强度水泥；降低硅酸三钙和铝酸三钙的含量，提高硅酸二钙含量可制得低热硅酸盐水泥；提高铁铝酸四钙和硅酸三钙含量则可制得抗折强度较高的道路硅酸盐水泥。

5. 硅酸盐水泥的凝结和硬化

水泥加水拌和后，成为可塑的水泥浆，水泥熟料中的矿物与水反应，生成各种水化物。

（1）水化反应：水泥颗粒与水接触，其表面的熟料矿物立即与水发生水解及化合作用，生成各种水化物并释放热量。水泥熟料中的四种主要矿物成分的反应如下：

① 硅酸三钙：硅酸三钙 C_3S 是硅酸盐水泥的主要矿物成分，它对水泥的胶凝性质起着重要作用。硅酸三钙的主要水化反应过程如式（3－1）所示，当水化过程进行到一定程度时，固相 $Ca(OH)_2$ 从溶液中结晶出来，水化硅酸钙（C－S－H）沉淀在被水所填充的孔隙中，附着于水泥颗粒表面。

$$3CaO \cdot SiO_2 + nH_2O \rightarrow x\,CaO \cdot SiO_2 \cdot yH_2O + (3-x)\,Ca(OH)_2 \qquad (3-1)$$

硅酸三钙水化硅酸钙氢氧化钙

② 硅酸二钙：硅酸二钙的主要水化过程以及水化物与硅酸三钙类似，但其水化反应速度比硅酸三钙慢一些。水化反应过程如式（3－2）所示：

$$2CaO \cdot SiO_2 + nH_2O \rightarrow xCaO \cdot SiO_2 \cdot yH_2O + (2-x)\,Ca(OH)_2 \qquad (3-2)$$

硅酸二钙水化硅酸钙氢氧化钙

③ 铝酸三钙：铝酸三钙的水化反应较为复杂，其反应过程可以分为三种情况：

在纯水中，反应过程如式（3－3）所示：

$$3CaO \cdot Al_2O_3 + 6H_2O \rightarrow 3CaO \cdot Al_2O_2 \cdot 6H_2O \qquad (3-3)$$

铝酸三钙水化铝酸钙

有石膏存在时，反应过程如式（3－4）所示：

$$3CaO \cdot Al_2O_3 + 3CaSO_4 2H_2O + 26H_2O \rightarrow 3CaO \cdot Al_2O_3 \cdot 3CaSO_4 \cdot 32H_2O \qquad (3-4)$$

铝酸三钙石膏三硫型水化铝酸钙（钙矾石）

当石膏消耗完毕后，反应过程如式（3－5）所示：

$$3CaO \cdot Al_2O_3 \cdot 3CaSO_4 \cdot 32H_2O + 2[3CaO \cdot Al_2O_3] + 4H_2O \rightarrow 3[3CaO \cdot Al_2O_3 \cdot CaSO_4 \cdot 12H_2O] \quad (3-5)$$

钙矾石铝酸三钙单硫型水化铝酸钙

④ 铁铝酸四钙：在纯水中，反应过程如式（3－6）所示：

$$4CaO \cdot Al_2O_3Fe_2O_3 + 7H_2O \rightarrow 3CaO \cdot Al_2O_3 \cdot 6H_2O + CaO \cdot Fe_2O_3 \cdot H_2O \quad (3-6)$$

铁铝酸四钙水化铝酸钙水化铁酸钙

在有石膏存在时，铁铝酸四钙水化反应与铝酸三钙类似。

从以上各化学反应方程式可以看出，硅酸盐水泥水化后的主要水化产物见表3－5。

表3－5　硅酸盐水泥水化产物的化学组成

水化产物名称	化学分子式	常用缩写	大致含量（%）
水化硅酸钙	$xCaO \cdot SiO_2 \cdot yH_2O$	C－S－H	70
氢氧化钙	$Ca(OH)_2$	CH	20
水化铝酸钙	$3CaO \cdot Al_2O_3 \cdot 6H_2O$	C_3AH_6	少量
水化铁酸钙	$CaO \cdot Fe_2O_3 \cdot H_2O$	CFH	少量
三硫型水化铝酸钙（钙矾石）	$3CaO \cdot Al_2O_3 \cdot 3CaSO_4 \cdot 32H_2O$	AFt	7
单硫型水化铝酸钙	$3CaO \cdot Al_2O_3 \cdot CaSO_4 \cdot 12H_2O$	AFm	
三硫型水化铁铝酸钙	$3CaO(Al_2O_3 \cdot Fe_2O_3)3CaSO_4 \cdot 32H_2O$	C_3(A，F) $3CSH_{32}$	少量
单硫型水化铁铝酸钙	$3CaO(Al_2O_3 \cdot Fe_2O_3)CaSO_4 \cdot 12H_2O$	C_3(A，F) CSH_{12}	少量

（2）水泥的凝结和硬化：水泥浆逐渐变稠失去流动性和可塑性但尚未具有强度的过程，称为水泥的凝结。水化反应不断进行，随后产生强度并逐渐变成坚硬的人造石的过程称为水泥的硬化。水泥的水化反应是一个连续且复杂的物理化学变化过程，凝结和硬化是人们为了施工控制而划设的两个阶段。水泥的凝结硬化过程实质上就是水泥浆体结构形成的过程，这样一个物理化学过程可以分为四个阶段：

① 初始反应期：水泥加水拌和后，立即发生水解和水化反应。初期 C_3S 水化，释放出 $Ca(OH)_2$，立即溶解于溶液中，几分钟后浓度达到过饱和后，$Ca(OH)_2$结晶析出。暴露在水泥颗粒表面的铝酸三钙也溶解于水，并与已溶解的石膏反应，生成钙矾石结晶析出。此时可以在电子显微镜下观察到水泥颗粒表面生成的立方片状氢氧化钙晶体CH、无定型水化硅酸钙凝胶C－S－H、针状晶体钙矾石AFt、单硫型水化硫铝酸钙AFm及单硫型水化硫铁酸钙等水化产物。在此阶段1%左右的水泥产生水化。

② 诱导期：在初始反应期后，水化物尚不多，吸附有水化物的水泥颗粒之间还是分离着的，相互间引力较小，水泥浆体可以看成是一个溶液分散体系。水泥微粒表面覆盖一

层以C－S－H凝胶为主的渗透膜，使水化反应缓慢进行。这期间生成的水化产物数量不多，水泥颗粒仍然分散，水泥浆体基本保持塑性。

③ 凝结期：由于渗透压的作用，包裹在水泥微粒表面的渗透膜破裂，水泥微粒进一步水化，除继续生成$Ca(OH)_2$及钙矾石外，还生成了大量的C－S－H凝胶。附着于水泥颗粒的水化物增多，C－S－H形成长纤维凝胶，并与AFt及其他水化物晶体在水泥颗粒之间形成絮凝结构，水泥水化产物不断填充了水泥颗粒之间的空隙，随着接触点的增多，结构趋向密实，使水泥浆体逐渐失去塑性。

④ 硬化期：随着各种水化物的显著增加，水泥芯核中未水化颗粒越来越小，水泥浆体内部的孔隙不断缩小，C_4AF的水化物也开始形成，水化生成物以凝胶与结晶状态进一步填充孔隙，塑性、强度开始迅速发展，水泥浆体内结晶网开始形成并发展，浆体进入凝聚—结晶结构状态，水泥浆体进入硬化期。水泥的硬化期可以延续很长时间，甚至可持续十几年。

上述水泥凝结硬化的各个过程是交错进行的，各阶段并无明显划分。

6. 硅酸盐水泥的技术要求

水泥的技术要求包括化学指标和物理指标两大方面。化学指标是为保证水泥的使用质量，必须控制水泥中有害化学成分的含量。物理指标是为了控制水泥的细度、水泥净浆标准稠度、凝结时间、体积安定性等物理力学性质。国家标准《通用硅酸盐水泥》（GB175—2007）对硅酸盐水泥的化学指标、碱含量、物理指标等提出了技术要求。当水泥的初凝时间、安定性、强度和化学指标中的任何一项不满足上述要求时，均为不合格品。

硅酸盐水泥的技术要求包括下列项目：

（1）化学指标

水泥的化学指标主要是控制水泥中有害的化学成分含量，若超过最大允许限量，即意味着对水泥性能和质量可能产生有害或潜在的影响。

① 三氧化硫含量。水泥中的三氧化硫主要是在生产时为调节凝结时间加入石膏或生产水泥的矿化剂而产生的。水泥中过量的三氧化硫会与铝酸三钙形成较多的钙矾石，甚至引起硬化后水泥石体积膨胀，导致结构物破坏。硅酸盐水泥中三氧化硫的含量（质量分数）应不大于3.5％。

② 不溶物。不溶物是指经盐酸处理后的残渣，再以氢氧化钠溶液处理，再由盐酸中和过滤，所得的残渣经高温灼烧所剩的物质。水泥中的不溶物主要来自原料中的黏土和二氧化硅，由于煅烧不佳、化学反应不充分而未参与形成熟料矿物。不溶物含量高将影响水泥的有效成分含量，对水泥质量有不良影响。Ⅰ型硅酸盐水泥中不溶物（质量分数）应不大于0.75％；Ⅱ型硅酸盐水泥中不溶物（质量分数）应不大于1.50％。

③ 氧化镁含量。在水泥熟料中常含有少量未与其他矿物结合的游离氧化镁，这种多余的氧化镁是高温时形成的方镁石，它水化为氢氧化镁的速度很慢，常在水泥硬化以后几个月甚至几年才明显水化生成氢氧化镁，产生体积膨胀，可导致水泥石结构产生裂缝甚至破坏，因此它是引起水泥安定性不良的原因之一。水泥中氧化镁的含量（质量分数）应不大于5.0％。如果水泥经压蒸安定性试验合格，则水泥中氧化镁的含量（质量分数）允许放宽到6.0％。

④ 氯离子。水泥中的氯离子含量过高，其主要原因是掺加了混合材料的外加剂（如工业废渣、助磨剂等）。氯离子是混凝土中钢筋锈蚀的重要因素，钢筋锈蚀容易产生体积膨胀，强度大幅度减低，危害构件使用安全。所以我国现行标准《通用硅酸盐水泥》（GB175—2007）中规定：水泥生产中允许加入不超过0.5%的助磨剂，水泥中的氯离子含量（质量分数）不得超过0.06%。

⑤ 烧失量。烧失量是用来限制石膏和混合料中杂质的，水泥煅烧不佳或受潮后也均会导致烧失量增加。烧失量测定是以水泥试样在950℃～1000℃下灼烧15～20min冷却至室温称量。如此反复灼烧直至恒量，计算灼烧前后质量损失百分率。Ⅰ型硅酸盐水泥的烧失量（质量分数）不得大于3.0%，Ⅱ型硅酸盐水泥的烧失量（质量分数）应不大于3.5%。

通用硅酸盐水泥的化学指标要求如表3-6所示。

表3-6　通用硅酸盐水泥的化学指标（%）

<table>
<tr><th>品种</th><th>代号</th><th>不溶物</th><th>烧失量</th><th>三氧化硫</th><th>氧化镁</th><th>氯离子</th></tr>
<tr><td rowspan="2">硅酸盐水泥</td><td>P·Ⅰ</td><td>≤0.75</td><td>≤3.0</td><td rowspan="3">≤3.5</td><td rowspan="3">≤5.0</td><td rowspan="8">≤0.06</td></tr>
<tr><td>P·Ⅱ</td><td>≤1.50</td><td>≤3.5</td></tr>
<tr><td>普通硅酸盐水泥</td><td>P·O</td><td>—</td><td>≤5.0</td></tr>
<tr><td rowspan="2">矿渣硅酸盐水泥</td><td>P·S·A</td><td>—</td><td>—</td><td rowspan="2">≤4.0</td><td>≤6.0</td></tr>
<tr><td>P·S·B</td><td>—</td><td>—</td><td>—</td></tr>
<tr><td>火山灰质硅酸盐水泥</td><td>P·P</td><td>—</td><td>—</td><td rowspan="3">≤3.5</td><td rowspan="3">≤6.0</td></tr>
<tr><td>粉煤灰硅酸盐水泥</td><td>P·F</td><td>—</td><td>—</td></tr>
<tr><td>复合硅酸盐水泥</td><td>P·C</td><td>—</td><td>—</td></tr>
</table>

（2）碱含量（选择性指标）

当采用含有活性二氧化硅或活性碳酸盐成分的集料配制混凝土时，水泥中的碱性氧化物（如少量氧化钠、氧化钾）会与集料中活性二氧化硅或活性碳酸盐发生化学反应，称为“碱-集料反应”。其生成物附着在集料与水泥石的界面上，且遇水膨胀，引起水泥石胀裂，导致黏结强度降低，破坏混凝土结构。硅酸盐水泥中碱含量按（$Na_2O+0.658K_2O$）的计算值来表示。若使用活性骨料，用户要求提供低碱水泥时，水泥中碱含量不得大于0.60%或由供需双方商定。

（3）物理指标

① 细度。细度是指水泥颗粒的粗细程度。硅酸盐水泥的细度常以比表面积表示。细度对水泥的水化硬化速度、水泥需水量、和易性、放热速率和强度都有影响。比表面积越大，水泥与水起反应的面积愈大，水化愈充分，水化速度愈快。所以相同矿物组成的水泥，细度愈大，早期强度愈高，凝结速度愈快，析水量减少。实践表明，细度提高可使水泥混凝土的强度提高，工作性得到改善。但是，水泥细度提高，在空气中的硬化收缩也较大，使水泥发生裂缝的可能性增加。因此，对水泥细度必须控制在合理范围以内。水泥细度有两种表示方法：

一是筛析法。筛析法是以 80μm 方孔筛或 45μm 方孔筛上的筛余质量百分率表示水泥的细度，按照《水泥细度检验方法筛析法》（GB/T1345—2005）进行试验。

二是比表面积法。比表面积法以每千克水泥的总表面积表示水泥的细度，按照《水泥比表面积测定方法勃氏法》（GB/T8074—2008）进行试验。硅酸盐水泥和普通水泥的细度以比表面积表示，要求其比表面积不小于 $300m^2/kg$。

② 凝结时间。水泥的凝结时间是从加水开始到水泥浆失去可塑性所需的时间，以标准试针沉入标准稠度水泥净浆至一定深度所需时间来表示，分为初凝时间和终凝时间。初凝时间是指水泥全部加入水中至初凝状态所经历的时间，用“min”计。初凝状态是指试针自由沉入标准稠度的水泥净浆至距底板 4±1mm 时的稠度状态。终凝时间是指由水泥全部加入水中至终凝状态所经历的时间，用“min”计。终凝状态是指试针沉入试件 0.5mm，且其环形附件不能在试件上留下痕迹时的稠度状态。

水泥的凝结时间对水泥混凝土的施工有重要的意义。初凝时间太短，将影响混凝土的搅拌、运输、浇筑、振捣等施工工序的正常进行；而一旦施工完毕则要求混凝土尽快硬化，并具有一定的强度，以加快模具的周转，缩短养护时间，加快施工进度。所以，水泥的初凝时间不宜过短，终凝时间不宜过长。我国现行标准《通用硅酸盐水泥》（GB175—2007）规定，硅酸盐水泥初凝时间不小于 45min，终凝时间不大于 390min；普通硅酸盐水泥、矿渣硅酸盐水泥、火山灰质硅酸盐水泥、矿渣硅酸盐水泥及复合硅酸盐水泥的初凝时间不小于 45min，终凝时间不大于 600min。在实际工程中，水泥混凝土和水泥砂浆的凝结时间往往比标准稠度水泥净浆的凝结时间长得多。凝结时间还受周围环境温度的影响，温度较高时，水化反应速度较快，凝结时间就会相应缩短，反之，凝结时间就会延长。

③ 安定性。安定性是指水泥在凝结硬化过程中体积变化的均匀性。水泥体积安定性不良是由于水泥中某些有害成分的作用。各种水泥在凝结硬化过程中，如果产生不均匀变形或变形太大，会导致水泥石膨胀开裂、翘曲，也就是水泥体积安定性不良，影响工程质量，甚至引起严重事故。

影响体积安定性的因素主要有三种：一是氧化钙含量过多。水泥熟料中含有游离氧化钙，其中部分过烧的氧化钙（CaO）在水泥凝结硬化后，会缓慢与水生成氢氧化钙。该反应体积膨胀，使水泥石发生不均匀体积变化。二是氧化镁含量过多。水泥中的氧化镁在水泥凝结硬化后，才会与水慢慢水化生成氢氧化镁。该反应比过烧的氧化钙与水的反应更加缓慢，且体积膨胀，会在水泥硬化几个月后导致水泥石开裂。三是石膏掺量过多，导致水泥中的三氧化硫含量偏高。当水泥硬化后，在有水存在的情况下，三氧化硫还会继续与固态的水化铝酸钙反应生成高硫型水化硫铝酸钙（俗称钙矾石），体积增大约 1.5 倍，引起水泥石开裂。国家标准《通用硅酸盐水泥》（GB175—2007）中对氧化镁和三氧化硫已作定量限制，但未对氧化钙作限制。游离氧化钙对安定性的影响不仅与其含量有关，还与水泥的煅烧温度有关，故难以定量。硅酸盐水泥的安定性应使用沸煮法进行检测，安定性必须合格。

④ 强度。水泥强度是水泥技术要求中最基本的指标，是评价水泥质量、确定水泥强度等级的重要指标，也是水泥混凝土和砂浆配合比设计的重要计算参数。影响水泥强度的

因素有很多，一是水泥的本身特性，如水泥熟料矿物组分、细度等；二是外部影响因素，如水灰比、试件的制作方法、养护的温度、湿度和时间等。

水泥强度可以通过将水泥制成水泥净浆、水泥砂浆和水泥混凝土试件的方法进行测试。目前，国际上多采用砂浆法作为水泥强度的标准试验方法。我国标准《通用硅酸盐水泥》（GB/T175—2007）中规定，水泥强度按《水泥胶砂强度检验方法（ISO 法）》（GB/T17671－1999）进行试验。按照该规范，将水泥与 ISO 标准砂（此砂的粒径为 0.08～2.0mm，分粗、中、细三级，各占三分之一。其中粗砂为 1.0～2.0mm；中砂为 0.5～1.0mm；细砂为 0.08～0.5mm）按照 1∶3 的质量比例混合后，以水灰比为 0.5 拌制水泥胶砂，用标准方法制作 40mm×40mm×160mm 的标准试件。试件在标准条件（20℃±1℃，相对湿度不小于 90%或水中）下进行养护，达到规定龄期（3d、28d）时，测定其抗折强度和抗压强度。然后按国家标准《通用硅酸盐水泥》（GB175—2007）规定的最低强度值来评定其所属强度等级。

水泥的强度等级按规定龄期抗压强度和抗折强度来划分，硅酸盐水泥强度等级分为 42.5、42.5R、52.5、52.5R、62.5、62.5R 六个强度等级，如表 3－7 所示。为了确保水泥在工程中的使用质量，生产厂在控制出厂水泥 28d 的抗压强度时，均留有一定的富余强度。在设计混凝土强度时，可采用水泥实际强度。通常富余强度系数为 1.00～1.13。

硅酸盐水泥各龄期强度不低于表 3－7 中数值。水泥 28d 之前强度称为早期强度，28d 及其之后强度称为后期强度。在规定各龄期的抗压强度和抗折强度均符合某一强度等级的最低强度值要求时，以 28d 抗压强度值（MPa）作为强度等级。为提高水泥早期强度，我国现行标准将水泥分为普通型和早强型（或称 R 型）两个型号。早强型水泥 3d 的抗压强度较同强度等级的普通型水泥强度提高 10%～24%，早强型水泥的 3d 抗压强度可达 28d 抗压强度的 50%。

表 3－7 通用硅酸盐水泥强度指标 （单位：MPa）

品种	强度等级	抗压强度		抗折强度	
		3d	28d	3d	28d
硅酸盐水泥	42.5	≥17.0	≥42.5	≥3.5	≥6.5
	42.5R	≥22.0		≥4.0	
	52.5	≥23.0	≥52.5	≥4.0	≥7.0
	52.5R	≥27.0		≥5.0	
	62.5	≥28.0	≥62.5	≥5.0	≥8.0
	62.5R	≥32.0		≥5.5	
普通硅酸盐水泥	42.5	≥17.0	≥42.5	≥3.5	≥6.5
	42.5R	≥22.0		≥4.0	
	52.5	≥23.0	≥52.5	≥4.0	≥7.0
	52.5R	≥27.0		≥5.0	

（续表）

品种	强度等级	抗压强度		抗折强度	
		3d	28d	3d	28d
矿渣硅酸盐水泥 火山灰质硅酸盐水泥 粉煤灰硅酸盐水泥 复合硅酸盐水泥	32.5	≥10.0	≥32.5	≥2.5	≥5.5
	32.5R	≥15.0		≥3.5	
	42.5	≥15.0	≥42.5	≥3.5	≥6.5
	42.5R	≥19.0		≥4.0	
	52.5	≥21.0	≥52.5	≥4.0	≥7.0
	52.5R	≥23.0		≥4.5	

7. 硅酸盐水泥的抗腐蚀

（1）水泥石的腐蚀

硅酸盐水泥混凝土暴露在外界环境中，水泥石的强度将不断增长，但同时会受到环境介质对混凝土的各种化学腐蚀，强度反而降低，甚至引起混凝土结构物的破坏，这种现象称为水泥石的腐蚀。常见对水泥混凝土的化学腐蚀有淡水腐蚀、硫酸盐腐蚀、海水腐蚀，酸碱腐蚀等。其中海水侵蚀除了硫酸盐腐蚀外，还有反复干湿作用，盐分在混凝土内的结晶与聚集、海浪的冲击磨损、海水中的氯离子对钢筋的锈蚀作用等，同样会使混凝土受到侵蚀而破坏。

① 淡水腐蚀。淡水腐蚀又称溶出侵蚀或溶析性腐蚀。雨水、雪水及许多江河湖水都属于软水，是重碳酸盐含量低的水。在硅酸盐水泥的水化产物中，氢氧化钙在水中的溶解度最大，长期处于软水的浸析下，水泥石中的 $Ca(OH)_2$ 会不断溶出，当水泥石碱度降低到一定程度，会使其他水化产物发生溶蚀，导致水泥石破坏，也就是硬化后混凝土中的水泥水化产物被淡水溶解而带走的一种腐蚀现象。

在水量小、静水或无压情况下，由于 $Ca(OH)_2$ 的溶出，周围的水很快饱和，溶出作用很快就终止。但在大量或流动的水中，由于 $Ca(OH)_2$ 不断被溶析，不仅混凝土的密度和强度降低，还导致了水化硅酸钙和水化铝酸钙的分解，最终可能引起整体结构物的破坏。所以在流动水中的腐蚀比静水中严重。

② 碳酸腐蚀。在工业污水或地下水中常含有较多的碳酸，碳酸与水泥石中的 $Ca(OH)_2$ 作用，生成难溶的 $CaCO_3$；碳酸进一步与 $CaCO_3$ 作用，生成易溶于水的 $Ca(HCO)_2$，使 $Ca(OH)_2$ 不断溶出，从而引起水泥石的结构破坏。混凝土的碳化是指 CO_2 与水泥石中的 $Ca(OH)_2$ 作用，生成 $CaCO_3$ 和 H_2O 的反应。当 CO_2 的浓度较低时，生成不溶于水的 $CaCO_3$，反应到此结束，即 CO_2 浓度低时对水泥石无腐蚀作用。当 CO_2 浓度较高时，上述反应生成的 $CaCO_3$ 转变为易溶的 $Ca(HCO_3)_2$，从而使水泥石中的 $Ca(OH)_2$ 不断溶出。同时，由于 $Ca(OH)_2$ 的减少会引起水化产物分解，从而引起水泥石的解体，故 CO_2 浓度高的流水对水泥石有腐蚀作用。碳化还会引起混凝土的收缩，使混凝土表面碳化层产生拉应力，可能产生细微裂缝，从而降低了混凝土的抗折强度。

③ 硫酸盐的腐蚀。海水、沼泽水、工业污水中常含有易溶的硫酸盐类，它们与水泥

石中的氢氧化钙反应生成石膏，石膏在水泥石孔隙中结晶时体积膨胀，且石膏与水泥中的水化铝酸钙作用，生成水化硫铝酸钙（即钙矾石），其体积可增大1.5倍。因此水泥石内部会产生很大的膨胀应力，使混凝土结构的强度降低，甚至使水泥石膨胀开裂。

④ 镁盐腐蚀。在海水、地下水或矿泉水中，常含有较多的镁盐，如氯化镁、硫酸镁，这些镁盐会与水泥石中的氢氧化钙反应生成无胶结能力、极易溶于水的氯化钙，或生成二水石膏导致水泥石结构破坏。

⑤ 酸腐蚀。各种酸与水泥石中的 $Ca(OH)_2$ 作用，生成一些强度很低或溶于水的钙盐，导致水泥石结构破坏。酸性越强，其腐蚀就越强烈。

⑥ 碱侵蚀。混凝土本身是碱性的，能够抵抗一般碱类的侵蚀，但会被强碱腐蚀。NaOH与水化铝酸钙反应生成氢氧化钙、铝酸钠（胶结力弱、易溶）和水。氢氧化钠渗入浆体孔隙后与空气中二氧化碳反应形成含大量结晶水的碳酸钠（$NaCO_3 \cdot 10H_2O$），碳酸钠结晶时也会造成浆体结构胀裂。

（2）防止水泥石腐蚀的措施

水泥石受腐蚀的基本原因有两个：一是内部原因。水泥石中含有易受腐蚀的成分，如氢氧化钙、水化铝酸钙等，水泥石本身不密实，内部含有大量毛细孔隙，使腐蚀性物质渗入到水泥石内部，造成水泥石内部也受到腐蚀。二是外部原因。水泥石直接暴露在外部环境下，被环境中的腐蚀因素破坏。所以防止水泥石腐蚀的措施也主要从这些方面考虑的。具体措施有：

① 合理选用水泥品种。根据具体的外部环境，选择合适的水泥品种，例如，选用硅酸三钙含量低的水泥或者掺活性混合材料的水泥，使水化产物中氢氧化钙的含量减少，可提高抗淡水侵蚀能力；选用铝酸三钙含量低的水泥，则可降低硫酸盐的腐蚀作用。

② 减小水泥石的孔隙率。存在于水泥石内部的毛细孔隙是水泥石产生腐蚀的内部原因。可以采用各种措施，如降低水灰比，合理设计混凝土配合比，掺外加剂及加强振捣等，提高水泥石密实度，减少孔隙率，增强其抗腐蚀能力。

③ 设置保护层。当环境的腐蚀作用较强时，可在水泥石表面敷设一层耐腐蚀性强且不透水的保护层，如耐酸陶瓷、塑料或沥青等，将外部的腐蚀环境与水泥石隔离开，从而防止其被腐蚀。

四、其他的通用硅酸盐水泥

通用硅酸盐水泥是指土木建筑工程中大量使用的具有一般用途的水泥。除了硅酸盐水泥外，还有普通硅酸盐水泥、矿渣硅酸盐水泥、火山灰质硅酸盐水泥、粉煤灰硅酸盐水泥和复合硅酸盐水泥。具体组分要求参见表3-1，其化学指标参见表3-6，具体强度指标参见表3-7。前面我们详细讲述了硅酸盐水泥，下面我们将对其他五种通用硅酸盐水泥做简单介绍。

1. 普通硅酸盐水泥

普通硅酸盐水泥是由硅酸盐水泥熟料、5%～20%的混合材料（粒化高炉矿渣、火山灰质混合材料、粉煤灰和石灰石）及适量石膏磨细制成的水硬性胶凝材料，简称普通水泥，代号为P·O。普通硅酸盐水泥的强度等级分为42.5、42.5R、52.5、52.5R四个级别。普通硅酸盐水泥具有强度高、水化热大，抗冻性好、干缩小，耐磨性较好、抗碳化性较好、耐腐蚀性差、不耐高温等特性。由于普通硅酸盐水泥中混合材料的掺量较低，其矿物组成的比例仍在硅酸盐水泥的范围内，其水化产物及凝结硬化过程也与硅酸盐水泥相似，所以普通硅酸盐水泥的技术性质与硅酸盐水泥相近。少量混合材料的作用主要是调节水泥强度，有利于合理选用。这种水泥被广泛应用于各种混凝土或钢筋混凝土工程，也是我国主要水泥产品之一。

2. *矿渣硅酸盐水泥*

将高炉炼铁矿渣在高温液态卸出时经冷淬处理，使其成为颗粒状态，质地疏松、多孔，称为粒化高炉矿渣。其主要化学成分为CaO、SiO_2和Al_2O_3，它们的总含量在90%以上，此外还有MgO、FeO和一些硫化物。粒化高炉矿渣属于活性混合材料，掺入水泥后，其成分能与水泥中的矿物成分起化学反应，生成具有胶凝能力的水化产物，且既能在水中又能在空气中硬化。

由硅酸盐水泥熟料和粒化高炉矿渣、适量石膏磨细制成的水硬性胶凝材料称为矿渣硅酸盐水泥，简称矿渣水泥，代号P·S。水泥中粒化高炉矿渣掺加量按重量百分比计为20%～70%。按照粒化高炉矿渣掺加量不同分为两个类型：其中，掺加大于20%且不超过50%粒化高炉矿渣的矿渣硅酸盐水泥为A型，代号为P·S·A；掺加大于50%且不超过70%粒化高炉矿渣的矿渣硅酸盐水泥为B型，代号为P·S·B。

由于矿渣硅酸盐水泥中水泥熟料含量比硅酸盐水泥的少，并掺有大量的粒化高炉矿渣，因此与硅酸盐水泥相比，矿渣硅酸盐水泥的性能及应用具有以下特点：

(1) 抗淡水及硫酸盐腐蚀的能力较强。矿渣硅酸盐水泥中熟料相对减少，硅酸三钙和铝酸三钙的含量也随之减少，其水化所析出的氢氧化钙比硅酸盐水泥析出的少，而且矿渣中活性SiO_2、Al_2O_3与$Ca(OH)_2$发生反用又消耗了大量的$Ca(OH)_2$，这样水泥石中$Ca(OH)_2$就更少了，因此提高了抗淡水及硫酸盐腐蚀的能力。

(2) 水化热低。矿渣硅酸盐水泥中熟料减少，相对降低了硅酸三钙和铝酸三钙的含量，水化和硬化过程较慢，因此水化热比普通硅酸盐水泥小。

(3) 早期强度低，后期期强度高。矿渣硅酸盐水泥的水化过程首先是熟料的水化，矿渣活性组分的水化要在熟料水化产物$Ca(OH)_2$的激发下进行。矿渣水泥中熟料含量少，而且常温下化合反应缓慢，因此强度增长速度较缓慢。到后期随着水化硅酸钙凝胶数量的增多，28d以后的强度将超过强度等级相同的硅酸盐水泥。矿渣掺入量越多，早期强度越低，后期强度增长率越大。此外，矿渣硅酸盐水泥的水化反应对温度敏感，提高养护温度、湿度有利于强度发展。若采用蒸汽养护，强度增长较普通硅酸盐水泥快，且后期强度仍能很好地增长。

(4) 耐热性较强。矿渣硅酸盐水泥中的$Ca(OH)_2$含量较低，且矿渣本身又是水泥的耐热掺料，故矿渣硅酸盐水泥具有较好的耐热性。

(5) 干缩性较大。矿渣硅酸盐水泥中混合材料掺量较大，且磨细粒化高炉矿渣有尖锐棱角，故标准稠度需水量较大，保持水分能力较差，泌水性较大，因而干缩性较大，如养护不当则易产生裂缝。因此矿渣水泥的抗冻性、抗渗性和抵抗干湿交替的性能均不及普通硅酸盐水泥，且碱度低，抗碳化能力差。

综上所述，根据矿渣硅酸盐水泥的特点，其适用于高温车间和有耐热、耐火要求（温

度不高于 200℃）的混凝土结构；大体积混凝土结构；蒸汽养护的构件；有抗淡水或硫酸盐侵蚀要求的工程。不适用于早期强度要求高的工程；施工温度低，养生条件差的工程；有抗冻要求的混凝土工程。

3. 火山灰质硅酸盐水泥

火山灰质硅酸盐水泥是由硅酸盐水泥熟料和火山灰质材料及石膏按比例混合磨细而成的水硬性胶凝材料，简称火山灰水泥，代号为 P·P。其中掺加火山灰质混合材料的质量比例应大于 20%且不超过 40%。火山灰质混合材料也属于活性材料。

火山灰水泥的水化和硬化过程及水化产物均与矿渣水泥类似。水泥加水后，先是熟料矿物水化生成 $Ca(OH)_2$，$Ca(OH)_2$再与火山灰质混合材料中的活性 SiO_2和 Al_2O_3等产生二次反应，生成以水化硅酸钙为主的一系列水化产物。火山灰质混合材料品种多，组成与结构差异大，虽然各种火山灰水泥的水化、硬化过程基本相似，但水化速度和水化产物等随着混合材料硬化环境和水泥熟料的不同而发生变化。

火山灰质硅酸盐水泥的性能具有如下特点：

（1）火山灰水泥凝结硬化缓慢，早期强度低，后期强度高。火山灰水泥的凝结硬化过程对环境温度、湿度变化较为敏感，故火山灰水泥宜用蒸汽或压蒸养护。

（2）火山灰水泥具有良好的抗渗性、耐水性及一定的抗腐蚀能力。火山灰水泥在硬化过程中形成了大量的水化硅酸钙凝胶，提高了水泥石的致密程度，从而提高了抗渗性、耐水性及抗硫酸盐性，且由于 $Ca(OH)_2$含量低，因而有良好的抗淡水侵蚀性。

（3）火山灰水泥保水性差。在干燥环境中将由于失水而使水化反应停止，强度不再增长，且由于水化硅酸钙凝胶的干燥将产生收缩和内应力，使水泥石产生很多细小的裂缝。在表面则由于水化硅酸钙抗碳化能力差，使水泥石表面产生“起粉”现象，耐磨性差。所以在施工中要注意洒水养护。

（4）火山灰水泥具有较低的水化热。

因此，火山灰水泥适用于地下、水中大体积混凝土结构和有抗渗要求的混凝土结构；蒸汽养护的构件；抗硫酸盐侵蚀的工程。但是不适用于处于干燥环境中的混凝土工程、早期强度要求高的工程和有抗冻要求的混凝土工程。

4. 粉煤灰硅酸盐水泥

粉煤灰是指火电厂的燃料煤粉燃烧后收集的飞灰。粉煤灰中含有较多的 SiO_2、Al_2O_3，与 $Ca(OH)_2$的化合能力较强，具有较高的活性。

粉煤灰硅酸盐水泥是由硅酸盐水泥熟料和粉煤灰，加适量石膏混合后磨细而成，简称粉煤灰水泥，代号为 P·F。其中掺加粉煤灰的量应大于 20%且不超过 40%。

粉煤灰水泥的凝结硬化过程与火山灰质水泥极为相似。但是由于粉煤灰的化学组成及矿物结构与其他火山灰质混合材料有所不同，因此构成了粉煤灰水泥的特点。粉煤灰的活性组分主要是玻璃体（玻璃珠或空心玻璃珠），这种玻璃体比较稳定而且结构致密，比表面积较小，不易水化，粉煤灰活性的发挥主要在后期。在 $Ca(OH)_2$的激发作用下，经过 28d 到 3 个月的水化龄期才能在玻璃体表面形成水化硅酸钙和水化铝酸钙，所以这种水泥的早期强度发展比矿渣水泥和火山灰质水泥更低，但后期可以赶上。

粉煤灰硅酸盐水泥的性能具有如下特点：

(1) 粉煤灰水泥的凝结硬化慢，早期强度低，但粉煤灰细度愈细，活性愈高，强度增长速度愈快，后期强度高，甚至可以赶上或明显超过硅酸盐水泥。

(2) 由于粉煤灰表面致密，吸水能力弱，与其他掺混合材料的水泥相比，标准稠度用水量较小，干缩性也小，因而早期干缩所引起的裂纹较少。

(3) 粉煤灰颗粒多呈球形，且致密，吸水性小，能减少拌和物内摩擦力，和易性好。初始泌水速度较快，表面易产生粉煤灰浮浆。

粉煤灰水泥还有水化热小、抗硫酸盐腐蚀能力强及抗冻性差等特点，因此，粉煤灰水泥适用于地上、地下及水中的大体积水泥混凝土结构；蒸汽养护的构件；有抗硫酸盐侵蚀要求的工程；抗裂性要求较高的构件。粉煤灰水泥不宜用于有抗碳化要求的工程；早期强度要求高的工程；施工温度低，养生条件差的工程；有抗冻要求的混凝土工程。

5. 复合硅酸酸盐水泥

复合硅酸盐水泥是由硅酸盐水泥熟料、两种或两种以上规定的混合材料、适量石膏磨细制成的水硬性胶凝材料，简称复合水泥，代号为P·C。复合硅酸盐水泥中掺加两种或两种以上活性或非活性混合材料的掺加量应大于20%且不超过50%。

在复合硅酸盐水泥中，掺加两种或两种以上混合材料，如矿渣-煤矸石复合水泥、矿渣-磷渣复合水泥、烧黏土-废渣-石灰石复合水泥等。将混合材料复合掺配，可以发挥取长补短的作用，其特性与矿渣硅酸盐水泥、火山灰质硅酸盐水泥、粉煤灰硅酸盐水泥有不同程度的相似之处，但有单一混合材料无法发挥的作用，是一种很有发展前途的水泥。

除复合硅酸盐水泥外的五种通用硅酸盐水泥是土建工程中应用最为广泛的品种，他们的特点、适用情况及不适用情况等进行总结，如表3-8所示。

表3-8 通用水泥的特点及选用

指标	硅酸盐水泥	普通水泥	矿渣水泥	火山灰水泥	粉煤灰水泥
特点	硬化快，早期强度高，水化热大，抗冻性好，抗渗性较好耐，腐蚀性和耐热性差	硬化快，早期强度较高，水化热大，抗冻性好，抗渗性较好，耐腐蚀性耐热性较差	早期强度较低，后期强度增长较快；水化热较低；耐热性好；耐蚀性较强；抗冻性差；干缩性较大；抗渗性差	早期强度较低，后期强度增长较快；水化热较低，耐蚀性较强；抗渗性好；抗冻性差；干缩性大	早期强度较低，后期强度增长较快；水化热较低；耐腐蚀性较强；干缩性较小；抗裂性较高；抗冻性差
适用情况	一般土建工程中钢筋混凝土及预应力钢筋混凝土结构；无腐蚀、无压力水作用的工程；要求早期强度高和低温施工无蒸汽养护的工程；有抗冻要求的工程		一般地上、地下和水中工程；高温车间等有耐热要求的混凝土结构；大体积混凝土结构；有蒸汽养护的工程；有硫酸盐侵蚀的工程	一般地上、地下和水中工程；大体积混凝土结构；有抗渗要求的混凝土结构；有蒸汽养护条件的工程；有抗硫酸盐侵蚀要求的工程	地上、地下及水中大体积混凝土结构；有蒸汽养护条件的工程；抗裂性要求较高的构件；有抗硫酸盐侵蚀要求的工程
不适用情况	大体积混凝土工程；有腐蚀和压力水作用的工程		早期强度要求高的工程；有耐冻性要求的混凝土工程	同矿渣水泥； 处于干燥环境中的混凝土工程	同矿渣水泥； 有抗碳化要求的工程

五、道路硅酸盐水泥

道路硅酸盐水泥是由道路硅酸盐水泥熟料、0～10%活性混合材料和适量石膏磨细制成的水硬性胶凝材料，简称道路水泥，代号P·R。其中，道路硅酸盐水泥熟料是以适当成分的生料烧至部分熔融，所得以硅酸钙为主要成分和较多量的铁铝酸钙的硅酸盐水泥熟料。

根据道路混凝土结构的使用特征，道路水泥应具备的主要特性是高抗折强度、干缩性小、高耐磨性、抗冲击性好，抗冻性和抗硫酸性。为了保证道路水泥的强度、干缩性和耐磨性的要求，其矿物组成应具有“高铁低铝”的特点。《道路硅酸盐水泥》(GB13693—2005)中对道路水泥熟料矿物含量作出了相应的规定，铝酸三钙的成分含量不能超过5.0%，铁铝酸四钙的成分含量不应小于16.0%。道路硅酸盐水泥中的硫、氧化镁和碱等有害成分的含量也有限制要求。

在强度方面，道路硅酸盐水泥分为三个强度等级，各等级的强度要求见表3-9所列。

表3-9　道路水泥的强度要求

强度等级	抗压强度（MPa）		抗折强度（MPa）	
	3d	28d	3d	28d
32.5	16.0	32.5	3.5	6.5
42.5	21.0	42.5	4.0	7.0
52.5	26.0	52.5	5.0	7.5

在干缩性方面，水泥浆体在凝结硬化过程中，由于水分蒸发和环境因素的影响，将产生一定量的干缩变形，干缩变形严重时水泥石会产生网裂、龟裂，之后会进一步发展成裂缝。这样，一方面破坏了水泥混凝土体的整体性，阻碍应力传递和应力的合理分布，降低了混凝土强度和抗裂能力；另一方面，裂缝处被其他液体、雨水等侵入，易引起水泥石腐蚀；在气候寒冷时，冻融循环破坏加剧，严重降低水泥混凝土的耐久性和强度。影响水泥干缩性的主要因素是水泥的矿物成分及水泥的细度。在水泥熟料中，以C_3A干缩性最大，它会加快水泥硬化时体积的收缩过程；以C_4AF的收缩量最小，其抗裂性也最好。水泥细度增大，水化充分，强度提高；但是为维持施工和易性，需要加入更多的水，导致硬化水泥石中残余水分增加，此水分蒸发后使水泥石内部孔隙增多，加大了水泥石的干缩程度。

耐磨性方面，由于车辆交通和行人来往，使路面受到磨耗作用，水泥的耐磨性直接影响路面的使用质量和使用寿命。增加水泥中C_4AF，减少C_3A含量，可以提高水泥的耐磨性、抗冲击性及各类强度。一般而言，水泥抗压强度提高时，其密度增大，表面硬度提高，耐磨性也得以提高。

对道路水泥细度要求其比表面积在300～450m^2/kg，凝结时间的要求是初凝时间不早于90min，终凝时间不晚于600min。

道路水泥适用于道路路面和城市广场等工程。由于道路水泥具有干缩性小、耐磨、抗冲击等特性，可减少水泥混凝土道面的裂缝和磨耗等病害，减少维修、延长道面使用年

限。正是因为道路水泥有优良的使用性能，所以也被广泛用于机场场道工程中。

第二节　水泥混凝土中的粗集料

在水泥混凝土中，粗集料是指粒径大于4.75mm的碎石、砾石和破碎砾石。在机场场道工程中，粗集料应采用碎石或机轧卵石、砾石，并且质地坚硬、耐久、耐磨、洁净、符合规定级配，最大粒径不应超过31.5mm。碎石和机轧卵石、砾石宜采用4.75～16mm及16～31.5mm的两级石子配成，并符合级配要求。道面水泥混凝土用粗集料宜进行碱活性检验。经碱集料反应试验后，试件无裂缝、酥裂、胶体外溢等现象，在规定试验龄期的膨胀率应小于0.10%。

碎石、卵石、砾石的含泥量（按质量计）应小于1%；泥块含量（按质量计）应小于0.5%；坚固性采用硫酸钠溶液法检验，经过5次循环后，其质量损失：严寒地区应不大于3%，其他地区应不大于5%；针片状颗粒含量（按质量计）4.75～16mm应小于15%，16～31.5mm应小于10%；有害物质含量中有机物应合格，硫化物及硫酸盐（按SO_3质量计）应小于1%。机轧砾石中软弱颗粒含量按质量计应不大于5%；氯化物含量（以氯离子质量计）应小于0.02%。含有酸、碱结晶体的粗集料应进行浸泡冲洗。碎石和卵石、砾石中不应混有草根、树叶、木块、塑料、煤块、石灰块、炉渣等杂物。

机轧卵石、砾石应用粒径100mm以上卵石、砾石材料进行破碎，破碎后颗粒呈棱形，每块石料应至少有两个破碎面。

碎石、卵石、砾石的具体技术指标要求见表3-10所列。

表3-10　粗集料技术指标

项次	项目	技术指标	试验试法
1	压碎值（%）	≤21.0	JTG E42 T0316
2	坚固性（按质量损失计）%	≤5.0 （年最低 月平均气温不低于0℃时）	JTG E42 T0314
		≤3.0 （年最低月平均气温低于0℃时）	
3	针片状颗粒含量（按质量计）（%）	≤12.0	JTG E 42 T0311
4	含泥量（按质量计）（%）	≤0.5	JTG E42 T0310
5	泥块含量（按质量计）（%）	≤0.2	JTG E42 T0310
6	吸水率（按质量计）（%）	≤2.0	JTG E42 T0307
7	硫化物及硫酸盐（按SO_3质量计）（%）	≤1.0	GB/T 14685
8	有机物含量（比色法）	合格	JTG E42 T0313
9	氯化物含量（按氯离子质量计）（%）	≤0.02	GB/T 14685
10	碎石红白皮含量（%）	≤10.0	参照JTG E42 T0311

（续表）

项次	项目		技术指标	试验试法
11	岩石抗压强度（MPa）	岩浆岩	≥100	JTG E41 T0221
		变质岩	≥80	
		沉积岩	≥60	
12	表观密度（kg/m^3）		≥2500	JTG E42 T0308
13	松散堆积密度（kg/m^3）		≥1350	JTG E42 T0309
14	空隙率（%）		≤45	JTG E42 T0309
15	洛杉矶磨耗损失（%）		≤30	JTG E42 T0317
16	碱活性		不应有碱活性反应，当岩相法判断疑似碱活性反应时，以砂浆棒法为准	JTG E42 T0324 JTG E42 T0325

一、粗集料的力学性质

在混合料中，粗集料起骨架作用，应具备一定的强度、耐磨、抗磨耗和抗冲击性能等，这些性能用压碎值、坚固性、抗压强度和磨耗损失等指标表示。

1. 压碎值

压碎值用于衡量石料在逐渐增加的荷载下抵抗压碎的能力，也是石料强度的相对指标，用以鉴定石料的品质，判断其在场道工程中的适用性。

我国机场场道工程中粗集料的压碎值不能超过21.0%，测量方法是依据现行规范《公路工程集料试验规程》（JTGE42—2005）中规定的压碎值测试方法。

试验方法如下：

（1）试验准备

采用风干石料用13.2mm和9.5mm标准筛过筛，取9.5mm～13.2mm的试样3组各3000g，供试验使用。如过于潮湿需加热烘干时，烘箱温度不得超过100℃，烘干时间不超过4h。试验前，石料应冷却至室温。

每次试验的石料数量应满足按下述方法夯击后石料在试筒内的深度为100mm。

在金属筒中确定石料数量的方法如下：

将试样分3次（每次数量大体相同）均匀装入试模中，每次均将试样表面整平，用金属棒的半球面端从石料表面上均匀捣实25次。最后用金属棒作为直刮刀将表面仔细整平。称取量筒中试样质量（m_0）。以相同质量的试样进行压碎值的平行试验。

（2）试验步骤

① 将试筒安放在底板上。

② 将要求质量的试样分3次（每次数量大体相同）均匀装入试模中，每次均将试样表面整平，用金属棒的半球面端从石料表面上均匀捣实25次。最后用金属棒作为直刮刀将表面仔细整平。

③ 将装有试样的试模放到压力机上，同时将加压头放入试筒内石料面上，注意使压头摆平，勿碰挤试模侧壁。

④ 开动压力机，均匀地施加荷载，在10min左右的时间内达到总荷载400kN，稳压5s，然后卸荷。

⑤ 将试模从压力机上取下，取出试样。

⑥ 用2.36mm标准筛筛分经压碎的全部试样，可分几次筛分，均需筛到在1min内无明显的筛出物为止。

⑦ 称取通过2.36mm筛孔的全部细料质量（m_1），准确至1g。

（3）计算

石料压碎值按式（3－7）计算，精确至0.1%。

$$Q'_a = \frac{m_1}{m_0} \times 100 \qquad (3-7)$$

式中，Q'_a为石料压碎值（%）；m_0为试验前试样质量（g）；m_1为试验后通过2.36mm筛孔的细料质量（g）。

最后，以3个试样平行试验结果的算术平均值作为压碎值的测定值。

2. 坚固性

坚固性试验是岩石试样经饱和硫酸钠溶液多次浸泡与烘干循环后，不发生显著破坏或强度降低的性能，是测定岩石坚固性（也称安定性）的一种简易方法。由于硫酸钠结晶后体积膨胀，使岩石孔隙壁受到压力，产生与水结冰相似的作用。

试验时，各粒级颗粒应分别进行，具体试验方法如下：

（1）试验准备

① 硫酸钠溶液的配制。取一定数量的蒸馏水（多少取决于试样及容器大小），加温至30℃～50℃，每1000mL蒸馏水加入无水硫酸钠（Na_2S0_4）300～350g或10水硫酸钠（$Na_2SO_4 \cdot 10H_2O$）700～1000g，用玻璃棒搅拌，使其溶解并饱和．然后冷却至20℃～25℃；在此温度下静置48h，其相对密度应保持在1.151～1.174（波美度为18.9～21.4）范围内。试验时容器底部应无结晶存在。

② 试样的制备。将试样按表3－11的规定分级，洗净，放入105℃±5℃的烘箱内烘干4h，取出并冷却至室温，然后按表3－11规定的质量称取各粒级试样质量m_i。

表3－11　坚固性试验所需的各粒级试样质量

公称粒级（mm）	2.36～4.75	4.75～9.5	9.5～19	19～37.5	37.5～63	63～75
试样质量（g）	500	500	1000	1500	3000	5000

（2）试验步骤

① 将所称取的不同粒级的试样分别装入三脚网篮并浸入盛有硫酸钠溶液的容器中，溶液体积应不小于试样总体积的5倍，温度应保持在20℃～25℃的范围内，三脚网篮浸入溶液时应先上下升降25次以排除试样中的气泡，然后静置于该容器中；此时，网篮底面应距容器底面约30mm（由网篮脚高控制），网篮之间的间距应不小于30mm，试样表面

至少应在液面以下 30mm。

② 浸泡 20h 后，从溶液中提出网篮，放在 105℃±5℃的烘箱中烘烤 4h，至此，完成了第一个试验循环。待试样冷却至 20℃～25℃后，即开始第二次循环。从第二次循环起，浸泡及烘烤时间均可为 4h。

③ 完成五次循环后，将试样置于 25℃～30℃的清水中洗净硫酸钠，再放人 105℃±5℃的烘箱中烘干至恒重，待冷却至室温后，用试样粒级下限筛孔过筛，并称量各粒级试样试验后的筛余量 m_i'。

注：试样中硫酸钠是否洗净，可按下法检验：取洗试样的水数毫升，滴入少量氯化钡（$BaCl_2$）溶液，如无白色沉淀，即说明硫酸钠已被洗净。

④ 对粒径大于 19mm 的试样部分，应在试验前后分别记录其颗粒数量，并作外观检查，描述颗粒的裂缝、剥落、掉边和掉角等情况及其所占的颗粒数量，以作为分析其坚固性时的补充依据。

⑤ 计算：按式（3－8）、式（3－9）计算坚固性试验质量损失率。

试样中各粒级颗粒的分计质量损失百分率按式（2－8）计算。

$$Q_i=\frac{m_i-m_i'}{m_i}\times 100 \tag{3-8}$$

式中，Q_i 为各粒级颗粒的分计质量损失百分率（%）；m_i 为各粒级试样试验前的烘干质量（g）；m_i' 为经硫酸钠溶液法试验后各粒级筛余颗粒的烘干质量（g）。

试样总质量损失百分率按式（3－9）计算，精确至 1%。

$$Q=\frac{\sum m_iQ_i}{\sum m_i} \tag{3-9}$$

式中，Q 为试样总质量损失百分率（%）；m_i 为试样中各粒级的分计质量（g）；Q_i 为各粒级的分计质量损失百分率（%）。

机场场道工程中，粗集料的坚固性采用硫酸钠溶液法检验，经过五次循环后，其质量损失：严寒地区（年最低月平均气温低于 0℃）应不大于 3%，其他地区应不大于 5%。

3. *岩石抗压强度*

岩石的抗压强度是反映岩石力学性质的主要指标之一，它在岩体工程分类、建筑材料选及工岩体稳定性评价计算中都是必不可少的指标。

在机场道面面层选用粗集料尤其是选用机轧卵石、砾石时，要在使用前进行一次岩石抗压强度测试，满足标准要求的才能继续使用。行业标准《MH5006—2015 民用机场飞行区水泥混凝土道面面层施工技术规范》中对岩浆岩、变质岩和沉积岩的岩石抗压强度分别做了相应的强度要求，其抗压强度应分别不小于 100MPa、80MPa 和 60MPa。

岩石抗压强度的试验方法采用单轴抗压强度试验方法，试验之前需将试件吸水并处于饱和状态。选用正方体或者圆柱体试件，其边长或直径与高均为 50mm，每组试件共 6 个。试验步骤如下：

（1）用游标卡尺量取试件尺寸（精确至 0.1mm），对立方体试件在顶面和底面上各量取其边长，以各个面上相互平行的两个边长的算术平均值计算其承压面积；对于圆柱体试件在顶面和底面分别测量两个相互正交的直径，并以其各自的算术平均值分别计算底面和顶面的面积，取其顶面和底面面积的算术平均值作为计算抗压强度所用的截面积。

(2) 试件的含水状态可根据需要选择烘干状态、天然状态、饱和状态、冻融循环后状态。试件烘干和饱和状态应符合岩石吸水性指导书中相关条款的规定。

(3) 按岩石强度性质，选定合适的压力机。将试件置于压力机的承压板中央，对正上、下承压板，不得偏心。

(4) 以 0.5～1.0MPa/s 的速率进行加荷直至破坏，记录破坏荷载及加载过程中出现的现象。抗压试件试验的最大荷载记录以 N 为单位，精度 1 %。

岩石抗压强度的计算按式 (3-10) 进行：

$$R=\frac{P}{A} \tag{3-10}$$

式中，R 为岩石的抗压强度 (MPa)；P 为试件的最大荷载 (N)；A 为试件的截面积 (mm^2)；计算出同组 6 个试件的抗压强度平均值，作为该岩石的抗压强度。

试验研究表明，岩石的抗压强度受一系列因素的影响与控制。这些因素包括两个方面：一方面是岩石本身方面的因素，如矿物组成、结构构造及含水状态等；另一方面是试验条件，试件形状、大小、高径比及加工精度、加荷速率等。岩石的矿物组成是影响其抗压强度的重要因素之一。一般来说，含强度高的矿物如石英、长石石、辉石及橄榄石等较多时，岩石强度就高；相反，含软弱矿物如云母、黏土矿物、滑石及绿泥石等较多时，强度就低。如石英岩、花岗岩、闪长岩等岩石的抗压强度一般为 100～300MPa，最高可达 350MPa，而页岩、黏土岩和千枚岩等的抗压强度最高不超过 100MPa。岩石结构、构造对强度的影响，主要表现在矿物颗粒间的联结、颗粒大小与形状、空隙性等。含水状态对岩石强度具有显著的影响，一般随含水率增大岩石强度降低，但岩石不同，降低的程度也不同，这主要取决于岩石中亲水性和可溶性矿物的含量及空隙性等。含水状态对岩石强度的影响称软化性，用软化系数表示。试验条件对岩石强度也有一定的影响，一般来说，圆柱体试件的强度大于棱柱体试件，是因为后者棱角部分应力集中之故。另外，随试件尺寸和高径比的增大，岩石强度也降低，其原因是试件岩石内包含的裂隙、孔隙等缺陷增多及应力分布不均造成的。

4. 耐磨性

在飞机机轮的摩擦冲击下，道面水泥混凝土表面会发生磨耗甚至剥落，首先磨损的是水泥砂浆，然后是显露出的粗集料，长期的磨耗不仅会减薄混凝土板的厚度，降低道面的整体强度，而且会降低混凝土表面的平整度和抗滑性。当引起集料松散时，还会对飞机的安全运行构成严重危害。混凝土的耐磨性能与水泥的质量、水灰比、集料的硬度及混凝土的密实性等有关。为提高混凝土的耐磨性，应尽量选用强度等级较高的硅酸盐水泥、普通水泥或道路水泥。矿渣水泥因耐磨性较差，不应使用。尽量降低水灰比，同时保证足够的水泥用量。在可能的情况下选择质地坚硬耐磨性好的集料。施工中应将混凝土混合料振捣密实。

粗集料的耐磨性通常以洛杉矶磨耗损失来表示，磨耗率是指粗集料抵抗摩擦、撞击的能力，是集料使用性能的重要指标。试验方法如下：

(1) 将不同规格的集料用水冲洗干净，置烘箱中烘干至恒重。

(2) 对所使用的集料，根据实际情况按表 3-12 选择最接近的粒级类别，确定相应的试验条件，按规定的粒级组成备料、筛分。其中水泥混凝土用集料宜采用 A 级粒度；沥青路面及各种基层、底基层的粗集料，表中的 16mm 筛孔也可用 13.2mm 筛孔代替。对非规格材料，应根据材料的实际粒度，从表 3-12 中选择最接近的粒级类别及试验条件。

表 3-12　粗集料洛杉矶试验条件

粒度类别	粒级组成（mm）	试样质量（g）	试样总质量（g）	钢球数量（个）	钢球总质量（g）	转动次数（转）	适用的粗集料	
							规格	公称粒径（mm）
A	26.5～37.5 19.0～26.5 16.0～19.0 9.5～16.0	1250±25 1250±25 1250±10 1250±10	5000±10	12	5000±25	500		
B	19.0～26.5 16.0～19.0	2500±10 2500±10	5000±10	11	4850±25	500	S6 S7 S8	15～30 10～30 10～25
C	9.5～16.0 4.75～9.5	2500±10 2500±10	5000±10	8	3320±20	500	S9 S10 S11 S12	10～20 10～15 5～15 5～10
D	2.36～4.75	5000±10	5000±10	6	2500±15	500	S13 S14	3～10 3～5
E	63～75 53～63 37.5～53	2500±50 2500±50 5000±50	10000±100	12	5000±25	1000	S1 S2	40～75 40～60
F	37.5～53 26.5～37.5	5000±50 5000±25	10000±75	12	5000±25	1000	S3 S4	30～60 25～50
G	26.5～37.5 19～26.5	5000±25 5000±25	10000±50	12	5000±25	1000	S5	20～40

(3) 分级称量（准确至 5g），称取总质量（m_1），装入磨耗机圆筒中。

(4) 选择钢球，使钢球的数量及总质量符合表 3-12 中的规定，将钢球加入钢筒中，盖好筒盖，紧固密封。

(5) 将计数器调整到零位，设定要求的回转次数，对水泥混凝土集料，回转次数为 500 转，对沥青混合料集料，回转次数应符合表 3-12 的要求。开动磨耗机，以 30～33r/min 转速转动至要求的回转次数为止。

(6) 取出钢球，将经过磨耗后的试样从投料口倒入接受容器（搪瓷盘）中。

(7) 将试样用1.7mm的方孔筛过筛，筛去试样中被撞击磨碎的细屑。

(8) 用水冲干净留在筛上的碎石，置105℃±5℃烘箱中烘干至恒重（通常不少于4h），准确称量（m_2）。

按式（3-11）计算粗集料洛杉矶磨耗损失，精确至0.1%。

$$Q=\frac{m_1-m_2}{m_1}\times 100 \tag{3-11}$$

式中，Q为洛杉矶磨耗损失（%）；m_1为装入圆筒中试样质量（g）；m_2为试验后在1.7mm筛上洗净烘干的试样质量（g）。

记录所使用的粒级类别和粗集料的磨耗损失取两次平行试验结果的算术平均值为测定值，两次试验的差值应不大于2%，否则须重做试验。

粗集料的洛杉矶磨耗损失是集料使用性能的重要指标，洛杉矶磨耗试验也是优选石料的一个重要手段。在机场场道工程中使用的粗集料，其洛杉矶磨耗损失应不大于30。

5. 磨光值

集料磨光值是关系到一种集料能否用于水泥路面抗滑磨耗层的重要决定性指标，所以在工程上选取集料品种时应对此特别重视。用高磨光值的石料铺筑机场场道的上面层，可以提高场道道面的抗滑能力，对着高速滑行的飞机安全尤为重要。

磨光值的需要使用集料加速磨光试验机和摆式摩擦系数仪测定，方法如下：

(1) 试验准备

① 试验前应按相关试验规程对摆式仪进行检查或标定。

② 将集料过筛，剔除针片状颗粒，取9.5～13.2mm的集料颗粒用水洗净后置于温度为105℃±5℃的烘箱中烘干。

③ 将试模拼装并涂上脱模剂（或肥皂水）后烘干。安装试模端板时要注意使端板与模体齐平（使弧线平滑）。

④ 用清水淘洗小于0.3mm的砂，置105±5℃的烘箱中烘干成为干砂。

⑤ 预磨新橡胶轮：新橡胶轮正式使用前要在安装好试件的道路轮上进行预磨，C轮用粗金刚砂预磨6h，X轮用细金刚砂预磨6h，然后方能投入正常试验。

(2) 试件制备

① 排料：每种集料宜制备6～10块试件，从中挑选4块试件供2次平行试验用。将9.5～13.2mm集料颗粒尽量紧密地排列于试模中（大面、平面向下）。排料时应除去高度大于试模的不合格颗粒。采用4.75～9.5mm的粗集料进行磨光试验时，各道工序需更加仔细。

② 吹砂：用小勺将干砂填入已排妥的集料间隙中，并用洗耳球轻轻吹动干砂，使之填充密实。然后再吹去多余的砂，使砂与试模台阶大致齐平，但台阶上不得有砂。用洗耳球吹动干砂时不得碰动集料，且不使集料试样表面附有砂粒。

③ 配制环氧树脂砂浆：将固化剂与环氧树脂按一定比例（如使用6101环氧树脂时为1∶4）配料、拌匀制成黏结剂，再与干砂按1∶4～1∶4.5的质量比拌匀制成环氧树脂砂浆。

④ 填充环氧树脂砂浆：用小油灰刀将拌好的环氧树脂砂浆填入试模中，并尽量填充密实，但不得碰动集料。然后用热油灰刀在试模上刮去多余的填料，并将表面反复抹平，使填充的环氧树脂砂浆与试模顶部齐平。

⑤ 养护：通常在40℃烘箱中养护3h，再自然冷却9h拆模；如在室温下养护，时间应更长，使试件达到足够强度。有集料颗粒松动脱落，或有环氧树脂砂浆渗出表面时，试件应予废弃。

(3) 磨光试件安装

① 试件分组：每轮1次磨14块试件，每种集料为2块试件，包括6种试验用集料和1种标准集料。

② 试件编号：在试件的环氧树脂砂浆衬背和弧形侧边上用记号笔对6种集料编号为1—12，1种集料赋以相邻2个编号，标准试件为13号、14号。

③ 试件安装：按表3-13的序号将试件排列在道路轮上，其中1号位和8号位为标准试件。试件应将有标记的一侧统一朝外（靠活动盖板一侧），每2块试件间加垫1片或数片1mm厚的橡胶石棉板垫片，垫片与试件端部断面相仿，但略低于试件高度2～3mm。然后盖上道路轮外侧板，边拧螺钉边用橡胶锤敲打外侧板，确保试件与道路轮紧密配合，以避免磨光过程中试件断裂或松动。随后将道路轮安装到轮轴上。

表3-13　试件在道路轮上的排列次序

位置号	1	2	3	4	5	6	7	8	9	10	11	12	13	14
试件号	12	9	3	7	5	1	11	14	10	4	8	6	2	12

(4) 磨光过程操作

试件的加速磨光应在室温20℃±5℃的房间内进行。

粗砂磨光：

① 把标记C的橡胶轮安装在调整臂上，盖上道路轮罩，下面置一积砂盘，给贮水支架上的贮水罐加满水，调节流量阀，使水流暂时中断。

② 准备好30号金刚砂粗砂，装入专用贮砂斗，将贮砂斗安装在橡胶轮侧上方的位置上并接上微型电机电源。转动荷载调整手轮，使凸轮转动放下橡胶轮，将橡胶轮的轮辐完全压着道路轮上的集料试件表面。

③ 调节溜砂量：用专用接料斗在出料口接住溜出的金刚砂，同时开始计时，1min后移出料斗，用天平称出溜砂量，使流量为27±7g/min，如不满足要求，应用调速按钮或调节贮料斗控制闸板的方法调整。

④ 在控制面板上设定转数为57600转，按下启动电源开关，磨光机开始运转，同时按动粗砂调速按钮，打开贮砂斗控制闸板，使金刚砂溜砂量控制为27±7g/min。此时立即调节流量计，使水的流量达60mL/min。

⑤ 在试验进行1h和2h时磨光机自动停机（注意不要按下面板上复零按钮和电源开关），用毛刷和小铲清除箱体上和沉在机器底部积砂盘中的金刚砂，检查并拧紧道路轮上有可能松动的螺母，再起动磨光机，至转数显示屏上显示57600转时磨光机自动停止，所需的磨光时间约为3h。

⑥ 转动荷载调整手轮使凸轮托起调整臂，清洗道路轮和试件，除去所有残留的金刚砂。

细砂磨光：

① 卸下 C 标记橡胶轮，更换为 X 标记橡胶轮，安装方法与粗砂磨光相同。

② 准备好 280 号金刚砂细砂，按粗砂磨光方法装入专用贮砂斗。

③ 重复粗砂磨光中的④步骤，调节溜砂量使流量为 3g/min±1g/min。

④ 按粗砂磨光中的④步骤设定转数为 57600 转，开始磨光操作，控制金刚砂溜砂量为 3g/min±1g/min，水的流最达 60mL/min。

⑤ 将试件磨 2h 后停机作适当清洁，按粗砂磨光中的⑤的方法检查并拧紧道路轮螺母，然后再起动磨光机至 57600 转时自动停机。

⑥ 按粗砂磨光中的⑥的方法清理试件及磨光机。

（5）磨光值测定

① 在试验前 2h 和试验过程中应控制室温为 20℃±2℃。

② 将试件从道路轮上卸下并清洗试件，用毛刷清洗集料颗粒的间隙，去除所有残留的金刚砂。

③ 将试件表面向下放在 18℃～20℃的水中 2h，然后取出试件，按下列步骤用摆式摩擦系数测定仪测定磨光值。

④ 调零：将摆式仪固定在测试平台上，松开固定把手，转动升降把手使摆升高并能自由摆动，然后锁紧固定把手，转动调平旋钮，使水准泡居中，当摆从右边水平位置落下并拨动指针后，指针应指零。若指针不指零，应拧紧或放松指针调节螺母，直至空摆时指针指零。

⑤ 固定试件：将试件放在测试平台的固定槽内，使摆可在其上面摆过，并使滑溜块居于试件轮迹中心。应使摆式仪摆头滑溜块在试件上的滑动方向与试件在磨光机上橡胶轮的运行方向一致，即测试时试件上做标记的弧形边背向测试者。

⑥ 测试：调节摆的高度，使滑溜块在试件上的滑动长度为 76mm，用喷水壶喷洒清水润湿试件表面（注意，在试验中的任何时刻，试件都应保持湿润）将摆向右提起挂在悬臂上，同时用左手拨动指针使之与摆杆轴线平行。按下释放开关使摆回落向左运动，当摆达到最高位最后下落时，用左手将摆杆接住，读取指针所指（小度盘）位置上的值，记录测试结果，准确到 0.1。

⑦ 一块试件重复测试 5 次，5 次读数的最大值和最小值之差不得大于 3。取 5 次读数的平均值作为该试件的磨光值读数（PSV_r）。标准试件的磨光值读数用 PSV_{br} 表示。

一种集料重复测试 2 次，每次都需同时对标准集料试件进行测试。

（6）计算

① 按式（3－12）计算两次平行试验 4 块试件（每轮 2 块）的算术平均值 PSV_{ra}，精确到 0.1。但 4 块试件的磨光值读数 PSV_r 的最大值与最小值之差不得大于 4.7，否则试验作废，应重新试验。

$$PSV_{ra}=\sum PSV_{ri}/4 \qquad (3-12)$$

式中：$i=1\sim4$，PSV_{ri}为 4 块试件的磨光值读数。

② 按式（3-13）计算两次平行试验 4 块标准试件（每轮 2 块）的算术平均值 PSV_{bra}，准确到 0.1。但 4 块标准试件的磨光值读数的平均值 PSV_{bra}必须为 46～52，否则试验作废，应重新试验。

$$PSV_{bra}=\sum PSV_{bri}/4 \tag{3-13}$$

式中，$i=1\sim4$，PSV_{bra}为 4 块标准试件的磨光值读数。

③ 按式（3-14）计算集料的 PSV 值，取整数。

$$PSV=PSV_{ra}+49-PSV_{bra} \tag{3-14}$$

记录集料的磨光值 PSV、两次平行试验的试样磨光值读数平均值 PSV_{ra}和标准试件磨光值读数平均值 PSV_{bra}。

二、粗集料的形态和组成要求

1. 针片状颗粒含量（规准仪法）

卵石、碎石颗粒的长度大于该颗粒所属相应粒级的平均粒径 2.4 倍者为针状颗粒，厚度小于平均粒径 0.4 倍者为片状颗粒。

在水泥混凝土实际工程中，粗集料的理想形态是接近球形或正方体。如果集料中的针状、扁平型的颗粒含量过高，集料的空隙率会较大，而且使得水泥混凝土不容易拌和，也会影响水泥混凝土的强度。碎石中针片状颗粒含量在很大程度上取决于被加工岩石特性、破碎机械设备以及碎石的生产工艺。一般来讲，硬而脆的岩石在破碎时易产生针片状；以挤压破碎为主的破碎机（如颚式破碎机）等生产的碎石中的针片状含量比较高，而利用冲击方法破碎岩石所生产出的碎石中的针片状颗粒比较少，如反击破碎机、冲击式制砂机等。因此需要确定合理的破碎筛分工艺流程。

在机场场道工程中需要使用规准仪法测定的粗集料中针片状颗粒的含量，用于评价集料的形状及其在工程中的适用性。针片状颗粒的含量（按质量计）不能超过 12.0%。

试验方法如下：

（1）目测挑出接近立方体形状的规则颗粒，将目测有可能属于针片状颗粒的集料按规定的粒级用规准仪逐粒对试样进行针状颗粒鉴定，挑出颗粒长度大于针状规准仪上相应间距而不能通过者，为针状颗粒。

（2）将通过针状规准仪上相应间距的非针状颗粒逐粒对试样进行片状颗粒鉴定，挑出厚度小于片状规准仪上相应孔宽能通过者，为片状颗粒。

（3）称量由各粒级挑出的针状颗粒和片状颗粒的质量，其总质量为 m_1。

计算碎石或砾石中针片状颗粒含量按式（3-15）计算，精确至 0.1%。

$$Q_e=\frac{m_1}{m_0}\times100 \tag{3-15}$$

式中，Q_e为试样的针片状颗粒含量（%）；m_1为试样中所含针状颗粒与片状颗粒的总质量（g）；m_0为试样总质量（g）。

2. 含泥量和泥块含量

含泥量是指卵石、碎石中粒径小于 75μm 的颗粒含量。泥块含量是指卵石、碎石中原粒径大于 4.75mm，经水洗手捏后小于 2.36mm 的颗粒含量。

含泥量和泥块含量是反映粗集料生产技术水平的一个重要指标，粗集料中的泥土会降低水泥的水化速度，也会降低水泥与集料的黏结能力，对新拌混凝土的工作性以及硬化后混凝土的力学性能和耐久性能都有影响。试验结果表明，随含泥量的增加，混凝土的工作性明显下降，尤其是当含泥量增加到 5%后，原本塑性的混凝土变成干硬性；抗压、弯拉强度明显降低，强度衰减比较大；抗压弹性模量变化不大，但弯拉弹性模量下降明显；抗渗性能显著降低，掺量较小时对渗水高度基本无影响；掺泥后对混凝土抗冻性造成不利影响，冻融破坏速度明显加快。因此，机场场道工程中对含泥量做了规定，粗集料中的含泥量（按质量计）不能超过 0.5%，泥块含量（按质量计）不能超过 0.2%。

（1）含泥量试验方法

① 称取烘干的试样 1 份（m_0）装入容器内，加水，浸泡 24h，用手在水中淘洗颗粒（或用毛刷洗刷），使尘屑、黏土与较粗颗粒分开，并使之悬浮于水中；缓缓地将浑浊液倒入 1.18mm 及 0.075mm 的套筛上，滤去小于 0.075mm 的颗粒。试验前筛子的两面应先用水湿润，在整个试验过程中，应注意避免大于 0.075mm 的颗粒丢失。

② 再次加水于容器中，重复上述步骤，直到洗出的水清澈为止。

③ 用水冲洗余留在筛上的细粒，并将 0.075mm 筛放在水中（使水面略高于筛内颗粒）来回摇动，以充分洗除小于 0.075mm 的颗粒。

④ 而后将两只筛上余留的颗粒和容器中已经洗净的试样一并装入浅盘，置于温度为 105℃±5℃的烘箱中烘干至恒重，取出冷却至室温后，称取试样的质量（m_1）

计算碎石或砾石的含泥量按式（3－16）计算，精确至 0.1%。

$$Q_n=\frac{m_0-m_1}{m_0}\times 100 \tag{3-16}$$

式中，Q_n为碎石或砾石的含泥量（%）；m_0为试验前烘干试样质量（g）；m_1为试验后烘干试样质量（g）。

以两次试验的算术平均值作为测定值，两次结果的差值超过 0.2%时，应重新取样进行试验。

（2）泥块含量试验步骤

① 取烘干的试样 1 份，用 4.75mm 筛将试样过筛，称出筛去 4.75mm 以下颗粒后的试样质量（m_2）

② 将试样在容器中摊平，加水使水面高出试样表面，24h 后将水放掉，用手捻压泥块，然后将试样放在 2.36mm 筛上用水冲洗，直至洗出的水清澈为止。

③ 小心地取出 2.36mm 筛上试样，置于温度为 105℃±5℃的烘箱中烘干至恒重，取出冷却至室温后称量（m_3）。

碎石或砾石中黏土泥块含请按式（3－17）计算，精确至 0.1%。

$$Q_k=\frac{m_2-m_3}{m_2}\times 100 \tag{3-17}$$

式中，Q_k为碎石或砾石中黏土泥块含量（%）；m_2为4.75mm筛筛余量（g）；m_3为试验后烘干试样质量（g）。

以2个试样2次试验结果的算术平均值为测定值，2次结果的差值超过0.1%时，应重新取样进行试验。

3. 有机物含量

集料中的有机物，如木屑、草屑、腐殖质、煤块和塑料等，它们的密度小、强度低，而且会影响水泥与粗集料的凝结，降低水泥混凝土的强度，所以有机物的含量需要控制。在机场场道工程中使用比色法检测有机物的含量。

试验步骤如下：

（1）筛去试样中19mm以上的颗粒，剩余的用四分法或分料器法缩分约1kg，风干后备用。

（2）标准溶液的配制方法：取2g鞣酸粉溶解于98mL的10%酒精溶液中，即得所需的鞣酸溶液然后取该溶液2.5mL注入97.5mL浓度为3%的氯氧化钠溶液中，加塞后剧烈摇动，静置24h即得标准溶液。

（3）向1000mL量筒中倒入干试样至600mL刻度处，再注入浓度为3%的氢氧化钠溶液至800mL刻度处，剧烈搅动后静置24h。比较试样上部溶液和新配制标准溶液的颜色，盛装标准溶液与盛装试样的量筒规格应一致。

（4）结果评定

若试样上部的溶液颜色浅于标准溶液的颜色，则试样的有机质含量鉴定合格；如两种溶液的颜色接近，则应将该试样（包括上部溶液）倒入烧杯中放在温度为60℃～70℃的水槽中加热2～3h，然后再与标准溶液比色，如溶液的颜色深于标准色，则应配制成混凝土做进一步试验。

4. 硫化物及硫酸盐含量

粗集料中的硫化物及硫酸盐会在水泥硬化后与水化生成的水化铝酸钙反应，生成钙矾石，引起水泥混凝土的体积膨胀，导致结构物破坏。因此，机场场道工程材料粗集料中的硫化物及硫酸盐含量要求不超过1.0%。

试验方法如下：

（1）筛除试样中大于37.5mm的颗粒，然后缩分至约1.0kg。烘干或风干后粉磨，筛除大于75μm的颗粒。将小于75μm的粉状试样再按四分法缩分至30～40g，放在干燥箱中于105℃±5℃下烘干至恒量，待冷却至室温后备用。

（2）称取粉状试样1g，精确至0.001g（G_1）。将粉状试样倒入300mL烧杯中，加入20～30mL蒸馏水及10mL稀盐酸，然后放在电炉上加热至微沸，并保持微沸5min，使试样充分分解后取下，用滤纸过滤，用温水洗涤10～12次。

（3）加入蒸馏水调整滤液体积至200mL，煮沸后，搅拌滴加10mL浓度为10%的氯化钡溶液，并将溶液煮沸数分钟，取下静置至少4h（此时溶液体积应保持在200mL），用慢速滤纸过滤，用温水洗涤至氯离子反应消失（用1%硝酸银溶液检验）。

（4）将沉淀物及滤纸一并移入已恒量的瓷坩埚内，灰化后在800℃高温炉内灼烧30min。取出瓷坩埚，在干燥器中冷却至室温后，称出试样质量（G_2），精确至0.001g。

如此反复灼烧，直至恒量。

（5）结果计算与评定。水溶性硫化物和硫酸盐含量（以 SO_3 计）按式（3－18）计算，精确至 0.1%：

$$Q_d=\frac{G_2\times 0.343}{G_1}\times 100 \tag{3-18}$$

式中，Q_d 为水溶性硫化物和硫酸盐含量（%）；G_1 为粉磨试样质量，单位为克（g）；G_2 为灼烧后沉淀物的质量，单位为克（g）；0.343 为硫酸钡（$BaSO_4$）换算成 SO_3 的系数。

硫化物和硫酸盐含量取 2 次试验结果的算术平均值，精确至 0.1%。若 2 次试验结果之差大于 0.2%时，应重新试验。

5. 集料碱活性检验

碱集料反应是指水泥混凝土中因水泥和外加剂中超量的碱与某些活性集料发生不良反应而损坏水泥混凝土的现象。集料中的活性材料主要是二氧化硅、硅酸盐和碳酸盐等。

由于碱集料反应一般是在混凝土成型后的若干年后逐渐发生，其结果造成混凝土耐久性下降，严重时还会使混凝土丧失使用价值，且由于反应是发生在整个混凝土中，因此，这种反应造成的破坏既难以预防，又难于阻止，更不易修补和挽救，故被称为混凝土的“癌症”。

混凝土碱集料反应分为三种：碱-硅反应，碱-碳酸盐反应和碱-硅酸盐反应。其中碱-硅反应最为常见。碱集料反应产生的碱-硅酸盐等凝胶遇水膨胀，将在混凝土内部产生较大的膨胀应力，从而引起混凝土开裂。混凝土集料在混凝土中呈均匀分布，故裂缝首先在混凝土表面无序、大量产生，随后将加速其他因素的破坏作用而使混凝土耐久性迅速降低。引起碱集料反应的三个条件中有两个来自混凝土内部，一是混凝土中掺入了一定数量的碱性物质，或者混凝土处于有利于碱渗入的环境；二是集料中有一定数量的碱活性骨料（如含 SiO_2 的骨料）；三是潮湿环境，可以提供反应物吸水膨胀所需要的水分。在干燥条件下碱集料反应难以发生。

混凝土结构一旦发生碱集料反应出现裂缝后，会加速混凝土的其他破坏，空气、水、二氧化碳等侵入，会使混凝土碳化和钢筋锈蚀速度加快，而钢筋锈蚀产物铁锈的体积远大于钢筋原来的体积，又会使裂缝扩大。若在寒冷地区，混凝土出现裂缝后又会使冻融破坏加速，这样就造成了混凝土工程的综合性破坏。

鉴定方法：

集料碱活性检验的常用方法是岩相法，即将试样放在实体显微镜下挑选，鉴别出碱活性集料的种类及含量的方法。对初步确定为碱活性集料的岩石颗粒，应制成薄片，在显微镜下鉴定矿物组成、结构等，应特别测定其隐晶质、玻璃质成分的含量。

根据鉴定结果，集料被评定为非碱活性时即作为最后结论，如评定为碱活性集料或可疑时，应进行砂浆长度法等检验。

砂浆长度法是将集料破碎成一定粒径，按一定比例与水泥制成砂浆长条，定期测其长度，当膨胀率半年不超过 0.1%或 3 个月不超过 0.05%（只在缺少半年膨胀率时才有效），即可评为非活性集料。它的优点是直观、指标此较明确，比较接近混凝土实际，缺点是耗时较长。

机场场道工程中通常采用道路硅酸盐水泥、硅酸盐水泥或普通硅酸盐水泥，此类水泥含碱量一般较高，水泥用量较多，此种混凝土位于地面，容易处于潮湿环境，同一般混凝土工程相比，发生碱集料反应破坏的可能性较大。例如，北京市某立交桥和山东某机场混凝土均发现碱集料反应问题。因此场道工程中要选用非碱活性的粗集料。

三、粗集料的物理性质

1. 集料的密度

粗集料是石子颗粒的散状集合物，它的体积组成包括：石料实体、石料中的开口孔隙、闭口孔隙、石料间的空隙。如图 3－2 所示。

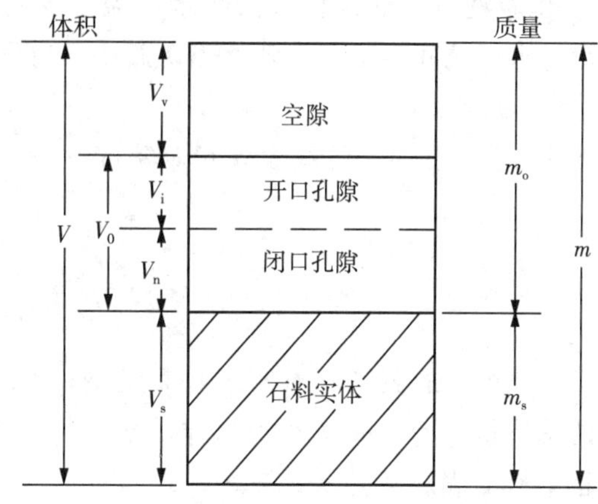

图 3－2　集料的体积、质量构成

（1）绝对密度：材料在绝对密实状态下单位体积的质量，体积不包括材料内的孔隙。通常将材料磨成粉末，干燥后用李氏瓶法测定。按照公式（3－19）计算。

$$\rho' = \frac{m_s}{V_S} \tag{3-19}$$

式中，ρ'为石料的绝对密度；m_s为试件的质量；V_s为试件的实体体积，不包括集料内的孔隙体积。

（2）表观密度：也称为视密度，是单位体积（含材料的实体矿物成分及不吸水的闭口孔隙体积）物质颗粒的干质量。反映了石料的密实程度。计算原理公式如（3－20）所示。

$$\rho_a = \frac{m_s}{V_S + Vn} \tag{3-20}$$

式中，ρ_a为表观密度；m_s为试件的干质量；V_s为试件的实体体积，不包括集料内的孔隙体积；V_n为试件中闭口孔隙的体积。

在场道工程实际中，因为 V_s、V_n不容易直接测得，所以表观密度通常用容量瓶法进行间接测定。试验步骤如下：

① 将每一份集料试样浸泡在水中，仔细洗去附在集料表面的尘土和石粉，经多次漂洗干净至水清澈为止。清洗过程中不得散失集料颗粒。

② 取试样一份装入容量瓶（广口瓶）中，注入洁净的水（可滴入数滴洗涤灵），水面高出试样，轻轻摇动容量瓶，使附着在石料上的气泡逸出。盖上玻璃片，在室温下浸水 24h。

③ 向瓶中加水至水面凸出瓶口，然后盖上容量瓶塞，或用玻璃片沿广口瓶瓶口迅速滑行，使其紧贴瓶口水面、玻璃片与水面之间不得有空隙。

④ 确认瓶中没有气泡，擦干瓶外的水分后，称取集料试样、水、瓶及玻璃片的总质量（m_2）。

⑤ 将试样倒入浅搪瓷盘中，稍稍倾斜搪瓷盘，倒掉流动的水，再用毛巾吸干漏出的自由水。

⑥ 将集料置于浅盘中，放入 105℃±5℃的烘箱中烘干至恒重。取出浅盘，放在带盖的容器中冷却至室温，称取集料的烘干质量（m_0）。

⑦ 将瓶洗净，重新装入洁净水，盖上容量瓶塞，或用玻璃片紧贴广口瓶瓶口水面。玻璃片与水面之间不得有空隙。确认瓶中没有气泡，擦干瓶外水分后称取水、瓶及玻璃片的总质量（m_1）。

⑧ 按式（3-21）计算表观相对密度 γ_a（表观密度与水密度之比），计算至小数点后3位。

$$\gamma_a=\frac{m_0}{m_0+m_1-m_2} \tag{3-21}$$

式中，γ_a为集料的表观相对密度，无量纲；m_0为集料的烘干质量（g）；m_1为水、瓶及玻璃片的总质量（g）；m_2为集料试样、水、瓶及玻璃片的总质量（g）；

粗集料的表观密度 ρ_a，按式（3-22）计算至小数点后 3 位。

$$\rho_a=\gamma_a\times\rho_T \tag{3-22}$$

式中，ρ_a为集料的表观密度（g/cm^3）；ρ_T为试验温度 T 时水的密度（g/cm^3）。

（3）吸水率。吸水率是指集料在标准大气压力下吸水的能力。以集料所吸收的水分来量测，并以百分数表示之。集料的吸水率与其中孔隙的数量、大小有关。吸水率愈小的集料，越紧密坚硬，例如坚硬的火成岩其吸水率往往不超过 1%。集料的吸水率越大，则其工程性质往往就越差。

在机场场道工程标准中要求粗集料的吸水率（按质量计）不能超过 2.0%。吸水率的测量方法也是用容量瓶法，具体步骤如下：

① 将每一份集料试样浸泡在水中，仔细洗去附在集料表面的尘土和石粉，经多次漂洗干净至水清澈为止。清洗过程中不得散失集料颗粒。

② 取试样一份装入容量瓶（广口瓶）中，注入洁净的水（可滴入数滴洗涤灵），水面高出试样，轻轻摇动容量瓶，使附着在石料上的气泡逸出。盖上玻璃片，在室温下浸水 24h。

③ 向瓶中加水至水面凸出瓶口，然后盖上容量瓶塞，或用玻璃片沿广口瓶瓶口迅速滑行，使其紧贴瓶口水面、玻璃片与水面之间不得有空隙。

④ 将试样倒入浅搪瓷盘中，稍稍倾斜搪瓷盘，倒掉流动的水，再用毛巾吸干漏出的自由水。

⑤ 用拧干的湿毛巾轻轻擦干颗粒的表面水，至表面看不到发亮的水迹，即为饱和面干状态。当粗集料尺寸较大时，可逐颗擦干。注意拧湿毛巾时不要太用劲，防止拧得太干。擦颗粒的表面水时，既要将表面水擦掉，又不能将颗粒内部的水吸出。整个过程中不得有集料丢失。

⑥ 立即称取饱和面干集料的表干质量（m_3）。

⑦ 将集料置于浅盘中，放入 105℃±5℃的烘箱中烘干至恒重。取出浅盘，放在带盖

的容器中冷却至室温，称取集料的烘干质量（m_0）。

⑧ 计算。粗集料的吸水率 ω_x 按式（3-23）计算，精确至0.1%。

$$\omega_x=\frac{m_3-m_0}{m_0}\times 100 \tag{3-23}$$

式中，ω_x 为集料的吸水率（%）；m_0 为集料的烘干质量（g）；m_3 为集料的表干质量（g）。

（4）堆积密度：单位体积（含物质颗粒固体及其闭口、开口孔隙体积及颗粒间空隙体积）物质颗粒的质量。粗集料的堆积密度，包括自然堆积状态、振实状态、捣实状态下的堆积密度。

在机场场道工程中，使用自然堆积密度（也称为松散堆积密度）作为检测标准。具体试验步骤如下：

① 取满足试验要求的粗集料试样，在105℃±5℃的烘箱中烘干，也可以摊在清洁的地面上风干，拌匀后分成两份备用。

② 自然堆积密度：取试样1份，置于平整干净的水泥地（或铁板）上，用平头铁锹铲起试样，使石子自由落入容量筒内。此时，从铁锹的齐口至容量筒上口的距离应保持为50mm左右，装满容量筒并除去凸出筒口表面的颗粒，并以合适的颗粒填入凹陷空隙，使表面稍凸起部分和凹陷部分的体积大致相等。

③ 振实密度：按堆积密度试验步骤，将装满试样的容量筒放在振动台上，振动3min，或者将试样分三层装入容量筒：装完一层后，在筒底垫放一根直径为25mm的圆钢筋，将筒按住，左右交替颠击地面各25下；然后装入第二层，用同样的方法颠实（但筒底所垫钢筋的方向应与第一层放置方向垂直）；然后再装入第三层，如法颠实。待三层试样装填完毕后，加料填到试样超出容量筒口，用钢筋沿筒口边缘滚转，刮下高出筒口的颗粒，用合适的颗粒填平凹处，使表面稍凸起部分和凹陷部分的体积大致相等。

④ 称取试样和容量筒总质量（m_2）。

⑤ 容量筒容积的标定。用水装满容量筒，测量水温，擦干筒外壁的水分，称取容量筒与水的总质量（m_w），并按水的密度对容量筒的容积作校正。

⑥ 计算。容量筒的容积按式（3-24）计算。

$$V=\frac{m_w-m_1}{\rho_T} \tag{3-24}$$

式中，V 为容量筒的容积（L）；m_1 为容量筒的质量（kg）；m_w 为容量筒与水的总质量（kg）；ρ_T 为试验温度 T 时水的密度（g/cm^3）。

堆积密度按式（3-25）计算至小数点后2位。

$$\rho=\frac{m_2-m_1}{V} \tag{3-25}$$

式中，ρ 为与各种状态相对应的堆积密度（kg/L）；m_1 为容量筒的质量（kg）；m_2 为容量筒与试样的总质量（kg）：V 为容量筒的容积（L）。

以2次平行试验结果的平均值作为测定值。

(5) 空隙率：空隙率是指集料的颗粒之间空隙体积占集料总体积的百分比，反映了集料颗粒之间相互填充的致密程度。如果粗集料的空隙率太大，则这些空隙需要大量的砂浆去填充，会增加水泥的用量。所以机场场道工程中规定粗集料的空隙率不能大于45%。

水泥混凝土用粗集料振实状态下的空隙率按式（3-26）计算。

$$V_c=\left(1-\frac{\rho}{\rho_a}\right)\times 100 \tag{3-26}$$

式中，V_c为水泥混凝土用粗集料的空隙率（%）；ρ_a为粗集料的表观密度（t/m^3）；ρ为按振实法测定的粗集料的堆积密度（t/m^3）。

(6) 级配：级配是指集料中各级粒径颗粒的分级和搭配情况。

混凝土的抗压强度不仅取决于其水灰比，还取决于其粗集料的级配。对高水灰比的混凝土而言，宜采用较大粒径的粗集料，以减小粗集料的总表面积；而对低水灰比的混凝土而言，宜采用较小粒径的粗集料，以减小粗集料周围尤其是底部的泌水趋势，从而提高过渡区的品质，并提高混凝土的强度。为了提高水泥混凝土的密实度，通常机场道面水泥混凝土的水灰比较小，所以通常采用粒径较小的粗集料。粗集料的级配范围如表3-14所列。

表3-14 粗集料的级配范围

类型	级配 \ 粒径	方筛孔尺寸（mm）							
		2.36	4.75	9.50	16.0	19.0	26.5	31.5	37.5
		累计筛余（按质量计）（%）							
合成级配	4.75～16	95～100	85～100	40～60	0～10	—	—	—	—
	4.75～19	95～100	85～95	60～75	30～45	0～5	0	—	—
	4.75～26.5	95～100	90～100	70～90	50～70	25～40	0～5	0	—
	4.75～31.5	95～100	90～100	75～90	60～75	40～60	20～35	0～5	0

水泥混凝土中使用的粗集料的级配，使用干筛法检测，方法如下：

① 按规定将试样用分料器或四分法缩分份，风干后备用。根据需要可按要求的集料最大粒径的筛孔尺寸过筛，除去超粒径部分颗粒后，再进行筛分。

② 取试样一份置于105℃±5℃烘箱中烘干至恒重，称取干燥集料试样的总质量（m_0），准确至0.1%。

③ 用搪瓷盘作筛分容器，按筛孔大小排列顺序逐个将集料过筛。人工筛分时，需使集料在筛面上同时有水平方向及上下方向的不停顿的运动，使小于筛孔的集料通过筛孔，直至1min内通过筛孔的质量小于筛上残余量的0.1%为止；当采用摇筛机筛分时，应在摇筛机筛分后再逐个由人工补筛。将筛出通过的颗粒并入下一号筛，和下一号筛中的试样一起过筛，顺序进行，直至各号筛全部筛完为止。应确认1min内通过筛孔的质量确实小于筛上残余量的0.1%。

④ 如果某个筛上的集料过多，影响筛分作业时，可以分两次筛分，当筛余颗粒的粒

径大于 19mm 时，筛分过程中允许用手指轻轻拨动颗粒，但不得逐颗筛过筛孔。

⑤ 称取每个筛上的筛余量，准确至总质量的 0.1%。各筛分计筛余量及筛底存量的总和与筛分前试样的干燥总质量 m_0 相比，相差不得超过 m_0 的 0.5%。

⑥ 计算筛余百分率

干筛后各号筛上的分计筛余百分率按式（3－27）计算，精确至 0.1%。

$$p_i' = \frac{m_i}{m_0 - m_5} \times 100 \tag{3-27}$$

式中，p_i' 为各号筛上的分计筛余百分率（%）；m_5 为由于筛分造成的损耗（g）；m_0 为用于干筛的干燥集料总质量（g）；m_i 为各号筛上的分计筛余（g）；i 为依次为 0.075mm，0.15mm，…，至到集料最大粒径的排序。

试验结果以 2 次试验的平均值表示，将结果记录到统计表中，与表 3－14 中规定的级配范围进行比较，如果都在范围内，则粗集料级配合理。

第三节　水泥混凝土中的细集料

在水泥混凝土中，细集料是指粒径小于 4.75mm 的天然砂、人工砂。

天然砂是由自然风化、水流搬运和分选、堆积形成的粒径小于 4.75mm 的岩石颗粒，从来源上可分为海沙、河沙和山沙，但不包括软质岩、风化岩石的颗粒。河沙、海沙的成因都是基本相同的，都是花岗岩、砂岩接受强烈风化的残留矿物，主要是石英，也含有少量长石和白云母。河沙是最近沉积的流沙，广泛分布于大江小河的河漫滩，颗粒表面圆滑，比较洁净，质地较好，是建筑的上等沙。海沙虽然洁净，但国家严禁使用未经淡化处理的海沙作为建筑材料，因为海沙含盐分高，易与混凝土中的水化物反应而造成腐蚀，也会出现腐蚀钢筋的情况，造成安全隐患。山沙由于表面粗糙，所以水泥附着效果好，但山沙成分复杂，多数含有泥土和其他有机杂质。

人工砂是经除土处理的机制砂和混合砂的统称。机制砂是经除土处理，由机械破碎筛分制成的，粒径小于 4.75mm 的岩石颗粒，但不包括软质岩、风化岩石的颗粒；混合砂是由机制砂和天然砂混合制成的砂。

在机场场道工程中，细集料宜采用细度模数为 2.6～3.2 的天然砂，且应质地坚硬、耐久、洁净，符合级配要求。民用机场水泥混凝土面层采用机制砂的实例较少，但考虑在部分地区难以找到符合要求的天然砂，规范允许使用符合要求的机制砂，机制砂只能用于设计文件许可的部位，而且用来制作机制砂的母岩抗压强度应不低于 60MPa，磨光值不低于 35.0。采用机制砂需考虑对水泥混凝土工作性、耐磨性、耐久性等的影响，并采取相应措施补偿。

一、细集料的技术指标

细集料中不应混有草根、树叶、树枝、塑料、石灰块、煤块、炉渣等杂物。砂中如含有云母、轻物质、有机物、硫化物及硫酸盐、氯盐等，其含量应符合规定。当砂中可能含有引起混凝土碱集料反应的碱活性矿物时，应进行碱活性检验。

细集料性能对于所配制的混凝土的性能有很大的影响。为了保证混凝土的质量，一般来说对细集料技术性能的要求主要有：具有稳定的物理性能和化学性能，不与水泥发生有害反应；有害杂质含量尽可能少，坚固耐久，具有良好的颗粒形状，表面与水泥石黏结牢固；有适宜的颗粒级配和细度模数。混凝土用细集料一般应采用级配良好、质地坚硬、吸水率小、颗粒洁净的河砂；河砂不易得到时，也可用硬质岩石加工的符合国家标准的人工砂。细细骨料不宜采用海砂；不得不采用海砂时，应具备可靠的冲洗条件，冲洗后的细集料，其氯离子含量等技术指标必须符合相关规定。氯盐锈蚀环境严重作用下的混凝土，不宜采用抗渗性较差的岩质（如花岗岩、砂岩等）作细集料。配制时，对细集料的具体技术指标如表 3－15 所示。

表 3－15　细集料的技术指标

项次	项目	技术指标	试验方法
1	机制砂母岩抗压强度（MPa）	≥60.0	JTG E41 T0221
2	机制砂母岩磨光值	≥35.0	JTG E42 T0321
3	机制砂单粒级最大压碎值（%）	≤25.0	JTG E42 T0350
4	机制砂石粉含量（%）	≤7.0	JTG E42 T0333
5	机制砂 MB 值	≤1.4	JTG E42 T0349
6	机制砂吸水率（%）	≤2.0	JTG E42 T0330
7	氯离子含量（按质量计）（%）	≤0.02	GB/T 14684
8	坚固性（按质量损失计）（%）	≤8.0	JTG E42 T0340
9	云母与轻物质含量（按质量计）（%）	≤1.0	JTG E42 T0337
10	含泥量（按质量计）（%）	≤2.0	JTG E42 T0333
11	泥块含量（按质量计）（%）	≤0.5	JTG E42 T0335
12	硫化物及硫酸盐（按 SO_3 质量计）（%）	≤0.5	JTG E42 T0341
13	有机物含量（比色法）	合格	JTG E42 T0336
14	其他杂物	不应混有石灰、煤渣、草根、贝壳等杂物	
15	表观密度（kg/m^3）	≥2500	JTG E42 T0328
16	松散堆积密度（kg/m^3）	≥1400	JTG E42 T0331
17	空隙率（%）	≤45	JTG E42 T0331
18	碱活性	不应有碱活性反应，当岩相法判断疑似碱活性时，以砂浆棒法为准	JTG E42 T0324/T0325

1. 有害杂质含量

集料中含有妨碍水泥水化或能降低集料与水泥石黏附性，以及能与水泥水化产物产生不良化学反应的各种物质，称为有害杂质。砂中常含有的有害杂质主要有泥土和泥块、云

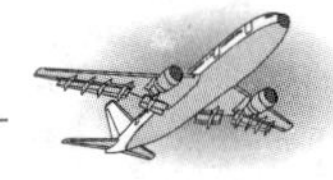

母、轻物质、硫酸盐和硫化物以及有机质等。

(1) 含泥量和泥块含量。混凝土用砂的含泥量是指粒径小于0.075mm的尘屑、淤泥和黏土的总含量的百分数；泥块是指原颗粒粒径大于1.18mm，经水洗、手捏后可破碎成小于0.6mm的颗粒含量。这些粒在集料表面形成包裹层，妨碍集料与水泥石的黏附，或者以松散的颗粒存在，增加集料的表面积，增大需水量，特别是黏土颗粒，体积不稳定，干燥时收缩，潮湿时膨胀，对混凝土有很大的破坏作用，影响混凝土的强度和耐久性。

细集料的含泥量通过筛洗法检测，具体方法如下：

① 将来样用四分法缩分至每份约1000g，置于温度为105℃±5℃的烘箱中烘干至恒重，冷却至室温后，称取约400g（m_0）的试样两份备用。

② 取烘干的试样一份置于筒中，并注入洁净的水，使水面高出砂面约200mm，充分拌和均匀后，浸泡24h，然后用手在水中淘洗试样，使尘屑、淤泥和黏土与砂粒分离，并使之悬浮水中，缓缓地将浑浊液倒入1.18～0.075mm的套筛上，滤去小于0.075mm的颗粒，试验前筛子的两面应先用水湿润，在整个试验过程中应注意避免砂粒丢失。

③ 再次加水于筒中，重复上述过程，直至筒内砂样洗出的水清澈为止。

④ 用水冲洗剩留在筛上的细粒，并将0.075mm筛放在水中（使水面略高出筛中砂粒的上表面）来回摇动，以充分洗除小于0.075mm的颗粒；然后将两筛上筛余的颗粒和筒中已经洗净的试样一并装入浅盘，置于温度为105℃±5℃的烘箱中烘干至恒重，冷却至室温，称取试样的质量（m_1）。

⑤ 计算：砂的含泥量按式（3-28）计算至0.1%。

$$Q_n=\frac{m_0-m_1}{m_0}\times 100 \tag{3-28}$$

式中，Q_n为砂的含泥量（%）；m_0为试验前的烘干试样质量（g）；m_1为试验后的烘干试样质量（g）。

以2个试样试验结果的算术平均值作为测定值。2次结果的差值超过0.5%时，应重新取样进行试验。在机场场道工程中，细集料的含泥量不超过2.0%即为合格。

试验时应注意：本方法含泥量应该是指天然砂中的含泥量，是将天然砂放在水中淘洗，让砂沉淀，悬浮液倒去，并用0.075mm过滤的方法区别砂与土，所以试验时务必不能使砂（有不少细砂颗粒会小于0.075mm）随水一起冲走，否则就不一定是含“泥”量了。不得直接将试样放在0.075mm筛上用水冲洗，或者将试样放在0.075mm筛上后在水中淘洗，以难免误将小于0.075mm的砂颗粒当作泥冲走。

细集料的泥块含量试验：

① 将来样用分料器法或四分法缩分至每份约2500g，置于温度为105℃±50℃的烘箱中烘干至恒重，冷却至室温后，用1.18mm筛筛分，取筛上的砂约400g分为两份备用。

② 取试样1份200g（m_1）置于容器中，并注入洁净的水，使水面至少超出砂面约200mm，充分拌混均匀后，静置24h，然后用手在水中捻碎泥块，再把试样放在0.6mm筛上，用水淘洗至水清澈为止。

③ 筛余下来的试样应小心地从筛里取出，并在105℃±5℃的烘箱中烘干至恒重，冷却至室温后称量（m_2）。

④ 计算：砂中泥块含量按式（3－29）计算，精确至0.1%。

$$Q_k=\frac{m_1-m_2}{m_1}\times 100 \tag{3-29}$$

式中，Q_k为砂中大于1.18mm的泥块含量（%）；m_1为试验前存留于1.18mm筛上的烘干试样量（g）；m_2为试验后的烘干试样量（g）。

取2次平行试验结果的算术平均值作为测定值，2次结果的差值如超过0.4%，应重新取样进行试验。细集料的泥块含量不超过0.5%即为合格。

（2）云母与轻物质含量。某些砂中含有云母。云母呈薄片状，表面光滑，且极易沿节理裂开，因此它与水泥石的黏附性极差。砂中的轻物质是指相对密度小于2.0的颗粒，如煤和木块等。细集料含有的云母和轻物质，其强度较低，对混凝土拌合物的和易性、强度和硬化后混凝土的抗冻性和抗渗性都有不利的影响。

细集料云母含量的检测方法如下：

① 称取经过缩分的试样50g，在温度为105℃±5℃的烘箱中烘干至恒重，冷却至室温后。先筛去大于4.75mm和小于0.3mm的颗粒，然后根据砂的粗细不同称取试样10～20g（m_0），放在放大镜下观察，用钢针将砂中所有云母全部挑出，称量所挑出的云母质量（m_1）。

② 计算：砂中云母含量按式（3－30）计算，精确至0.1%。

$$Q_e=\frac{m_1}{m_0}\times 100 \tag{3-30}$$

式中，Q_e为砂中云母含量（%）；m_0为烘干试样质量（g）；m_1为挑出的云母质量（g）。

细集料轻物质含量试验。轻物质的含量用相对密度为1.95～2.00的重液进行分离测定。具体方法如下：

① 称取经过缩分的试样约800g，在105℃±5℃的烘箱中烘干至恒重，冷却后将大于4.75mm和小于0.3mm的颗粒筛去，然后称取每份约重200g的试样两份备用。

② 配制相对密度为1.95～2.0的重液：向1000mL的量杯中加水至600mL刻度处，再加入1500g氯化锌，用玻璃棒搅拌使氯化锌全部溶解，待冷却至室温后（氯化锌在溶解过程中放出大量热量），将部分溶液倒入250mL量筒中测其相对密度。如溶液相对密度小于要求值，则将它倒回量杯，再加入氯化锌，溶解并冷却后测其相对密度，直至溶液相对密度达到要求数值为止。

③ 将上述试样1份（m_0）倒入盛有重液（约500mL）的量杯中，用玻璃棒充分搅拌，使试样中的轻物质与砂分离，静置5min后，将浮起的轻物质连同部分重液倒入网篮中。轻物质留在网篮上，而重液则通过网篮流入另一容器。倾倒重液时应避免带出砂粒，一般当重液表面与砂表面相距约20～30mm时即停止倾倒。流出的重液倒回盛试样的量杯中，重复上述过程，直至无轻物质浮起为止。

④ 用清水洗净留存于网篮中的轻物质，然后将它倒入烧杯，在105±5℃的烘箱中烘干至恒重，用感量为0.01g的天平称量轻物质与烧杯总量（m_1）。

⑤ 计算：砂中轻物质的含量按式（3-31）计算，精确至0.1%。

$$Q_g=\frac{m_1-m_2}{m_0}\times 100 \tag{3-31}$$

式中，Q_g为砂中轻物质的含量（%）；m_1为烘干的轻物质与烧杯的总量（g）；m_2为烧杯的质量（g）；m_0为试验前烘干的试样质量（g）。

以2份试样试验结果的算术平均值作为测定值。细集料中的云母含量与轻物质含量之和不超过1.0%即为合格。

（3）有机物含量。天然砂中有时混杂有有机质（如动植物的腐殖质、腐殖土等），这类有机质将延缓水泥的硬化过程，并降低混凝土的强度，特别是早期强度，为了消除砂中有机质的影响，可采用石灰水淘洗，或在拌和混凝土时加入少量消石灰外，亦可将砂在露天推成薄层，经接触空气和阳光照射后也可降低有机物的不良影响。为了评定天然砂中的有机质含量是否达到影响水泥混凝土品质的程度，需要进行有机质含量试验。细集料有机质含量的检测方法如下：

① 试样制备：筛去试样中4.75mm以上的颗粒，用分料器法或四分法缩分至约500g，风干备用。

② 标准溶液的配制方法：取2g鞣酸粉溶解于98mL的10%酒精溶液中，即得所需的鞣酸溶液。然后取该溶液2.5mL注入97.5mL浓度为3%的氢氧化钠溶液中，加塞后剧烈摇动，静置24h即得标准溶液。

③ 向250mL量筒中倒入试样至103mL刻度处，再注入浓度为3%的氯氧化钠溶液至200mL刻度处，剧烈摇动后静置24h。

④ 比较试样上部溶液和新配制标准溶液的颜色。盛装标准溶液与盛装试样的量筒规格应一致。

⑤ 结果：若试样上部的溶液颜色浅于标准溶液的颜色，则试样的有机质含量鉴定合格；如两种溶液的颜色接近，则应将该试样（包括上部溶液）倒入烧杯中，再将烧杯放在温度为60℃～70℃的水槽锅中加热2～3h，然后再与标准溶液比色。如溶液的颜色深于标准色，则不合格。

（4）硫化物和硫酸盐含量。在天然砂中，常含有硫铁矿（FeS_2）或石膏（$CaSO_4\cdot 2H_2O$）的碎屑，如含量过多，将在已硬化的混凝土中与水化铝酸钙发生反应，生成水化硫铝酸钙晶体，体积发生膨胀，在混凝土内产生破坏作用。所以，在机场场道工程规范中，硫化物和硫酸盐的含量（按SO_3质量计）不得超过0.5%。

三氧化硫含量的检测是通过测定砂中是否含有有害的硫酸盐、硫化物，按SO_3计，并测定其含量。检测方式有定性试验和定量试验两种。

定性试验：

① 用分料器法或四分法取代表样约1000g，烘干至恒重，称取烘干样约200g，在研钵中研成粉末，通过0.075mm筛，仔细拌匀粉末并称取100g，放在500mL的烧杯中，注入250mL洁净水，搅拌1～2min（数次），经一昼夜后用滤纸过滤，然后向滤液中加2～3滴纯盐酸，注入5mL左右10%氯化钡溶液，加热至50℃，再静置一昼夜。

② 如有白色沉淀物产生，即表示砂中有SO_3，须进行定量试验测定其含量。

定量试验：

① 称取通过 0.075mm 筛孔的烘干试样 200g，装入注有 500mL 洁净水的烧瓶中，加塞蜡封，经常摇动，经一昼夜后，再把溶液摇浑，用抽气法过滤。

② 将 100mL 的过滤溶液放在 250mL 的烧杯中，加入 4～5 滴混合指示剂，使溶液变色，接着加入纯盐酸至溶液呈红色，再加 4～5 滴混合指示剂，煮沸后加入 10%氯化钡溶液约 15mL，然后搅拌均匀。为了得到较大的硫酸钡（$BaSO_4$）结晶，可将溶液在 60℃～70℃的温度内加热 2h，然后静置数小时。

③ 用紧密滤纸将此溶液过滤，过滤前将滤纸微湿，过滤完后，把原装滤液的烧杯用洁净水洗几次至洁净，并将洗烧杯的水也加以过滤，最后把留在滤纸上的物质洗几遍（以 1%硝酸银溶液检验 Cl^-）。

④ 把过滤后留在滤纸上的物质连同滤纸一起放入已知质量的干坩埚中，将坩埚放在普通电炉上使滤纸炭化，然后再放在 700℃～800℃高温电炉上灼烧 15～20min，待灰化后取出，放在干燥器内冷却至室温，用分析天平称其总量（m_1）。

⑤ 计算：按式（3-32）计算 SO_3 含量，精确至 0.01%。

$$P=\frac{(m_1-m_0)\times 0.343}{40}\times 100 \tag{3-32}$$

式中，P 为 SO_3 含量（%）；m_0 为坩埚质量（g）；m_1 为坩埚和灰化物总质量（g）；0.343 为硫酸钡（$BaSO_4$）换算为 SO_3 的系数；40 为作定量试验的试样质量（g）。

取两次试验结果的算术平均值作为测定值，若两次试验结果之差大于 0.15%时，应重新取样进行试验。硫化物和硫酸盐的含量（按 SO_3 质量计）不超过 0.5%即为合格。

2. 坚固性

混凝土中所用细集料应具备一定的强度和坚固性。采用硫酸钠溶液进行坚固性试验，经 5 次循环后测其质量损失不能超过 8.0%。

细集料坚固性试验：用以确定砂试样经饱和硫酸钠溶液多次浸泡与烘干循环，承受硫酸钠结晶压而不发生显著破坏或强度降低的性能，以评定砂的坚固性能（也称安定性）。

（1）取一定数量的洁净水（多少取决于试样及容器大小），加温至 30℃～50℃，每 1000mL 洁净水加入无水硫酸钠（Na_2SO_4）300～350g 或 10 水硫酸钠（$Na_2SO_4\cdot 10H_2O$）700～1000g，用玻璃棒搅拌，使其溶解并饱和，然后冷却至 20℃～25℃，在此温度下静置 48h，其相对密度应保持在 1.151～1.174 范围内，试验时容器底部应无结晶存在。

（2）将试样烘干，称取粒级分别为 0.3mm～0.6mm、0.6mm～1.18mm、1.18mm～2.36mm 和 2.36mm～4.75mm 的试样各约 100g，作为 m_i，分别装入网篮并浸入盛有硫酸钠溶液的容器中。溶液体积应不小于试样总体积的 5 倍，其温度应保持在 20℃～50℃范围内。三脚网篮浸入溶液时应先上下升降 25 次以排除试样中的气泡，然后静置于该容器中。此时网篮底面应距容器底面约 30mm（由网篮脚高控制），网篮之间的间距应不小于 30mm。试样表面至少应在液面以下 30mm。

（3）浸泡 20h 后，从溶液中提出网篮，放在 105℃±5℃的烘箱中烘烤 4h，至此完成了第一个试验循环，待试样冷却至 20℃～25℃后，即开始第二次循环。

（4）从第二次循环开始，浸泡及烘烤时间均为 4h。共循环 5 次。

（5）最后一次循环完毕后，将试样置于25～30℃的清水中洗净硫酸钠，再在105℃±5℃的烘箱中烘干至恒重，取出冷却至室温后，用筛孔孔径为试样粒级下限的筛，过筛并称量各粒级试样试验后的筛余量 m_i'。

（6）计算：试样中各粒级颗粒的分计损失百分率按式（3－33）计算。

$$Q_i=\frac{m_i-m_i'}{m_i}\times 100 \tag{3-33}$$

式中，Q_i 为试样中各粒级颗粒的分计损失百分率（%）；m_i 为每一粒级试样试验前烘干质量（g）；m_i' 为经硫酸钠溶液试验后，每一粒级筛余颗粒的烘干质量（g）。

（7）试样的坚固性损失总百分率按式（3－34）计算，精确至1%。

$$Q=\frac{\sum m_i Q_i}{\sum m_i} \tag{3-34}$$

式中，Q 为试样的坚固性损失（%）；m_i 为不同粒级的颗粒在原试样总量中的分计质量（g）；Q_i 为不同粒级的分计质量损失百分率（%）。

二、细集料的粗细程度和颗粒级配

细集料的粗细程度和颗粒级配应使所配制混凝土达到设计强度等级和节约水泥的目的。砂的粗细程度是指不同粒径的砂粒混合在一起后的总体的粗细程度。在相同质量条件下，粗砂的表面积较小，细砂的表面积较大。试验表明：当砂的粒度为2.36～4.75mm时，砂的总表面积为1600m²/m³；粒度为0.075～0.15mm时，砂的总表面积为160000m²/m³。在混凝土中，砂的表面需由水泥浆包裹，砂的表面积越小，则需要包裹砂粒表面的水泥浆越少，从而在保证混凝土质量的前提下节省水泥，因此配制混凝土时用粗砂比用细砂节约水泥。

细集料的颗粒级配表示集料中大小颗粒搭配的情况。在混凝土中砂粒之间的空隙是由水泥浆所填充，为了达到节约水泥和提高强度的目的，就应当尽量减小砂粒之间的空隙。要想减小砂粒间的空隙，必须有大小不同粒径的颗粒搭配。控制砂的粗细程度和颗粒级配有很大的技术经济意义，因而它是评定砂质量的重要指标。在机场场道工程中，细集料宜采用细度模数为2.6～3.2的天然砂，级配范围应符合表3－16的要求，若采用机制砂，则其级配应符合表3－17的级配要求。

表3－16　天然砂级配范围

砂分级	细度模数	方孔筛尺寸（mm）							
		9.5	4.75	2.36	1.18	0.60	0.30	0.15	0.075
		累计筛余（以质量计）（%）							
粗砂	3.1～3.7	0	0～10	5～35	35～65	70～75	80～95	90～100	95～100
中砂	2.3～3.0	0	0～10	0～25	10～50	40～70	70～92	90～100	95～100
试验方法		JTG E42 T0327							

表 3-17 机制砂级配范围

砂分级	细度模数	方孔筛尺寸（mm）						
		9.5	4.75	2.36	1.18	0.60	0.30	0.15
		累计筛余（以质量计）（%）						
粗砂	2.8～3.9	0	0～10	5～50	35～70	70～85	80～95	90～100
中砂	2.3～3.1	0	0～10	5～20	15～50	40～70	80～90	90～100
试验方法		JTG E42 T0327						

细集料筛分试验：测定细集料（天然砂、人工砂、石屑）的颗粒级配及粗细程度。对水泥混凝土用细集料可采用干筛法，如果需要也可采用水洗法筛分。

（1）根据样品中最大粒径的大小，选用适宜的标准筛．通常为 9.5mm 筛（水泥混凝土用天然砂）或 4.75mm 筛（沥青路面及基层用天然砂、石屑、机制砂等）筛除其中的超粒径材料然后将样品在潮湿状态下充分拌匀，用分料器法或四分法缩分至每份小少于 550g 的试样两份，在 105℃±5℃的烘箱中烘干至恒重，冷却至室温后备用。

（2）准确称取烘干试样约 500g（m_1），准确至 0.5g，置于套筛的最上面一只，即 4.75mm 筛上，将套筛装入摇筛机，摇筛约 10min，然后取出套筛，再按筛孔大小顺序，从最大的筛号开始，在清洁的浅盘上逐个进行手筛，直到每分钟的筛出量不超过筛上剩余量的 0.1%时为止，将筛出通过的颗粒并入下一号筛，和下一号筛中的试样一起过筛，以此顺序进行至各号筛全部筛完为止。

（3）称量各筛筛余试样的质量，精确至 0.5g。所有各筛的分计筛余量和底盘中剩余量的总量与筛分前的试样总量，相差不得超过后者的 1%。

（4）计算分计筛余百分率。各号筛的分计筛余百分率为各号筛上的筛余量除以试样总量（m_1）的百分率，精确至 0.1%。对沥青路面细集料而言，0.15mm 筛下部分即为 0.075mm 的分计筛余，测得的 m_1 与 m_2 之差即为小于 0.075mm 的筛底部分。

（5）计算累计筛余百分率。各号筛的累计筛余百分率为该号筛及大于该号筛的各号筛的分计筛余百分率之和，准确至 0.1%。

（6）计算质量通过百分率。各号筛的质量通过百分率等于 100 减去该号筛的累计筛余百分率，准确至 0.1%。

（7）根据各筛的累计筛余百分率或通过百分率，绘制级配曲线。

（8）天然砂的细度模数按式（3-35）计算，精确至 0.01。

$$M_X=\frac{(A_{0.15}+A_{0.3}+A_{0.6}+A_{1.18}+A_{2.36})-5A_{4.75}}{100-A_{4.75}} \tag{3-35}$$

式中，M_X 为砂的细度模数；$A_{0.15}$，$A_{0.03}$，…，$A_{4.75}$ 分别为 0.15mm，0.3mm，…，4.75mm 各筛上的累计筛余百分率（%）。

细度模数越大，表示细集料越粗。砂的粗细按细度模数分为三个等级：细度模数 M_X 为 3.1～3.7 的为粗砂；为 2.3～3.0 的为中砂；为 1.6～2.2 的为细砂；

进行2次平行试验，以试验结果的算术平均值作为测定值。如2次试验所得的细度模数之差大于0.2，应重新进行试验。

三、细集料的物理性质

在机场场道工程中，细集料的物理性质参数主要有表观密度、松散堆积密度、空隙率、吸水率，其含义、计算原理和试验方法与粗集料的相同，具体见本章第二节“粗集料”。

第四节 水泥混凝土拌和用水

水是水泥混凝土的主要组成材料之一。拌和用水的水质不纯，可能产生多种有害问题，最常见的有：影响混凝土的凝结；有损于混凝土强度发展；降低混凝土的耐久性、加快钢筋的满蚀和导致预应力钢筋的脆断；使混凝土表面出现污斑等。为保证混凝土的质量和耐久性，必须使用合格的水拌制混凝土。

一、拌和用水的类型和要求

混凝土拌和用水水源可分为饮用水、地下水、海水以及经适当处理或处置后的工业废水。符合国家标准的生活用水，可以直接用来拌制混凝土，不需再进行检验。地表水或地下水，首次使用时必须进行适用性检验，合格才能使用。海水中含有硫酸盐、镁盐和氯化物，对水泥石有侵蚀作用，对钢筋也会造成锈蚀，只允许用来拌制素混凝土，不宜用于拌制有饰面要求的混凝土、耐久性要求高的混凝土、大体积混凝土和特种混凝土。混凝土工厂的洗刷水要依水中有害物的含量确定适用于配制哪种混凝土，同时要注意其所含水泥和外加剂品种对拌制混凝土性能的影响。工业废水必须经过检验，经处理合格后方可使用。

二、拌和用水的技术要求

混凝土拌合及养护用水的质量要求具体有：不得影响混凝土的和易性及凝结；不得有损于混凝土强度发展；不得降低混凝土的耐久性；不得加快钢筋腐蚀及导致预应力钢筋脆断；不得污染混凝土表面；各项水质技术指标应符合表3-18的要求。

表3-18 水泥混凝土拌和用水水质技术指标

项次	项目	钢筋混凝土	素混凝土	试验方法
1	pH值	≥5.0	≥4.5	GB/T 6920
2	Cl^-含量（mg/L）	≤1000	≤3500	GB/T 11896
3	SO_4^{2-} 含量（mg/L）	≤2000	2700	GB/T 11896
4	碱含量（mg/L）	≤1500	≤1500	GB/T 176 火焰光度计法
5	可溶物含量（mg/L）	≤5000	≤10000	GB 5750
6	不溶物含量（mg/L）	≤2000	≤5000	GB/T 11901
7	其他杂质	不应有漂浮的油脂和泡沫；不应有明显的颜色和异味		—

当对水质有怀疑时，应将该水与蒸馏水或饮用水进行水泥凝结时间、砂浆或混凝土强度对比试验。测得的初凝时间差及终凝时间差均不得大于 30min，其初凝和终凝时间还应符合水泥国家标准的规定。用该水制成的砂浆或混凝土 28d 抗压强度应不低于蒸馏水或饮用水制成的砂浆或混凝土抗压强度的 90%。

第五节　外加剂与掺合料

一、外加剂

1. 外加剂的种类

外加剂是指在拌制混凝土过程中掺入用以改善混凝土性能，赋予混凝土以优良的性能的物质，各种混凝土外加剂改善了新拌合硬化混凝土性能，促进了混凝土新技术的发展，有助于节约资源和环境保护，已经逐步成为优质混凝土必不可少的材料。混凝土外加剂主要用来改善混凝土的性能，而混凝土的性能包括新拌混凝土的施工性能以及硬化混凝土的使用性能。混凝土外加剂的掺加量通常是小于水泥重量 5%的化学外加剂，其掺加量虽然很小，却能显著改善混凝土的某些性能，是生产各种高性能混凝土和特种混凝土必不可少的组分，按作用性能可分成以下几类：

（1）改善混凝土拌和物流变性能的外加剂，包括各种减水剂、引气剂和泵送剂等。

（2）调节混凝土凝结结时间、硬化性能的外加剂，包括缓凝剂、早强剂和速凝剂等。

（3）改善混凝土耐久性的外加剂，包括引气剂、防水剂和阻锈剂等

（4）改善混凝土其他性能的外加剂，包括加气剂、膨胀剂、防冻剂、着色剂、防水剂等。

2. 常用的外加剂

混凝土外加剂按其主要功能可分为四类：

（1）改善混凝土拌和物流变性能的外加剂。包括普通减水剂和高效减水剂、引气剂和泵送剂等。

（2）调节混凝土凝结时间、硬化性能的外加剂。包括缓凝剂、早强剂和速凝剂等。

（3）改善混凝土耐久性的外加剂。包括引气剂、防水剂和阻锈剂等。

（4）改善混凝土其他性能的外加剂。包括膨胀剂、防冻剂、着色剂等。

① 减水剂。减水剂是一种在混凝土拌合料坍落度相同条件下能减少拌合水量的外加剂，是混凝土外加剂中应用最为广泛的一类。分为普通减水剂（减水率不小于 8%，以木质素磺酸盐类为代表）、高效减水剂（减水率不小于 14%，包括萘系、密胺系、氨基磺酸盐系、脂肪族系等）和高性能减水剂（减水率不小于 25%，以聚羧酸系减水剂为代表），并又分别分为早强型、标准型和缓凝型。

减水剂的作用有：在不减少单位用水量的情况下，改善新拌混凝土的工作性，即和易性，提高流动性；在保持一定的水泥工作性下，减少用水量，提高混凝土的强度；在保持一定强度情况下，减少单位水泥用量，节约水泥；改善混凝土拌合物的可泵性以及混凝土的其他物理力学性能。

减水剂的作用原理主要是分散作用和润滑作用：加入减水剂后，由于减水剂分子能定向吸附于水泥颗粒表面，使水泥颗粒表面带有同一种电荷（通常为负电荷），形成静电排斥作用，促使水泥颗粒相互分散，絮凝结构解体，释放出被包裹部分水，参与流动，从而有效地增加混凝土拌合物的流动性。同时，减水剂中的亲水基极性很强，因此水泥颗粒表面的减水剂吸附膜能与水分子形成一层稳定的溶剂化水膜，这层水膜具有很好的润滑作用，能有效降低水泥颗粒间的滑动阻力，从而使混凝土流动性进一步提高。

普通减水剂宜用于日最低气温 5℃以上、强度等级为 C40 以下的混凝土，不宜单独用于蒸养混凝土。当掺用含有木质素磺酸盐类物质的普通减水剂时应先做水泥适应性试验，合格后方可使用。高效减水剂可用于素混凝土、钢筋混凝土、预应力混凝土，并可用于制备高强混凝土，且标准型高效减水剂宜用于日最低气温 0℃以上施工的混凝土，也可用于蒸养混凝土。聚羧酸系高性能减水剂宜用于高强混凝土、自密实混凝土、泵送混凝土、清水混凝土、预制构件混凝土和钢管混凝土、具有高体积稳定性及高耐久性或高工作性要求的混凝土。引气减水剂宜用于有抗冻融要求的混凝土、泵送混凝土和易产生泌水的混凝土；可用于抗渗混凝土、抗硫酸盐混凝土、贫混凝土、轻骨料混凝土、人工砂混凝土和有饰面要求的混凝土，不宜用于蒸养混凝土及预应力混凝土。

② 早强剂。混凝土早强剂是指能提高混凝土早期强度，并且对后期强度无显著影响的外加剂。早强剂的主要作用在于加速水泥水化速度，促进混凝土早期强度的发展；既具有早强功能，又具有一定减水功能。混凝土早强剂是外加剂发展历史中最早使用的外加剂品种之一。到目前为止，人们已先后开发出多种早强型外加剂，包括无机物类（氯盐类、硫酸盐类、硝酸盐类等）；有机物类（有机胺类、羧酸盐类等）；复合型等早强剂。

A. 氯盐类：氯盐早强剂的组成主要包括氯化钙、氯化钠、氯化铝等。合理掺加氯盐类早强剂，会对混凝土的早期强度发展有利。氯盐类早强剂是应用历史最长、应用效果最显著的早强剂品种。不过氯盐类的早强剂只准在不配钢筋的素混凝土中掺加，对于钢筋混凝土，特别是预应力钢筋混凝土，以及有金属预埋件的混凝土中，要慎重使用这类外加剂，限制 Cl^{-1}（氯离子）含量的引入量，甚至要禁止使用。

B. 硫酸盐类：常用的硫酸盐早强剂为硫酸钠、硫酸钾和硫酸钙。掺硫酸盐早强剂的混凝土要注意预防泛碱和白华现象。硫酸盐的掺量应通过实验确定，以免引起碱集料反应破坏或硫酸盐过量产生的侵蚀破坏。

C. 硝酸盐类：硝酸盐和亚硝酸盐均对水泥水化过程起促进作用。这些盐类不仅能作为混凝土的早强剂组分，而且可以作为混凝土防冻剂组分使用。我国曾生产应用过以硝酸盐和亚硝酸盐为主的许多品种的早强剂或防冻剂，如亚硝酸钙-硝酸钙、硝酸钙-尿素、亚硝酸钙-硝酸钙-尿素、亚硝酸钙-硝酸钙-氯化钙，以及亚硝酸钙-硝酸钙-氯化钙-尿酸等。亚硝酸钠的掺入还可以防止混凝土内部钢筋的锈蚀，其原因是可以促使钢筋表面形成致密的保护膜。所以氯盐早强剂或氯盐防冻剂中常复合有亚硝酸钠组分。

D. 有机类：最常用的有机化合物早强剂为三乙醇胺。三乙醇胺是一种表面活性剂，掺入水泥混凝土中，在水泥水化过程中起催化剂的作用，它能够加速 C_3A 的水化和钙矾石的形成。三乙醇胺常与氯盐早强剂复合使用，早强效果更佳。常用的有机化合物早强剂还有甲酸钙、乙酸和乙酸盐等。另外，实际应用中三异丙醇胺也同样具有一定早强性能，

同时对混凝土后期强度也有比较明显的提高。

E. 复合型：通过对各种早强剂组分之间的复合，以及早强剂组分与减水剂组分之间的复合，可以收到比单一早强剂更好的改性效果，如大幅度提高混凝土的早期强度发展速率；既能较好地提高混凝土的早期强度，又对混凝土后期强度发展带来好处；既具有一定减水作用，又能大幅度加速混凝土早期强度发展；既能起到良好的早强效果，又能避免有些早强组分引起混凝土内部钢筋锈蚀等。

早强剂宜用于蒸养（有机胺类早强剂除外）、常温、低温和最低温度不低于－5℃环境中施工的有早强要求的混凝土工程；不宜用于大体积混凝土、炎热条件和环境温度低于－5℃时施工的混凝土。另外，处于水位变化的结构，露天结构及经常受水淋、受水流冲刷的结构，相对湿度大于80％环境中使用的结构，直接接触酸、碱或其他侵蚀性介质的结构，有装饰要求的混凝土不宜使用无机盐类早强剂。

③ 缓凝剂。缓凝剂是一种能延缓水泥水化反应，从而延长混凝土的凝结时间，使新拌混凝土较长时间保持塑性，方便浇注，延长施工时间，同时对混凝土后期各项性能不会造成不良影响的外加剂。缓凝剂按其缓凝时间可分为普通缓凝剂和超缓凝剂；按化学成分可分为无机缓凝剂和有机缓凝剂。无机缓凝剂包括磷酸盐、锌盐、硫酸铁、硫酸铜、氟硅酸盐等；有机缓凝剂包括羟基羧酸盐及其盐、多元醇及其衍生物、糖类及其碳水化合物等。

缓凝剂宜用于需要延缓凝结时间的混凝土、对坍落度保持能力有要求及静停时间较长或长距离运输的混凝土、自密实混凝土，也可用于大体积混凝土，混凝土施工日最低气温5℃以上的施工中；不宜用于有早强要求的混凝土；且柠檬酸（钠）及酒石酸（钾钠）等缓凝剂不宜单独用于贫混凝土，含有糖类组分的缓凝剂与减水剂复合使用时，需进行相容性试验，合格后方可使用。

④ 速凝剂。掺入混凝土中能使混凝土迅速凝结硬化的外加剂。主要种类有无机盐类和有机物类。如铝氧熟料加碳酸盐系速凝剂、硫铝酸盐系速凝剂、水玻璃系速凝剂等。其掺用量仅占混凝土中水泥用量2％～3％，却能使混凝土在5min内初凝，10min内终凝，1h就可产生强度，1d强度提高2～3倍，但后期强度会下降，28d强度约为不掺时的80％～90％。速凝剂的速凝早强作用机理是使水泥中的石膏变成Na_2SO_4，失去缓凝作用，从而促使C_3A迅速水化，并在溶液中析出其水化产物晶体，导致水泥浆迅速凝固，以达到抢修或井巷中混凝土快速凝结的目的，是喷射混凝土施工法中不可缺少的添加剂。它们的作用是加速水泥的水化硬化，在很短的时间内形成足够的强度，以保证特殊施工的要求。

⑤ 膨胀剂。膨胀剂是能使混凝土产生一定体积膨胀的外加剂。膨胀剂的主要特性是掺入混凝土后起抗裂防渗作用，它的膨胀性能可补偿混凝土硬化过程中的干缩和冷缩。使混凝土在限制条件下成为自应力混凝土。我国生产膨胀剂主要品种有：U型膨胀剂（由生、熟明矾石，硬石膏等组成）、复合膨胀剂（CEA）、铝酸钙膨胀剂（AEA－高强熟料、天然明矾石、石膏）、EA－L膨胀剂（由生明矾石、石膏等组成）、FN－M膨胀剂（硫铝酸盐混凝土膨胀剂）、CSA微膨胀剂（硫铝酸盐等）、脂膜石灰膨胀剂（石灰、硬脂酸等）。

目前膨胀剂主要是掺入硅酸盐类水泥中使用，用于配制补偿收缩混凝土或自应力混凝土；使用膨胀剂配制的补偿收缩混凝土宜用于混凝土结构自防水、工程接缝、填充灌浆，

采用连续施工的超长混凝土结构，大体积混凝土工程等；用膨胀剂配制的自应力混凝土宜用于自应力混凝土输水管、灌注桩等。含硫铝酸钙类、硫铝酸钙—氧化钙类膨胀剂配制的混凝土不得用于长期环境温度为80℃以上的工程。

⑥ 引气剂。在混凝土搅拌过程中引入大量均匀分布、稳定而封闭的微小气泡，起到改善混凝土和易性，提高混凝土抗冻性和耐久性的外加剂，称为引气剂。引气剂可分为松香类引气剂、合成阴离子表面活性类引气剂、木质素磺酸盐类引气剂、石油磺酸盐类引气剂、蛋白质盐类引气剂、脂肪酸和树脂及其盐类引气剂、合成非离子表面活性引气等剂。

引气剂可以使混凝土在搅拌时引入大量均匀分布的封闭的微小气泡，而且在硬化后能保留在其中。其主要作用有：减少混凝土泌水和离析，提高混凝土的均质性；混凝土的热扩散及传导系数降低，提高了混凝土的体积稳定性，增强了野外结构的耐候性，延长了道面混凝土的使用寿命；大大提高了混凝土抗冻性、抗盐渍性、抗渗性、耐硫酸盐侵蚀及抗碱集料反应性能；掺AH系列引气剂能改善混凝土坍落度、流动性和可塑性；掺AH系列引气剂弹性模量较低，刚性较小，柔韧性好。

使用时应注意：由于引入大量的气泡，减少了混凝土受压有效面积，使混凝土强度和耐磨性有所降低，当保持水灰比不变时，含气量增加1%，混凝土强度约下降3%～5%，故应用引气剂改善混凝土抗冻性时，应注意控制混凝土的含气量，避免大量引起导致混凝土强度大幅降低；建筑工程混凝土掺量应选低限，水工混凝土掺量应选高限；抗冻融要求较高的混凝土，以及冬季施工砼，其掺量应根据混凝土含气量的要求，通过试验确定；引气量受配制混凝土的材料及配制操作环境温度影响，故必须尽量保持稳定才能控制含气量波动；AH系列引气剂与水泥、砂、石一起加入搅拌机，搅拌时间需延长1～2min。

引气剂对混凝土的抗冻性、抗盐渍性、抗渗性明显提高，延长了道面混凝土的使用寿命，所以在机场场道工程中被广泛使用。

⑦ 防水剂。防水剂是一种能降低砂浆、混凝土在静水压力下透水性的外加剂。防水剂可分为无机质防水剂（氯化钙、水玻璃系、氯化铁、锆化合物、硅质粉末系等）、有机质防水剂（反应型高分子物质、僧水性的表面活性剂、天然或合成的聚合物乳液以及水溶性树脂等）。

防水剂的主要作用原理是：在高水灰比时混凝土中含有相连通的毛细孔，水和蒸汽均可透过。加入防水剂后，混凝土中的相连通毛细孔大大减少，从而降低其在静水压力下的透水性。

防水剂的性能及应用：

A. 无机类。防水剂中，如氯化钙能促进水泥的硬化，早期防水效果好，但对钢筋有锈蚀作用，且收缩性较大；硅酸钠能与混凝土中的氢氧化钙反应，生成不溶性硅酸钙，提高其水密性，但效果不太显著；硅酸质粉末系，粉煤灰、硅藻土、火山灰及石粉等能直接填充到混凝土空隙中间，如用其微粉，其和易性和防水性更佳；锆化物与水泥中的钙结合能产生不溶性物质，具有疏水效果；用硅酸钠，二氧化硅及氧化钙粉末溶于或分散在水中，涂布于硬化混凝土中，与活性离子生成不溶性晶体或堵塞孔道，其防水效果明显。

B. 有机类。机类防水剂多通过自身的疏水性（如石蜡、沥青及各种胶乳）和填充性来提高其水密性，或是与水化体系中的物质作用，生成疏水性物质而具防水性，如脂肪酸类。脂肪酸类防水剂大都有引气性，石蜡和沥青乳液防水剂都有润滑性，因此能改善其和易性；细粉类能增加用水量，改善流动性。在规定掺量下，一般不改变凝结时间。对硬化混凝土来说，皂类和乳化石蜡等防水剂均对其强度有一定程度的降低，而对耐久性有所提高。

⑧ 泵送剂。能改善混凝土拌合物泵送性能的外加剂称为泵送剂。所谓泵送性能，就是混凝土拌合物具有能顺利通过输送管道、不阻塞、不离析、黏塑性良好的性能。泵送剂分为非引气剂型（主要组分为木质素磺酸钙，高效减水剂等）和引气剂型（主要组分为减水剂，引气剂等）两类。

在北方冬季施工要进行泵送时，应使用防冻泵送剂。这类负温下的泵送剂，需要综合普通泵送剂、早强剂和防冻剂的有关功能与原理，解决早期和后期强度、坍落度损失和防冻害之间的矛盾等有关问题。其组分上要满足三点：一是在达到坍落度要求的条件下要有相当的减水率（一般在 15%以上）；二是要有适当的早强剂、降低冰点和调节表面张力大小的表面活性剂组分；三是掺加适当的防水剂（如 TEA）可达到防冻防水泵送的目的。这样可免用常规降低冰点对混凝土有害的无机盐类，有利于提高混凝土的耐久性和配制高强混凝土（HPC）。

泵送剂的应用，明显提高了混凝土拌合物的和易性。对凝结时间、泌水率、含气量等性能的影响，均与泵送剂的种类与掺量有关，使用时要注意选择水泥品种和控制水用量。

3. 外加剂的选择

一般按照混凝土外加剂应用技术规范，将经检验符合有关标准要求的某种外加剂，掺入到符合要求的水泥中，外加剂在混凝土中能产生应有的作用效果，则称外加剂与水泥相适应；若外加剂作用效果明显低于使用基准水泥的检验结果，或出现异常现象，则称外加剂与水泥不适应。

混凝土外加剂种类很多、功能各异，使用效果易受多种因素影响，因此，使用外加剂时，其种类的选择应遵循如下原则：

（1）应根据工程设计和施工要求选择。如机场场道工程有耐久年限要求、最小水灰比限制、减水率限制，必须用聚羧酸减水剂方能完全满足其要求，而采用萘系减水剂则不能全部达到技术要求；商品混凝土多为住宅，用聚羧酸减水剂或萘系减水剂均可。

（2）满足混凝土的工作性要求：包括混凝土的流动性、凝结时间、坍落度经时损失、均匀性、不离析、不泌水等。

（3）外加剂应为绿色环保产品，严禁使用对人体有危害、对环境有污染的产品。

（4）掺外加剂混凝土所用水泥必须检验其与所选外加剂的适应性。

（5）所用原材料均应符合现行国家、行业的有关标准，配合比试配所用材料应与工程所用材料相同，当发生变化时应重新试配调整。

（6）不同品种外加剂复配时应进行相容性试验，对混凝土无影响方可使用。

因为在许多实际施工状况中，即使是完全符合质量标准的水泥和外加剂，在作为原材料进行配制也会出现不适应，主要表现为混凝土坍落度有大有小、坍落度损失或快或慢、凝结时间时长时短，有时还出现泌水现象。所选外加剂不应危害人体健康或对环境造成污染。外加剂的现场适应性检验应采用工程实际使用的胶凝材料、集料和拌和用水进行试

配，并确定合理掺加量。不宜选用含钠和钾离子的外加剂。有抗冻要求时，混凝土中应使用引气剂，引气剂应选用表面张力值大、引入水泥浆体中气泡多而微小、气泡稳定时间长的产品。

4. 外加剂的掺加量

混凝土外加剂的掺量是以外加剂质量占混凝土中胶凝材料总质量的百分数表示。有些特殊外加剂，如膨胀剂属于内掺，与外掺的外加剂掺量表示方法不同。混凝土外加剂功能主要由其品质和掺量所决定。当品质一定时，主要由掺量决定，但混凝土外加剂对混凝土的改性功能，并不是随着掺量的增大而增大，而是混凝土外加剂掺量应适当。若掺量过小，使用效果就不显著；若掺量过大，不但使造价提高，而且还可能造成混凝土质量事故，尤其在使用具有引气、缓凝作用的外加剂时，应切忌超量。因此，混凝土外加剂的使用存在一个临界掺量，即在一定原材料、配合比和环境条件下，掺加某种外加剂的数量，使混凝土或其拌合物的一种或多种性能达到最大效果，再掺加则效果不增加，甚至使某些性能变坏。

通常，工程实际使用的外加剂掺量宜按供方的推荐掺量确定，但是还需从决定外加剂掺量的因素去考虑。其中影响外加剂掺量的因素有水泥品种、矿物掺合料品种、混凝土原材料质量状况、混凝土配合比、混凝土强度等级、施工环境温度、商品混凝土运输距离以及外加剂掺加方式等。因此，外加剂的最佳掺量的确定应在供方推荐掺量范围内，并且不能超过外加剂的临界掺量，然后根据其影响因素，经过试验来确定或用优选法、数值分析法进行优化。

5. 混凝土外加剂掺加技术

外加剂的掺加技术包括先掺法、同掺法、后掺法。

(1) 先掺法是外加剂干粉先与水泥混合，然后再与砂、石、水一起搅拌。

(2) 同掺法是在搅拌混凝土时将外加剂溶液（粉剂应预先溶解）与水一起掺加到混凝土中，是最为常见的一种掺加方法。

(3) 后掺法是在混凝土拌好后再将外加剂一次或分数次加入混凝土中（须经 2 次或多次搅拌），又分为滞水法和分批添加法。

滞水法是在搅拌混凝土过程中，外加剂滞后于水 1～3min 加入，当以溶液掺入时称为溶液滞水法，当以粉剂掺入时称为干粉滞水法；分批添加法，是经时分批掺入外加剂，补偿和回复坍落度值。例如，在混凝土配合比及流动性相同的情况下，采用后掺法的减水剂用量仅为在搅拌时与水一起加入时的 60%左右；在混凝土的流动性和强度相同时，后掺法的水泥用量及用水量比同掺法约减少 10%，后掺法混凝土的含气量有所减少，强度有所增加。在某些水泥中，高效减水剂滞后于水几分钟加入时，新拌混凝土的流动性显著高，可节省减水剂用量 1/3 左右，但保水性下降。试验和工程实践证明，后掺法具有许多优点。

二、掺合料（粉煤灰）

1. 粉煤灰的类别

粉煤灰又称飞灰，是由燃烧煤粉的锅炉烟气中收集到的细粉末，其颗粒多呈球形，表面光滑，大部分由直径以 μm 计的实心和（或）中空玻璃微珠以及少量的莫来石、石英等

结晶物质所组成。粉煤灰质量要求和等级根据国家标准《用于水泥和混凝土中的粉煤灰》(GB1596—2005)的规定，按煤种分为F类和C类。F类粉煤灰是指由无烟煤或烟煤煅烧收集的粉煤灰。C类粉煤灰是由褐煤或次烟煤煅烧收集的粉煤灰，一般都是经静电收尘器收集的，粒度较细，并富集有大量表面光滑的玻璃微珠体，其氧化钙含量一般大于10%。

2. 粉煤灰的技术标准

粉煤灰的化学成分与煤的品种和燃烧条件有关。粉煤灰中的氧化硅、氧化铝和三氧化二铁是对混凝土性质有益的化学成分，三种成分含量之和宜大于70%；粉煤灰中的三氧化硫为不利成分，其含量应低于3%，以确保混凝土的体积稳定性。粉煤灰应满足细度、需水量比、烧失量、含水率游离氧化钙含量等指标要求，如表3-19所示。

表3-19 粉煤灰分级和技术标准

粉煤灰等级	烧失量（%）	游离氧化钙（%）	三氧化硫（%）	细度	需水量（%）	含水率（%）	混合砂浆强度活性指数	
							7d	28d
Ⅰ	≤3.0	<1.0	≤3.0	≤12.0	≤95.0	≤1.0	≥75	≥85
Ⅱ	≤6.0	<1.0	≤3.0	≤25.0	≤105.0	≤1.0	≥70	≥80
试验方法	GB/T 176			GB/T 1596				

注：混合砂浆强度活性指数为掺加粉煤灰的砂浆与水泥砂浆的抗压强度比的百分数。

拌制混凝土和砂浆用粉煤灰按照细度分为三个等级：Ⅰ级、Ⅱ级、Ⅲ级。Ⅰ级粉煤灰系大多数火力电厂的排除物，通常较粗，经加工磨细后方能达到要求的细度；Ⅱ级粉煤灰是指火力发电厂排出的原状统干灰或湿调灰，其颗粒较粗且未燃尽的碳粒较多。水泥混凝土中可掺加适量Ⅰ、Ⅱ级干排或磨细低钙粉煤灰，并了解所用水泥中已掺混合材料的种类和掺量，通过混凝土配合比设计试验确定合适的粉煤灰掺量、相应的混凝土配合比和施工工艺。掺加粉煤灰可以提高水泥混凝土的后期强度和耐久性。

Ⅰ级粉煤灰的需水量比小于95%，掺到混凝土中可以取代较多的水泥，并能降低混凝土的用水量、提高密实度，适用于钢筋混凝土和跨度小于6m的预应力混凝土。Ⅱ级粉煤灰对强度的贡献小于Ⅰ级粉煤灰，但掺级粉煤灰后混凝土性能仍可高于或接近基准混凝土，适用于钢筋混凝土和无筋混凝土。

3. 粉煤灰材料特性

现代粉煤灰混凝土应用技术普遍认为，粉煤灰对混凝土性能的影响，表现为形态效应、活性效应和微集料效应三个方面。

(1) 形态效应。粉煤灰的形态效应是指粉煤灰粉料由其颗粒的外观形貌、内部结构、表面性质、颗粒级配等物理形状所产生的效应。粉煤灰中绝大部分为较为光滑的玻璃微珠，可以起到润滑作用，从而减少混凝土拌和物的用水量；但如果存在过多的不均匀颗粒，则可能会损害混凝土原有结构和性能。

(2) 活性效应。粉煤灰的活性效应是指混凝土中粉煤灰的活性成分所产生的化学效应。粉煤灰的化学成分含有大量活性 SiO_2 和 Al_2O_3，在潮湿的环境中与 $Ca(OH)_2$ 等碱性物质发生化学反应，生产的水化物可以延续到28d以后的相当长时间内。同时，这种化学效应还可以起到堵塞混凝土中的毛细组织，提高混凝土的抗腐蚀能力。

(3) 微集料效应。粉煤灰的微集料效应是指粉煤灰中的微细颗粒均匀分布在水泥浆内，填充孔隙和毛细孔，改善混凝土孔结构和增大密实度的特性。微集料效应可以明显增强硬化浆体的结构强度，其良好的分散性，有助于新拌混凝土和硬化混凝土均匀性的改善。

4. 粉煤灰混凝土的技术特性

(1) 强度。粉煤灰对混凝土强度有三个方面的影响：减少用水量、增大胶结材料含量、通过长期火山灰反应提高其强度。粉煤灰中含有大量的硅铝氧化物，可以与水泥石中大量的 $Ca(OH)_2$ 以及高碱性水化硅酸钙发生二次反应，生成强度较高的低碱性水化硅酸钙，有利于提高混凝土的强度同时，粉煤灰的掺入可以分散水泥颗粒，使得水泥水化更充分，提高水泥浆的密实度，使得混凝土中集料与水泥浆的界面强度提高，尤其对混凝土的抗拉强度和抗弯强度提高更为明显，对于混凝土的抗裂性能有利。粉煤灰混凝土的早期抗压强度和弹性模量偏低，但是后期会逐步提高，到 28d 时可比基准混凝土提高 5%～10%。

(2) 和易性、收缩性和徐变。粉煤灰对混凝土和易性的改善作用有三点：一是粉煤灰中含有的大量球状玻璃体，可以在混凝土的泵送、振捣过程中起到润滑作用；二是粉煤灰可以有效分散水泥颗粒，从而释放更多的浆体来润滑集料，有利于混凝土工作性能的提高；三是粉煤灰可以减少混凝土的拌和用水量，使得混凝土中的水胶比降低，从而减少泌水和离析现象。混凝土的收缩与混凝土的拌和用水量和浆体体积有关，用水量越少，收缩也越小。拌和水量的减少使得掺粉煤灰混凝土 28d 后的干燥收缩减小。但由于粉煤灰混凝土的水化反应慢水分蒸发快，所以粉煤灰对混凝土早期干缩影响很大，要特别注意粉煤灰混凝土的早期养护。在 28d 龄期以前，由于粉煤灰混凝土的早期强度较低，其相应龄期的徐变较普通混凝土的但在此后所有龄期的徐变均小于普通混凝土。

(3) 水化热和碱-集料反应。粉煤灰对降低混凝土水化热的作用十分明显，在 1～28d 龄期内，大致掺入粉煤灰的百分就是混凝上水化热降低的百分数。在大体积混凝土中，粉煤灰的掺入一般可以使得水化热峰值出现的时间延缓 3d，可以有效防止混凝土产生温度裂缝粉煤灰可以有效抑制碱-集料反应。一方面，粉煤灰中的活性成分如 SiO_2 和 Al_2O_3 与水泥的水化产物 $Ca(OH)_2$ 反应，降低混凝土的碱度；另一方面，粉煤灰较大的比表面积，使其可以吸附 K^+、Na^+、OH^-，从而减少集料周围的离子含量，降低混凝土孔隙中的碱浓度，消弱碱集料反应。试验表明，粉煤灰掺量应大于 20%，这样才可以有效抑制碱-集料反应。

(4) 抗冻性。粉煤灰混凝土在早期由于其孔结构较普通混凝土的粗，其抗冻性要下降，随着粉煤灰掺量的增加，抗冻性下降的幅度也越大。但随着龄期的增长，其抗冻性下降的幅度大大缩小。对于寒地区的粉煤灰混凝土工程，可以通过掺入适量的引气剂来提高粉煤灰混凝土的抗冻性能

(5) 抗渗性和抗腐蚀性能。影响混凝土抗渗性的主要因素是混凝土的孔结构，包括孔的大小、数量、曲折度以及分布状况等。粉煤灰的掺入可以改善混凝土中水泥石的孔结构，使得总的孔隙率降低，大孔数量减少，小孔数量增多，孔结构进一步细化，分布更为合理，混凝土更加密实，使得抗渗性能得以提高。抗渗性能的提高也带来了粉煤灰混凝土抗硫酸盐侵蚀能力的提高，同时由于减少了水泥用量，也就减少了混凝土受腐蚀的内部因素。

目前，粉煤灰主要用来生产粉煤灰水泥、粉煤灰砖、粉煤灰硅酸盐砌块、粉煤灰加气混凝土及其他建筑材料，还可用作农业肥料和土壤改良剂，回收工业原料和作为环境材料。

第六节　水泥混凝土中的钢筋

在机场工程中会用到各种钢材，如型材、板材、钢筋。其中，场道工程中最常用的就是钢筋，它有强度高、塑性及韧性好、耐冲击、性能可靠，可加工性能好等优点。在场道工程中，道面板之间的拉力杆需要使用螺纹钢筋，传力杆需要使用光圆钢筋，道面交接平缩缝处的两侧板边需要采用带肋钢筋予以补强，使用钢筋的品种、规格应符合设计要求，钢筋线密度不应有负偏差，钢筋应顺直、不应有裂纹、断伤、刻痕、表面油污和锈蚀，其质量应符合国家相关标准的规定，钢筋每 60 t 至少检测一次，检测项目如表 3－20 所示。

表 3－20　钢筋检测项目

项次	项目	取样数量	试验方法
1	拉拔试验	2	GB/T 228.1 金属材料 室温试验方法
2	冷弯试验	2	GB/T 232 金属材料 弯曲试验方法

一、面层中的钢筋

1. 拉杆

纵向施工缝是根据施工需要，在摊铺道之间设置的接缝。当道面板厚较大时普遍采用企口缝。企口缝应先铺筑混凝土板凸榫的一边，拆模后形成阳企口。飞行区指标Ⅱ为 C、D、E 的机场跑道中间的三条纵向施工缝以及滑行道中间的三条纵向施工缝，飞行区指标Ⅱ为 F 的机场跑道中间的五条纵向施工缝以及滑行道中间的三条纵向施工缝，宜在板厚中央设置拉杆，其构造如图 3－3 所示。拉杆应采用螺纹钢筋，并垂直于混凝土板的中线、平行于道面表面。

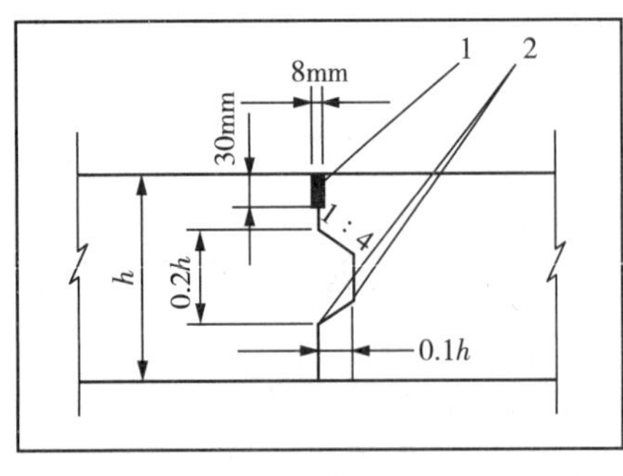

（a）企口缝型

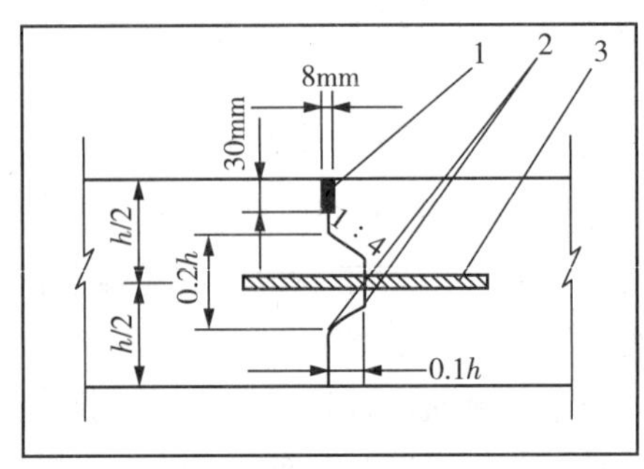

（b）企口加拉杆型

图 3－3　纵向施工缝构造

1—填缝料；2—半径 10mm 的圆弧；3—拉杆

拉杆应采用螺纹钢筋并设置在板厚中央。拉杆的间距以 500～900mm 为宜。最外边的拉杆距接缝或自由边的距离可采用 250～350mm。

2. 传力杆

在横向缩缝、横向施工缝、胀缝内应设置传力杆。

胀缝通常采用滑动传力杆型或边缘钢筋型，其构造如图 3－4 所示。其钢筋布置一般采用长为 40～60cm，直径 20～38cm 的光圆钢筋，每隔 30cm 设一根。杆的半段固定在混凝土内，另一段涂以 1mm 厚的沥青，并在沥青表面撒一层滑石粉，再套上长 8～10cm 的铁皮或塑料套筒，筒底与杆端之间留出宽 3～4cm 的空隙，并用木屑与弹性材料填充，以利于板的自由伸缩。

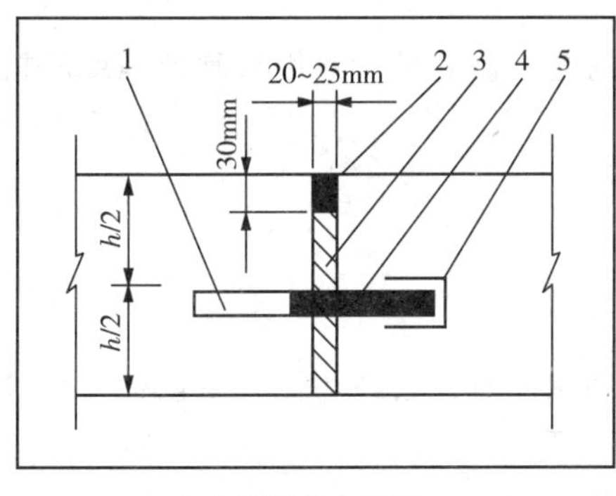

（a）滑动传力杆型　　（b）边缘钢筋型

图 3－4　胀缝构造

1—传力杆；2—填缝料；3—胀缝板；4—传力杆涂沥青端；
5—长 10cm 套筒（留 30mm 空隙填以泡沫塑料、纱头等）；6—主筋；7—箍筋；8—道面或其他构筑物

传力杆应采用光圆钢筋并设置在板厚中央。其长度的一半再加 50mm，应涂以薄层沥青或加塑料套。传力杆尺寸及间距可参照表 3－21 选用。板最外边的传力杆距接缝或自由边的距离可采用 150～200mm。

表 3－21　传力杆尺寸及间距　　（单位 mm）

板厚	直径	最小长度	最大间距
210～250	25	450	300
260～300	30	500	300
310～350	32	500	350
360～400	35	500	350
410～450	38	550	400
460～500	40	600	400

二、钢材的力学性能

1. 强度

强度是钢材的重要技术指标，是指钢材在外力作用下，抵抗变形和断裂的能力。测定

钢材强度的主要方法是拉伸试验。

2. 塑性

塑性表示钢材在外力作用下发生塑性变形而不被破坏的能力，它是钢材的一个重要指标，钢材塑性用伸长率表示，伸长率是衡量钢材塑性的指标，它的数值越大，表示钢材塑性越好。

3. 冲击韧性

冲击韧性是钢材抵抗冲击荷载作用的能力，它是用试验机摆锤冲击带有V形缺口的标准试件的背面，用其冲断后试件单位截面积上所消耗的功来表示，冲击试件所消耗的功越多，钢材的冲击韧性越好，抵抗冲击作用的能力越强。

4. 硬度

硬度是钢材表面局部体积内抵抗硬物压入的能力，它是衡量钢材软硬程度的指标。测定钢材硬度的方法有布氏法、洛氏法等。

三、钢材的工艺性能

1. 拉伸性能

拉伸性能是钢材性能最重要的指标，其受到拉伸时，会经历四个阶段：弹性阶段、屈服阶段、强化阶段与颈缩阶段；

（1）弹性阶段：卸去外力后能恢复原来形状。

（2）屈服阶段：出现塑性变形的阶段，当应力超过“屈服点”时，会出现较大塑性变形，钢材已经不能满足使用要求，因此屈服强度为钢材强度取值的依据。

（3）强化阶段：过了屈服点以后，由于钢的晶体结构发生畸变，阻止了晶格的进一步滑移，使得钢材抵抗变形的能力又重新得到提高；强化阶段应力最高点称为极限抗拉强度，是钢材所能承受的最大应力。

（4）颈缩阶段：应力进一步增大时，钢材会在某些薄弱点变细直至断裂。

2. 冲击韧度

冲击韧度是指钢材抵抗冲击作用的能力，用来衡量钢材抵抗脆性断裂的性能。由于受力原因，钢材脆性断裂主要发生在存在缺口或裂纹的地方；在外在因素中，温度是影响钢材冲击韧度的主要因素，随着温度的降低，钢材冲击韧度会急剧降低，这种性能称为“冷脆性”。

3. 耐疲劳性

受交替荷载反复作用，钢材在应力低于屈服强度的情况下突然发生脆性断裂的现象称为疲劳破坏；由于破坏时应力较小，很难引起注意，因此危害极大；一般抗拉强度较高抗疲劳强度也较高。

4. 冷弯性能

材料在常温下承受弯曲变形的能力，通过评定材料在一定弯曲程度下有无裂纹、起层、鳞落和断裂等情况下来确定。

冷弯性能从侧面反映的钢材的塑性大小，同时也是评定钢材加工性能与焊接质量的主要指标。

5. 焊接性

指钢材是否适应通常的焊接方法与工艺的性能，焊接性能好的钢材焊接时不易产生裂纹、气孔、夹渣等缺陷且焊接后接头强度与钢材本身相近。焊接质量主要与钢材化学成分与含量有关，特别是碳的含量与硫的含量，会使钢材产生热裂纹与热脆性。

四、钢材的加工

1. 冷加工强化

材料通过冷加工强化处理，会使钢材在产生一定塑性变形的前提下提高其屈服强度，降低塑性与韧性。

(1) 冷拉：以超过钢筋屈服强度的应力拉伸钢筋并缓慢卸去荷载，其屈服强度会增加20%～25%，预应力钢筋混凝土中的钢筋就是冷拉法的实际应用。

(2) 冷拔：将低碳钢丝通过比钢筋直径小的模孔，冷拔成比原来直径小的钢丝，钢筋在受到拉力的同时还受到模孔的压力，冷拔后其屈服点可提高40%～60%，但会失去软钢的塑性与韧性，形成硬钢。

(3) 冷轧：通过挤压，在常温下将圆钢轧成断面形状规则的钢制品，产品的强度、硬度大幅度提高。

冷加工后，将钢材在常温下放置或一定温度下保持一段时间，材料屈服强度进一步提高，称为“时效性”。

2. 热处理

将钢材按照规定的温度，进行加热、保温与冷却处理，改变钢材的组织，热处理后钢材强度会大幅度提高，塑性则基本不变，一般硬钢采用热处理，具有高强度、高韧性、高黏结力的优点，但防腐能力较差。

五、建筑常用钢种

1. 普通碳素结构钢

技术要求包括化学成分（碳与其他元素的含量）、力学性能（屈服强度、冷弯性能、冲击韧性等）、冶炼方法（转炉、平炉、电弧炉）、交货状态与表面质量五个方面。

2. 优质碳素结构钢

性能主要取决于碳的质量分数，也与锰的含量有关，其硫、磷等杂质含量比普通碳素钢少。

3. 低合金高强度结构钢

在碳素钢中加入了质量分数小于5%的合金元素，具有高强、塑性韧性好、耐锈蚀的特点，主要用于大跨、大型、重型、桥梁等结构。

六、钢筋的锈蚀

1. 锈蚀的类别

钢材的锈蚀是指钢材表面与周围介质发生化学反应而遭到破坏。钢材若在存放中严重

锈蚀，会使有效截面积减小，疲劳强度大为降低。根据锈蚀作用的机理，钢材的锈蚀可分为化学锈蚀和电化学锈蚀两种。

（1）化学锈蚀：钢材直接与周围介质发生化学反应，多数为氧化作用，生成疏松的氧化物，在常温干燥环境中，形成 FeO 保护膜，钢筋不易锈蚀；当温度升高或湿度较高时，FeO 会变得不稳定，锈蚀速度加快，生成 Fe_2O_3。

（2）电化学锈蚀：这是钢材锈蚀的主要形式。钢材与电解质溶液接触产生电流，形成微电池而引起锈蚀，形成易剥落的红棕色铁锈 $Fe(OH)_3$。

从上述内容可以看出，影响钢材锈蚀的主要因素包括：水、氧、介质中所含酸、碱、盐等，碱性环境下钢材不易生锈。

2. 锈蚀的危害

（1）生成的 $Fe(OH)_3 \cdot 3H_2O$ 体积比铁膨胀 6 倍，导致混凝土开裂；

（2）使钢筋变细或断裂，还会严重降低钢结构承载力；

（3）焊点开裂，导致结构坍塌；

（4）生锈后影响装饰性。

3. 防锈措施

（1）设置保护层：通过保护层使钢材与危险介质隔离，可设置非金属保护层（油漆、塑料、沥青、搪瓷等）和金属保护层（镀锌、镀锡、镀铬等）。

（2）制成合金：化学成分也会影响钢材的锈蚀，在钢中加入元素铬、镍、钛等，可制成不锈钢。

（3）在混凝土中加入钢筋阻锈剂，阻止有害离子对钢筋造成锈蚀。

（4）混凝土可视作钢筋的保护层，因为混凝土的碱性环境，使之形成一层碱性保护膜，有阻止锈蚀继续发展的能力，故混凝土中的钢筋一般不会锈蚀。所以，在混凝土拌制时要确保保护层厚度、密实度、氯盐外加剂掺入量符合要求。

第七节　混凝土纤维

混凝土纤维是一种专用于混凝土/砂浆的高性能纤维，能有效地控制混凝土/砂浆塑性收缩、干缩、温度变化等因素引起的微裂纹，防止及抑制混凝土原生裂缝的形成和发展，大大改善混凝土/砂浆的防裂抗渗性能和抗冲磨性能，增加混凝土的韧性，从而提高混凝土的使用寿命。纤维混凝土主要应用于机场跑道、路桥面等。影响纤维混凝土性能的因素有纤维掺加量、弹性模量、耐碱性和表面形状。

一、合成纤维

合成纤维质量指标及检测方法应符合现行《水泥混凝土和砂浆用合成纤维》（CB/T 21120）的规定。聚丙烯腈（PANF）、聚酰胺（PF）、聚乙烯醇（PVAF）三种合成纤维质量应符合表 3－22 的规定，在饱和 $Ca(OH)_2$ 溶液中煮沸 8h 后，其残余强度平均值应不小于 400MPa。

表 3-22 合成纤维的技术标准

性能	聚丙烯腈纤维	聚酰胺纤维	聚乙烯醇纤维
抗拉强度（MPa）	450～910	600～970	1000～1500
弹性模量（GPa）	10.0～21.0	5.0～6.0	28.0～45.0
断裂伸长率（%）	11～30	15～25	5～13
密度（g/cm^3）	1.16～1.18	1.14～1.16	1.28～1.30
吸水率（%）	≤2.0	≤4.0	≤5.0
试验值的变异系数应不大于10%			

合成纤维的规格、加工精度及分散性应满足表 3-23 的要求。

表 3-23 合成纤维规格要求

外形分类	长度（mm）	当量直径（μm）	长度合格率（%）	形状合格率（%）	混凝土中分散性（%）	试验方法
单丝纤维	20～40	4～65	>90	>90	±10	GB/T 21120
粗纤维	20～80	100～500				

二、钢纤维

钢纤维混凝土是以水泥混凝土为基材，与不连续而分散的纤维为增强材料所组成的一种复合材料。掺入的钢纤维可以改善混凝土的脆性，从而提高混凝土的抗拉强度和韧性。

钢纤维混凝土有良好的力学性能：弯拉强度和抗拉强度较高；抵抗动载振动冲击能力很强；具有极高的耐疲劳性能；是有柔韧性的复合材料；有抗冻胀和抗盐冻脱皮性能，但不耐锈蚀，用量大，价格高，热传导系数大，不适合用于有隔热要求的混凝土路面。

钢纤维与混凝土组成复合材料后，可使混凝土的抗弯拉强度、抗裂强度、韧性和冲击强度等性能得到改善，所以钢纤维混凝土广泛应用于机场道面、高等级路面、桥梁桥面铺装和隧道衬砌等工程。

第八节 水泥混凝土的技术要求

一、混凝土的和易性

混凝土在未凝结硬化以前，称为新拌混凝土，它必须具有良好的和易性（也称工作性），便于施工，保证能获得良好的浇注质量。

1. 混凝土的和易性

混凝土的和易性是指混凝土拌和物易于施工操作（拌合、运输、浇注、捣实）并能获得质量均匀、成型密实的性能。其含义包含流动性、黏聚性及保水性。也称混凝土的工作性。流动性是指混凝土拌合物在本身自重或施工机械振捣的作用下，能产生流动并均匀密实地填满模板的性能。流动性的大小取决于混凝土拌合物中用水量或水泥浆含量的多少。黏聚性是指混凝土拌合物在施工过程中其组成材料之间有一定的黏聚力，不至于产生分层和离析的性能。黏聚性的大小主要取决于细骨料的用量以及水泥浆的稠度等。保水性是指混凝土拌合物在施工过程中，具有一定的保水能力，不致产生严重泌水的性能。保水性差的混凝土拌合物，由于水分分泌出来会形成容易透水的孔隙，从而降低混凝土的密实性。

到目前为止，混凝土拌合物的工作性还没有一个综合的定量指标来衡量。通常采用坍落度来定量地测量流动性，黏聚性和保水性主要通过目测观察来判定。

坍落度试验适用于集料公称最大粒径不大于 31.5mm 的新拌混凝土。方法是将新拌混凝土按规定方法分三层装入标准坍落度筒内，每层装料高度为筒高的 1/3，每层用弹头棒均匀地插捣 25 次，装满刮平后，立即将筒垂直提起。新拌水泥混凝土拌合物在自重重作用下的下沉量（mm）即为坍落度，以此作为流动性指标，如图 3－5 所示。

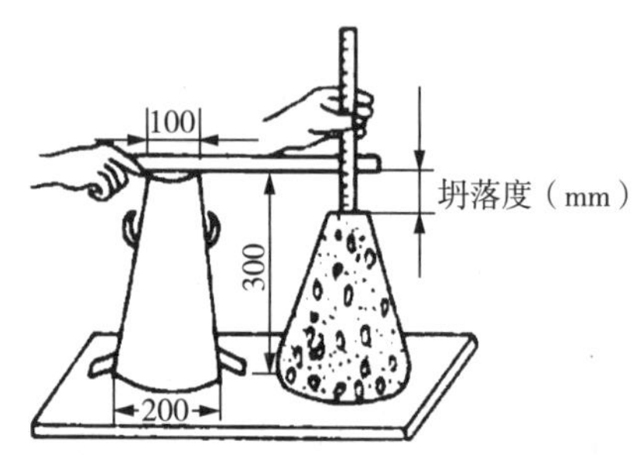

图 3－5　坍落度试验

2. 影响和易性的主要因素

（1）水泥浆的用量。水泥浆是由水泥和水拌合而成的浆体，具有流动性和可塑性，它是普通混凝土拌合物和易性最敏感的影响因素。混凝土拌合物的流动性是其在外力与自重作用下克服内摩擦阻力产生运动的反映。在水胶比一定的条件下，水泥浆愈多，流动性愈大，但如水泥浆过多，集料则相对减少，即集浆比小，将出现流浆现象，拌合物的稳定性变差，不仅浪费水泥，而且会使拌合物的强度和耐久性降低；若水泥浆用量过少，则无法很好包裹集料表面及填充其空隙，拌合物易产生崩坍现象，失去稳定性。因此，拌合物中水泥浆的数量应以满足流动性为宜。为满足施工需要，可以掺加外加剂来调整和易性。

（2）水泥与外加剂。水泥品种不同，达到标准稠度所需的用水量不同，在拌合物其他条件相同的情况下，标准稠度用水量小的水泥，其混凝土拌合物流动性较好。与普通硅酸盐水泥相比，采用矿渣水泥、火山灰水泥的混凝土拌合物流动性较小。但是矿渣水泥的保水性差，尤其在气温低时泌水较严重。在拌制混凝土时加入适量外加剂，如减水剂、引气剂等，可在不增加用水量和水泥用量的情况下，有效地改善混凝土拌合物的和易性。

（3）骨料品种与品质。在相同用水量的条件下，集料表面光滑、形状较圆滑、少棱角的卵石所拌制的混合料流动性好，但强度较表面粗糙、有棱角的碎石低，碎石比河卵石粗糙、棱角多，内摩擦阻力大，因而在水泥浆量和水灰比相同条件下，流动性与压实性要差些；石子最大粒径较大时，需要包裹的水泥浆少，流动性要好些，但稳定性较差，即容易离析；细砂的表面积大，拌制同样流动性的混凝土拌合物需要较多水泥浆或砂浆。

（4）水胶比。在固定用水量的条件下，水胶比小（水泥用量多）时，会使水泥浆变稠，拌合物流动性小；若加大水胶比（减少水泥用量），可使水泥浆变稀，流动性增大，

但会使拌合物流浆、离析，严重影响混凝土的强度，因此，应合理地选择水胶比。实践证明，对坍落度影响最大的因素还是单位用水量。增加用水量，流动性增大，但硬化后混凝土会产生较大的孔隙，从而降低了混凝土的强度和耐久性。另外，用水量过多会使新拌混凝土产生分层、泌水现象，反而降低工作性。因此，在保证混凝土强度和耐久性的条件下，应根据流动性要求来确定单位用水量。

（5）时间和温度。温度与搅拌时间混凝土拌合物的流动性随着温度的升高而减小，温度升高10℃，落度减小20～40mm。此外，搅拌后的混凝土拌合物，随着时间的延长而逐渐变得干稠，坍落度降低，流动性下降，这种现象称为坍落度损失，从而使和易性变差。其原因是一部分水已与水泥硬化，一部分被水泥骨料吸收，一部分水蒸发，以及混凝土凝聚结构的逐渐形成，致使混凝土拌合物的流动性变差。

（6）砂率。砂率是指混凝土拌合物砂用量与砂石总量比值的百分率。在混凝土拌合物中，是砂子填充石子（粗骨料）的空隙，而水泥浆则填充砂子的空隙，同时有一定富余量去包裹骨料的表面，润滑骨料，使拌合物具有流动性和易密实的性能。但砂率过大，细骨料含量相对增多，骨料的总表面积明显增大，包裹砂子颗粒表面的水泥浆层显得不足，砂粒之间的内摩阻力增大成为降低混凝土拌合物流动性的主要矛盾。这时，随着砂率的增大流动性将降低。所以，在用水量及水泥用量一定的条件下，存在着一个最佳砂率（或合理砂率值），使混凝土拌合物获得最大的流动性，且保持黏聚性及保水性良好，在最佳砂率时，水泥用量最少。

3. 改善和易性的方法

在实际施工中，可采取以下方法来改善混凝土的和易性。

（1）在保证混凝土强度、耐久性和经济性的前提下，适当调整混凝土配合比，改善骨料粒径与级配，特别是粗骨料的级配，并尽量采用较粗的砂、石来提高和易性。

（2）掺加化学外加剂（如减水剂）改善、调整拌合物的和易性，同时提高其强度和耐久性，以满足施工要求。

（3）尽量缩短新拌混凝土的运输时间，减少水分蒸发。

二、道面强度

1. 抗压强度和抗折强度

道面水泥混凝土板在飞机机轮荷载以及环境温度变化等因素作用下，将产生压应力和弯拉应力，因此要求水泥混凝土材料必须具备各种力学强度，如立方体抗压强度。水泥混凝土抗压强度较大，所以抗压强度都会满足设计要求，所以，在水泥混凝土道面设计中，主要考虑道面的抗弯拉强度。

水泥混凝土在不同的龄期，其强度会有不同，龄期越长，强度越高。此外，材料组成、制备与施工工艺、养生条件等也是影响水泥混凝土强度的重要因素。由于机场水泥混凝土道面在完工90d内往往不会正式开放运行，机场水泥混凝土道面设计通常以90d龄期的强度为标准。但是为便于施工控制，混凝土配合比试验及施工过程中的强度测试，通常以28d龄期强度为基准。通常水泥混凝土90d龄期的强度是28d龄期强度的1.05～1.1倍。

（1）抗压强度：混凝土的抗压强度是按照标准的方法制作和养护的边长为150mm的立方体试件，在28d龄期，用标准试验方法测得的具有95%保证率的抗压强度，以MPa计。强度等级混凝土强度等级是根据立方体抗压强度标准值来确定的。强度等级的表示方法，是用符号C和立方体抗压强度标准值表示。例如，“C30”即表示混凝土立方体抗压强度标准值 $f=30$MPa。普通混凝土按立方体抗压强度标准值划分为C15、C20、C25、C30、C35、C40、C45、C50、C55、C60、C65、C70、C75、C80共14个强度等级。

（2）抗折强度：机场道面用水泥混凝土，以抗折强度（也称抗弯拉强度）为主要强度指标，抗压强度为参考强度指标。

道路水泥混凝土抗折强度是以标准操作的方法制备成150mm×150mm×550mm的梁形试件，在标准条件下，经养护28d后，按三分点加荷方式，测定其抗折强度（f_a），以MPa计。

一般来说，水泥混凝土道面的强度越高，其寿命越长。在混凝土板厚相同的情况下，当混凝土弯拉强度由5MPa增加至5.5MPa时，允许累积作用次数可增大约5.9倍。混凝土强度在一定程度上还与混凝土的耐久性、耐磨性及抗冻性等性能的好坏有关。因此，在条件许可时应尽量采用较高的混凝土设计强度。我国《民用机场水泥混凝土道面设计规范》（MH/T5004—2010）中规定，飞行区等级指标Ⅱ为A、B的机场，其道面混凝土设计弯拉强度不得低于4.5MPa，飞行区指标Ⅱ为C、D、E、F的机场，其道面混凝土设计弯拉强度不得低于5MPa。

2. 影响混凝土强度的因素

水泥混凝土的强度主要取决于水泥石强度及其与集料表面的黏结强度，该强度又与水泥强度等级、水胶比及集料表面特征等有密切关系。此外，混凝土强度还受施工质量、养护条件及龄期的影响。

（1）水泥强度等级和水胶比。对于传统混凝土而言，水泥强度等级及水灰比是影响混凝土强度最主要的因素。水泥是混凝土中的活性组分，其强度大小直接影响混凝土强度。在水灰比不变的前提下，水泥强度等级越高，硬化后的水泥石强度和胶结能力越强，混凝土的强度也就越高。当采用同一品种、同一强度等级的水泥时，混凝土的强度取决于水灰比。水泥石的强度来源于水泥的水化反应，按照理论计算，水泥水化所需的结合水一般只占水泥质量的23%左右，即水灰比为0.23；但为了使混凝土获得一定的流动性，以满足施工的要求，以及考虑在施工过程中水分蒸发等因素，常常需要较多的水，这样在混凝土硬化后将有部分多余的水分残留在混凝土中形成水泡或在蒸发后泌水过程中，形成毛细管通道及在大颗粒骨料下部形成水隙，大大减少了混凝土抵抗荷载的有效截面，受力时，在气泡周围产生应力集中，降低水泥石与骨料的黏结强。但是如果水灰比过小，混凝土拌合物流动性很小，很难保证浇灌、振实的质量，混凝土中将出现较多的蜂窝和孔洞，强度也将下降。

（2）集料的影响。集料的有害杂质、含泥量、泥块含量、形状及表面特征、颗粒级配等均影响混凝的强度。例如含泥量较大将使界面强度降低；集料中的有机质将影响到水泥的水化，从而影响水泥石的强度。集料对混凝土的强度有明显的影响，特别是粗集料的形状与表面性质对强度有着直接影响。

(3) 浆集比。浆集比即混凝土中水泥浆的体积和集料体积之比值，对混凝土的强度也有一定的影响特别是高强度的混凝土更为明显，在水胶比相同的条件下，在达到最优浆集比后，混凝土的强度随着浆集比的增加而降低。

(4) 养护温度和湿度。养护温度和湿度是决定水泥水化速度的重要条件。混凝土拌合物浇捣完毕后，必须保持适当的温度和湿度使水泥充分水化，以保证混凝土温度不断提高。混凝土养护温度越高，水泥的水化速度越快，达到相同龄期时混凝土的强度越高，但是，初期温度过高将导致混凝土的早期强度发展较快，引起水泥凝胶体结构发育不良，水泥凝胶不均匀分布，对混凝土的后期强度发展不利，有可能降低混凝土的后期强度。较高温度下水化的水泥凝胶多孔，水化产物来不及自水泥颗粒向外扩散和在间隙空间内均匀地沉积，结果水化产物在水化颗粒附近位置堆积分布不均匀影响后期强度的发展湿度对水泥的水化能否正常进行有显著的影响。当温度降至零度时，混凝土中的水分大部分结冰，水泥几乎不再发生水化反应，混凝土强度不仅停止增长，严重时会由于孔隙内水分结冰而引起膨胀，产生相当大的膨胀压力，特别当水化初期，混凝土强度较低时，遭遇严寒会引起混凝土的崩溃。湿度适当，水泥能够顺利进行水化，混凝土强度能够得到充分发展。如果湿度不够，混凝土会失水干燥而影响水泥水化的顺利进行，甚至停止水化，使混凝土结构疏松，渗水性增大，或形成干缩裂缝，降低混凝土的强度和耐久性

(5) 龄期。混凝土在正常养护条件下，强度随龄期的增长而提高，初期增长较快，后期增长较缓慢，但在空气中养护时，其强度后期有所下降。在正常养护条件下，混凝土的强度随龄期的增长而增加。开始增长速度快，以后逐渐减慢，28d 以后强度基本趋于稳定。虽然 28d 以后强度增长很少，但只要温度、湿度条件合适，混凝土的强度仍有所增长。

3. 提高混凝土强度的措施

(1) 采用高强度的水泥。为了提高混凝土强度可采用强度等级高的水泥，但场道工程中不能选用早强型水泥配制混凝土。

(2) 使用外加剂。在混凝土中使用外加剂，可改善混凝土的技术性质。在场道工程中常用的外加剂是减水剂和引气剂，在不改变流动性的条件下，可减小水胶比，从而提高混凝土的强度。

(3) 增加密实度。降低水胶比，加强振捣，增加混凝土的密实度，则混凝土的强度明显提高。

(4) 改善养护条件。根据所用水泥的种类选择合适的养护方法，保证合适的养护温度和湿度。条件允许可以使用蒸汽养护。

三、混凝土的耐久性

道面的耐久性是指道面在长期的自然因素影响和荷载反复作用下，仍能保持正常使用状态的能力。机场道面在其使用年限内（通常水泥混凝土设计使用年限为 30 年左右，沥青混凝土为 20 年左右），受到轮载和气候长期、反复作用，道面结构的整体或某一组成部分会逐渐出现疲劳损坏和塑性变形累积。若耐久性不足，道面使用较短的时间后就需要修复或改建，既干扰正常飞行，又造成投资的浪费。为此，设计和修建的机场道面结构，应使其在使用寿命年限内，具有较高的耐磨性、耐冻性、抗滑性和稳定性。

1. 道面耐磨性

在飞机机轮的摩擦冲击下，道面水泥混凝土表面会发生磨耗甚至剥落，首先磨损的是水泥砂浆，然后是显露出的粗集料，长期的磨耗不仅会减薄混凝土板的厚度，降低道面的整体强度，而且会降低混凝土表面的平整度和抗滑性。当引起集料松散时，还会对飞机的安全运行构成严重危害。混凝土的耐磨性能与水泥的质量、水灰比、集料的硬度及混凝土的密实性等有关。为提高混凝土的耐磨性，应尽量选用强度等级较高的硅酸盐水泥、普通水泥或道路水泥。矿渣水泥因耐磨性较差，不宜使用。尽量降低水灰比，同时保证足够的水泥用量。在可能的情况下选择质地坚硬耐磨性好的集料。施工中应将混凝土混合料振捣密实。

2. 道面耐冻性

在结冰地区，冻融循环作用会造成道面的破损。混凝土的水灰比大则孔隙率大，可能存留的水分也多，对混凝土的耐冻性不利。所以对于地处严寒地区的水泥混凝土道面应严格控制混凝土混合料的水灰比和用水量。集料级配良好时，可以减少混凝土的孔隙率，提高混凝土的耐冻性；提高混凝土混合料本身的抗冻性（坚固性）对道面混凝土的耐冻性有利。另外，减少集料中的含泥量，振捣时增加混凝土的致密度、掺加引气剂，均可提高道面混凝土的耐冻性。

水泥混凝土抗冻性以抗冻等级表示。抗冻等级是采用龄期 28d 的试块，在吸水饱和后承受反复冻融循环以抗压强度下降不超过 25%而质量损失不超过 50%所能承受的最大冻融循环次数来确定。混凝土质量控制标准规定的抗冻性等级为 F50、F100、F150、F200、F250、F300、F350、F400、大于 F400 等九个等级。依据规范规定，对于严寒地区（年最低月平均气温小于－10℃），道面混凝土的抗冻性标号应不低于 F300；对于寒冷地区（年最低月平均气温为 0～－10℃），道面混凝土抗冻性标号应不低于 F200。

四、道面抗滑性

为保证飞机起飞和着陆时能够在道面上稳定滑跑加速和减速，机轮与道面之间必须具有足够的摩阻力，这是防止飞机制动时打滑和方向失控的重要保证。影响轮胎与道面之间摩擦系数大小的因素很多，如飞机滑行速度、道面粗糙度、道面状态（干燥、潮湿或被污染）、轮胎磨损状况、胎面的花纹、轮胎压力、滑溜比等。因潮湿状态下道面摩擦系数不仅小于干燥状态，而且随速度的增大而迅速减小，国际民航组织和中国民航规定应使用有自湿装置的连续摩阻测试仪测量跑道的摩擦系数。因此道面宜采用双向横坡设计，以保证道面上的积水能被快速排掉。

在道面设计和施工时，应当有效控制道面表面的纹理深度，以获得足够的道面摩阻力。《国际民用航空公约附件 14——机场》建议新建跑道道面的平均纹理深度不应小于 1mm。我国《民用机场飞行区技术标准》（MH5001—2013）规定：跑道的平均纹理深度应不小于 0.8mm，该规定未区分新建道面和旧道面。在年降水量大于 800mm 的地区，飞行区指标Ⅱ为 D、E、F 时，跑道及快速出口滑行道应先拉毛后刻槽，其拉毛后的平均纹理深度为 0.6～0.8mm；除快速出口滑行道外，其他滑行道以及机坪应采用拉毛的方法制作表面纹理，其纹理深度深度应不小于 0.4mm。

第四章　沥青混合料面层材料

我国大多数机场的跑道道面为水泥混凝土道面，只有少部分机场使用沥青混合料面层，主要原因是沥青面层有易老化、强度低、高温稳定性差等缺陷。但沥青混合料道面有着水泥混凝土道面无法比拟的优点，那就是可以不停航施工。随着沥青混合料技术的发展，沥青道面的一些缺点不断被克服，其应用也变得更加广泛。

沥青混合料是指经人工合理选择级配组成的矿质混合料，与适量沥青结合料拌和而成的高级道面材料。其组成包括：沥青材料、粗集料、细集料、填料及添加的外掺剂、改性剂等。本章就沥青混合料的组成材料进行详细讲述。

第一节　沥青的分类

一、沥青的概述

沥青是由不同分子量的碳氢化合物及其非金属衍生物组成的黑褐色复杂混合物，是高黏度有机物的一种，表面呈黑色，可溶于二硫化碳。沥青是一种防水防潮和防腐的有机胶凝材料。考古研究发现，早在公元前1200年，人们已经开始应用天然沥青，在生产兵器和工具时用沥青作为装饰品，为雕刻物添加颜色。特别是在美索不达米亚地区，由于天然沥青充足的蕴涵量，沥青被广泛利用。生活在那里的苏美尔人用天然沥青覆盖在器皿和船的外面用于防水。另外，他们已经开始在黏土砖中使用天然沥青做结合剂。近代，为了使机场的飞机跑道尽快投入使用，1963年在英国出现了干式沥青施工工艺。不久后的1968年第一次出现了玛蹄脂沥青施工。在机场场道工程中最常用的是石油沥青。我国石油资源丰富，分布广泛，随着石油工业的发展，石油沥青产量日益增多，它是工程中广泛使用的一种沥青材料。如今，沥青已经被广泛应用于机场、公路、桥梁、水利、化工等领域。

沥青是由一些极其复杂的高分子碳氢化合物及非金属（氧、硫、氮）的衍生物所组成的混合物，是一种有机胶凝材料。在常温下沥青呈液态、半固态或固态，可溶解于汽油、苯、二硫化碳、四氯化碳、三氯甲烷等有机溶剂，颜色呈黑色以及黑褐色。

二、沥青的分类

沥青的品种很多，按照沥青在自然界中获得的方式不同，分为天然沥青、焦油沥青和石油沥青。

1. 天然沥青

天然沥青是石油在自然界长期受地壳挤压并与空气、水接触逐渐变化，经过轻质油分蒸发、氧化和缩聚作用，最后形成的天然产物，其中常混有一定比例的矿物质。按形成的环境可分为岩沥青、湖沥青、海底沥青等。

岩沥青是石油不断地从地壳中冒出，存在于山体、岩石裂隙中，经过长期蒸发凝固而形成的天然沥青。岩沥青经常产于岩石裂缝或混杂于土中，缝宽很窄，仅数十厘米到几米，深可达几百米以上。我国克拉玛依地区及青海省西部有所开采，但用于道路改性沥青还较少。岩沥青属于天然沥青改性剂，应用于沥青混合料当中具有优良的路用性能，因而应用较为广泛。

湖沥青是石油在自然界长期受地壳挤压并与空气、水接触逐渐变化而形成的，与黏土和水混杂而成的乳状物，多成湖的形式。需经精制方可使用。可用作制造石油沥青和黑色烘漆，用于涂料、清漆、蓄电池箱、刹车片和印刷油墨。大多用于铺筑一般路面。

2. 焦油沥青

焦油沥青是将煤、木材、页岩等有机物经过干馏加工得到的焦油再经碳化和分馏得到的黏性混合物。按照使用原料分为：煤沥青、木沥青、页岩沥青。

（1）煤沥青。煤沥青是煤沥青是把煤焦油中的轻质组分提取后剩余的残渣。根据软化点的不同，煤沥青被分为低温沥青、中温沥青和高温沥青。煤沥青的化学组成主要是芳香族碳氢化合物及其氧、硫和氮的衍生物的混合物，其化学结构极其复杂。

煤沥青的技术性质：①煤沥青的温度稳定性差。煤煤沥青是较粗的分散系，同时可溶性树脂含量较多，受热易软化，温度稳定性差。因此，加热温度和时间都要严格控制，更不宜反复加热，否则易引起性质急剧恶化。②煤沥青的大气稳定性差。由于煤沥青中含有较多不饱和碳氢化合物，在热、阳光、氧气等长期综合作用下，使煤沥青的组分变化较大，易老化变脆。③煤沥青塑性较差。因煤沥青含有较多的游离碳，使塑性降低，所以在使用时易因受力变形而开裂。④煤沥青与矿质材料表面黏附性能好。煤沥青组分中含酸、碱性物质较多，它们都是极性物质，赋予煤沥青较高的等表面活性和较好的黏附力，对酸、碱性石料均能较好地黏附。⑤煤沥青防腐性能好。由于煤沥青中含有酚、蒽、萘油等成分，所以防腐性好，故宜用于地下防水层及防腐材料。此外，煤沥青含有对人体有害成分较多，臭味较重，经无害化处理之后再使用才会比较环保。

（2）页岩沥青。页岩沥青技术性质接近石油沥青，而其生产工艺则接近焦油沥青。

（3）木沥青。木沥青是由木材经干馏后生成木焦油，再进行加工后得到木沥青。由于木沥青来源有限，且木沥青中轻组分含量高，温度敏感性大，易挥发老化，使用寿命短，耐久性差，在工程中很少使用。

3. 石油沥青

石油沥青是由地壳中的原油经过各种炼制工艺加工而得到的沥青产品，在常温下是黑色或黑褐色的黏稠的液体、半固体或固体，主要含有可溶于三氯乙烯的烃类及非烃类衍生物，其性质和组成随原油来源和生产方法的不同而变化。石油沥青是应用最为广泛的沥青材料。

第二节　石油沥青

一、石油沥青的分类

1. 按加工方法分类

石油沥青基本生产工艺主要有：蒸馏法、氧化法、调合法和溶剂脱沥青法。加工工艺的不同所得的石油沥青的性质会有所差异。现代石油沥青的生产过程要综合考虑原油特性和沥青产品技术指标要求，采用多种加工方法的组合生产工艺。

(1) 直馏沥青：用直馏的方法将石油在不同沸点温度的馏分取出之后，最后残留的黑色液体状产品。通过合理设置蒸馏温度，可以生产出不同针入度的沥青。直馏沥青的性质与原油的来源也有很大关系。一般情况下，低稠度原油生产的直馏沥青，其温度稳定性不足，还需要进行氧化处理才能达到黏稠石油的性质指标。一般来说，环烷基原油和蜡分含量较低的中间基原油适合生产道路沥青，所生产的道路沥青具有延度长、与碎石黏附性好、高温稳定性好以及不易出现车辙与拥包、耐老化性能较好等优点。直馏法制取石油沥青是最简单、最经济的方法。

(2) 氧化沥青：即将低标号的沥青或渣油在240℃～290℃的高温下吹入空气，使其组分发生变化，经过数小时氧化获得常温下为半固体或固体状的沥青。这种方法所得的沥青为氧化沥青，氧化沥青具有良好的温度稳定性。在场道工程中使用的沥青，氧化程度不能太深，采用浅度氧化的方法，在比较低的温度下氧化较短的时间，所得沥青为半氧化沥青。

(3) 溶剂沥青：利用溶剂对各组分有不同的溶解能力，能选择性地溶解其中一个或几个组分，这样就能实现组分的分离。采用溶剂法处理石蜡基原油则能得到质量优良的沥青产品。在溶剂萃取过程中，一些石蜡成分溶解在萃取溶剂中随之被拔出，因此，溶剂沥青中石蜡成分相对减少，其性质较由石蜡基原油生产的渣油或氧化沥青有很大的改善。

(4) 裂化沥青：在炼油过程中，为增加出油率，对蒸馏后的重油在隔绝空气和高温下进行热裂化，使碳链较长的烃分子转化为碳链较短的汽油、煤油等。裂化后所得到的裂化残渣，称为裂化沥青。裂化沥青具有硬度大、软化点高、延度小、没有足够的黏度和温度稳定性等特点，不能直接用于道路上。

(5) 调和沥青：根据使用要求，将不同性能的沥青进行调配达到的沥青产品。沥青的调配不是简单地掺加，需要以沥青的性质和组分为依据，确定合适的调配比例。在实际生产中，调和沥青是用软沥青组分和硬沥青组分调和实现的。

2. 按用途分类

沥青被广泛应用于道路、铁路、建筑、水利、防腐等领域，根据使用条件的不同，发展出了适用不同条件的沥青。

(1) 道路沥青：即用于铺筑道路路面的沥青。石油沥青是建设柔性路面的良好材料，目前还找不到一种价格低廉、性能优良、来源广泛的黏结材料来代替它。以适当性质的原油经常减压蒸馏获得，也可以减压渣油经浅度氧化或丙烷脱沥青工艺后而得，还可以采用

不同延度和针入度级别的沥青调和配制而制得。用橡胶或其他高分子化合物改性的道路沥青，可用于铺筑机场跑道和重要交通路口承受高负荷的路面。

(2) 建筑沥青：用来制造防水、防潮等建筑材料的沥青，如用于接缝填充料、屋面、屋顶和地下防水工程等。建筑沥青应具有良好的黏结性和防水性，在夏季不流淌，在冬季低温下不脆裂。一般建筑沥青的标号较低。

(3) 水工沥青：应用在水库筑坝、海岸护堤、渠道防渗等水利工程方面的沥青。如我国的浙江天荒坪、河北张河湾等抽水蓄能电站使用了水工沥青混凝土面板进行防渗。水工沥青一般使用标号较高的石油沥青制作，有较好的延展性，有毒物质含量低。

(4) 防腐沥青：作为埋地设备和金属管道等的防腐涂层的沥青，如输油、输气及上下水金属管道，一般都要涂上一层防腐沥青。防腐沥青要求含蜡量低，黏附力高，热稳定性好，冻裂点低。

(5) 其他沥青：被应用于其他各个领域的特种沥青。如在油漆制造方面，有油漆沥青；在电池制造方面，有电池沥青；在电力工业方面，有电缆沥青和绝缘沥青；在玻璃加工方面，有抛光沥青等。

3. 按原油的成分分类

原油是生产石油沥青的原材料。在炼油时所采用的原油成分不同，炼油后所得到的沥青成分也不相同。原油按其所含烃类成分或硫含量的不同可划分为：石蜡基原油、环烷基原油和中间基原油，所以用原油生产的沥青可以相应地分为以下三类：

(1) 石蜡基沥青。也称多蜡沥青，它是由含大量的烷烃成分的石蜡基原油提炼而得。这种沥青因原油中含有大量烷烃，沥青中含蜡量一般大于5%。蜡在常温下往往以结晶体存在，降低了沥青的黏结性和温度稳定性，表现为软化点高、针入度小、延度低，但抗老化性能较好。如果用丙烷脱蜡，仍然可得到延度较好的沥青。

(2) 环烷基沥青。也称沥青基沥青，由沥青基石油提炼而得的沥青。它含有较多的环烷烃和芳香烃，所以此种沥青的芳香性高，含蜡量一般小于2%，沥青的黏结性和塑性均较高。

(3) 中间基沥青。也称混合基沥青，中间基沥青是由蜡质介于石蜡基原油和环烷基原油之间的原油提炼而得。所含烃类成分和沥青的性质一般均介于石蜡基沥青和环烷基沥青之间。

二、石油沥青的组成

1. 元素组成

石油沥青是由多种烃类及非烃类物质组成的复杂混合物，化学组成主要是碳（80%～87%）、氢（10%～15%），其次是非烃元素，如氧、硫、氮等。此外，还含有一些微量的金属元素，如镍、钒、铁、锰、镁、钠等。由于石油沥青化学组成非常复杂，即使化学成分非常相近的石油沥青，它们的性质却可能相差很大，这主要是因为沥青中所含烃类基的化学结构不同。

2. 化学组分

在目前的分析技术条件下，将沥青分离为纯粹的化合物单体是很难的，而且这对于实

际工程应用是非必需的。为了研究石油沥青化学组成与使用性能之间的联系，将沥青分为不同组分，这种化学分析方法称为组分分析法。沥青组分划分方法较多，早年德国的丁马尔库松就提出将石油沥青分离为沥青酸、沥青酸酐、油分、树脂、沥青质、沥青碳和似碳物等组分的方法。后来经过许多研究者的改进，美国的哈巴尔德和斯坦费尔德将其完善为三组分分析法；再后来美国的科尔贝特又提出四组分分析法。

三组分分析法：石油沥青的三组分分析法是将石油沥青分离为油分、树脂和沥青质三个组分。这种分析方法使用了选择性溶解和选择性吸附的方法，所以又被称为溶解-吸附法。其优点是组分分解明确，组分含量能在一定程度上说明沥青的路用性能。按三组分分析法所得各组分的性状如表 4－1 所示。

表 4－1　三组分分析法的组分及性状

组分	特征	分子量	碳氢比	特征
油分	淡黄色透明液体	200～700	0.5～0.7	增加沥青流动性
树脂	红褐色黏稠半固体	800～3000	0.7～0.8	增加沥青的稳定性，提高可塑性和黏附性
沥青质	深棕色至黑色粉末固体	1000～5000	0.8～1.0	提高热稳定性和黏附性

沥青的化学组分及其含量对沥青的物理、力学性质有着很大的影响。一般认为，相同油源、不同生产工艺制得的沥青的组分也不同。根据有关研究认为：油分的含量增加，可使沥青的稠度降低，针入度增大，软化点降低；树脂的含量增加，可使沥青的延度增加；沥青质的含量增加，可使沥青获得低的感温性；树脂和沥青质的含量增加，可使沥青的黏度提高，针入度减小，软化点升高，提高热稳定性。

沥青的含蜡量：我国富产石蜡基原油，多蜡沥青较多，蜡组分对沥青性能的影响是沥青性能研究不能忽视的。现有研究认为，蜡的影响主要表现在以下方面：沥青中蜡的存在，在高温时会使沥青容易发软，导致沥青的黏度和路面高温稳定性降低，容易出现车撤现象，在低温时会使沥青变得脆硬，延度变小，导致路面低温抗裂性降低，容易出现裂缝现象。此外，蜡还会使沥青与石料的黏附性降低，在有水的条件下，会使路面石子产生剥落现象，造成路面破坏。含蜡沥青会使沥青路面的抗滑性降低，影响路面的行车安全。因此，对沥青含蜡量要有一定限制。我国现行《公路沥青路面施工技术规范》（JTGF40—2004）规定，沥青的含蜡量（蒸馏法）A 级不大于 2.2％，B 级不大于 3％，C 级不大于 4.5％。

三、石油沥青的结构

由于沥青的组分并不能全面地反映沥青材料的性质，沥青的性质还与沥青的结构有着密切的联系。

1. 胶体理论

胶体理论的研究认为，大多数沥青属于胶体体系，它是由相对分子量很大、芳香性很强的沥青质分散在分子量较低的可溶性介质中形成的。沥青质是憎油性的，而且在油分中是不溶解的，这两种组分混合会形成不稳定的体系，沥青质极易絮凝，而沥青之所以能成为稳定的胶体系统，现代胶体学说认为，沥青质分子对极性强大的胶质具有很强的吸附力，形成了以沥青质为核心的胶团核心，而极性相当的胶质吸附在沥青质周围形成中间相。由于胶团的胶溶作用，使胶团弥散和溶解于分子量较低、极性较弱的芳香分和饱和分组成的分散介质中，形成了稳固的胶体。在沥青胶团结构中，从核心到油质是均匀的、逐步递变的，并无明显分界面。

2. 胶体的结构类型

根据沥青中各组分的化学组成和相对含量的不同，可以形成不同的胶体结构。沥青的胶体结构，可分为下列三个类型。

（1）溶胶型结构。沥青质含量较少（＜10％），油分及树脂含量较多，胶团外薄膜较厚，胶团相对运动较自由。这种结构沥青黏滞性小，流动性大，塑性好，开裂后自行愈合能力强，但温度稳定性较差，是液体沥青结构的特征。

（2）凝胶型结构。油分及树脂含量较少，沥青质含量较多（＞30％），胶团外膜较薄，胶团靠近团聚，胶团相互吸引力增大，相互移动困难。这种结构的特点是弹性和黏性较高温度敏感性较小，流动性、塑性较低。

（3）溶凝胶型结构。当沥青质含量适当时（15％～25％），又含适量的油分及树脂。胶团的浓度增加，胶团间具有一点的吸引力，它介于溶胶型结构和凝胶型结构之间，称为溶-凝胶型结构。这类沥青在高温时温度稳定性好，低温时的变形能力也好，现代高级道面所用的沥青，都应属于这类胶体结构类型。

3. 胶体结构类型的判定

沥青的胶体的结构与其路用性能有着密切的关系。为工程使用方便，通常采用针入度指数法划分其胶体结构类型。

四、沥青的技术标准

飞行区指标Ⅱ为D、E、F的机场的沥青混凝土道面应采用机场道面石油沥青，其技术标准应符合表4－2规定。对于飞行区指标Ⅱ为C的机场，可采用重交通道路石油沥青，重交通石油沥青的技术标准参见附录B。

表4－2　机场道面石油沥青技术标准

试验项目	AB－130	AB－110	AB－90	AB－70	AB－50
针入度（25℃，100g，5s）（0.1mm）	120～140	100～120	80～100	60～80	40～60
延度（5cm/min，15℃）不小于（cm）	150	150	150	150	150
延度（5cm/min，10℃）不小于（cm）	50	50	50	50	50
软化点（环球法）（℃）	42～50	43～51	44～52	45～54	46～55
闪点（COC）不小于（℃）	230				
含蜡量（蒸馏法）不大于（％）	2				
密度（15℃）（g/cm^3）	实测				
溶解度（三氯乙烯）不小于（％）	99.0				

（续表）

试验项目		AB-130	AB-110	AB-90	AB-70	AB-50
薄膜加热试验（TFOT）163℃/5h	质量损失不大于（%）	1.3	1.2	1.0	0.8	0.6
	针入度比不小于（%）	45	48	50	55	58
	延度（℃）不小于（%）	100	100	100	100	100
	延度（10℃）（cm）	实测				

1. 针入度

针入度试验作为一种剪切试验，其物理意义为表观稠度，它反映了沥青在荷载作用下的变形能力。按标准条件测定的针入度值，反映沥青在特定条件下的稠度。

针入度是指试验标准针（总重 100g）在 5s 内沉入保温在 25℃时的沥青试样中的深度。单位以 1/10mm 计。针入度愈大表示沥青愈软，即稠度愈小；反之，则表示沥青愈硬，即稠度愈大。试验方法如下：

（1）取出达到恒温的盛样皿，并移入水温控制在试验温度 25℃±0.1℃（可用恒温水槽中的水）的平底玻璃皿中的三脚支架上，试样表面以上的水层深度不少于 10mm。

（2）将盛有试样的平底玻璃皿置于针入度仪的平台上。慢慢放下针连杆，用适当位置的反光镜或灯光反射观察，使针尖恰好与试样表面接触。拉下刻度盘的拉杆，使其与针连杆顶端轻轻接触，调节刻度盘或深度指示器的指针指示为零。

（3）开动秒表，在指针正指 5s 的瞬间，用手紧压按钮，使标准针自动下落贯入试样，经规定时间，停压按钮使针停止移动。注：当采用自动针入度仪时，计时与标准针落下贯入试样同时开始，至 5s 时自动停止。

（4）拉下刻度盘拉杆与针连杆顶端接触，读取刻度盘指针或位移指示器的读数，准确至 0.5（0.1mm）。

（5）同一试样平行试验至少 3 次，各测试点之间及与盛样皿边缘的距离不应少于 10mm。每次试验后应将盛有盛样皿的平底玻璃皿放入恒温水槽，使平底玻璃皿中水温保持试验温度。每次试验应换一根干净标准针或将标准针取下用蘸有三氯乙烯溶剂的棉花或布揩净，再用干棉花或布擦干。

（6）测定针入度大于 200 的沥青试样时，至少用 3 支标准针，每次试验后将针留在试样中，直至 3 次平行试验完成后，才能将标准针取出。

针入度是划分沥青标号的依据。道路石油沥青按照针入度分为 30 号、50 号、70 号、90 号、110 号、130 号和 160 号七个标号，根据沥青的技术性能划分为 A、B、C 三个等级。A 级石油沥青适合于各等级公路的任何场合和层次；B 级石油沥青适合于高速公路和一级公路的下面层及以下层次、二级及以下公路的各个层次；C 级石油沥青适合于三级及以下公路的各个层次。例如：A—90 表示：针入度为 90（0.1mm）的石油沥青。

机场沥青道面采用的沥青标号，宜按照跑道等级、气候条件、航班架次、路面类型及在结构层中的层位、受力特点、施工方法等，结合以往的使用经验，经技术论证后，参照表4-3 确定沥青标号。对夏季温度高、高温持续时间长、航班架次多的跑道以及飞机低速通过的滑行道，尤其是飞机荷载剪应力大的层次，宜采用稠度大、黏度大的沥青；对冬季寒冷的地区或航班量小的机场跑道宜选用稠度小、低温延度大的沥青；对温度日温差、年温差大的地区宜注意选用针入度指数大（温度敏感性低）的沥青。当高温要求与低温要求发生矛盾时应优先考虑满足高温性能的要求。根据道面的使用要求、当地的气候条件，若需要增强道面的耐流动性、低温抗裂性和耐久性等性能，经过技术经济论证，可采用改性沥青。

表 4-3 各气候分区选用的沥青标号

<table>
<tr><th rowspan="3">气候分区
（高温指标—低温指标）</th><th rowspan="3">航空交通量等级</th><th colspan="3">沥青结合料</th></tr>
<tr><th rowspan="2">石油沥青</th><th colspan="2">改性沥青</th></tr>
<tr><th>SBS 改性沥青类等级要求</th><th>用于改性的基质沥青</th></tr>
<tr><td rowspan="2">夏炎热—冬严寒
夏热—冬严寒
夏炎热—冬寒
夏热—冬寒</td><td>重
中</td><td>A-90，A-70</td><td rowspan="2">（I-B，I-C）</td><td rowspan="2">A-110，A-90</td></tr>
<tr><td>轻</td><td>A-110，A-90</td></tr>
<tr><td rowspan="2">夏炎热—冬冷
夏炎热—冬温
夏热—冬冷
夏热—冬温</td><td>重
中</td><td>A-70，A-50</td><td rowspan="2">（I-C，I-D）</td><td rowspan="2">A-90，A-70</td></tr>
<tr><td>轻</td><td>A-90，A-70</td></tr>
<tr><td rowspan="2">夏凉—冬寒</td><td>重
中</td><td>A-110，A-90</td><td rowspan="2">（I-A，I-B）</td><td rowspan="2">A-130，A-110</td></tr>
<tr><td>轻</td><td>A-130，A-110</td></tr>
</table>

表 4-3 中的气候分区标准分别见表 4-4、表 4-5 所示，航空交通量等级标准见表 4-6 所示。

表 4-4 高温分区标准

气候分区	最热月日最高气温的平均值（℃）
夏炎热区	$T>30$
夏热区	$20<T\leqslant 30$
夏凉区	$T\leqslant 20$

表 4-5 低温分区标准

气候分区	99%可靠度的冬季极端日最低气温（℃）
冬严寒区	$T\leqslant -37$
冬寒区	$-37<T\leqslant -21.5$
冬冷区	$-21.5<T\leqslant -9$
冬温区	$T>-9$

表 4-6　航空交通量等级划分标准

航空交通量等级	单条跑道设计年限内 C 类及以上机型的年平均起飞架次（次）
重	≥50000
中	15000－50000
轻	≤15000

2. 黏度

黏度是沥青试样在规定条件下流动时形成的抵抗力或内部阻力的度量，也称为黏滞度。黏度是沥青的一个很重要的性能指标，反映了沥青的抗剪切抗变形能力。

由于黏度是个条件性指标，不同测试方法、不同的温度、不同的测试时间甚至具体的测试过程都影响到黏度的大小，也影响到黏度结果的可比性。因此为了客观地测试沥青的黏度，各国甚至各种规程都严格规定黏度的测试条件和相应的测量过程。任何黏度指标和黏度的限制范围都是相对于指定的测试方法和测试过程而言的。当前国际上有代表性的黏度试验方法有：使用旋转黏度计测定非牛顿材料流变特性的测试方法；使用旋转黏度计测定黏度的标准方法；Brookfield 黏度计测定非填充沥青的黏度试验方法等。

我国常用的黏度试验方法是沥青标准黏度试验。使用沥青标准黏度计测量沥青黏度的具体方法如下：

(1) 将试样加热至比试验温度高 2℃～3℃（如试验温度低于室温时，试样须冷却至比试验温度低于 2℃～3℃）时注入盛样管内，其数量以液面达到球塞杆垂直时杆上标记为准。

(2) 试样在水槽中保持试验温度至少 30min，用温度计轻轻搅拌试样，测量试样的温度为试验温度±0.1℃时，调整试样液面至球塞杆的标记处，再继续保温 1～3min。

(3) 将流孔下蒸发皿移去，放置接受瓶或量筒，使其中心对准流孔，接受瓶或量筒可预先注入肥皂或矿物油类 25mL，以利洗涤及读数准确。

(4) 提起球塞，借标记悬挂在试管边上，待试样自流孔流入接受瓶或量筒达 25mL（量筒刻度 50mL）时，按动秒表。待流至 75mL（量筒刻度 100mL）时，按停秒表。

(5) 记取试样流出 50mL 所经过时间，以 s（秒）计，即为试样的黏度。

同一试样至少重复试验二次，当两次测定的差值不大于平均值的 4%时。取其平均值，作为试验结果。

民用机场行业规范中未对机场道面石油沥青规定黏度指标，但对改性沥青做了规定。

3. 延度

沥青延度就是指沥青的延展度，反映了沥青的低温性能。延度越大，表明沥青的塑性越好。延度是评定沥青塑性的重要指标。塑性是指沥青在外力的作用下发生变形而不破坏的能力。

延度试验是将沥青做成“8”字形标准试件，根据要求通常采用温度为 25°C、15°C、10°C、5°C，以 50mm/min（当低温采用 1cm/min）的速度拉伸至断裂时的长度（cm），即为延度。具体试验步骤如下：

(1) 将保温后的试件连同底板移入延度仪的水槽中，然后将盛有试样的试模自玻璃板或不锈钢板上取下，将试模两端的孔分别套在滑板及槽端固定板的金属柱上，并取下侧模。水面距试件表面应不小于 25mm。

(2) 开动延度仪，并注意观察试样的延伸情况。此时应注意，在试验过程中，水温应始终保持在试验温度规定范围内，且仪器不得有振动，水面不得有晃动，当水槽采用循环水时，应暂时中断循环，停止水流。在试验中，如发现沥青细丝浮于水面或沉入槽底时，则应在水中加入酒精或食盐，调整水的密度至与试样相近后，重新试验。

(3) 试件拉断时，读取指针所指标尺上的读数，以厘米表示，在正常情况下，试件延伸时应成锥尖状，拉断时实际断面接近于零。如不能得到这种结果，则应在报告中注明。

在机场场道工程中，所使用沥青在 15℃的延度要求不小于 150cm，10℃的延度不小于 50cm（AB—50 沥青为 40cm）。

4. 软化点

沥青的软化点是试验钢球在试样内下沉达到规定距离时的温度，以℃表示，它在一定程度上表示沥青的温度稳定性。沥青是一种高分子非晶态的混合物，没有熔点，从固态转变为液态有很宽的温度间隔。沥青在此温度间隔内是一种黏滞流动状态。随着温度的升高，沥青逐渐软化。

在场道工程中，软化点采用环球法测定。测定方法如下：

(1) 将盛放沥青的两个环放在玻璃上，涂上甘油。将熬好的沥青倒在环内，放凉。

(2) 将环架在支撑盘上，将球环罩上把球放在球罩内，将 5℃的蒸馏水倒进烧杯内 (750mL 左右）然后将环架放在烧杯里，拧上环架螺丝。

(3) 按启动键，开始试验，时间显示窗开始显示试验时间，温度显示窗显示烧杯里的真实温度，当环架上的钢球有一个落下来，试验继续，当两个钢球全部落下来本次试验结束。

(4) 当时间显示窗显示“00”，温度显示窗显示两个钢球落到 25.4mm 时的温度平均值。这时按“结果”键，依次显示第一个和第二个钢球落到 25.4mm 时的温度。两个温度的平均值即为沥青试样的软化点。

但环球法测软化点可能不会如实反映出沥青的实际软化点。因为在正常升温速度下，试样内的实际温度与旁边的水温要差 2℃左右。如果试样中含有较多蜡分时，在沥青达到软化点之前的一段温度内，正是大部分蜡的结晶融化成液体的阶段。试样在升温的同时，无疑将吸收一部分溶解热，从而使沥青试样的温度上升速率滞后于水温的增高，导致沥青试样内部的温度与温度计显示的水温差别大。从而出现沥青软化点高的假象。为了对软化点进行修正，采用当量软化点。当量软化点的基本原理就是利用沥青软化点温度大体相当于沥青的针入度为 800 的假定提出的。把针入度 800 时的温度作为沥青的当量软化点，可采用 15℃、25℃、30℃三个以上温度的针入度值绘成诺模图，将针入度温度直线延长，与针入度 800 线相交，直接求取 T_{800} 作为当量软化点。

5. 闪点

沥青的闪点是指沥青试样在规定尺寸的盛器内，在规定的加热条件下，沥青受热后，其轻质组分蒸发的气体，与周围的空气组成可燃性的混合气体，以火焰引之，在沥青试样表面发生一瞬即灭的闪光时的最低温度即为闪点，以℃表示。

拌制沥青混合料是需要将沥青加热至一定温度，温度升高后，沥青内的轻质可燃成分就会蒸发出来，如果温度超过闪点温度，则会发生着火事故。因此，沥青的闪点是沥青施工中的一项重要安全指标，闪点越高，沥青越安全。

沥青的闪点试验使用克利夫兰开口闪点试验器进行，具体步骤如下：

(1) 将试样注入试样杯中至标线处，并使试样杯外部不沾有沥青。

(2) 将点火器转向一侧，试验点火，调节火苗成标准球的形状或直径为 4mm±0.8mm 的小球形火焰。

(3) 开始加热试样，升温速度迅速地达到 14～17℃/min。待试样温度达到预期闪点前 56℃时，调节加热器降低升温速度，以便在预期闪点前 28℃时能使升温速度控制在 5.5±0.5℃/min。

(4) 试样温度达到预期闪点前 28℃时开始，每隔 2℃将点火器的试焰沿试验杯口中心以 150mm 半径作弧水平扫过一次；当试样液面上最初出现一瞬间即灭的蓝色火焰时，立即从温度计上读计温度，作为试样的闪点。

在机场场道工程中使用的沥青，要求其闪点不得低于 230℃。

6. 含蜡量

沥青中的蜡是指沥青在除去沥青质和胶质之后，在油分中含有的、经冷冻能结晶析出的，熔点在 25℃以上的混合组分，其中主要成分是高熔点的烃类混合物。与沥青中的其他组分相比，其组成和结构相对简单，组成蜡的化合物主要以正构烷烃及熔点与正构烷烃接近的长烷基侧链的少环烃类为主。

沥青中的蜡可以是石蜡和地蜡，以地蜡为主。蜡在高温时融化，使沥青黏度降低，沥青的温度敏感性增大。蜡在低温时易结晶析出，分散在沥青质中，减少沥青分子之间的紧密联系，使沥青的低温延展能力降低。蜡使沥青与石料表面的亲和力变小，影响沥青与石料的黏附性，而且使得修建成的道面摩擦性能下降。由于蜡对沥青的性能有一定的影响，因此在场道工程中选择的沥青的含蜡量应不超过 2%。

7. 密度

沥青的密度是在规定温度下（15℃）单位体积所具有的质量，单位为 kg/m^3 或 g/cm^3。也可用相对密度来表示，相对密度是指在规定温度下，沥青质量与同体积的水质量之比值。沥青的密度是沥青在质量与体积之间互相换算以及沥青混合料配合比设计时必不可少的重要参数，也是沥青使用、储存、运输、销售和设计沥青容器时不可缺少的数据。众多的试验表明沥青的密度与其化学组成有一定关系，它取决于沥青各组分的比例及排列的紧密程度。沥青中除沥青质使沥青密度增大外，其他组分都使沥青密度变小，其中油分含量越多，密度变小的倾向性越明显。沥青中的蜡含量多的也会使沥青密度变小。

8. 溶解度

沥青的溶解度是沥青试样在三氯乙烯溶液中可溶物的含量，以质量百分率表示。沥青的溶解度可以反映出沥青的纯度和有无杂质。其试验方法如下：

(1) 将玻璃纤维滤纸置于洁净的古氏坩埚中的底部，用溶剂冲洗滤纸和古氏坩埚，使溶剂挥发后，置温度为 105℃±5℃的烘箱内干燥至恒温（一般为 15min），然后移入干燥器中冷却，冷却时间不少于 30min，称其质量（m_1），准确至 0.2mg。

（2）称取已烘干的锥形烧瓶和玻璃棒（m_2）。准确至0.2mg。

（3）用预先干燥的锥形烧瓶称取沥青试样2g（m_3），准确至0.2m。

（4）在不断摇动下，分次加入100g三氯乙烯溶液，直至试样溶解后盖上瓶盖，并在室温下放置至少15min。

（5）将已称质量的滤纸及古氏坩埚，安装在过滤烧瓶上，用少量的三氯乙烯润湿玻璃纤维滤纸。然后，将沥青溶液沿玻璃棒倒入玻璃纤维滤纸中，并以连续滴状速度进行过滤。过滤时，应尽量将在锥形烧瓶中的不溶物移入坩埚，直至全部溶液滤完。

（6）用少量溶剂分次清洗锥形烧瓶，并将全部不溶物移至坩埚中。再用溶剂洗涤古氏坩埚的玻璃纤维滤纸，直至滤液无色透明为止。

（7）取出古氏坩埚及锥形烧瓶等置于干燥器中冷却30±5min后，分别称其质量（m_4、m_5），直至连续称量的差不大于0.3mg为止。

（8）计算：按式（4-1）计算沥青试样的溶解度。

$$S=\left(1-\frac{m_4-m_1}{m_5-m_2}\right)\times 100 \tag{4-1}$$

式中，S为沥青试样的溶解度（%）；m_1为古氏坩埚与玻璃纤维滤纸合计质量（g）；m_2为锥形瓶与玻璃棒合计质量（g）；m_3为锥形瓶、玻璃棒与沥青试样合计质量（g）；m_4为古氏坩埚、玻璃纤维滤纸与不溶物合计质量（g）；m_5为锥形瓶、玻璃棒与黏附不溶物合计质量（g）。

同一试样至少平行试验2次，当2次结果之差不大于0.1%时，取其平均值作为试验结果。在机场场道工程中使用的沥青，其溶解度应不小于99%。

9. *薄膜加热试验*（TFOT）

该法又称为薄膜烘箱试验，将50g沥青试样盛于内径139.7mm、深为9.5mm器皿中，使沥青成为厚约3mm的薄膜，沥青薄膜在163℃±1℃标准烘箱中加热5h，以加热前后质量损失、针入度比和15℃延度值作为评价指标。

薄膜加热试验后的性质与沥青在拌和机中加热拌和后的性质有很好的相关性，也反映了沥青的耐老化性能。沥青在薄膜加热试验后的性质，相当于在150℃拌和机中拌和1.0～1.5min后的性质。

薄膜加热试验具体步骤如下：

（1）准备沥青试样，分别注入4个已称质量（m_0）的盛样皿中50±0.5g，并形成厚度均匀的沥青薄膜，放入干燥器中冷却至室温后称取质量（m_1），准确至1mg。

同时按规定方法，测定沥青试样薄膜加热试验前的针入度、延度。

（2）将温度计垂直悬挂于转盘轴上：位于转盘中心、水银球应在转盘顶面上的6mm处，并将烘箱加热并保持至163℃±1℃。

（3）把烘箱调整水平，使转盘在水平面上以5.55±1r/min的速度旋转，转盘与水平面倾斜角不大于3℃，温度计位置距转盘中心和边缘距离相等。

（4）在烘箱达到恒温163℃后，将盛样皿迅速放入烘箱内的转盘上，并关闭烘箱门和开动转盘架；使烘箱内温度回升至162℃时开始计时，并保持温度163℃±1℃、5h，但从放置盛样皿开始至试验结束的总时间，不得超过5.25h。

（5）加热后取出盛样皿，放入干燥器中冷却至室温后，随机取其中两个盛样皿分别称其质量（m_2），准确至1mg。

（6）将盛样皿置一石棉网上，并连同石棉网放回163℃±1℃的烘箱中转动15min；然后，取出石棉网和盛样皿、立即将沥青残留物样品刮入一适当的容器内，将其置于加热炉上加热并适当搅拌，使之充分融化达到流动状态。

（7）将热试样倒入针入度盛样皿和延度试模内，并按规定方法进行针入度等各项薄膜加热试验后残留物的相应试验。如在当日不能进行试验时，试样应在容器内冷却后放置过夜，但全部试验必须在加热后72h内完成。

（8）计算沥青薄膜试验后质量损失，结果精确至小数点后一位（质量损失为负值，质量增加为正值）。

质量损失按照式（4-2）计算：

$$L_T=\frac{m_2-m_1}{m_1-m_0}\times 100 \tag{4-2}$$

式中，L_T为试样薄膜加热质量损失（%）；m_0为试样皿的质量（g）；m_1为加热前的试样与试验皿的总质量（g）；m_2为加热后的试样与试样皿的总质量（g）；针入度之比按式(4-3)计算：

$$K_P=\frac{P_2}{P_1}\times 100 \tag{4-3}$$

式中，K_P为试样薄膜加热后残留物针入度比（%）；P_1为薄膜加热试验前原试样的针入度（0.1mm）；P_2为薄膜加热试验后残留物的针入度（0.1mm）。

记录试验后的延度。当两个试样皿的质量损失符合重复性试验精度要求时，取其平均值作为试验结果，准确至小数点后2位。

后来又发展了旋转薄膜加热试验（RTFOT），这种试验方法与薄膜加热试验类似，将35g试样沥青装入高140mm、直径64mm的开口玻璃瓶中，试样放入163℃的烘箱中并垂直方向旋转，沥青膜较薄，而且同时以4000mL/min的流量连续吹入热空气，以加速沥青老化，使试验时间缩短为75min，并且试验结果精度较高。其他测量和计算方法同薄膜加热试验。

在机场场道工程中以薄膜加热试验（TFOT）为测试依据，所测定沥青的质量损失、针入度比、延度都应满足表4-2中的指标要求。

10. 脆点

脆点是沥青在等速降温条件下，用弯曲受力方式测定的沥青发生脆裂破坏时的温度。沥青的脆点是由A. Frass于1937年开发的，因此称为弗拉斯脆点。其测定方法是将0.4g沥青试样均匀地涂在一块41mm×20mm的金属片上，膜厚为0.5mm，在标准试验条件下匀速降温，并缓慢地使金属片反复弯曲，观察沥青膜因被冷却和弯曲而出现裂纹的温度，即脆点温度。沥青脆点仪适用于测定黏稠石油沥青，煤沥青等材料的脆点，测定脆点的方法如下：

（1）调平电热板，使其加热钢板成为水平面，然后预热。

(2) 称取已脱水过滤的沥青样品 0.4g，在高于样品沥青软化点 70℃的电热板上均匀涂布于试样片上，作为试件，于室温下冷却 30min 以上。

(3) 取下弯曲器，将试件置于弯曲器夹钳中，使涂沥青面在前面。调节弯曲器上的调节螺丝，使夹钳间距为 40mm。与此同时，在内外试管夹层中预装乙醇，其高度不低于 100mm。

(4) 将弯曲器放入内试管中，并插入温度计，使温度计水银球位于沥青试样片后面的中部。

(5) 通过漏斗从偏心环形软木塞上的小孔加入少量固态二氧化碳于乙醇中，加入数量应控制为降温速度 1℃/min。待温度计读数在预计脆点以上 10℃时，开始试验。

(6) 以每秒钟旋转一圈的速度均匀摇动弯曲器上的手柄，使沥青试样片在 11s 时间内弯曲 3.5mm，并以同样速度回摇手柄，使试样片在 11s 伸展至原来位置，在周期应力作用下，弯曲器应保持 38s 的时间位于初始位置。

(7) 观察沥青试件表面，第一次发现裂缝时的温度即为脆点。

每种样品沥青应做 8 片试样片，第一片作为试探试验，第二片为正式试验，结果取其平均值。

在许多国家的沥青标准中，沥青低温开裂性能指标采用了弗拉斯脆点指标。但是，用脆点评价沥青的低温性能有严重的缺点，实验重复性较差，试验用的钢片刚度不一，试件制备和降温条件各异都对试验结果产生影响。试验证明，在我国许多含蜡量较高的沥青脆点测定值虽低，但冬天开裂情况严重，因此实测的弗拉斯脆点很少用来评价沥青的抗裂性能。利用当量软化点的原理，同样可以利用沥青在弗拉斯脆点时的针入度为 1.2 的假定，由沥青针入度温度回归直线方程求取针入度为 1.2 时的温度，并称为当量脆点 $T_{1.2}$，其计算公式见式 (4-4)。

$$T_{1.2}=\frac{\log 1.2-K}{A}=\frac{0.0792-K}{A} \tag{4-4}$$

式中，$T_{1.2}$为当量脆点 (℃)；K 为回归参数；A 为回归常数，为针入度温度关系直线的斜率。

试验证明，用当量脆点 $T_{1.2}$来衡量沥青的低温抗裂性与沥青的路用性能有很好的相关性。

第三节　改性沥青

改性沥青是掺加橡胶、树脂、高分子聚合物、磨细的橡胶粉或其他填料等外掺剂（改性剂），或采取对沥青轻度氧化加工等措施，使沥青或沥青混合料的性能得以改善制成的沥青。改性沥青一般通过直接混溶法、母料法生产。

目前，改性道路沥青主要用于机场跑道、防水桥面、停车场、运动场、重交通路面、等特殊场合的铺装应用。在沥青中加入改性剂可以提高道面的高温下抗车辙能力；提高柔性和弹性，即低温下抗开裂的能力；提高耐磨耗能力和延长场道使用寿命，减少维修工作量。经过数十年研究开发，已出现品种繁多的沥青改性剂。

一、沥青改性剂的种类及作用

在沥青中添加不同的改性剂会使沥青产生不同的性能，常见的改性剂类型以及其改性作用见表 4－7 所示。

表 4－7　常见改性剂类型及改性作用

改性类型	种类	改性作用				
		抗永久变形	抗疲劳开裂	抗低温开裂	抗水损害	抗氧化老化
填料	炭黑	•				•
	熟石灰	•				•
	粉煤灰	•				
	水泥	•				
扩散剂	硫黄	•	•	•		
	木质素				•	
聚合物：弹性体	SBS	•	•	•		
	SIS	•				
	SBR	•		•		
	天然橡胶	•				
聚合物：塑性体	EVA	•	•			
	聚乙烯	•		•		
	聚丙烯	•				
氧化剂	锰化合物	•				
碳氢化合物	芳香剂			•		
	环烷烃					
	沥青质	•				
	天然沥青	•	•	•	•	
抗剥落剂	有机胺				•	
	聚氨类				•	
工艺改性	吹氧处治					
	蒸馏					
纤维类	聚丙烯类	•	•	•		
	聚酯类	•		•		
	钢纤维	•	•	•		
	矿物纤维	•				
抗氧化剂	胺类				•	•
	钙盐					•
	苯					•

1. 橡胶类材料

橡胶类改性沥青通常称为橡胶沥青，主要有丁苯橡胶（SBR）、废旧轮胎磨细加工的橡胶粉等，也是世界上最早出现并得到广泛应用的改性沥青品种。橡胶类改性沥青的性能与基沥青的性能、橡胶的品种和掺量以及制备工艺有关。橡胶类改性剂的主要作用有：提高沥青的黏度、韧性、软化点，降低脆点，使沥青的低温变形能力提高。这主要是因为橡胶吸收沥青中的油分产生溶胀，使得沥青的胶体结构发生改变的结果。它主要改善低温性能与疲劳性能，对高温性能改善较少。

2. 热塑性橡胶类材料

热塑性橡胶类材料，主要有苯乙烯一丁二烯一苯乙烯共聚物（SBS）、苯乙烯一异戊二烯一苯乙烯共聚物（SIS），具有树脂类与橡胶类两者的特性，既能改善沥青高温稳定性又能有效改变低温抗裂及疲劳性能，所以它对沥青性能的改善优于树脂和橡胶改性沥青。其中 SBS 常用于道面沥青混合料，SIS 主要用于热熔黏结料。SBS 是目前世界各国道面改性沥青使用最多的改性剂。

热塑性橡胶类改性沥青在路用性能上主要有下列改善：提高低温变形能力；提高高温使用的黏度；提高温度感应性；提高耐久性；提高力学性能，增强改性沥青的弹性。

3. 热塑性树脂类

树脂类高聚物可分为热塑性树脂和热固性树脂两类。用作沥青改性的树脂主要是热塑性树脂，主要有低密度聚乙烯（LDPE）和乙烯-醋酸乙烯共聚物（EVA）。

树脂类改性沥青的特点是：针入度下降，软化点上升，而延度减小。用树脂改性可以大大改善沥青路面的高温稳定性，提高抗车辙能力，减薄路面厚度，降低路面造价等。但是，树脂类改性剂可使沥青的低温脆性增大，掺加时易分解以及与沥青的相容性差等，因而限制了其使用性。由于聚乙烯、聚丙烯的价格比较便宜，而且可以直接掺加，因此主要应用于对沥青低温性能要求不高的温和地区。它们主要是提高了沥青的黏度，改善高温耐流动性，同时可增大沥青的韧性，所以它们对改善沥青高温性能。

4. 热固性树脂类

热固性树脂，如环氧树脂（EP）亦曾被用来改性沥青，这种改性沥青配制的混合料具有优良的高温稳定性，强度提高，具有特别高的耐燃料油和润滑油侵蚀能力，适合用于加油站、公交站，但是由于造价较高、延伸性不好以及重复使用困难等缺点，所以较少采用。

5. 纤维类

纤维类改性剂主要有石棉、聚丙烯纤维、钢纤维、纤维素纤维等。纤维可显著提高沥青的高温稳定性、增加低温抗拉强度。若采用一种沥青不能满足所要求的软化点时，可用 2 种或 3 种沥青进行掺配。掺配要注意遵循同源原则，即同属石油沥青才可适配。

二、改性剂的选择与使用要求

1. 改性剂的选择依据

根据沥青改性的目的和要求选择改性剂时，可作如下初步选择：

(1) 为提高抗疲劳开裂能力，宜使用橡胶类、热塑性橡胶类或热塑性树脂类材料、纤维类改性剂；

(2) 为提高抗低温开裂能力，宜使用橡胶类或热塑性橡胶类改性剂、纤维类；

(3) 为提高抗变形能力，宜使用热塑性树脂类、热塑性橡胶类改性剂；

(4) 为提高抗水损能力，宜使用各类抗剥落剂等外加剂。

2. 改性剂的选择要求

在使用改性剂时要满足下列使用要求：

(1) 改性沥青可单独或复合采用高分子聚合物、天然沥青及其他改性材料制作。

(2) 各类聚合物改性沥青的质量应符合表 4－8 的技术要求，当使用表 4－8 以外的聚合物及复合改性沥青时，可通过试验研究制定相应的技术要求。

(3) 制造改性沥青的基质沥青应与改性剂有良好的适配性，基质沥青采用机场道面石油沥青或重交通道路石油沥青

(4) 天然沥青可以单独与石油沥青混合使用或与其他改性沥青混融后使用。

(5) 用作改性剂的 SBR 胶乳中的固体物含量不宜少于 45%，使用中，严禁长时间暴晒或冰冻。

(6) 改性沥青的剂量以改性剂占改性沥青总量的百分数计算，胶乳改性沥青的剂量应以扣除水以后的固体物含量计算。

(7) 改性沥青宜在固定式工厂或在现场设厂集中制作，也可在拌合厂现场边制造边使用，改性沥青的加工温度不宜超过 180℃。胶乳类改性剂和制成颗粒的改性剂可直接投入拌合缸中生产改性沥青混合料。

(8) 用溶剂法生产改性沥青母体时，挥发性溶剂回收后的残留量不得超过 5%。

(9) 现场制造的改性沥青宜随配随用，需作短时间保存或运送到附近的工地时，使用前必须搅拌均匀，在不发生离析的状态下使用。

(10) 工厂制作的成品改性沥青到达施工现场后需存贮在改性沥青罐中，改性沥青罐中必须加设搅拌设备并进行搅拌，使用前改性沥青必须搅拌均匀。在施工过程中应定期取样检验产品质量，发现离析等质量不符合要求的改性沥青不得使用。

三、沥青改性剂的技术要求

对于机场场道工程中使用的改性沥青，要求用于改性的基质沥青应采用机场道面石油沥青或重交通道路石油沥青，改性沥青的各项指标应符合表 4－8 的技术要求。

表 4－8　改性沥青技术要求

技术指标	热塑性橡胶类				橡胶类			热塑性树脂类		
针入度数 25℃、100g、5s 大于 (0.1mm)	100	80	60	40	100	80	60	80	60	40
软化点（环球法）　大于℃	45	50	55	60	45	48	52	50	55	60
延度 10℃，5cm/min　大于℃	40				40			20		
当量软化点 T_{800}　大于（℃）	44	46	48	50	43	44	45	48	50	52
当量脆点 $T_{1.2}$　小于（℃）	−16	−13	−10	−8	−16	−13	−10	−13	−10	−8
闪点　大于（℃）	250				250			250		
离析试验	软化点差≤2℃				—			无明显析出或凝聚		

（续表）

技术指标		热塑性橡胶类				橡胶类			热塑性树脂类		
弹性回复　15℃大于（%）		50	55	60	65	—	—	—	—	—	—
薄膜烘箱试验 163℃ 5h	质量损失小于（%）	1.0				1.0			1.0		
	针入度比大小（%）	50	55	60	65	50	55	60	50	55	60
	延度 10℃5cm/min 大于（cm）	30				20			10		
黏度 60℃大于（Pa·s）		200	400	600	800	200	300	400	400	600	800
密度 25℃（g/cm³）		实测				实测			实测		

在机场场道工程中，为了更好地评价改性沥青，在机场道面石油沥青评价指标的基础上增加了离析试验、弹性回复的技术要求。

1. 离析试验

改性沥青在停止搅拌后的冷却过程中，聚合物可能从沥青中离析，当聚合物改性沥青在生产后不能立即使用，而需经过储运再加热等过程后使用时，需进行离析试验。不同的改性沥青离析的状况有所不同，所以采用的试验判定方法也有所不同。

（1）对 SBS 类改性沥青，按如下试验步骤进行：

① 准备好盛样管，将盛样管装在支架上。

② 将改性沥青用 0.3mm 筛过筛，然后加热至能充分浇灌，稍加搅拌并徐徐注入竖立的盛样管中，数量约为 50g。

③ 将铝管开口的一端捏成一薄片，并折叠 2 次以上；然后用小夹子夹紧，密闭；将盛样管连同架子（或烧杯）一起放入 163℃±5℃的烘箱中，在不受任何扰动的情况下静放 48h±1h。

④ 加热结束后，将盛样管连支架一起从烘箱中轻轻取出，放入冰箱的冷柜中，保持盛样管在竖立状态，不少于 4h，使改性沥青试样凝为固体。待沥青全部固化后将盛样管从冰箱中取出。

⑤ 待试样温度稍有回升发软，用剪刀将盛样管剪成相等的 3 截，取顶部和底部的各 1/3 试样分别放入样品盒或小烧杯中，再放入 163℃±5℃的烘箱中融化，取出已剪断的铝管。

⑥ 稍加搅拌，分别灌入软化点试模中。

⑦ 对顶部和底部的沥青试样按环球法进行软化点试验，计算其差值。

应进行两次平行试验，取平均值。对热塑性橡胶类改性沥青的离析试验中，软化点差值要求不超过 2℃。

（2）对 PE、EVA 类热塑性树脂类改性沥青，按如下试验步骤进行：

① 将聚合物拌入沥青中成为混合物，在高温状态下充分浇灌入沥青针入度试样杯中，至杯内标线处（距杯口 6.35mm），将杯放入 135℃的烘箱中，持续 24±1h，不扰动表面；

② 小心地从烘箱中取出样杯，仔细观察试样，经观察以后，用一小刮刀慢慢地探测试样，查看表面层稠度，检查底部及四周的沉淀物。这些检查和试验都应在沥青试样自烘箱中取出后 5min 之内进行。

③ 视沥青聚合物体系的相容性和离析程度，按表 4－9 记录。

如果表中记述项不适合特殊的试样，应正确地记录所发生的现象，并保留试样。在机场场道工程中使用的热塑性树脂类的改性沥青，要求其在离析试验中无明显析出或凝聚。

表 4－9 热塑性树脂改性沥青的离析情况

记述	报告
均匀的，无结皮和沉淀	均匀
在杯边缘有轻微的聚合物结皮	边缘轻微结皮
在整个表面有薄的聚合物结皮	薄的全面结皮
在整个表面有厚的聚合物结皮（大于 0.8mm）	厚的全面结皮
无表面结皮但容器底部有薄的沉淀	薄的底部沉淀
无表面结皮但容器底部有厚的沉淀（大于 6mm）	厚的底部沉淀

2. 弹性恢复试验

弹性恢复是指当对某物除去作用力之后，该物体变形恢复能力。弹性恢复率表示了试样材料被拉长一定长度后可恢复变形的百分率。弹性恢复是表示橡胶沥青抗疲劳和抗反射裂缝方面性能最好的指标。

SBS 等热塑性橡胶改性沥青，弹性恢复能力是显著的特点，在路面使用过程中，对荷载作用下产生的变形，具有良好的自愈性。弹性恢复试验测试时，采用“8”字形标准试件，在 15℃水浴条件下进行，在延度试验仪上把橡胶沥青试样以 5±0.25cm/min 的速率拉伸至 10±0.25cm 时停止，并迅速从中间剪断，使试样保持在 15℃水浴中 1h，然后根据测得的试件残余长度 X，按式（4－5）计算其弹性恢复率。

$$D=\frac{10-X}{10}\times 100 \tag{4-5}$$

式中，D 为试样的弹性恢复率（%）；X 为试样的残留长度（cm）。

在机场场道工程中，对热塑性橡胶类改性沥青的弹性恢复做了规定，对橡胶类和热塑性树脂类改性沥青未做要求，具体见表 4－8 所列。

第四节 乳化沥青

乳化沥青是指石油沥青与水在乳化剂、稳定剂等的作用下经乳化加工制得的均匀沥青产品，也称沥青乳液。

乳化沥青的研究是从 21 世纪初开始的，自商品化的乳化沥青生产以来，至今已有 60 多年的历史。随着近代界面与胶体化学的进展，近 20 年来，阳离子乳化沥青发展速度很快。这种沥青乳液是使沥青微粒带有阳离子电荷，当与骨料表面接触时，异性相吸的作用，使沥青微粒吸附在骨料表面上。我国阳离子沥青乳化剂的研制和应用起步较晚，到目前为止，全国有 14 个省市已广泛用于筑路修路。

乳化沥青不仅适用于道面的维修与养护，并可用于铺筑表面处治、贯入式、沥青碎石、乳化沥青混凝土等各种结构形式的道面，还可用于旧沥青路面的冷再生及防尘处理。

一、乳化沥青的组成材料

乳化沥青主要由沥青、乳化剂、稳定剂和水等组成。

1. 沥青

沥青是乳化沥青组成的主要材料，占55%～70%，沥青的性质将直接决定乳化沥青成膜性能和使用性质。生产乳化沥青用的沥青应适宜乳化。一般针入度较大的沥青容易形成乳液。但针入度的选择，应根据乳化沥青在路面工程中的用途来决定。另外，沥青中活性组分的含量对沥青乳化难易性有直接关系，通常认为沥青中沥青酸总量大于1%的沥青，采用通用乳化剂和一般工艺即易于形成乳化沥青。根据工程需要也可以采用改性沥青进行乳化。

2. 乳化剂

乳化剂在乳化沥青中用量很小，但对乳化沥青的形成、应用及储存稳定性都有重大的影响，乳化剂一般是表面活性物质，是乳化沥青形成的关键材料。沥青乳化剂是一种表面活性剂，从化学结构上考察，它是一种"两亲性"分子，分子的一部分具有亲水作用，而另一部分具有亲油性质，这两个基团具有使互不相溶的沥青与水连接起来的特殊功能。在沥青、水分散体系中，沥青微粒被乳化剂分子的亲油基吸引，此时以沥青微粒为固体核，乳化剂包裹在沥青颗粒表面形成吸附层。乳化剂的另一端与水分子吸引，形成一层水膜，它可机械地阻碍颗粒的聚集。沥青乳化剂按其亲水基在水中是否电离而分为离子型和非离子型两大类。

3. 水

水是沥青分散的介质，是乳化沥青的主要组成部分。水在乳化沥青中起着润湿、溶解及化学反应的作用。水的硬度和离子对乳化沥青具有一定的影响，水中存在的镁、钙或碳酸氢根离子分别对阴离子乳化剂或阳离子乳化剂有不同影响。所以要求乳化沥青中的水应当纯净，不含其他杂质，一般要求用每升水中氧化钙含量不得超过80mg的洁净水，否则对乳化性能将有很大的影响。

4. 稳定剂

稳定剂的成分一般是无机盐类和高分子化合物，其作用是为了防止已经分散的沥青乳液在储存期彼此凝聚，以及保证在施工喷洒或拌和的机械作用下有良好的稳定性。稳定效果最好的无机盐类是氯化铵和氯化钙，常与各类阳离子乳化剂配合使用，加入量通常为0.2%～0.6%，可节省乳化剂用量20%～40%，高分子稳定剂如淀粉、明胶、聚乙二醇等，在沥青微粒表面可形成保护膜，有利于微粒的分散，可与各类阳离子和非离子乳化剂配合使用，加入量0.1%～0.15%。稳定剂对乳化剂协同作用必须通过试验来确定，并且稳定剂的用量不宜过多。

二、乳化原理

根据乳状液理论，由于沥青与水这两种物质的表面张力相差较大，将沥青分散于水中，则会因表面张力的作用使已分散的沥青颗粒重新聚集结成团块。欲使已分散的沥青能

稳定均匀地悬浮于水中，必须使用乳化剂，以降低沥青与水之间的表面张力差。沥青能够均匀稳定地分散在乳化剂水溶液中的主要原因如下。

1. 乳化剂降低界面能的作用

由于沥青与水的表面张力相差较大，在一般情况下是不能互溶的。当加入一定量的乳化剂后，乳化剂能规律地定向排列在沥青和水的界面上，由于乳化剂属表面活性物质，具有不对称的分子结构，分子一端是极性基因，是亲水的；另一端是非极性基因，是亲油的，所以当乳化剂加入沥青与水组成的溶液中，乳化剂分子吸附在沥青-水界面上，形成吸附层，从而降低了沥青和水之间的表面张力差。

2. 增强界面膜的保护作用

乳化剂分子的亲油基吸附在沥青微滴的表面，在沥青-水界面上形成界面膜，此界面膜具有一定的强度，对沥青滴起保护作用，使其在相互碰撞时不易聚结。

3. 界面电荷稳定作用

乳化剂溶于水后发生离解，当亲油基吸附于沥青时，使沥青微滴带有电荷，阳离子乳化沥青带正电荷，此时在沥青-水界面上形成扩散双电层。由于每个沥青微滴都带有相同电荷，且有扩散双电层的作用，故水-沥青体系成为稳定体系。

三、乳化沥青的技术指标

在机场场道工程，乳化沥青不用于面层的沥青混合料，主要用作透层油和黏层油。机场场道工程用乳化沥青技术要求见表 4－10。

表 4－10　乳化沥青技术要求

项目 ＼ 种类			PC－2　PA－2	PC－3　PA－3
筛上剩余量不大于（%）			0.3	
破乳速度试验			慢裂	快裂
黏度	沥青标准黏度计 $C_{25,3}$（S）		8～20	
	恩格拉度 E_{25}		1～6	
蒸发残留物含量不小于（%）			50	
蒸发残留物性质	针入度（100g，25℃，5s）（0.1mm）		80～300	60～160
	残余延度比（25℃）不小于（%）		80	
	溶解度（三氯乙烯）不小于（%）		97.5	
贮存稳定性		5d 不大于（%）	5	
		1d 不大于（%）	1	
与矿料的黏附性，裹覆面积不小于			2/3	
低温贮存稳定度（－5℃）			无粗颗粒或结块	
用　途			透层油用	黏层油用

1. 筛上剩余量

检验乳液中沥青微粒的均匀程度，是确定乳化沥青质量的重要指标。检测方法为：

(1) 将滤筛、金属盘、烧杯等用溶剂擦洗干净，再用水和蒸馏水洗涤后放入烘箱(105℃±5℃)中烘干，称滤筛和金属盘的总质量m_1，准备至0.1g。

(2) 在一烧杯中称取充分均匀的乳化沥青试样500±5g (m)，准确至0.1g。

(3) 将筛网（筛孔1.18mm）用蒸馏水（阳离子型）润湿。

(4) 将滤筛架在烧杯上，再将乳化沥青缓慢倒入筛内过滤，在过滤顺畅的条件下，筛上仅保留一层薄膜，如果筛孔有堵塞现象，则用手轻轻拍打筛框。

(5) 试样全部过滤后，移开盛有乳液的烧杯。

(6) 用蒸馏水多次清洗烧杯，并将洗液过滤，再用蒸馏水清洗滤筛，直到过滤的水完全清洁为止。

(7) 将滤筛至于金属盘中，并置于烘箱（105℃±5℃）中烘干2～4h。

(8) 取出滤筛和金属盘，一起置于干燥器中冷却至室温（一般≥30min）后称其质量(m_2)，准确至0.1g。

乳化沥青试样过滤后筛上残留物含量按下式（4-6）计算，准确至小数点后一位。

$$P=\frac{m_2-m_1}{m}\times 100 \tag{4-6}$$

式中，P为筛上残留物含量（%）；m为乳化沥青试样的质量（g）；m_1为滤筛及金属盘总质量（g）；m_2为滤筛、金属盘与筛上残留物总质量（g）。

同一试样至少平行试验2次，两次试验结果的差值≤0.03时，取其平均值作为试验结果。机场场道工程中的乳化沥青，其筛上剩余量应不大于0.3%。

2. 破乳速度

破乳速度试验是将乳液与规定配的矿料拌和后，由矿表面被乳液薄膜覆的均匀程度，判断乳化沥青的破乳速度类型。破乳速度的快慢，反映了乳化沥青混合料的凝固速度。其试验方法如下：

(1) 将工程实际使用的石屑过筛分级，并按表4-11的比例称料混合成两种标准级配矿料各200g。

表4-11 拌和试验用矿料颗粒组成比例（%）

矿料规格（mm）	A组	B组
<0.075	3	10
0.3～0.075		30
0.6～0.3	5	30
2.36～0.6	7	30
4.75～2.36	85	—
合计	100	100

(2) 将A组矿料200g在拌和锅中拌和均匀，当为阳离子乳化沥青时，先注入5mL蒸馏水拌匀，再注入乳液20g。当为阴离子乳化沥青时，直接注入乳液20g，用金属勺以60r/min的速度拌和30s，观察矿料与乳液拌和后的均匀情况。

(3) 将拌和锅中的B组矿料200g拌和均匀后注入30mL蒸馏水，拌匀后，注入50g乳液试样，再继续用金属勺以60r/min的速度拌和60s，观察矿料与乳液拌和后的均匀情况。

(4) 根据两组矿料与乳液试样拌和均匀情况按表4-12确定试样的破乳速度。在机场场道工程中，用作透层油和黏层油的乳化沥青破乳速度应分别为慢裂和快裂。

表4-12　乳化沥青的破乳速度分级

A组矿料拌和结果	B组矿料拌和结果	破乳速度	代号
混合料呈松散状态，一部分矿料颗粒未裹覆沥青，沥青分布不够均匀，有些凝聚成团块	乳液中的沥青拌和后立即成团块，不能拌和	快裂	RS
混合料混合均匀	混合料呈松散状态，沥青分布不够均匀，有些凝聚成团块	中裂	MS
	混合料呈糊状，沥青乳液分布均匀	慢裂	SS

3. 黏度

对于不同的施工方法、施工季节和道面结构层次，对沥青乳液的黏度要求不同。乳液黏度不当就可能造成道面的过早损坏。我国采用沥青标准黏度计或恩格拉黏度计测定乳液的黏度。以恩格拉黏度为例，其原理是试样在25℃温度下，从恩格拉黏度计流出50mL所需时间与等量蒸馏水流出所需时间的比值。在试验过程中，试样流出应成为连续的线状。

具体方法如下：

(1) 将黏度计的内容器、流出管孔依次用三氯乙烯、甲醇或95%乙醇及蒸馏水仔细洗净，并用滤纸吸去剩下的水滴，然后用空气吹干。

(2) 将温度计置于三脚架上，并将干净的木塞插入内容器流出管的孔中。

(3) 接收瓶依次用汽油、洗液、水及蒸馏水清洗干净后置于105℃±5℃烘箱中烘干。

(4) 化沥青试样用1.18mm筛网过滤，并恒温到稍高于试验温度。

(5) 黏度计的水值（t_w）直接测定蒸馏水在25℃时从黏度计流出50mL所需的时间(s)，作为水值。

(6) 准备好外容器中的水，须浸到内容器的扩大部分为止，预热温度不高于试验温度1℃。

(7) 在仪器水平条件下，将已过筛并恒温到稍高于试验温度的试样，注入干净并插好木塞（注意不可过分用力压插木塞，以免木塞很快磨损）的内容器中，使其液面刚好达到尖钉的尖端，注意试样中不应产生气泡，盖好黏度计盖，并插好温度计。

(8) 在流出管下方130±5mm处放置一个洁净干燥的50mL试样接收瓶，且使流孔正对着接收瓶的中心，以使试样能顺利流过瓶颈部分。

(9) 调整内外容器的水温，内容器中的水用插有温度计的盖围绕木塞转动，注意不得产生气泡，外容器中的水用搅拌器搅拌，当试样达到测试温度±0.1℃，再继续保持 3min 后（开始的 2min 内继续搅拌试样，最后 1min 不要搅拌），迅速提离木塞（应能自动卡住并能保持提离状态，不允许拔出木塞），把木塞通过钩子挂在盖子上，提起位置应保持与测水值时相同，同时开始计时，测定 50mL 试样的流出时间 t_s，准确至 0.1s。

注：一旦试样从流出管流出，就不要再使用环形加热器，用加入或取出合适温度的水来保持试验所需温度，也可用辅助加热器直接对外容器的圆筒部分进行短暂加热。

试样的恩格拉黏度按式（4－7）计算：

$$E_{25}=\frac{t_s}{t_w} \tag{4-7}$$

式中，$E25$ 为试样在温度 25℃时的恩格拉度；t_s 为试样在温度 t 时的流出时间（s）；t_w 为恩格拉黏度计的水值（s）。

同一试样至少平行试验 2 次，2 次测定结果符合重复性试验精密度 4%要求时，取其平均值作为试样的恩格拉黏度。机场场道工程中使用乳化沥青的恩格拉黏度应为（1～6）。

4. 蒸发残留物含量

蒸发残留物含量是将一定量的乳液脱水后，求出其蒸发残留物占乳液的百分比，用以检验乳液中实际的沥青含量，乳液中沥青含量过高会使乳液黏度变大，储存稳定性不好，且不利于施工。乳液中沥青含量过低，乳液黏度较低，施工时容易流失，不能保证要求的沥青用量，同时增加乳液的运输成本，增加了乳化剂用量。

乳化沥青的蒸发残留物含量检测方法如下：

(1) 将试样容器、玻璃棒等洗净、烘干并称其合计质量（m_1）

(2) 在试样容器内称取搅拌均匀的乳化沥青试样 300±1g，称取容器、玻璃棒及乳液合计质量（m_2），准确至 1g。

(3) 将盛有试样的容器连同玻璃棒仪器置于电炉或燃气炉上缓缓加热，边加热边搅拌，其加热温度不应致乳液溢溅，直至确认试样中的水分已完全蒸发（通常需 20～30min），然后在 163℃±3℃温度下加热 1min。

(4) 取下试样容器冷却至室温，称取容器、玻璃棒及沥青一起的合计质量（m_3），准确至 1g。

乳化沥青的蒸发残留物含量按式（4－8）计算，以整数表示。

$$P_b=\frac{m_3-m_1}{m_2-m_1}\times 100 \tag{4-8}$$

式中，P_b 为乳化沥青的蒸发残留物含量（%）；m_1 为试样容器、玻璃棒的合计质量（g）；m_2 为试样容器、玻璃棒及乳液的合计质量（g）；m_3 为试样容器、玻璃棒及残留物合计质量（g）。

同一试样至少平行试验 2 次，2 次试验结果的差值不大于 0.4%时，取其平均值作为试验结果。机场场道工程中使用的乳化沥青的蒸发残留物含量应不小于 50%。

蒸发残留物含量试验完成后的残留物可按规定方法继续进行针入度、延度比、溶解度

试验。

5. 黏附性

乳化沥青与矿料的黏附性，是评定其抗水损坏的能力的指标。对阳离子乳化沥青、阴离子乳化沥青要分别进行测试。

(1) 阳离子乳化沥青与石料的黏附性试验方法：

① 将道路工程用碎石过筛，取19.0～31.5mm的碎石颗粒洗净，然后置105℃±5℃的烘箱中烘干3h。

② 从烘箱中取出3～4颗碎石冷至室温逐个用细线或细金属丝系好，留出尾线作悬挂用。

③ 取两个烧杯，分别盛入400mL蒸馏水及经1.18mm滤筛过滤的300mL乳液试样。

④ 用线或金属丝系好的石料颗粒放入盛水烧杯浸泡1min后，取出再置试样中浸泡1min。然后，取出石料颗粒在室温下悬挂20min。

⑤ 将凉后的石料颗粒浸入已盛水1000mL的烧杯中，打开提线开关，使石料上下移动水洗乳液薄膜，移动速度为30次/min，上下移动距离为50mm。

⑥ 上下移动3min后，用纸片黏出浮在水面上的沥青膜，然后将石料颗粒提出水面，观察在石料颗粒表面裹覆沥青膜的面积。

(2) 阴离子乳化沥青与石料的黏附性试验方法：

① 取试样约300ml置于烧杯中。

② 将道路工程用碎石过筛，取13.2～19.0mm的碎石颗粒洗净，然后置105℃±5℃的烘箱中烘干3h。

③ 取出碎石约50g在室温以间距30mm以上排列冷却至室温，约1h。

④ 将冷却的碎石颗粒排列在0.6mm滤筛上。

⑤ 将滤筛连同石料一起浸入乳液的烧杯中1min，然后取出架在支架上，在室温下放置24h。

⑥ 将滤网连同附有沥青薄膜的石料一起浸入另一个盛有1000ml洁净水并加热至40℃±1℃保温的烧杯中浸入5min，仔细观察石料颗粒表面沥青膜的裹覆面积，作出综合评定。

同一试样至少平行试验2次，依多数颗粒的裹覆情况作出评定。试验结果以裹覆面积大于2/3或不足2/3的形式报告。在机场场道工程中使用的乳化沥青与矿料的黏附性，裹覆面积应大于2/3。

6. 储存稳定性

乳化沥青的储存稳定性是指乳化沥青在储存期间不破乳、不凝聚的特性。其影响因素主要有：

(1) 乳化设备的影响。衡量乳化沥青质量的一项重要指标是沥青微粒的均细化程度。均细化程度越高，乳化沥青的使用性能及贮存稳定性越好。均细化程度的高低与生产乳化沥青所用的核心设备——乳化机有直接关系。

(2) 乳化剂对稳定性的影响，乳化剂的种类、乳化剂的浓度以及影响乳化剂乳化作用的各种因素都会影响乳化沥青的稳定性。乳化剂本身就有快裂、中裂、慢裂三种类型。它们的稳定性逐次增强。

（3）基质沥青影响，基质沥青是乳化沥青最基本的成分之一，占总量的50%～70%。基质沥青的含量可以改变乳化沥青的黏度和其他性能，其含量越高，乳液的黏度越大，储存稳定性越好。

（4）温度的影响，沥青和水的温度是比较重要的工艺参数，温度过高或过低都将影响沥青的乳化效果。温度低了，流动性不好。

储存稳定性是指检验乳液的存放稳定性。将乳液在容器中置放规定的储存时间后，检测容器上下乳液的浓度变化。储存稳定性一般用5d的，如时间紧迫也可用1d的稳定性。

具体方法如下：

（1）将稳定性试验管分别用溶剂（可用汽油）、洗液和洁净水洗净并置温度105℃±5℃的烘箱中烘干，冷却后用塞子塞好上下支管出口。

（2）将均匀的乳化沥青试样约300mL通过1.18mm滤筛过滤至试样容器内。

（3）将过滤后的乳液试样用玻璃棒搅匀，缓缓注入稳定性试验管内，使液面达到管壁上的250mL标线处。注入时应注意支管上不得附有气泡。然后，用塞子塞好管口。

（4）将盛样封闭好的稳定性试验管置于试管架上，在室温下静置5昼夜。静置过程中，经常观察乳液有否分层、沉淀或变色等情况，做好记录并记录5d内的室温变化情况（最高及最低温度）。当生产的乳液计划在5d内即用完时，储存稳定性试验的试样也可静置1昼夜（24h）。

（5）静置后，轻轻拔出上支管口的塞子，从上支管口流出试样约50g接入一个已称质量的蒸发残留物试验容器中；再拔开下支管口的塞子，将下支管以上的试样全部放出，流入另一容器；然后充分摇匀下支管以下的试样，倾斜稳定性管，将管内的剩余试样从下支管口流出试样约50g，接入第三个已称质量的蒸发残留物试验容器内。

（6）分别称取上下的两部分试验质量，准确至0.2g，然后按“乳化沥青蒸发残留物含量试验”方法测定蒸发残留物含量P_A及P_B。

乳化沥青的储存稳定性按式（4-9）计算，取其绝对值。

$$S_s = |P_A - P_B| \tag{4-9}$$

式中，S_S为试样的储存稳定性（%）；P_A为储存后上支管部分试样蒸发残留物含量（%）；P_B为储存后下支管部分试样蒸发残留物含量（%）。

同一试样至少平行试验2次，2次测定的差值符合重复性试验允许误差（0.5%以内）要求时，取平均值作为试验结果，以整数表示。

在机场场道工程中使用的乳化沥青的5d储存稳定性应不大于5%，1d储存稳定性应不大于1%。

7. 低温储存稳定性

低温储存稳定性是检测乳液经受冰冻后，其状态发生的变化。将乳液加热到25℃，然后在－5℃的温度下置放30min，再在25℃下放置10min，循环2次后，将试样过1.18mm，如果筛上没有粗颗粒或结块等残留物，则低温储存稳定性合格。

第五节　沥青混合料中的粗集料

沥青混合料中使用的粗集料是指碎石、砾石经加工（轧碎、筛分）而成的粒径大于2.36mm 的集料。

一、粗集料的一般要求

沥青混合料中使用的粗集料应由岩石破碎加工而成，其料源应充足，能保证工程所需的数量。岩石的石质应具有足够的强度和硬度，与沥青有良好的黏附性。经加工的碎石应清洁、干燥，质量应符合表 4-13 的规定。

粗集料的颗粒宜接近立方形，表面粗糙而富有棱角。在碎石供应有困难的地区，沥青道面中的中、下面层可采用坚硬砾石（粒径大于 50mm）轧制成碎石，轧石机不宜采用颚式破碎机。其破碎砾石中 4.75mm 及以上颗粒的破碎面积应大于 50%，一个面破碎率为 100%，两个面破碎率大于 90%。但破碎砾石不得用于上面层。如粗集料与沥青的黏附性不符合要求，应采取抗剥离措施，抗剥落剂的种类、剂量等须通过试验确定。

表 4-13　粗集料技术要求

指标		标准	
		上面层	中、下面层
石料压碎值	不大于（%）	20	25
洛杉矶磨耗损失	不大于（%）	30	30
视密度	不小于（t/m^3）	2.5	2.5
吸水率	不大于（%）	2.0	2.0
与沥青的黏附性（水煮法）	不大于（%）	5 级	4 级
坚固性	不大于（%）	12	12
细长扁平颗粒含量	不大于（%）	12	15
水洗法＜0.075mm 颗粒含量	不大于（%）	1	1
软石含量	不大于（%）	5	5
石料磨光值（PSV）	不小于	45	42

二、粗集料的技术指标

机场沥青混合料面层可分为单层式、双层式和三层式结构。三层式结构的道面中的三层分别是上面层、中面层和下面层。应用在不同面层的沥青混合料中的粗集料，其技术标准有所不同。通常应用在上面层的粗集料，因为直接受到飞机荷载以及自然环境的作用，其技术标准会高于中、下面层的粗集料。

沥青混合料中，粗集料的压碎值、洛杉矶磨耗损失、视密度、吸水率、坚固性、细长扁平颗粒含量、石料磨光值与水泥混凝土中粗集料的意义相同，测试方法也相同，具体可以参考本书第三章第二节“水泥混凝土中的粗集料”。

1. 与沥青的黏附性

黏附性是沥青材料的主要功能之一，沥青在沥青混合料中以薄膜的形式涂覆在集料颗粒表面，并将松散的矿质集料黏结为一个整体，除了沥青本身的黏结能力外，还需要沥青与集料之间的黏附能力，集料的矿物组成、表面纹理、孔隙率、含尘量、表面积、吸收性能、含水率、形状和风化程度等对黏附性有一定影响。如碱性集料与沥青中的沥青酸和酸酐等接触时，就会产生很强的化学吸附作用，黏附力很大，黏附牢固。而当沥青与酸性集料接触时较难产生化学吸附，分子间的作用力只是由于范德华力的物理吸附，这要比化学吸附力小得多。因此黏附性与集料的酸碱性有重要关系。水分是黏附性产生问题的原因之一，另外由于飞机荷载的反复作用使路面变形，沥青混合料空隙加大，集料松散，浸水使沥青膜与集料发生剥离，导致沥青道面的破坏。

沥青与矿料黏附性试验是根据沥青黏附在粗集料表面的薄膜在一定温度下，受水的作用产生剥离的程度，以判断沥青与集料表面的黏附性能。使用水煮法判断集料与沥青的黏附性的方法如下：

(1) 将集料用 13.2mm、19mm（或圆孔筛 15mm、25mm）过筛，取粒径 13.2～19mm（圆孔筛 15～25mm）形状接近立方体的规则集料 5 个，用洁净水洗净，置温度为 105℃±5℃的烘箱中烘干，然后放在干燥器中备用。

(2) 将大烧杯中盛水，并置加热炉的石棉网上煮沸。

(3) 将集料逐个用细线在中部系牢，再置于 105℃± 5℃烘箱内 1h。准备沥青试样。

(4) 逐个取出加热的矿料颗粒用线提起，浸入预先加热的沥青（石油沥青 130℃～150℃、煤沥青 100℃～110℃）试样中 45s 后，轻轻拿出，使集料颗粒完全为沥青膜所裹覆。

(5) 将裹覆沥青的集料颗粒悬挂于试验架上，下面垫一张废纸，使多余的沥青流掉，并在室温下冷却 15min。

(6) 待集料颗粒冷却后，逐个用线提起，浸入盛有煮沸水的大烧杯中央，调整加热炉，使烧杯中的水保持微沸状态，但不允许有沸开的泡沫。

(7) 浸煮 3min 后，将集料从水中取出，观察矿料颗粒上沥青膜的剥落程度，评定其黏附性等级。

(8) 同一试样应平行试验 5 个集料颗粒，并由 2 名以上经验丰富的试验人员分别评定后，取平均等级作为试验结果。

2. 水洗法＜0.075mm 颗粒含量

粗集料的筛分试验有水洗法和干筛法两种。用于沥青混合料的粗集料必须采用水洗法确定 0.075mm 颗粒通过率。因为干筛集料时，黏附在集料上的小于 0.075mm 的颗粒无法筛下，则 0.075mm 颗粒的通过率不能准确确定。这对水泥混凝土来讲问题不大，但却直接影响沥青混合料配合比设计中矿粉的添加量，进而影响沥青用量及混合料质量。因此，用于沥青路面的粗集料应使用水洗法进行筛分试验。

水洗法筛分试验的具体操作步骤为：

(1) 将来料用分料器或四分法缩分至合适的试样所需量，风干后备用。

(2) 取一份试样，将试样置于105℃±5℃烘箱中烘干至恒重，称取干燥集料试样的总质量 m_1，准确至0.1%。

(3) 将试样置一洁净容器中，加入足够数量的洁净水，将集料全部盖没。

(4) 用搅棒充分搅动集料，使集料表面洗涤干净，使细粉悬浮在水中，但不得破碎集料或有集料从水中溅出。

(5) 根据集料粒径大小选择组成一组套筛，其底部为0.075mm标准筛，上部为2.36mm或4.75mm筛。仔细将容器中混有细粉的悬浮液倒出，经过套筛流入另一容器中，尽量不致将粗集料倒出，损坏标准筛筛面。

(6) 重复前面步骤（2）～（5），直至倒出的水洁净为止。

(7) 将套筛的每个筛子上的集料及容器中的集料全部回收在一个搪瓷盘中，容器上不得有黏附的集料颗粒，将搪瓷盘连同集料一起置于105℃±5℃烘箱中烘干至恒重，称取干燥集料试样的总质量（m_2），准确至0.1%。

集料中，小于0.075mm颗粒的含量按式（4－10）计算，准确至0.1%。

$$P_{0.075}=\frac{m_1-m_2}{m_1} \tag{4-10}$$

式中，$P_{0.075}$为集料中小于0.075mm的含量（%）；m_1为用于水洗的干燥集料总质量（g）；m_2为集料水洗后的干燥质量（g）。

3. 软石含量

粗集料中的软石含量即软弱颗粒含量。软弱颗粒的强度较低，如果沥青混合料中使用了软弱颗粒含量较高的粗集料，则会影响道面的抗压强度，导致道面集料损坏、剥离，降低道面的使用寿命。

测定碎石、砾石及破碎砾石中软弱颗粒含量的方法如下：

(1) 称风干试样2kg（m_1），如颗粒粒径大于31.5mm，则称4kg，过筛分成4.75～9.5mm，9.5～16mm、16mm以上各1份；

(2) 将每份中每一个颗粒大面朝下稳定平放在压力机平台中心，按颗粒大小分别加以0.15kN、0.25kN、0.34kN荷载，破裂之颗粒即属于软弱颗粒，将其弃去，称出未破裂颗粒的质量（m_2）。

(3) 计算：按式（4－11）计算软弱颗粒含量，精确至0.1%。

$$P=\frac{m_1-m_2}{m_1}\times 100 \tag{4-11}$$

式中，P为粗集料的软弱颗粒含量（%）；m_1为各粒级颗粒总质量（g）；m_2为试验后各粒级完好颗粒总质量（g）。

三、粗集料的级配

级配是指集料中各级粒径颗粒的分级和搭配情况。

粗集料的粒径级配应符合表4－14的规定，其测试方法与水泥混凝土中粗集料的级配测试方法相同，可参考第三章第二节“水泥混凝土中的粗集料”。

表 4－14 粗集料粒径级配

筛孔 (mm)	下列公称粒径（mm）通过率（%）						
	15～25	10～20	10～15	5～15	5～10	3～10	3～5
31.5	100	—	—	—	—	—	—
26.5	95～100	100	—	—	—	—	—
19.0	—	95～100	100	100	—	—	—
13.2	0～15	—	95～100	95～100	100	100	—
4.75	0～5	0～5	0～5	0～15	0～10	40～70	85～100
2.36	—	—	—	0～5	0～5	0～15	0～25
0.6	—	—	—	—	—	0～5	0～5

第六节 沥青混合料中的细集料

一、细集料的一般要求

在沥青混合料中，细集料是指粒径小于2.36mm的天然砂、人工砂（包括机制砂）及石屑。细集料可以采用石屑、机制砂和天然砂。细集料应清洁、干燥、实石质坚硬、耐久、无杂质。细集料应与沥青有良好的黏结能力，与沥青黏结性能差的天然砂及用酸性石料轧制的机制砂或石屑，不得在沥青混凝土上面层使用，料源困难时可在中、下面层使用，但应在沥青中掺加抗剥离剂，其剂量可经试验确定，并检验沥青与集料的黏附性、水稳定性是否满足要求。

石屑是采石场加工碎石时通过规格为2.36mm的筛子的筛下部分集料的统称。其表面比砂粗糙，有尖锐棱角，且含有较多的粒径小于0.16mm的石粉，含有较多针状、扁平颗粒，强度较机制砂低。为改善沥青混凝土混合料的和易性，石屑与天然砂宜掺和使用，其各自掺量在混合料配合比设计中确定。

二、细集料的技术指标

沥青混合料中的细集料与水泥混凝土中细集料的视密度、坚固性的含义及测试方法相同，可参考本书第三章第三节“水泥混凝土中的细集料”。小于0.075的颗粒含量，细集料与粗集料的含义及测试方法相同，可以参考本章第二节“沥青混合料中的粗集料”。沥青混合料中的细集料的各项技术指标及要求标准见表4－15。

表 4－15 细集料的技术要求

指 标		标 准
视密度	不小于（t/m^3）	2.50
坚固性（>0.3mm）	不大于（%）	12

（续表）

指　标		标　准
小于 0.075mm 的颗粒含量	不大于（%）	3
塑性指数	不大于	4
砂当量	不小于（%）	60

1. 塑性指数

塑性是表征黏性土物理性能一个重要特征，一般用塑性指数来表示；液限与塑限的差值称为塑性指数。塑性是表征黏性土物理性能一个重要指标，塑性指数越大，检测细集料的塑性指数是为了控制其中的细粒土的含量，细粒土的含量过高会影响沥青与集料的黏附性。塑性指数越大，说明集料中的黏性土颗粒含量越高。其测试方法可以参考本书第六章相关内容。

2. 砂当量

砂当量是表征天然砂、人工砂、石屑等各种细集料中所含的黏性土或杂质的含量，以评定集料的洁净程度的指标，用 SE 表示。

细集料中的黏性土和杂质会影响沥青与集料的黏附性，减低混合料的强度，影响道面使用性能，所以需进行指标控制。细集料中的泥土杂物对细集料的使用性能有很大的影响，尤其是对沥青混合料，当水分进入混合料内部时遇水即会软化，以前我国通行水洗法测定小于 0.075mm 的含量，将其作为含泥量。但是将小于 0.075mm 含量都看成土是不正确的。在天然砂的规格中，通常允许 0.075mm 通过率为 0～5%（以前甚至为 10%），而含泥量一般不超过 3%。其实不管天然砂、石屑、机制砂，各种细集料中小于 0.075mm 的部分不一定是土，大部分可能是石粉或超细砂粒。为了将小于 0.075mm 的矿粉、细砂与含泥量加以区分，因此，对沥青混合料中的细集料采用砂当量指标检测，具体检测方法如下：

（1）试验准备

① 将样品通过孔径 4.75mm 筛，去掉筛上的粗颗粒部分，试样数量不少于 1000g。如样品过分干燥，可在筛分之前加少量水分润湿（含水率约为 3%左右），用包着橡胶的小锤打碎土块，然后再过筛，以防止将土块作为粗颗粒筛除。当粗颗粒部分被在筛分时不能分离的杂质裹覆时，应将筛上部分的粗集料进行清洗，并回收其中的细粒放入试样中。

② 测定试样含水率，试验用的样品，在测定含水率和取样试验期间不要丢失水分。

由于试样是加水湿润过的，对试样含水率应按现行含水率测定方法进行，含水率以两次测定的平均值计，准确至 0.1%。经过含水率测定的试样不得用于试验。

③ 称取试样的湿重。根据测定的含水率按式（4－12）计算相当于 120g 干燥试样的样品湿重，准确至 0.1g。

$$m_1=\frac{120\times(100+\omega)}{100} \tag{4-12}$$

式中，ω 为集料试样的含水率（%）；m_1 为相当于干燥试样 120g 时的潮湿试样的质量（g）。

④ 根据需要确定冲洗液的数量，通常一次配制 5L，约可进行 10 次试验。如试验次数较少，可以按比例减少，但不宜少于 2L，以减小试验误差。冲洗液的浓度以每升冲洗液中的氯化钙、甘油、甲醛含量分别为 2.79g、12.12g、0.34g 控制。称取配制 5L 冲洗液的各种试剂的用量：氯化钙 14.0g；甘油 60.6g；甲醛 1.7g。

⑤ 称取无水氯化钙 14.0g 放入烧杯中，加洁净水 30mL，充分溶解，此时溶液温度会升高，待溶液冷却至室温，观察是否有不溶的杂质，若有杂质必须用滤纸将溶度过滤，以除去不溶的杂质。

⑥ 倒入适量洁净水稀释，加入甘油 60.6g，用玻璃棒搅拌均匀后再加入甲醛 1.7g，用玻璃棒搅拌均匀后全部倒入 1L 量筒中，并用少量洁净水分别对盛过 3 种试剂的器皿洗涤 3 次，每次洗涤的水均放入量筒中，最后加入洁净水至 1L 刻度线。

⑦ 将配制的 1L 溶液倒入塑料桶或其他容器中，再加入 4L 洁净水或纯净水稀释至 5L±0.005L。该冲洗浓的使用期限不得超过 2 周，超过 2 周后必须废弃，其工作温度为 22℃±3℃。

（2）试验步骤

① 用冲洗管将冲洗液加入试筒，直到最下面的 100mm 刻度处（约需 80mL 试验用冲洗液）。

② 把相当于 120±1g 干料重的湿样品用漏斗仔细地倒入竖立的试筒中。

③ 用手掌反复敲打试筒下部，以除去气泡，并使试样尽快润湿，然后放置 10min。

④ 在试样静止 10±1min 后，在试筒上塞上橡胶塞堵住试筒．用手将试筒横向水平放置，或将试筒水平固定在振荡机上。

⑤ 开动机械振荡器，在 30±1s 的时间内振荡 90 次。用手振荡时，仅需手腕振荡，不必晃动手臂，以维持振幅 230±25mm，振荡时间和次数与机械振荡器同。然后将试筒取下竖直放回试验台上，拧下橡胶塞。

⑥ 将冲洗管插入试筒中，用冲洗液冲洗附在试筒壁上的集料，然后迅速将冲洗管插到试筒底部，不断转动冲洗管，使附着在集料表面的土粒杂质浮游上来。

⑦ 缓慢匀速向上拔出冲洗管，当冲洗管抽出液面，且保持液面位于 380mm 刻度线时，切断冲洗管的液流，使液面保持在 380mm 刻度线处，然后开动秒表在没有扰动的情况下静置 20min±15s。

⑧ 在静置 20min 后，用尺量测从试筒底部到絮状凝结物上液面的高度（h_1），如图4－1所示。

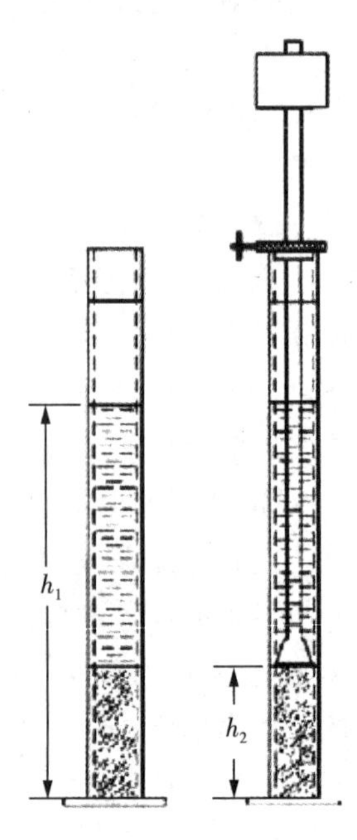

图 4－1　读数示意图

⑨ 将配重活塞徐徐插入试筒里，直至碰到沉淀物时，立即拧紧套筒上的固定螺丝。将活塞取出，用直尺插入套筒开口中，量取套筒底面至活塞底面的高度 h_2，准确至 1mm，同时记录试筒内的温度，准确至 1℃。

注：①为了不影响沉淀的过程．试验必须在无振动的水平台上进行。随时检查试验的

冲洗管口，防止堵塞。

② 由于塑料在太阳光下容易变成不适明，应尽量避免将塑料试筒等直接暴露太阳光下，盛试验溶液的塑料桶用毕要清洗干净。

(3) 计算

试样的砂当量值按式（4－13）计算。

$$SE=\frac{h_2}{h_1}\times 100 \tag{4-13}$$

式中，SE为试样的砂当量（%）；h_2为试筒中用活塞测定的集料沉淀物的高度（mm）；h_1为试筒中絮凝物和沉淀物的总高度（mm）。

一种集料应平行测定2次，取2个试样的平均值，并以活塞测得砂当量为准，并以整数表示。在沥青混合料中使用的细集料的砂当量应不小于60%。

三、细集料的级配

细集料的颗粒级配表示集料中大小颗粒搭配的情况。砂的级配范围应符合表4－16的要求，若采用石屑，则其级配应符合表4－17的级配要求。

表4－16　砂的级配要求

方孔筛（mm）	通过下列各筛孔的质量百分比（%）		
	粗砂	中砂	细砂
9.5	100	100	100
4.75	90～100	90～100	90～100
2.36	65～95	75～100	85～100
1.18	35～65	50～90	75～100
0.6	15～29	30～59	60～84
0.3	5～20	8～30	15～45
0.15	0～10	0～10	0～10
0.075	0～5	0～5	0～5
细度模数 M_x	3.7～3.1	3.0～2.3	2.2～1.6

表4－17　石屑的级配要求

公称粒径（mm）	通过下列筛孔的质量百分比（%）				
	9.5	4.75	2.36	0.6	0.075
0～5	100	85～100	40～70	—	0～15
0～3	—	100	85～100	20～50	0～15

通过细集料筛分试验检测细集料的级配，对沥青混合料及基层用细集料必须用水洗法筛分。具体步骤如下：

（1）操作步骤

① 选用4.75mm的标准筛筛除其中的超粒径材料然后将样品在潮湿状态下充分拌匀，用分料器法或四分法缩分至每份少于550g的试样两份，在105℃±5℃的烘箱中烘干至恒重，冷却至室温后备用。

② 准确称取烘干试样约500g（m_1），准确至0.5g。

③ 将试样置一洁净容器中，加入足够数量的洁净水，将集料全部淹没。

④ 用搅棒充分搅动集料，将集料表面洗涤干净，使细粉悬浮在水中，但不得有集料从水中溅出。

⑤ 用1.18mm筛及0.075mm筛组成套筛，仔细将容器中混有细粉的悬浮液慢慢倒出，经过套筛流入另一容器中，但不得将集料倒出。

注：不可直接倒至0.075mm筛上，以免集料掉出损坏筛面。

⑥ 重复③～⑤步骤，直至倒出的水洁净且小于0.075mm的颗粒全部倒出。

⑦ 将容器中的集料倒入搪瓷盘中，用少量水冲洗，使容器上黏附的集料颗粒全部进入搪瓷盘中，将筛子反扣过来，用少量的水将筛上集料冲入搪瓷盘中。操作过程中不得有集料散失。

⑧ 将搪瓷盘连同集料一起置于105℃±5℃烘箱中烘干至恒重，称取干燥集料试样的总质量（m_2）。准确至0.1%。m_1与m_2之差即为通过0.075mm筛部分。

⑨ 将全部要求筛孔组成套筛（但不需0.075mm筛），将已经洗去小于0.075mm部分的干燥集料置于套筛上，将套筛装入摇筛机，摇筛约10min，然后取出套筛，再按筛孔大小顺序，从最大的筛号开始，在清洁的浅盘上逐个进行手筛，直至每分钟的筛出量不超过筛上剩余量的0.1%时为止，将筛出通过的颗粒并入下一号筛，和下一号筛中的试样一起过筛，这样按顺序进行，直至各号筛全部筛完为止。

⑩ 称量各筛筛余试样的质量，精确至0.5g。所有各筛的分计筛余量和底盘中剩余量的总质量与筛分前后试样总量m_2的差值不得超过后者的1%。

（2）计算

① 计算分计筛余百分率：各号筛的分计筛余百分率为各号筛上的筛余量除以试样总量（m_1）的百分率，精确至0.1%。对沥青路面细集料而言，0.15mm筛下部分即为0.075mm的分计筛余，由（8）测得的m_1与m_2之差即为小于0.075mm的筛底部分。

② 计算累计筛余百分率：各号筛的累计筛余百分率为该号筛及大于该号筛的各号筛的分计筛余百分率之和，准确至0.1%。

③ 计算质量通过百分率：各号筛的质量通过百分率等于100减去该号筛的累计筛余百分率，准确至0.1%。

对沥青路面采说，矿料级配中0.075mm通过率至关重要，所以在对细集料筛分时要求进行水筛，以准确测定0.075mm以下部分的含量，这对于石屑等粉尘含量大的材料影响更大。

第七节 填 料

一、填料的一般要求

填料是指在沥青混合料中起填充作用的粒径小于 0.075mm 的矿物质粉末。

在机场场道工程中，填料应采用石灰石、白云石等碱性石料加工磨细的石粉。原石料中的风化石、泥土杂质应剔除。填料要求干燥、洁净、无风化。为提高沥青混合料的水稳定性，可使用消石灰粉、水泥代替部分填料，但总量不宜超过集料总重的 2%。从沥青混合料拌和机集尘装置中回收的粉尘，不得用作填料。填料在沥青混合料中的作用非常重要，沥青混合料主要依靠沥青与矿粉的交互作用形成具有较高黏结力的沥青胶浆，将粗细凝结成一个整体。

二、填料的技术指标

沥青混合料中使用的填料应符合表 4－18 所列技术指标的要求。

表 4－18 填料技术要求

项目	技术要求	试验方法
表观相对密度，不小于	2.50	JTG E42 T 0352
含水量（%），不大于	1	JTG E40 T 0103－烘干法
级配范围 小于 0.6mm（%） 小于 0.15mm（%） 小于 0.075mm（%）	 100 90～100 80～100	JPG E42 T 0351
外观	无团粒结块	—
亲水系数，不大于	1	JPG E42 T 0353
塑性指数，不大于	6	JPG E42 T 0354

1. 表观密度

表观密度，也称为视密度，是单位体积（含材料的实体矿物成分及不吸水的闭口孔隙体积）物质颗粒的净质量。填料的密度可以用于检验矿粉的质量，供沥青混合料配合比设计计算使用。填料的密度检测方法是李氏比重瓶法，具体步骤如下：

（1）将代表性矿粉试样置瓷皿中，在 105℃烘箱中烘干至恒重（一般不少于 6h），放入干燥器中冷却后，连同小牛角匙、漏斗一起准确称量（m_1），准确至 0.01g，矿粉质量应不少于 20%。

（2）向比重瓶中注入蒸馏水，至刻度为 0～1mL，将比重瓶放入 20℃的恒温水槽中，静放至比重瓶中的水温不再变化为止（一般不少于 2h），读取比重瓶中水面的刻度（V_1），准确至 0.02mL。

（3）用小牛角匙将矿粉试样通过漏斗慢慢加入比重瓶中，待比重瓶中水的液面上升至接近比重瓶的最大读数时为止，轻轻摇晃比重瓶，使瓶中的空气充分逸出。再次将比重瓶放入恒温水槽中，待温度不再变化时，读取比重瓶的读数（V_2），准确至0.02mL。整个试验过程中，比重瓶中的水温变化不得超过1℃。

（4）准确称取牛角匙、瓷皿、漏斗及剩余矿粉的质量（m_2），准确至0.01g。

注：对亲水性矿粉应采用煤油作介质测定，方法相同。

按式（4-14）计算矿粉的密度，精确至小数点后3位。

$$\rho_f=\frac{m_1-m_2}{V_2-V_1} \tag{4-14}$$

式中，ρ_f为矿粉的密度（g/cm³）；m_1为牛角匙、瓷皿、漏斗及试验前瓷器中矿粉的干燥质量（g）；m_2为牛角匙、瓷皿、漏斗及试验后瓷器中矿粉的干燥质量（g）；V_1为加矿粉以前比重瓶的初读数（mL）；V_2为加矿粉以后比重瓶的终读数（mL）。

同一试样应平行试验2次，取平均值作为试验结果。2次试验结果的差值不得大于0.01g/cm³。

2. 矿粉的颗粒级配

关于矿粉的性能和质量技术要求，我国研究得很少，规范规定很简单。矿粉在沥青混合料中的作用很大，能与沥青形成较高黏结力的沥青胶浆，同时也可以提升沥青混合料的耐久性和高温稳定性。

矿料的颗粒级配通过水洗法筛分试验确定。矿粉筛分如果不采用水洗法，不仅散失较多，而且不可能得到正确的结果，因此统一采用水洗法。测定矿粉的颗粒级配，同时也适用于测定供拌制沥青混合料用的其他填料如水泥、石灰、粉煤灰的颗粒级配。具体步骤如下：

（1）将矿粉试样放入105℃±5℃烘箱中烘干至恒重，冷却，称取100g，准确至0.1g。如有矿粉团粒存在，可用橡皮头研杵轻轻研磨粉碎。

（2）将0.075mm筛装在筛底上，仔细倒入矿粉，盖上筛盖。手工轻轻筛分，至大体上筛不下去为止。存留在筛底上的小于0.075mm部分可弃去。

（3）除去筛盖和筛底，按筛孔大小顺序套成套筛。将存留在0.075mm筛上的矿粉倒回0.6mm筛上，在自来水龙头下方接一胶管，打开自来水，用胶管的水轻轻冲洗矿粉过筛，0.075mm筛下部分任其流失，直至流出的水色清澈为止。水洗过程中，可以适当用手扰动试样，加速矿粉过筛，待上层筛冲干净后，取去0.6mm筛，接着从0.3mm筛或0.15mm筛上冲洗，但不得直接冲洗0.075mm筛。

注：①自来水的水量不可太大太急，防止损坏筛面或将矿粉冲出，水不得从两层筛之间流出，自来水龙头宜装有防溅水龙头。当现场缺乏自来水时，也可由人工浇水冲洗。

② 如直接在0.075mm筛上冲洗，将可能使筛面变形，筛孔堵塞，或者造成矿粉与筛面发生共振，不能通过筛孔。

（4）分别将各筛上的筛余反过来用小水流仔细冲洗入各个搪瓷盘中，待筛余沉淀后，稍稍倾斜搪瓷盘。仔细除去清水，放入105℃烘箱中烘干至恒重。称取各号筛上的筛余量，准确至0.1g。

（5）计算

各号筛上的筛余量除以试样总量的百分率，即为各号筛的分计筛余百分率，精确至 0.1%。

用 100 减去 0.6mm、0.3mm、0.15mm、0.075mm 各筛的分计筛余百分率，即为通过 0.075mm 筛的通过百分率，加上 0.075mm 筛的分计筛余百分率即为 0.15mm 筛的通过百分率，依次类推，计算出各号筛的通过百分率，精确至 0.1%。

以 2 次平行试验结果的平均值作为试验结果。各号筛的通过率相差不得大于 2%。

3. 亲水系数

矿粉的亲水系数即矿粉试样在水（极性介质）中膨胀的体积与同一试样在煤油（非极性介质）中膨胀的体积之比，用于评价矿粉与沥青结合料的黏附性能。亲水系数大于 1 的矿粉，表示矿粉对水的亲和力大于对沥青的亲和力，亲水系数小于 1 的矿粉，则表示对沥青有大于水的亲和力。用亲水系数小的矿粉拌制的沥青混合料的抗水损能力更好。

亲水系数的测试步骤如下：

(1) 称取烘干至恒重的矿粉 5g（准确至 0.01g），将其放在研钵中，加入 15～30mL。蒸馏水，用橡皮研杵仔细磨 5min，然后用洗瓶把研钵中的悬浮液洗入量筒中，使量筒中的液面恰为 50mL。然后用玻璃棒搅和悬浮液。

(2) 同上法将另一份同样重量的矿粉，用煤油仔细研磨后将悬浮液冲洗移入另一量筒中，液面亦为 50mL。

(3) 将以上两个量筒静置，使量筒内液体中的颗粒沉淀。

(4) 每天 2 次记录沉淀物的体积，直至体积不变为止。

亲水系数按式（4-15）计算。

$$\eta=\frac{V_B}{V_H} \tag{4-15}$$

式中，η 为亲水系数，无量纲；V_B 为水中沉淀物体积（mL）；V_H 为煤油中沉淀物体积（mL）。

平行测定 2 次，以 2 次测定值的平均值作为试验结果。本方法也适用于测定供拌制沥青混合料用的其他填料如水泥、石灰、粉煤灰的亲水系数。

第八节　沥青混合料

沥青混合料是指由符合规定级配的粗集料、细集料及填料与沥青拌和制成的符合技术标准要求并碾压成型的沥青混合料（以 AC 表示）。

目前，沥青混合料是现代道面结构的主要材料之一，广泛应用于各类道面，但作为机场跑道道面的应用相对较少，不过，随着沥青混合料技术的不断发展，沥青混凝土在机场场道方面的应用会越来越广泛。

一、沥青道面的特点

1. 沥青道面的优点

沥青道面与水泥混凝土道面相比，具有以下优点：

（1）沥青道面属于柔性道面，具有良好的力学性质和路用性能，铺筑的路面平整无接缝，不需要像水泥混凝土那样进行道面分块，减振吸声效果好，利于飞机的安全滑跑、起降。

（2）沥青混合料的施工速度快，采用机械化施工，有利于施工质量控制，施工后即可开放使用，不需要养护期，为不停航施工创造了有利条件。

（3）便于道面维护。沥青混凝土出现损坏后容易修复，而且损坏的道面材料可以回收利用。

（4）沥青道面有一定的粗糙度，耐磨性好，颜色深，使得其上的各种标志线清晰易辨。

2. 沥青道面的缺点

但是，目前沥青道面还存在一定的缺点，主要有：

（1）耐久性差。易老化，在长期的环境因素作用下，因沥青塑性降低，脆性增强，黏聚力减小，导致道面表层产生松散，引起道面破坏；

（2）温度稳定性差。夏季高温时沥青易软化，道面易产生车辙、波浪等现象；冬季低温时易脆裂，在飞机重复荷载作用下易产生开裂。

（3）抗侵蚀能力差。沥青材料容易受航油、除冰剂、化学除胶剂的侵蚀，从而容易产生集料剥离等病害。

（4）沥青道面的强度、刚度较低，承载力和荷载扩散能力差。

二、沥青混合料的分类

1. 按矿料公称最大粒径划分

根据集料的公称最大粒径，沥青混合料可分为粗粒式、中粒式、细粒式，如表 4-19 所示。其中，集料的公称最大粒径是指全部通过或允许少量不通过（一般允许筛余不超过 10%）的最小标准筛筛孔尺寸。

表 4-19　沥青混合料类型

沥青混合料类型			最大粒径（mm）	最大公称粒径（mm）
AC	砂粒式	AC-5	9.5	4.75
	细粒式	AC-10	13.2	9.5
		AC-13	16	13.2
	中粒式	AC-16	19	16
		AC-20	26.5	19
	粗粒式	AC-25	31.5	26.5
SMA	细粒式	SMA-13	16	13.2
	中粒式	SMA-16	19	16

2. 按矿料的级配类型划分

(1) 连续级配沥青混合料。矿料按级配原则，从大到小各级粒径都有，按比例相互搭配组成的沥青混合料。

(2) 间断级配沥青混合料。矿料级配组成中缺少 1 个或几个粒径档次（或用量很少）而形成的沥青混合料。

3. 按矿料级配组成及空隙率大小划分

(1) 密级配沥青混合料。按连续密级配原理设计组成的矿料与沥青结合料拌和而成，设计空隙率为 3%～6%，对不同交通及气候情况、层次可做适当调整，密级配沥青混凝土混合料以 AC 表示；密级配沥青稳定碎石混合料以 ATB 表示。按关键性筛孔通过率的不同又可分为细型、粗型密级配沥青混合料等。粗集料嵌挤作用较好的也称嵌挤密实型沥青混合料。

(2) 半开级配沥青混合料。由适当比例的粗集料、细集料及少量填料（或不加填料）与沥青结合料拌和而成，经马歇尔标准击实成型的试件剩余空隙率在 6%～12%的半开式沥青碎石混合料（以 AM 表示）。剩余空隙率介于 10%～15%。

(3) 开级配沥青混合料。矿料级配主要由粗集料嵌挤组成，细集料及填料较少，设计空隙率为 18%，剩余空隙率大于 15%的混合料。

4. 按制造工艺划分

沥青混合料主要有热拌沥青混合料、冷拌冷铺沥青混合料、再生沥青混合料等。

(1) 热拌热铺沥青混合料。是将黏稠道路沥青或改性沥青加热至 150℃～170℃，矿料加热至 170℃～190℃，在热态下进行拌和，并在热态下进行铺筑施工的沥青混合料。热拌沥青混合料的强度高、路用性能优良，适用于道面结构的各个层次。热拌沥青混合料通常在拌和厂进行生产，是目前应用最多的沥青混合料摊铺方法。

(2) 冷拌冷铺沥青混合料。亦称为常温混合料，它是采用乳化沥青、泡沫沥青、液体沥青或低黏度沥青作为结合料，在常温状态下与集料进行拌和而成的混合料，并在常温下进行摊铺、碾压成型。由于沥青的黏度较低，路面成型时间较长，且强度不高，主要用于低等级道面和道面修补。目前，可采用掺加外加剂来提高常温沥青混合料的强度。

(3) 热拌冷铺沥青混合料。采用低黏度沥青结合料与集料在热态下（100℃左右）拌和而成沥青混合料。冷却后可以在常温下储存，使用时在常温下摊铺压实。这类沥青混合料主要作为道面修补的养护材料使用。

(4) 温拌沥青混合料。与相同类型热拌沥青混合料相比，它在基本不改变沥青混合料配合比和施工工艺的前提下，通过技术手段，使沥青混合料的拌合温度降低 30℃～40℃以上，性能达到热拌沥青混合料的新型沥青混合料。温拌沥青混合料技术优势：①使沥青混合料的拌合和摊铺温度降低 30℃～60℃，节省大量的加热能源；②有利于环境保护，减少了有害气体排放，从而有效地保护施工人员的身体健康及降低环境污染；③对拌合设备的损耗相对较低，有效地延长了拌合设备的使用寿命，从而降低了生产成本；④可以降低沥青的老化程度，可以保持较好的路用性能；⑤是在借鉴热拌沥青混合料的基础上发展起来的，可以很方便地进行大规模推广。

三、道面分区及面层要求

1. 道面分区

飞机在机场道面的不同部分产生作用荷载的大小不同，据此，将道面可分为四个区（如表 4－20 所示）：

Ⅰ区：跑道端部，设计飞机全重通过的滑行道，站坪，等待坪；

Ⅱ区：跑道中部，快速出口滑行道；

Ⅲ区：过夜停机坪，维修机坪，通向维修机坪的滑行道；

Ⅳ区：防吹坪，道肩。

2. 各区的道面结构厚度

Ⅰ区的道面结构厚度为 t，按设计飞机荷载计算求得；Ⅱ区的道面结构厚度为Ⅰ区的 90％，即 $0.9t$；Ⅲ区的道面厚度为Ⅰ区的 80％，即 $0.8t$，或由实际作用飞机荷载计算确定；Ⅳ区防吹坪、跑道道肩的标准道面结构厚度一般为Ⅰ区的 35％～40％，即 $0.35t$～$0.4t$；站坪、停机坪及滑行道道肩标准道面结构厚度一般为 $0.3t$。对于未设平行滑行道的跑道，跑道中部的道面结构厚度应按Ⅰ区设计。

当飞机在Ⅰ区时，飞机可能是处于静止状态或者是慢速滑行状态，飞机的重量为最大滑行重量（包括空机重量＋旅客重量＋货物重量＋航油重量），飞机对道面的压力最大，其道面厚度应该为全厚；当飞机在Ⅱ区时，飞机有一定的滑行速度，可以产生一定的升力抵消部分重力，而且速度快，作用时间短，所以对Ⅱ区的道面厚度可以有所减薄；当飞机在Ⅲ区时，飞机一般处于静止或慢速滑行状态，飞机的重量较轻（包括空机重量＋少量航油重量），所以道面厚度可以更薄一些；Ⅳ区主要有防吹坪和道肩，在一般情况下，飞机不会到这两个位置上，因此其厚度可以比跑道薄很多。

表 4－20　沥青道面分区及机构厚度

沥青道面结构厚度分区	区域内容	区域道面结构厚度
Ⅰ区	跑道端部，以及飞机全重通过的滑行道、站坪、等待坪	t
Ⅱ区	跑道中部，快速出口滑行道	可适当减薄，宜不低于 $0.9t$
Ⅲ区	过夜停机坪，维修机坪，通过维修机的滑行道	可适当减薄，宜不低于 $0.8t$
Ⅳ区	防吹坪，道肩	防吹坪、跑道道肩一般为 $0.35t$～$0.4t$，站坪、停机坪、滑行道的道肩一般为 $0.3t$

3. 面层要求

沥青道面面层可分为单层式、双层式和三层式结构。道面分区为Ⅰ区、Ⅱ区、Ⅲ区的沥青道面面层宜采用双层式或三层式结构。各分层的厚度由设计飞机荷载及累积当量作用次数确定。道肩及防吹坪面层可采用单层式结构。

沥青混凝土混合料宜采用密级配沥青混凝土混合料，集料粒径宜选用粗粒式、中粒式、细粒式三种。如表4－21所示，新建或停航条件下，沥青混凝土道面的中、下面层宜采用粗粒式或中粒式类型的沥青混合料，上面层宜采用中粒式或细粒式沥青混合料，跑道两侧边部6～7.5m内应采用细粒式沥青混合料。但不停航施工的道面中、下面层不易采用粗粒式沥青混合料。

表4－21　道面各层适合的沥青混合料类型

道面层次	适合的混合料类型
上面层	AC—13　AC—16　AC—20
中面层	AC—20　AC—25　AC—30
下面层	AC—20　AC—25　AC—30

沥青道面面层应具有足够的压实度，其压实度上、下面层不得小于98%，下面层不得小于97%。为保证沥青混凝土道面表面达到规定的抗滑要求，上面层可采取特殊改性的沥青混凝土（如SMA），必要时也可进行刻槽处理。

四、沥青混合料的组成结构和强度形成

1. 沥青混合料的组成结构

（1）组成结构理论。沥青混合料是由粗集料、细集料、矿粉与沥青以及外加剂所组成的一种复合材料。粗集料分布在沥青与细集料形成的沥青砂中，细集料又分布在沥青与矿粉构成的沥青胶浆中，形成具有一定内摩阻力和黏结力的多级网络结构。沥青混合料的力学强度，主要由矿质颗粒之间的摩擦与嵌挤作用以及沥青与矿料之间的黏结力所构成。目前沥青混合料组成结构理论有两种。

① 传统理论——表面理论。该理论认为，沥青混合料是由粗集料、细集料和填料组成密实的矿质骨架，沥青结合料分布于其表面，从而将它们胶结成一个具有强度的整体。该理论较突出矿质骨料的骨架作用，认为强度的关键是矿质骨料的强度和密实度。

② 近代理论——胶浆理论。该理论把沥青混合料看作是一种多级空间网状结构的分散系。主要分为三个分散系：

一是粗分散系。以粗集料为分散相，分散在沥青砂浆的介质中。

二是细分散系。以细集料为分散相，分散在沥青胶浆的介质中。

三是微分散系。以矿粉填充料为分散相，分散在高稠度的沥青介质中。

这三个分散系以沥青胶浆最为重要，它的组成结构决定沥青混合料的高温稳定性和低温变形能力。矿粉的矿物成分、级配以及沥青与矿粉表层的交互作用对沥青混合料性能有较大影响。

（2）沥青混合料组成结构类型。按照沥青混合料的矿料级配组成特点将其分为三种类型。在实际工程中，对其类型的选择要综合考虑气候环境、道路功能、路面功能、路面结构层次功能等要求。

① 悬浮-密实结构。矿质集料采用连续型密级配，即矿料粒径由大到小连续存在，粒径较大的颗粒被较小一档的颗粒挤开，不能直接接触形成嵌挤骨架结构，彼此分离悬浮于较小颗粒和沥青胶浆之间，而较小颗粒与沥青胶浆较为密实，形成了所谓的悬浮-密实结构，如图 4-2（a）所示。这种结构构的沥青混合料具有较高的黏聚力，但内摩阻力较低，由于黏聚力易受温度影响，故高温稳定性较差。按照连续密级配原理设计的 AC 型沥青混合料是典型的悬浮-密实结构。悬浮密实结构的沥青混合料经压实后，密实度较大，水稳定性、低温抗裂性和耐久性较好，是使用较为广泛的沥青混合料。但这种沥青混合料的结构强度受沥青性质及其状态的影响较大，高温稳定性差一些。

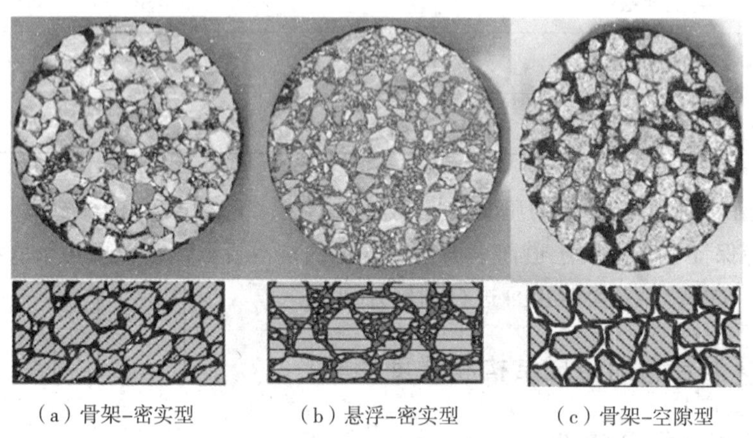

（a）骨架-密实型　（b）悬浮-密实型　（c）骨架-空隙型

图 4-2　沥青混合料结构类型

② 骨架-空隙结构。矿质集料采用连续型开级配，较粗集料颗粒彼此接触，形成相互嵌挤的骨架，但细集料数量较少，不足以充分填充骨架空隙，压实后其残余空隙率较大，形成了所谓的骨架-空隙结构，如图 4-2（b）所示。这种结构的沥青混合料具有较高的内摩阻角，但黏结力较低，故其结构强度主要依赖于骨料颗粒之间相互嵌挤、摩擦所产生的内摩阻力，其路面的性能受温度的影响相对较小。沥青碎石混合料（AM）以及排水式沥青磨耗层混合料（OGFC）是典型的骨架-空隙结构。在形成骨架空隙结构的沥青混合料中，粗集料之间的嵌挤力对沥青混合料的强度稳定起着重要作用，结构强度受沥青性质和物理状态的影响较小，因而高温稳定性较好。但由于压实后的沥青混合料中剩余空隙率较大，渗透性较大，在使用过程中，气体和水分易进入沥青混合料内部，引发沥青老化或将沥青从集料表面剥落，导致耐久性差。

（3）骨架-密实结构。矿质集料采用间断型密级配，在沥青混合料中既有足够数量的粗集料形成骨架，又有足够数量的细集料和沥青胶浆使之填满骨架空隙，形成较高密实度的骨架结构，如图 4-2（c）所示。这种沥青混合料同时具有较高的黏聚力和内摩阻力，是一种较为理想的结构类型。沥青玛蹄脂碎石混合料（SMA）是一种典型的骨架-密实结构。它是由足够的沥青结合料和具有相当劲度的沥青玛蹄脂胶浆填充在粗集料形成的石—石嵌挤结构的空隙中形成的。因此，它具有抗高温、低温稳定性，良好的水稳定性，良好的耐久性和表面功能，如抗滑、车辙小、平整度高、噪音小、能见度好。

2. 沥青混合料的强度形成

(1) 强度的构成。沥青混合料属于分散体系，在一定的温度领域范围内是由强度很高的矿质粒料和黏结力相对较弱的沥青结合料所构成的混合体，目前一般倾向于采用库伦的内摩擦角理论分析沥青混合料的强度和稳定性。

根据库仑定律，外力作用下不发生剪切破坏应满足下列条件，见式 (4-16)：

$$\tau \leqslant C + \sigma \mathrm{tg}\varphi \tag{4-16}$$

式中，τ 为外荷载作用时，在某一面上产生的剪应力 (MPa)；C 为沥青混合料的黏聚力 (MPa)；σ 为外荷载产生的正应力 (MPa)；φ 为内摩擦角 (rad)。

沥青混合料的强度由矿物间嵌锁力（内摩擦阻力，用内摩擦角 φ 表示）及沥青与矿料交互作用产生的黏聚力 C 构成。沥青混合料的抗剪强度主要取决于黏聚力 C 和内摩擦角 φ 两个参数。当温度较低或者很低时，沥青混合料的内摩擦角所占的比例越来越小，黏结力的贡献越来越大。当温度较高时，沥青混合料的内摩擦角所占的比例越来越大，黏结力的贡献越来越小。

当剪切应力等于黏聚力 C 时，沥青混合料处于极限平衡状态，当剪切应力大于黏聚力 C 时，则沥青混合料产生塑性变形。

(2) 影响沥青混合料抗剪强度的因素。沥青混合料抗剪强度的影响因素，主要是材料的组成、材料的技术性质以及外界因素，如车辆荷载、温度、环境条件等。

① 沥青黏度的影响。沥青混合料作为一个具有多级空间网络结构的分散系，因此它的黏聚力与分散相的浓度和分散介质黏度有着密切的关系。在其他因素不变的条件下，沥青混合料的黏聚力 C 是随着沥青黏度的提高而增加的，同时内摩阻角亦稍有提高。因为沥青的黏度即沥青内部沥青胶团相互位移时，其抵抗剪切作用的抗力，所以沥青混合料受到剪切作用时，特别是受到短暂的瞬时荷载时，具有高黏度的沥青能赋予沥青混合料较大的黏滞阻力，因而具有较高的抗剪强度。

② 沥青与矿料之间的吸附作用。沥青与矿料之间的吸附作用可以分为沥青与矿料的物理吸附和化学吸附。沥青材料与矿料之间在分子引力的作用下，形成一种定向多层吸附层，即为物理吸附。吸附作用的大小，主要取决于沥青中的表面活性物质及矿料与沥青分子亲和性的大小。当沥青表面活性物质含量愈多，矿料与沥青分子亲和性愈大，则物理吸附作用愈强烈，混合料的黏聚力也就愈强。但是，水会破坏沥青与矿料的物理吸附作用，水稳定性差。沥青中的活性物质与矿料的金属阳离子产生化学反应在矿料表面构成单分子层的化学吸附层，即为化学吸附。当沥青与矿料形成化学吸附层时，相互之间的黏结力大大提高。研究表明，沥青与矿粉相互作用后，沥青在矿粉表面产生化学组分的重新排列，在矿粉表面形成一层扩散溶剂化膜，在此膜厚度以内的沥青称为结构沥青，在此膜厚度以外的沥青称为自由沥青。如果矿粉颗粒之间接触处是由结构沥青联结（如图 4-3a），会具有较大的黏聚力；若为自由沥青联结（如图 4-3b），则黏聚力较小。

沥青与矿料相互作用不仅与沥青的化学性质有关，而且与矿料的性质有关。试验表明，碱性石料与沥青的化学吸附作用较强，而酸性石料与沥青的化学吸附作用较弱。沥青与矿料的化学吸附比物理吸附要强得多，同时具有水稳定性。

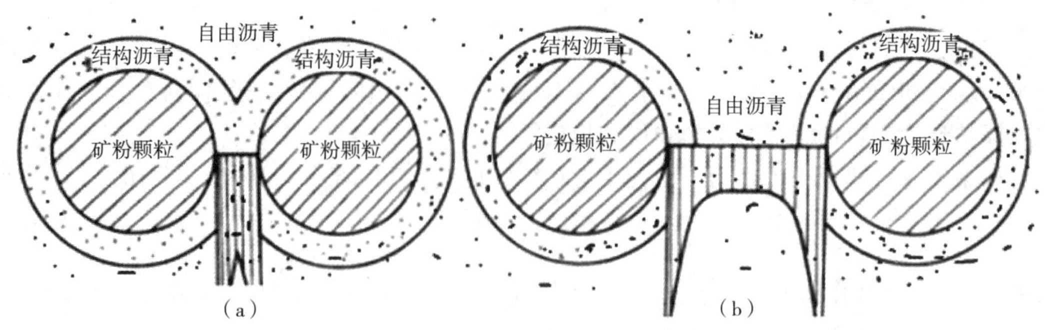

图 4-3　沥青与矿料连接关系

③ 矿料比面的影响。在相同的沥青用量条件下，与沥青产生相互作用的矿料表面积愈大，则形成的沥青膜愈薄，在沥青中结构沥青所占的比例愈大，沥青混合料的黏聚力亦愈高。所以在沥青混合料配料时，必须含有适量的矿粉，但不宜过多，否则施工时混合料易结团。

④ 沥青用量的影响。当沥青用量很少时，沥青不足以形成薄膜黏结矿料颗粒。随着沥青用量的增多，结构沥青逐渐形成，沥青较为完满地黏附于矿料表面，使沥青与矿料间的黏结力随着沥青用量的增多而增大。当沥青用量足以形成薄膜并充分黏结在矿料表面时，沥青混合料具有最优的黏聚力。随后，如沥青用量继续增多，则由于沥青过剩，会将矿料颗粒推开，在颗粒间形成未与矿料相互作用的自由沥青，则沥青胶结物的黏结力随着自由沥青的增加而降低，当沥青用量增加至某一用量后，沥青混合料的黏结力主要取决于自由沥青，所以抗剪强度不变。

⑤ 矿料级配、颗粒几何形状与表面特征的影响。沥青混合料的抗剪强度与矿质集料在沥青混合料中的分布情况密切相关。沥青混合料有密级配、开级配和间断级配等不同组成结构类型，矿料级配类型是影响沥青混合料抗剪强度的因素之一。另外，颗粒表面粗糙程度、形状对沥青混合料的抗剪强度也有显著影响。通常表面具有棱角、近似正立方体以及具有明显细微凸出的粗糙表面的矿质集料，在碾压后能相互嵌挤锁结而具有很大的内摩阻角。所以，在其他条件相同的情况下，颗粒有棱角、近似立方体、表面粗糙的矿质集料所组成的沥青混合料具有较高的抗剪强度

⑥ 温度和变形速度的影响。随着温度提高，沥青混合料的黏聚力 C 显著降低，但内摩阻角 φ 受温度变化的影响较小。

第九节　沥青混合料的技术要求

机场道面是供飞机起飞、着陆、滑跑以及进行飞行区准备和维护保养的场地，是机场最重要的基础设施和服务资源，主要包括跑道、滑行道和机坪。为了满足喷气式飞机的高胎压、喷出的高温、高速气流，以及能应对各种自然因素（如雨、雪、温度和光照）的长期作用，机场道面的表面状况和结构承载力应满足规定的技术标准，才能充分保障飞机起降滑跑的安全。

一、沥青混合料的结构参数

沥青混合料是由沥青和矿质混合料组成的复合材料，其主要结构组成包括：矿料、沥青以及内部的空气（如图 4－4 所示）。这三者的不同比例关系，取决于沥青混合料中沥青与集料性质、组成材料用量比例、沥青混合料成型条件等因素，对沥青混合料的路用性能有着显著影响。

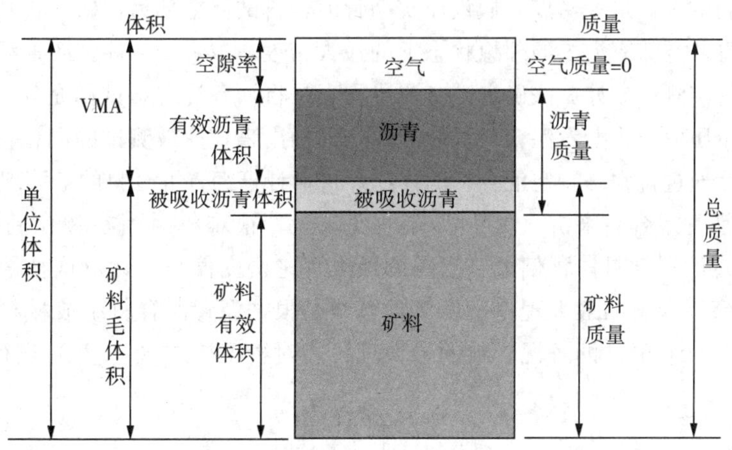

图 4－4　沥青混合料的结构组成

最常用的沥青混合料体积参数为试件的密度、空隙率、矿料间隙率和沥青饱和度，这些体积参数指标也是进行沥青混合料配合比设计的重要参数。

1. 沥青混合料的密度

沥青混合料的密度是指压实沥青混合料常温条件下单位体积的干燥质量，以 g/cm^3 计。常用密度指标有：矿料的合成毛体积密度、矿料的合成表观密度、矿料的有效密度、沥青混合料的理论最大密度、沥青混合料的毛体积密度。

(1) 矿料的合成毛体积密度、表观密度、有效密度

沥青混合料中的矿料包括粗集料、细集料和矿粉，它们互相掺和在一起组成矿料，矿料的合成毛体积密度、合成表观密度、有效密度分别通过式（4－17）、式（4－18）和式（4－19）计算：

$$\gamma_{sb}=\frac{100}{\frac{P_1}{r_1}+\frac{P_2}{r_2}+\cdots+\frac{P_n}{r_n}} \tag{4-17}$$

$$\gamma_{sa}=\frac{100}{\frac{P_1}{r'_1}+\frac{P_2}{r'_2}+\cdots+\frac{P_n}{r'_n}} \tag{4-18}$$

$$\gamma_{se}=C\times\gamma_{sa}+(1-C)\cdot\gamma_{sb} \tag{4-19}$$

$$C=0.033\,\omega_x^2-0.2936\,\omega_x+0.9339 \tag{4-20}$$

$$\omega_x=\left(\frac{1}{\gamma_{Sb}}-\frac{1}{\gamma_{sa}}\right) \tag{4-21}$$

式中，γ_{sb}为矿料的合成毛体积相对密度，无量纲；γ_{sa}为矿料的合成表观相对密度，无量纲；γ_1，γ_2，…，γ_n为各类集料的毛体积相对密度，实测，无量纲γ_1'，γ_2'，…，γ_n'为各类集料的表观相对密度，实测，无量纲；P_1，P_2，…，P_n为矿料中各类集料的比例（%）；C为矿料的沥青吸收系数，按照矿料的合成吸水率，由式（4－20）计算；ω_x为矿料的合成吸水率，按照式（4－21）计算（%）。

（2）沥青混合料的理论最大密度

沥青混合料的理论最大密度是假设压实沥青混合料试件全部为矿料（包括矿料自身内部的孔隙）及沥青，空隙率为零的理想状态下的最大密度，以 g/cm^3 计。沥青混合料的理论最大密度可以通过实测法或计算法确定。实测法原理是将沥青混合料试样充分分散，借助于负压容器中的剩余压力，将沥青混合料颗粒间的空气抽出来，使被测试的混合料试样接近零空隙率状态，然后通过排水法测定混合料的体积，进而计算沥青混合料的最大理论相对密度。

对于改性沥青混合料来讲，由于沥青黏度较大，很难将封闭在颗粒间的空气完全排除，由此而测定的混合料体积偏大，求得的最大理论密度偏小。针对这种情况，可以采取计算法求取沥青混合料的最大理论密度。计算法是根据沥青混合料组成材料的相对密度和用量比例来进行计算的。沥青混合料的最大理论相对密度按式（4－22）进行计算。

$$\gamma_t=\frac{100+P_a}{\dfrac{100}{\gamma_{se}}+\dfrac{P_a}{\gamma_a}} \tag{4-22}$$

式中，γ_t为沥青混合料的最大理论相对密度，无量纲；γ_{se}为压实沥青混合料的最大理论相对密度，无量纲；γ_a为矿料的合成表观相对密度，无量纲；P_a为沥青混合料的油石比（%）；

其中，油石比P_a是指沥青混合料中沥青与矿料质量比的百分数，它是沥青用量的指标之一。它的用量高低直接影响路面质量，油石比大则路面容易泛油，反之则影响强度和防水效果。

（3）沥青混合料的毛体积密度

毛体积密度是指沥青混合料单位毛体积（含沥青混合料的实体矿物成分体积、不吸收水分的闭口孔隙、能吸收水分的开口孔隙等颗粒表面轮廓所包围的全部毛体积）的干质量。在工程中，常根据试件的空隙率大小，选择用表干法、蜡封法或体积法测定沥青混合料的毛体积密度。表干法适用于较密实而吸水很少（吸水率不超过 2%）的试件，蜡封法适合测定吸水率超过 2%的沥青混合料。

试验方法以表干法为例，测定吸水率不大于 2%的各种沥青混合料试件，包括密级配沥青混凝土、沥青玛蹄脂碎石混合料（SMA）和沥青稳定碎石等沥青混合料试件的毛体积相对密度和毛体积密度。试验标准温度为 25℃±0.5℃。

方法与步骤：

① 准备试件。本试验可以采用室内成型的试件，也可以采用工程现场钻芯、切割等方法获得的试件。试验前试件宜在阴凉处保存（温度不宜高于 35℃），且放置在水平的平面上，注意不要使试件产生变形。

② 选择适宜的静水天平或电子天平，最大称量应满足试件质量的要求。

③ 除去试件表面的浮粒，称取干燥试件的空中质量（m_a），根据选择的天平的感量读数，准确至 0.1g 或 0.5g。

④ 将溢流水箱水温保持在 25℃±0.5℃。挂上网篮，浸入溢流水箱中，调节水位，将天平调平并复零，把试件置于网篮中（注意不要晃动水）浸水中 3～5min，称取水中质量（m_w）。若天平读数持续变化，不能很快达到稳定，说明试件吸水较严重，不适用于此法测定，应改用蜡封法测定。

⑤ 从水中取出试件，用拧干的洁净柔软的湿毛巾轻轻擦去试件的表面水（不得吸走空隙内的水），称取试件的表干质量（m_f）。从试件拿出水面到擦拭结束不宜超过 5s，称量过程中流出的水不得再擦拭。

⑥ 对从工程现场钻取的非干燥试件，可先称取水中质量（m_w）和表干质量（m_f），然后用电风扇将试件吹干至恒重（一般不少于 12h，当不需进行其他试验时，也可用 60±5℃烘箱烘干至恒重），再称取空中质量（m_a）。

计算：按式（4-23）计算试件的毛体积密度，按式（4-24）计算吸水率。

$$\gamma_f=\frac{m_a}{m_f-m_w} \tag{4-23}$$

$$S_a=\frac{m_f-m_a}{m_f-m_w} \tag{4-24}$$

式中，γ_f为沥青混合料试件的毛体积相对密度，无量纲；m_a为沥青混合料干燥试件在空气中的质量（g）；m_w为沥青混合料试件在水中的质量（g）；m_f为沥青混合料饱和面干状态试件在空气中的质量（g）；S_a为沥青混合料试件的吸水率（%）。

其中，试件的吸水率是指试件吸水体积占沥青混合料毛体积的百分率。

2. 沥青混合料的空隙率

沥青混合料试件的空隙率是指压实状态下沥青混合料中矿料和沥青实体之外的空隙（不包括矿料本身及其表面已被沥青封闭的孔隙）的体积占试件总体积的百分率。空隙率是计算指标，根据压实沥青混合料的毛体积相对密度和最大理论相对密度计算，计算公式如（4-25）所示。

$$\mathrm{VV}=\left(1-\frac{\gamma_f}{\gamma_t}\right)\times 100\% \tag{4-25}$$

式中，VV 为沥青混合料试件的空隙率（%）；γ_f为沥青混合料试件的毛体积相对密度，无量纲；γ_t为沥青混合料试件的最大理论相对密度，无量纲。

3. 矿料间隙率

矿料间隙率 VMA 是指压实沥青混合料中，矿料部分以外体积所占试件总体积的百分率。按照式（4-26）计算。

$$\mathrm{VMA}=\left(1-\frac{\gamma_f}{\gamma_{sb}}\times P_s\right)\times 100\% \tag{4-26}$$

式中，VMA 为沥青混合料试件的矿料间隙率（%）；P_s 为矿料占沥青混合料总质量的百分率（%）；γ_f为沥青混合料试件的毛体积相对密度，无量纲；γ_{sb}为矿料的合成毛体积相对密度，无量纲。

矿料间隙率反映了沥青混合料中矿料级配组成情况，矿料间隙率越小，沥青混合料越容易被压密。沥青混合料矿料间隙率是沥青混合料设计最重要的体积指标之一，它直接影响沥青混合料的耐久性，同时对沥青混合料强度和高温稳定性有很高的敏感度。矿料间隙率过大或过小都会对沥青混合料的路用性能产生不利影响。已有研究指出，沥青混合料的适宜 VMA 值一般以保证混合料的沥青膜厚度在 8μm，剩余空隙率在 4%时为宜。沥青膜过厚会导致车辙，沥青膜过薄会产生耐久性方面的问题。同时如果空隙率过大，会产生沥青加速老化、透水和剥落等方面问题，导致沥青路面在早期被破坏。

4. 沥青饱和度

沥青饱和度 VFA 是指压实沥青混合料试件中沥青实体体积占矿料骨架实体以外的空间体积的百分率。其中，被矿料吸收的沥青不在计算之内。沥青混合料的有效沥青饱和度按式（4-27）计算。

$$VFA=\frac{VMA-VV}{VMA}\times 100\% \tag{4-27}$$

式中，VFA 为沥青混合料试件的沥青饱和度（%）；VMA 为沥青混合料试件的矿料间隙率（%）；VV 为沥青混合料试件的空隙率（%）。

沥青饱和度 VFA 表征混合料中的沥青填充矿料间隙的程度，其大小反映了沥青混合料中沥青用量是否合适。沥青用量过大会导致路面的泛油和车辙等，沥青用量过小，沥青路面的耐久性不足。

二、沥青混合料的技术要求

为了满足机场道面的使用要求，沥青混合料必须满足抗高温性能、抗低温性能、抗水损性能、抗渗性能等技术要求，同时满足耐久性和施工和易性。机场场道工程中常用的几种沥青混合料的技术要求见表 4-22、表 4-23、表 4-24 所示。

表 4-22　AC 混合料技术要求

<table>
<tr><th colspan="2">试验指标</th><th colspan="6">技术要求</th><th>试验方法</th></tr>
<tr><td colspan="2">击实次数（双面）（次）</td><td colspan="6">75</td><td>JTG E20 T 0702</td></tr>
<tr><td colspan="2">试件尺寸（mm）</td><td colspan="6">Φ101.6×63.5</td><td>JTG E20 T 0702</td></tr>
<tr><td colspan="2">稳定度（kN），不小于</td><td colspan="6">9.0</td><td>JTG E20 T 0709</td></tr>
<tr><td colspan="2">流值（0.1mm）</td><td colspan="6">20～40</td><td>JTG E20 T 0709</td></tr>
<tr><td rowspan="6">矿料间隙率
VMA（%），
不小于</td><td rowspan="2">设计空隙率
（%）</td><td colspan="6">相应于以下公称最大粒径（mm）的
最小 VMA 及 VFA 技术要求（%）</td><td rowspan="6">TG E20 T 0705</td></tr>
<tr><td>26.5</td><td>19</td><td>16</td><td>13.2</td><td>9.5</td><td>4.75</td></tr>
<tr><td>2</td><td>10</td><td>11</td><td>11.5</td><td>12</td><td>13</td><td>15</td></tr>
<tr><td>3</td><td>11</td><td>12</td><td>12.5</td><td>13</td><td>14</td><td>16</td></tr>
<tr><td>4</td><td>12</td><td>13</td><td>13.5</td><td>14</td><td>15</td><td>17</td></tr>
<tr><td>5</td><td>13</td><td>14</td><td>14.5</td><td>15</td><td>16</td><td>18</td></tr>
<tr><td colspan="2">沥青饱和度 CFA（%）</td><td>35～70</td><td colspan="3">65～75</td><td colspan="2">70～85</td><td>JTG E20 T 0705</td></tr>
</table>

表 4-23　SMA 混合料技术要求

项目	技术要求	试验方法
击实次数（双面）（次）	75	JTG E20 T 0702
试件尺寸（mm）	Φ101.6×63.5	JTG E20 T 0702
稳定度（kN），不小于	6.0	JTG E20 T 0709
流值（0.1mm）	实测	JTG E20 T 0709
空隙率（%）	3～4.5	JTG E20 T 0705
VMA（%），不小于	16.5	JTG E20 T 0705
粗集料骨架间隙率 VCA_{mix}，不大于	VCA_{dry}	JTG E20 T 0705
饱和度（%）	75～85	JTG E20 T 0705
析漏（%）	0.10	JTG E20 T 0732
肯塔堡飞散试验不大于（%）	10	JTG E20 T 0733

表 4-24　ATB 混合料技术要求

项目	技术要求		试验方法
	ATB-25	ATB-30	
击实次数（双面）（次）	75	112	JTG E20 T 0702
试件尺寸（mm）	Φ101.6×63.5	Φ152.4×95.3	JTG E20 T 0702
稳定度（kN），不小于	7.5	15	JTG E20 T 0709
流值（0.1mm）	15～40	实测	JTG E20 T 0709
空隙率（%）	3～6		JTG E20 T 0705
VMA（%），不小于	12	11.5	JTG E20 T 0705
饱和度（%）	55～70		JTG E20 T 0705

1. 抗高温性能

沥青混合料的抗高温性能是指沥青混合料在高温条件下，经飞机荷载反复作用后不产生轮辙、推移、波浪、拥包、泛油等病害的性能。

影响沥青混合料抗高温性能的主要因素有沥青的用量、沥青的黏度、矿料的级配、尺寸、形状等。沥青用量过大，不仅降低沥青混合料的内摩阻力，而且在夏季容易产生泛油现象，因此，适当减少沥青的用量，可使矿料颗粒更多地以结构沥青的形式相联结，增加混合料的黏聚力和内摩阻力。沥青的高温黏度越大，与集料的黏附性越好，相应的沥青混合料的抗高温变形能力就越强。采用合理级配的矿料，混合料可形成骨架密实结构，使黏聚力和内摩阻力都较大。采用表面粗糙、多棱角、颗粒接近立方体的碎石集料，经压实后集料颗粒间能够形成紧密的嵌锁作用，增大沥青混合料的内摩阻角，有利于增强沥青混合料的高温稳定性。另外，可以使用合适的外加剂，来改善沥青混合料的性能。这些措施，均可提高沥青混合料的抗剪强度和减少塑性变形，从而增强其抗高温性能。

对于沥青混合料抗高温性能的评价，采用沥青混合料轮辙试验评价，应满足表 4－25 的要求。

表 4－25 轮辙试验动稳定度技术要求

项目		不小于（次/mm）			试验方法
		夏炎热区	夏热区	夏凉区	
重交通	抗高温性能增强区	10000*	8000*	6000	JTG E20 T 0719
	其他区域	8000*	6000	5000	
中交通	抗高温性能增强区	8000*	7000*	5000	
	其他区域	7000*	5000	4000	
轻交通	抗高温性能增强区	5000	4000	3000	
	其他区域	4000	3000	2000	

沥青混合料车辙试验可以供沥青混合料配合比设计时的高温稳定性检验使用，也可用于现场沥青混合料的高温稳定性检验。具体试验方法如下：

（1）准备工作

① 试验轮接地压强测定：测定在 60℃时进行，在试验台上放置一块 50mm 厚的钢板，其上铺一张毫米方格纸，上铺一张新的复写纸，以规定的 70N 荷载后试验轮静压复写纸，即可在方格纸上得出轮压面积，并由此求得接地压强。当压强不符合 0.7±0.05MPa 时，荷载应予适当调整。

② 按轮碾成型法制作车辙试验试块。在试验室或工地制备成型的车辙试件，板块状试件尺寸为长 300mm×宽 300mm×厚（50～100）mm（厚度根据需要确定）。也可从路面切割得到需要尺寸的试件。

③ 当直接在拌和厂取拌和好的沥青混合料样品制作车辙试验试件检验生产配合比设计或混合料生产质量时，必须将混合料装入保温桶中，在温度下降至成型温度之前迅速送达试验室制作试件。如果温度稍有不足，可放在烘箱中稍事加热（时间不超过 30min）后成型，但不得将混合料放冷却后二次加热重塑制作试件。重塑制件的试验结果仅供参考，不得用于评定配合比设计检验是否合格的标准。

④ 试件成型后，连同试模一起在常温条件下放置的时间不得少于 12h。对聚合物改性沥青混合料，放置的时间以 48h 为宜，使聚合物改性沥青充分固化后方可进行车辙试验，室温放置时间不得长于一周。

（2）试验步骤

① 将试件连同试模一起，置于已达到试验温度 60℃±1℃的恒温室中，保温不少于 5h，也不得超过 12h。在试件的试验轮不行走的部位上，粘贴一个热电偶温度计（也可在试件制作时预先将热电偶导线埋入试件一角），控制试件温度稳定在 60℃±0.5℃。

② 将试件连同试模移置于轮辙试验机的试验台上，试验轮在试件的中央部位，其行走方向须与试件碾压或行车方向一致。开动车辙变形自动记录仪，然后启动试验机，使试验轮往返行走，时间约 1h，或最大变形达到 25mm 时为止。试验时，记录仪自动记录变

形曲线及试件温度。

注：对试验变形较小的试件，也可对一块试件在两侧 1/3 位置上进行两次试验，然后取平均值。

（3）计算

① 从自动记录的变形曲线上读取 45min（t_1）、60min（t_2）的车辙变形 d_1 及 d_2，准确至 0.01mm。

② 当变形过大，在未到 60min 变形已达 25mm 时，则以达到 25mm（d_2）的时间为 t_2，将其前 15min 为 t_1，此时的变形量为 d_1。

沥青混合料试件的动稳定度按式（4－28）计算。

$$DS=\frac{(t_2-t_1)\times N}{d_2-d_1}\times C_1\times C_2 \tag{4-28}$$

式中，DS 为沥青混合料的动稳定度（次/min）；d_1 为对应于时间 t_1 的变形量（mm）；d_2 为对应于时间 t_2 的变形量（mm）；C_1 为试验机类型系数，曲柄连杆驱动加载轮往返运行方式为 1.0；C_2 为试件系数，试验室制备宽 300*mm* 的试件为 1.0；N 为试验轮往返碾压速度，通常为 42 次/min。

其中，动稳定度是指沥青混合料进行车辙试验时，变形进入稳定期后每产生 1mm 轮辙，试验轮行走的次数。

同一沥青混合料或同一路段路面，至少平行试验 3 个试件。当 3 个试件动稳定度变异系数不大于 20%时，取其平均值作为试验结果；变异系数大于 20%时应分析原因，并追加试验。如计算动稳定度值大于 6000 次/mm，记作：＞6000 次/mm。试验还应注明试验温度、试验轮接地压强、试件密度、空隙率及试件制作方法等。

飞机荷载的轮胎压力远高于车辆荷载，由于现有沥青混合料高温性能试验装置的限制，依然沿用 60℃、0.7MPa 的试验标准。为满足机场沥青道面的使用要求，可采用 60℃、1.1MPa 或 70℃、0.7MPa 的试验条件进行车辙试验，以积累数据。

2. 抗低温性能

抗低温性能是指沥青混合料在低温下抗开裂的能力。由于沥青混合料随着温度的降低，通常会变脆变硬，劲度增大，变形能力下降，在温度下降所产生的温度应力和外界荷载应力的作用下，道面内部的应力来不及松弛，应力逐渐累积下来，这些累积应力超过沥青混合料的容许应力值时即发生开裂，从而导致沥青混合料路面的破坏，所以沥青混合料在低温时应具有较低的劲度和较大的抗变形能力来满足抗低温性能。用于中上面层的沥青混合料破坏应变宜满足表（4－26）的要求。

表 4－26　低温小梁弯曲试验技术要求

混合料类型	破坏应变（$\mu\varepsilon$），不小于				试验方法
	冬严寒区	冬寒区	冬冷区	冬温区	
普通沥青混合料	2800	2500	2000		TG E20 T 0715
改性沥青混合料	3000		2500		

沥青混合料道面的低温收缩开裂主要有两种形式：一种是由于气温骤降造成材料低温收缩，在有约束的沥青混合料面层内产生温度应力超过沥青混合料在相应温度下的抗拉强度时造成的开裂；另一种是低温收缩疲劳裂缝，这是由于在沥青混合料经受长期多次的温度循环后，沥青混合料的极限拉伸应变变小，应力松弛性能降低，这样，就会在温度应力小于其相应温度原始抗拉强度时产生开裂，这种裂缝主要发生在温度变化频繁的温和地区。

沥青混合料的抗低温性能可通过低温弯曲试验评价。低温小梁弯曲试验方法如下：

（1）准备工作

① 采用沥青混合料轮碾成型的板块状试件，用切割法制作棱柱体试件，试件尺寸应符合长 250±2.0mm、宽 30±2.0mm、高 35±2.0mm 的要求。

② 在跨中及两支点断面用卡尺。量取试件的尺寸，当两支点断面的高度（或宽度）之差超过 2mm 时，试件应作废。跨中断面的宽度为 b，高度为 h，取相对两侧的平均值，准确至 0.1mm。

③ 根据混合料类型按规定方法测量试件的密度、空隙率等各项物理指标。

④ 将试件置于规定温度的恒温水槽中保温不少于 45min，直至试件内部温度达到试验温度±0.5℃为止。保温时试件应放在支起的平板玻璃上，试件之间的距离应不小于 10mm。

⑤ 将试验机环境保温箱达到要求的试验温度 15℃±0.5℃。

⑥ 将试验机梁式试件支座准确安放好，测定支点间距为 200±0.5mm，使上压头与下压头保持平行，并两侧等距离，然后将其位置固定。

（2）试验步骤

① 将试件从恒温水槽中取出，立即对称安放在支座上，试件上下方向应与试件成型时方向一致。

② 在梁跨下缘正中央安放位移测定装置，支座固定在试验机上。位移计测头支于试件跨中下缘中央或两侧（用两个位移计）。选择适宜的量程，有效量程应大于预计最大挠度的 1.2 倍。

③ 将荷载传感器、位移计与数据采集系统或 $X-Y$ 记录仪连接，以 X 轴为位移，Y 轴为荷载，选择适宜的量程后调零。跨中挠度可采用 LVDT 位移传感器测定。当以高精密度电液伺服试验机压头的位移作为小梁挠度时，可以由加载速率及 $X-T$ 记录仪记录的时间求得挠度。为正确记录跨中挠度曲线，当采用 50mm/min 速率加载时，$X-T$ 记录仪的 X 轴走纸速度（或扫描速度）根据试验温度确定。

④ 开动压力机以规定的速率在跨径中央施以集中荷载，直至试件破坏。记录仪同时记录荷载-跨中挠度曲线。

（3）计算

① 将荷载-挠度曲线的直线段延长与横坐标相交作为曲线的原点，由图中量取峰值时的最大荷载 P_B 及跨中挠度 d。

② 按式（4-29）～式（4-31）计算试件破坏时的抗弯拉强度 R_B、破坏时的梁底最大弯拉应变 ε_B 及破坏时的弯曲劲度模量 S_B。

$$R_B=\frac{3\times L\times P_B}{2\times b\times h^2} \tag{4-29}$$

$$\varepsilon_B=\frac{6\times h\times d}{L^2} \tag{4-30}$$

$$S_B=\frac{R_B}{\varepsilon_B} \tag{4-31}$$

式中，R_B为试件破坏时的抗弯拉强度（MPa）；ε_B为试件破坏时的最大弯拉应变（$\mu\varepsilon$）；S_B为试件破坏时的弯曲劲度模量（MPa）；b为跨中断面试件的宽度（mm）；h为跨中断面试件的高度（mm）；L为试件的跨径（mm）；P_B为试件破坏时的最大荷载（N）；d为试件破坏时的跨中挠度（mm）。

计算时，小梁的自重影响略去不计，故本方法不适用于试验温度高于30℃的情况。

沥青混合料抗低温性能与其低温劲度模量成反比。而影响沥青混合料低温劲度的最主要因素是沥青的黏度和温度敏感性。试验表明：针入度较大、温度敏感性较低的沥青低温劲度较小，抗裂能力较强。所以在寒冷地区，可采用稠度较低、劲度较低的沥青，或选择松弛性能较好的橡胶类改性沥青来提高沥青混合料的低温抗裂性。

3. 抗水损害性能

抗水损害性能是指沥青混合料抵抗由于水侵蚀而逐渐产生沥青膜剥离、松散坑槽等破坏的能力，即沥青混合料的水稳定性。抗水损害性能差的沥青混合料在有水情况下，会发生沥青与矿料颗粒表面的局部分离，同时在飞机荷载的作用下会加剧沥青与矿料的剥落，形成松散薄弱块，飞转的机轮带走剥离或局部剥离的矿粒或沥青，从而形成表面的损失，并逐渐形成独立的大小不等的坑槽，导致道面的早期破坏。我国现行规范采用浸水马歇尔试验和冻融劈裂试验来检验沥青混合料的水稳定性，以此作为评价水稳性好坏的指标。残留稳定度越大，混合料的水稳性越高。冻融劈裂试验测定的是沥青混合料试件在受到水、冻融循环作用前后的劈裂破坏强度之比值即残留强度比，其值越大，沥青混合料在水与冻融循环共同作用下的水稳性越高。采用浸水马歇尔残留稳定度和冻融劈裂强度比两个指标评价沥青混合料面层的水稳定性应满足表4-27的要求，达不到要求时应采取抗剥落措施。用浸水马歇尔残留稳定度来检测沥青混合料水稳定性的方法如下：

表4-27　水稳定性检验技术要求

技术指标		浸水马歇尔残留稳定度（%），不小于	试验方法
混合料类型	普通沥青混合料	85	JTG E20 T 0709
	改性沥青混合料	90	
技术指标		冻融劈裂试验的残留强度比（%），不小于	试验方法
混合料类型	普通沥青混合料	85	JTG E20 T 0729
	改性沥青混合料	85	

（1）准备工作

① 按标准击实法成型马歇尔试件，标准马歇尔试件尺寸应符合直径101.6±0.2mm、

高 63.5±1.3mm 的要求。一组试件的数量不得少于 4 个，并符合试验规定。

② 量测试件的直径及高度：用卡尺测量试件中部的直径，用马歇尔试件高度测定器或用卡尺在十字对称的 4 个方向量测离试件边缘 10mm 处的高度，准确至 0.1mm，并以其平均值作为试件的高度。如试件高度不符合 63.5±1.3mm 或 95.3±2.5mm 要求或两侧高度差大于 2mm，此试件应作废。

③ 按规定的方法测定试件的密度，并计算空隙率、沥青体积百分率、沥青饱和度、矿料间隙率等体积指标。

④ 将恒温水槽调节至要求的试验温度，对黏稠石油沥青或烘箱养生过的乳化沥青混合料为 60℃±1℃，对煤沥青混合料为 33.8℃±1℃，对空气养生的乳化沥青或液体沥青混合料为 25℃±1℃。

（2）试验步骤

① 将试件置于已达规定温度的恒温水槽中保温，保温时间对标准马歇尔试件需 30～40min，试件之间应有间隔，底下应垫起，距水槽底部不小于 5cm。

② 将马歇尔试验仪的上下压头放入水槽或供箱中达到同样温度。将上下压头从水槽或供箱中取出擦拭干净内面。为使上下压头滑动自如，可在下压头的导棒上涂少量黄油。再将试件取出置于下压头上，盖上上压头，然后装在加载设备上。

③ 在上压头的球座上放妥钢球，并对准荷载测定装置的压头。

④ 当采用自动马歇尔试验仪时，将自动马歇尔试验仪的压力传感器、位移传感器与计算机或 $X-Y$ 记录仪正确连接，调整好适宜的放大比例，压力和位移传感器调零。

⑤ 当采用压力环和流值计时，将流值计安装在导棒上，使导向套管轻轻地压住上压头，同时将流值计读数调零。调整压力环中百分表，对零。

⑥ 启动加载设备，使试件承受荷载，加载速度为 50mm/min±5mm/min。计算机或 $X-Y$ 记录仪自动记录传感器压力和试件变形曲线并将数据自动存入计算机。

⑦ 当试验荷载达到最大值的瞬间，取下流值计，同时读取压力环中百分表读数及流值计的流值读数。

⑧ 从恒温水槽中取出试件至测出最大荷载值的时间，不得超过 30s。

⑨ 取相同的试件在已达规定温度恒温水槽中的保温 48h，重复上述试验步骤。

（3）计算

当采用自动马歇尔试验仪时，将计算机采集的数据绘制成压力和试件变形曲线，或由 $X-Y$ 记录仪自动记录的荷载-变形曲线，按图 4－5 所示的方法在切线方向延长曲线与横坐标相交于 O_1，将 O_1 作为修正原点，从 O_1 起量取相应于荷载最大值时的变形作为流值（FL），以 mm 计，准确至 0.1mm。最大荷载即为稳定度（MS），以 kN 计，准确至 0.01kN。

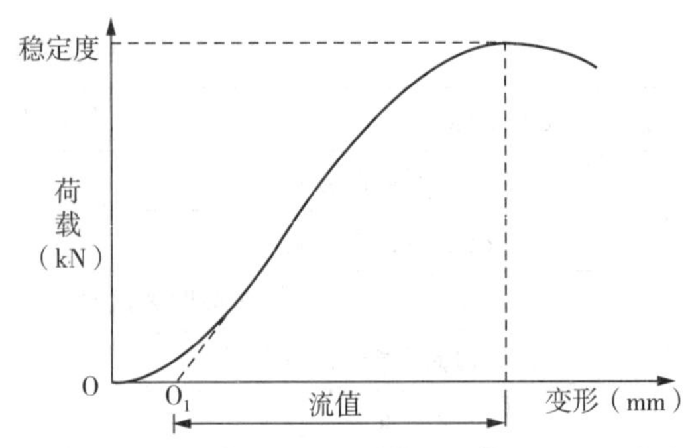

图 4－5　试验结果修正方法

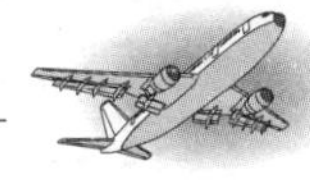

试件的浸水残留稳定度按式（4-32）计算。

$$MS_0=\frac{MS_1}{MS} \tag{4-32}$$

式中，MS_0为试件的浸水残留稳定度（%）；MS_1为试件浸水48h后的稳定度（kN）。

影响沥青混合料水稳定性的因素很多，诸如矿料和沥青的性质、其相互之间的交互作用、沥青混合料的空隙率以及沥青膜的厚度等。矿料表面粗糙、洁净，有微孔，可增强其与沥青间的黏附性；沥青的黏度越高，与矿料的黏附力也越大；选择碱性集料可与沥青之间产生强烈的化学吸附作用，使沥青与矿料间遇水不易分离；沥青混合料的空隙率越小，大气水分停留与存储的空间越小，沥青混合料受水分作用时间越短，受水作用产生沥青剥离破坏的可能性就越小。但一般沥青混合料中应残留一定空隙，以备夏季沥青材料膨胀，不致造成路面泛油。

4. 抗渗性能

沥青混合料的抗渗性不仅表征其耐水流穿过的能力，也影响到道面的抗水损性能。而且抗渗性差的道面，水分会通过沥青道面的上面层下渗，在飞机高速荷载作用下产生动水压力，从而使沥青和矿料间的黏结力大大降低，久而久之，沥青会与矿料彻底剥离，从而使道面产生结构病害，影响道路使用寿命和滑行安全。动水压力会对基层结合料造成损害，使基层结合料中的细料形成唧浆，从而使沥青道面产生裂缝、变形、坑洞等结构病害。如果水分持续下渗，会影响道面结构的整体性，使面层和基层脱离，威胁飞机起降安全。

对沥青混合料的抗渗性能检测，宜利用轮碾机成型的车辙试验试件，脱模架起进行渗水试验，并满足表4-28的要求。具体试验步骤如下：

表4-28　试件渗水系数技术要求

级配类型	渗水系数要求（mL/min），不大于	试验方法
密级配沥青混合料	80	JTG E20 T 0730
SMA沥青混合料	50	

（1）将试件放置于稳定的平面上，将渗水仪的塑料圈置于试件中央的测点上，用粉笔分别沿塑料圈的内侧和外侧画上圈，在外环和内环之间的部分就是需要用密封材料进行密封的区域。

（2）用密封材料对环状密封区域进行密封处理，注意不要使密封材料进入内圈，如密封材料不小心进入内圈；必须用刮刀将其刮走。然后再将搓成拇指粗细的条状密封材料摞在环状密封区域的中央，并且摞成一圈。

（3）用适当的垫块或木块在左右两侧架起试件，试件下方放置一个接水容器。将渗水仪放在试件的测点上，注意使渗水仪的中心尽量和圆环中心重合，然后略微使劲将渗水仪压在条状密封材料表面，再将配重加上，以防压力水从底座与试件间流出。

（4）将开关关闭，向量筒中注满水，然后打开开关，使量筒中的水下流排出渗水仪底部内的空气，当量筒中水面下降速度变慢时用双手轻压渗水仪使渗水仪底部的气泡全部排

出。关闭开关，并再次向量筒中注满水。

(5) 将开关打开，待水面下降至100mL刻度时，立即开动秒表开始计时，每间隔60s读记仪器管的刻度一次，至水面下降50mL时为止。测试过程中，如水从底座与密封材料间渗出，说明底座与道面密封不好，应重新密封。当水面下降速度较慢，则测定3min的渗水量即可停止；如果水面下降速度较快，在不到3min的时间内到达了50mL刻度线，则记录到达了50mL刻度线时的时间；若水面下降至一定程度后基本保持不动，则说明不透水或根本不透水，应在报告中注明。

(6) 按以上步骤对同一种材料制作3块试件测定渗水系数，取其平均值作为检测结果。

沥青混合料试件的渗水系数按式(4-33)计算，计算时以水面从100mL下降到50mL所需的时间为标准；若渗水时间过长，也可以采用3min通过的水量计算。

$$C_W=\frac{V_1-V_2}{t_2-t_1}\times 60 \tag{4-33}$$

式中，C_W为路面渗水系数(mL/min)；V_1为第一次计时的水量(mL)，通常为100mL；V_2为第二次计时的水量(mL)，通常为50mL；t_1为第一次计时的时间(s)；t_2为第二次计时的时间(s)。

提高沥青道面抗渗性能的措施有：

(1) 增加沥青道面结构层，采用密级配沥青混凝土结构，对路面的横、纵、斜向结构裂缝及时修补，防止水分渗入。

(2) 增强沥青与矿料的黏附性。沥青与矿料的黏附性与沥青的抗渗性能成正比，因此，在选择矿料时应选择干燥、洁净、粗糙、黏结力较好的碱性矿料。如果沥青与矿料的黏附性较低，则需要适当加入抗剥离剂来增加二者的黏附性。

(3) 对沥青路面的空隙率进行严格的控制。在沥青混合料拌合过程中会通过马歇尔实验来测试沥青混合料的密度、流值、马歇尔稳定度、空隙率，通过实验可以发现，压实度与空隙率呈反比，压实度越好，空隙率便越低，抗渗性能自然越高。

(4) 严把材料质量关，控制施工质量。原材料对沥青路面的抗渗性能有十分重要的影响，比如粗集料，其最大粒径和结构层的厚度与沥青混合料的空隙率、渗水率密切相关。

5. 沥青混合料的耐老化性

耐老化性是指沥青混合料抵抗由于人为和自然因素作用而逐渐丧失变形能力、柔韧性等各种良好品质的能力。沥青路面在施工中要对沥青反复加热，铺筑好的沥青混合料路面长期处在自然环境中，要经受阳光特别是紫外线作用，这些均会使沥青产生老化、变形和能力下降，使路面在温度和荷载作用下容易开裂，从而导致水分下渗数量增加，加剧路面破坏，缩短沥青混合料路面的使用寿命。影响沥青混合料老化速度的因素主要有沥青的性质、沥青的用量、沥青混合料的残留空隙率与施工工艺等。沥青化学组分中轻质成分、不饱和烃含量越多，沥青老化速度越快；沥青用量的大小决定了沥青混合料内部所分布沥青膜的厚度，特别薄的沥青膜容易老化、容易变脆，使沥青混合料的耐老化性降低；空隙率越大，沥青与空气、水接触的范围越大，越容易产生老化现象；过高的拌和温度、过长时间的加热，会导致沥青的严重老化，路面上会过早的出现裂缝。

6. 沥青混合料的耐疲劳性

沥青混合料在使用期间经受车轮荷载的反复作用，长期处于应力应变交叠变化状态，致使混合料强度逐渐下降。当荷载重复作用超过一定次数以后，在荷载作用下沥青混合料路面内产生的应力就会超过强度下降后的强度（也称疲劳强度）使沥青混合料路面出现裂缝，即产生疲劳断裂破坏沥青混合料的耐疲劳性即是混合料在反复荷载作用下抵抗这种疲劳破坏的能力。在相同荷载数量重复作用下，疲劳强度下降幅度小的沥青混合料，或疲劳强度变化率小的沥青混合料，其耐疲劳性好。从使用寿命看，其路面耐久性就高。

7. 抗滑性

沥青路面的抗滑性对于保证道路交通安全至关重要。用于沥青路面表层的粗集料应选用表面粗糙、坚硬、耐磨、抗冲击性好、磨光值大的碎石或破碎砾石集料。通常，坚硬耐磨的集料多是酸性石料，与沥青的黏附性不好，应掺加抗剥剂或采用石灰水处理集料表面等。沥青用量对抗滑性的影响非常敏感，沥青用量超过最佳用量时的0.5%即可使抗滑系数明显降低。含蜡量对沥青混合料抗滑性也有明显影响。

8. 施工和易性

沥青混合料应具备良好的施工和易性，使混合料易于拌和、摊铺和碾压。影响沥青混合料施工和易性的因素很多，诸如沥青混合料组成材料的技术品质、用量比例，以及施工条件等。从混合料材料性质来看，影响沥青混合料施工和易性的是混合料的级配和沥青用量，如粗细集料的颗粒大小相距过大，缺乏中间尺寸，混合料容易分层层积（粗粒集中表面，细粒集中底部）；如细集料太少，沥青层就不容易均匀地分布在粗颗粒表面；细集料过多，则使拌和困难。当沥青用量过少，或矿粉用量过多时，混合料容易产生疏松不易压实。反之，如沥青用量过多，或矿粉质量不好，则容易使混合料黏结成团块，不易推铺。沥青混合料应在一定的温度下进行施工，以使沥青结合料能够达到要求的流动值，在拌和过程中能够充分均匀的黏附在集料颗粒表面；在压实期间，集料颗粒能够克服沥青的黏滞力及自身内摩阻力相互移动就位，达到规定的压实密度。但若施工温度过高则会引起沥青老化，严重影响沥青混合料的使用性能。

第五章 道面基层材料

机场道面的基层是面层与垫层或道基之间的结构层，是道面结构的重要组成部分，基层应具有足够的刚度和稳定性，在冰冻地区应具有良好的抗冻性。机场道面基层对于保证道面的整体强度、稳定性和使用寿命，起着重要的作用，主要表现在以下几个方面：

（1）提高道面结构承载力，改善面层的受力条件。良好的基层可以给予面层较大的支撑力，将面层的荷载分散到较大的面积上，从而减小混凝土板的内应力，保证道面的使用寿命。

（2）改善道基的受力状况，减小道基顶面的压力，从而延缓道基的累积塑性变形，防止唧泥现象的发生和发展。

（3）缓和水、温度变化对道基的影响。通过设置基层，可以减少机轮荷载对道基的压力，隔断或减轻水对道基的作用，改善道基的水、温度状况，控制和抵抗道基不均匀冻胀的不利影响。

常用做机场道面基层的材料有：无机结合料稳定类、粒料类、沥青稳定类、碾压混凝土和贫混凝土。机场道面主要有两种类型：水泥混凝土道面、沥青混凝土道面。水泥混凝土道面属于刚性道面，沥青混凝土道面属于柔性道面，他们的受力状况不同，因此在进行基层材料的选择和质量控制指标要求方面有所不同。

第一节 无机结合料稳定类

在各种粉碎或原状松散的土、碎（砾）石、工业废渣中，掺入适当数量的无机结合料（如水泥、石灰或工业废渣等）和水，经拌和得到的混合料在压实与养生后，其抗压强度符合规定要求的材料称为无机结合料稳定类混合料，以此修筑的道面基层称为无机结合料稳定基层。

无机结合料稳定材料的刚度介于柔性道面材料和刚性道面材料之间，常称之为半刚性材料。以此修筑的基层或底基层亦称为半刚性基层或半刚性底基层。我国大多数机场的基层采用了这种基层。其整体性强，承载力高，刚度大，水稳定性好，而且比较经济。基层在前期具有柔性路面的力学特性。当环境适宜时，其强度和刚度会随之时间的推移而不断增大，但其最终抗弯拉强度和弹性模量，还是远低于刚性基层。因此把这类基层称为半刚性基层。其缺点是耐磨性差，有干缩性，受含水率变化的影响体积会发生变化，具有温度收缩性，容易发生温缩开裂。无机结合料稳定类作为道面的基层时，受到面层的保护，从而可以很好地发挥优点，减小缺点。

一、无机结合料稳定类的分类

1. 按集料分类

根据无机结合稳定材料组成的集料将其分为两大类：

(1) 稳定土类。在粉碎或原状松散的土中掺入一定量的无机结合材料形成的称为稳定土类，如水泥土。

(2) 稳定粒料类。在松散的碎石或砂砾中掺入一定量的无机结合材料形成的称为稳定粒料类，如水泥稳定碎石、水泥稳定砂砾等。

2. 按胶结材料分类

按照无机结合料稳定类所使用胶结材料的种类不同，可以分为以下几类：

(1) 水泥稳定材料。在经过粉碎的或原来松散的材料中，掺入足量的水泥和水，经拌和得到的混合料，在压实和养生后，当其抗压强度符合规定的要求时，称为水泥稳定材料。如水泥稳定土（水泥土）、水泥稳定砂砾（水泥砂砾）、水泥稳定碎石（水泥碎石）等；

(2) 石灰稳定材料。在粉碎的或原来松散的材料（包括各种粗、中、细粒土）中，掺入足量的石灰和水，经拌和得到的混合料，在压实和养生后，当其抗压强度符合规定的要求时，称为石灰稳定材料。如石灰粉煤灰（二灰）、石灰粉煤灰土（二灰土）、石灰煤渣、石灰煤渣碎石等。

(3) 综合稳定材料。两种或两种以上无机结合材料组合形成具有稳定的强度且符合要求的混合料。如：石灰粉煤灰级配碎石和石灰粉煤灰级配砂砾，简称二灰碎石和二灰砂砾。

在机场场道工程施工中主要用到的无机结合料稳定类有：水泥稳定砂砾、水泥稳定碎石和石灰粉煤灰稳定碎石，采用骨架密实型结构。

二、无机稳定材料的力学特性

1. 应力-应变特性

无机稳定材料路面的重要特点之一是强度和模量随龄期的增长而不断增长，逐渐具有一定的刚性性质。其应力-应变特性与原材料的性质、结合料的性质和剂量及密实度、含水量、龄期、温度等有关。应力-应变关系也呈现出非线性状，模量是应力（偏应力和侧限应力）函数，在应力级位低于极限荷载的 50%～60%时，应力应变曲线可近似为线性的。

2. 疲劳特性

在道面的使用期间，受自然环境和车轮荷载的反复作用，路面结构长期处于应力、应变交替变化状态，致使路面结构强度下降。无机结合料稳定混合料作为路面结构基层，层底多处于受弯拉状态。而无机结合料稳定混合料的抗弯拉强度远小于其抗压强度，在反复荷载的作用下，结构层中的应力就会超过强度下降后的结构抗力，出现裂缝或发生断裂破坏。

3. 干缩特性

干燥收缩是指无机结合料稳定材料因内部含水量变化而引起的体积收缩现象。干燥收缩的基本原理：混合料的水分会不断减少，由此发生的毛细管作用、吸附作用、分子间力的作用、材料矿物晶体或凝胶体间层间水的作用和碳化收缩作用等会引起无机结合料稳定材料体积收缩。干缩特性的指标有干缩应变、干缩系数、干缩量等。结合料的类型和剂量、被稳定材料的类别、粒料含量、小于 0.5mm 的细颗粒的含量、试件含水量和龄期等会影响材料的干缩性。同一类无机结合料稳定材料时，干缩性排序为：稳定细粒土＞稳定粒料土＞稳定粒料，对稳定粒料类：石灰稳定类＞水泥稳定类＞石灰粉煤灰稳定类。

4. 温缩特性

温度收缩是组成无机稳定材料的三相在降温过程中相互作用的结果，使材料产生体积收缩的现象。其温缩特性主要受结合料类型和剂量、被稳定材料的类别、粒料含量、龄期的影响。原材料中砂砾以上颗粒的温度收缩系数较小；粉粒以下颗粒，特别是黏土矿物的温度收缩性较大。材料中的水分通过扩张作用、表面张力作用和冰冻作用三个作用过程，对温度收缩性产生影响。温度收缩的试验指标有温缩应变、温缩系数、温缩量等。

三、裂缝的预防

无机结合稳定材料的疲劳特性、干缩特性和温缩特性，导致其容易发生裂缝病害。对无机结合稳定材料的裂缝预防措施主要有：

(1) 改善土质。稳定土用土愈黏，则缩裂愈严重。所以采用黏性较小的土，或在黏性土中掺入砂土、粉煤灰等，以降低土的塑性指数，则抗裂性好。

(2) 控制含水量及压实度。无机结合稳定材料因含水量过多产生的干缩裂缝显著，压实度小时产生的干缩比压实度大时严重。因此，无机稳定材料压实时，含水量比最佳含水量略小为好，并尽可能达到最佳压实效果。

(3) 掺加粗粒料。掺入一定数量（掺入量 60%～70%）的粗粒料，如砂、碎石、砾石等，使混合料满足最佳组成要求，可以提高其强度和稳定性，减少裂缝产生，同时可以节约结合料和改善碾压时的拥挤现象。

四、水泥稳定材料

水泥稳定材料具有较高的强度、刚度和稳定性，经常被用于道面的基层，称为水泥稳定类基层。其中的水泥稳定砂砾、水泥稳定碎石被广泛应用于场道工程，可以作为机场场道的上、下基层材料。采用骨架密实型结构的水泥稳定材料有着良好的使用的性能。但水泥土的干缩性大，水稳定性较低，不适合做机场场道和高级道路的基层。

1. 强度的形成原理

(1) 水泥的水化作用。在水泥稳定土中，首先发生的是水泥自身的水化反应，从而产生出具有胶结能力的水化产物，这是水泥稳定土强度主要来源。水泥水化生成的水化产物，在土的孔隙中相互交织搭接，将土颗粒包覆连接起来，使土逐渐丧失了原有的塑性等性质，并且随着水化产物的增加，混合料也逐渐坚固起来。

（2）离子交换作用。离子交换反应是指水泥水化产物氢氧化钙溶液中的钙离子和氢氧根离子与细粒土黏土矿物中的钠离子、氢离子发生离子交换，减薄黏土颗粒吸附水膜厚度，降低了黏性土的亲水性和塑性，使分散土粒形成较大的土团。在氢氧化钙的强烈吸附作用下，这些较大的土团进一步结合起来，形成水泥土的链条结构，并封闭土团之间的孔隙，形成稳定的团粒结构。从而改变土的塑性，使土具有一定的强度和稳定度。

（3）化学激发作用。土的矿物组成基本上都属于硅铝酸盐，其中含有大量的硅氧四面体和铝氧八面体。在通常情况下，这些矿物具有比较高的稳定性，但当黏土颗粒周围介质的 pH 值增加到一定程度时，黏土矿物中的部分 SiO_2 和 Al_2O_3 的活性将被激发出来，与溶液中的 Ca^{2+} 进行反应，生成新的矿物，这些矿物主要是硅酸钙和铝酸钙系列。这些物质遍布于黏土颗粒之间，形成凝胶、棒状及纤维状晶体结构，将土粒胶结成整体。随着时间的推移，棒状和纤维状晶体不断增多，致使水泥稳定土的刚度不断增大，强度与水稳性不断提高。

（4）碳酸化作用。水泥水化生成的 $Ca(OH)_2$，除了可与黏土矿物发生化学反应外，还可进一步与空气中的 CO_2 发生碳化反应并生成碳酸钙晶体。碳酸钙生成过程中产生体积膨胀，也可以对土的基体起到填充和加固作用。

（5）物理作用。水泥稳定混合料的经过拌和、压实作用形成有强度的整体结构。

2. 强度的影响因素

（1）土质

土的类别和性质是影响水泥稳定材料强度的重要因素，各类砂砾土、砂土、粉土和黏土均可用水泥稳定材料，但稳定效果不同。一般要求土的塑性指数不大于 17。

① 强度随土中的黏粒含量增加和塑性指数增大而降低，特别是对干缩和温缩变形大。

② 强度随土中的 $CaCO_3$ 含量增大而增大的趋势。

③ 强度随土中的有机质含量增多而减小。

④ 稳定级配良好的集料效果优于稳定级配不好的集料。

⑤ 小于 0.075mm 的颗粒含量愈多，水泥稳定混合料的强度愈小。对于粉土质黏土和重黏土，这类塑性较大的黏性土的分散度极高，它能强烈地与水泥的水化物发生各种反应，从而破坏水泥正常水化与硬化条件，致使水泥不能充分发挥自身应有的作用，需要较多的水泥进行稳定而不经济，所以塑性较大的重黏土不宜直接用水泥稳定。

（2）水泥的成分和剂量

① 水泥成分：各种类型的水泥都可以用于稳定土。水泥矿物成分是决定水泥土强度的主导因素。通常情况下硅酸盐水泥的稳定效果好，而铝酸盐水泥较差。随水泥分散度的增大，其化学活性程度和硬化能力也有所增长，使水泥土的强度得到提高。一般不采用快硬水泥或早强水泥。

② 水泥剂量：水泥土的强度随水泥剂量的增加而增长。但过多的水泥用量，虽获得强度的增加，但在经济上却不一定合理，存在一个经济用量。应该注意，过多的水泥，在效果上不一定显著，且容易开裂。试验和研究证明，水泥剂量为 4%～8%较为合理。水泥剂量应根据技术和经济两个方面的因素综合确定。

(3) 含水量

含水量对水泥稳定土强度影响很大。水泥土的含水量与密实度关系同素土一样，对于一定的压实功，存在一个能达到最大密实度的最佳含水量。最佳含水量取决于压实功的大小、稳定土的类型以及水泥剂量。通常，所施加的压实功越大，稳定土中的细料含量越少，最佳含水率越小，最大密实度越高。相应于最大密实度的最佳含水量不是相应于强度最高的含水量。对于砂性土，最高强度含水量较最佳密实度的含水量小，而对于黏性土则相反。

(4) 施工工艺过程

① 拌和愈均匀，强度愈高。

② 从开始加水拌和到完成压实的延迟时间，对水泥土的密实度和强度有很大的影响，延迟时间越长，水泥稳定砂砾的强度和密度的损失就越大。

③ 需要湿法养生，养生温度直接影响水泥的水化进程，因而对水泥稳定土的强度有很明显的影响。温度愈高，强度增长愈快。

3. 水泥稳定材料的配合比设计

(1) 组成材料

① 水泥。水泥是影响水泥稳定土性能的重要材料之一。普通硅酸盐水泥、矿渣硅酸盐水泥和火山灰质硅酸盐水泥，都可用于水泥稳定土，但应选用终凝时间较长（宜在6h以上）的水泥，可以采用强度等级较低（如32.5级）的水泥。快硬水泥、早强水泥及已受潮变质的水泥不应使用。

水泥的矿物成分和分散度对其稳定效果有明显影响。对同一种土，硅酸盐水泥比铝酸盐水泥稳定效果好。在水泥矿物成分相同、硬化条件相似的情况下，其强度随水泥比表面积和活性的增大而提高。稳定土的强度还与水泥用量有关，一般说来水泥剂量愈大，稳定土的强度愈高，但过多的水泥用量，虽获得了较高的强度，但在经济上不一定合理，在效果上也不明显，而且容易开裂。所以水泥用量不存在最佳水泥用量，而存在一个经济用量。通常在保证土的性质能起根本变化，且能保证稳定土达到所规定的强度和稳定性的前提下，取尽可能低的水泥用量。

② 集料。适宜用水泥稳定的材料有级配碎石、未筛分碎石、砂砾、碎石土、砂砾土、煤矸石和各种粒状矿渣等。集料的最大粒径是影响稳定类混合料质量最为关键的因素之一。最大粒径越大，拌和机平地机和推铺机等施工机械越容易损坏，混合料越容易产生粗细集料离析现象，铺筑层也越难达到较高的平整度要求。集料的最大粒径太小，则稳定性不足，且增加集料的加工量。为了使得混合料更加密实，集料的级配要良好。

③ 土。除有机质或硫酸盐含量高的土以外，各类砂砾土、砂土、粉土和黏土都可以用作无机结合稳定材料。一般规定用于稳定土的液限不大于40，塑性指数不大于17。级配良好的土用作无机结合稳定料时，既可以节约无机结合料的用量，又可以取得满意的效果。重黏土中黏土颗粒含量多，不易粉碎、拌和，用石灰稳定时，容易使路面造成缩裂。粉质黏土的稳定效果最佳。用水泥稳定重黏土时，同样因不易粉碎、拌和，会造成水泥用量过高，经济性差。

④ 水。水分是稳定类混合料的一个重要组成部分，一般饮用水均满足要求，其技术

指标符合水泥混凝土用水标准。最佳含水量用标准击实试验确定。

(2) 配合比设计目的

水泥稳定材料由土和集料与填充于其空隙中的结合料（水泥等）组成的，为了保证水泥稳定材料的强度和耐久性，这类混合料应具有较大的密实度。同时，所配制的混合料的各项使用性能应能符合基层结构的设计要求，并能够准确地进行生产质量控制，易于摊铺与压实，比较经济。因此，水泥稳定材料配合比设计目的为：根据强度指标和使用性能要求，确定稳定土中组成材料的比例；根据击实试验，确定稳定土的最大干密度和最佳含水率，作为工地现场进行质量控制的参考数据。

(3) 配合比设计内容

水泥稳定材料配合比设计的主要内容包括：采用击实试验确定稳定土的最大干密度和最佳含水率，按工地要求的压实度制作试件，根据试件抗压强度的检验结果，确定水泥剂量。稳定土的最大密度和最佳含水率可以采用"试验法"或"计算法"确定。"试验法"以击实试验为基础，适用于以细粒土为稳定对象的水泥土、三灰土和石灰土等；计算法以"填充理论"为基础，通过计算确定各种组成材料的用量比例，适用于稳定对象为粒料类的水泥稳定碎石、二灰碎石等。

五、石灰稳定材料

石灰稳定材料是指在松散状的土中或土与其他集料的混合物中加入适量消石灰和水，经拌和均匀后的混合物，包括石灰土、石灰砂砾土、石灰碎石土等。石灰稳定材料经摊铺、碾压和养生后，可作为道面的基层或底基层，具有较高的强度、水稳性和板体性。

1. 石灰稳定材料强度的形成原理

石灰加入土中后，会发生一系列物理与化学反应，主要有离子交换、氢氧化钙结晶、碳酸化和火山灰反应。其结果是使黏土胶粒絮凝，生成晶体氢氧化钙、碳酸钙晶体和含水硅、铝酸钙的胶结物，这些胶结物逐渐由胶凝状态向晶体状态转化，使得石灰稳定材料的刚度不断增大、强度与稳定性不断提高。

(1) 离子交换作用。石灰中游离的钙离子同黏土矿物吸附综合体中的钠、氢离子发生离子交换，从而减薄吸附水膜的厚度，并使土粒凝集和凝聚，形成固粒结构，组成稳定结构。

(2) 结晶作用。石灰稳定材料中只有一部分熟石灰进行离子交换作用，绝大部分饱和氢氧化钙自行结晶。熟石灰与水作用生成熟石灰结晶网格。

(3) 火山灰作用。熟石灰的游离钙离子与土中的活性二氧化硅及氧化铝，作用生成含水的硅酸钙和铝酸钙，这种作用就是火山灰作用，含水的硅酸钙和铝酸钙是胶凝物质，具有水硬性。在土微粒团的外围形成稳定保护膜填充颗粒空隙，颗粒间产生结合料，减少空隙与透水性，提高密实度、强度和稳定性。

(4) 碳酸化作用石灰稳定材料中的氢氧化钙与二氧化碳反应生成碳酸钙，碳酸钙结晶是坚硬的结晶体，使土粒胶结，提高土的强度和整体性。

2. 石灰稳定材料强度的影响因素

(1) 土质。各种亚砂土、亚黏土、粉土类和黏土类都可以用石灰来稳定。石灰稳定类

的强度随土的塑性指数增加而增大。但土过黏，稳定效果并不好，且易产生裂缝。土的pH值越大稳定效果越好。石灰稳定类的强度随土中$CaCO_3$含量、硅铝率的增加而增大。土中的某些盐分及腐殖质对石灰土的强度有不良影响。

(2) 石灰质量。白云石石灰的稳定效果优于方解石石灰。活性氧化钙和氧化镁的含量越高，稳定效果越好。石灰细度越大（比表面积越大），在相同剂量下，与土粒的作用越充分，反应进行得越快，稳定效果越好。采用生石灰稳定土的效果优于熟石灰稳定土。但生石灰稳定材料的成型时间相对较长。

(3) 石灰的剂量。石灰稳定土中的石灰有一个最佳剂量，该剂量下的石灰稳定材料强度最高。石灰的最佳剂量随土质的不同而异，土的分散度越高，则最佳剂量越大。最佳石灰剂量与养生龄期有关，在28d内，最佳石灰剂量随着龄期的增长而增大，28d后基本趋于稳定。

(4) 养生条件。石灰稳定材料的强度形成需要一定的温度和湿度。石灰土的强度随龄期的增长大体符合指数规律。

3. *石灰稳定材料的收缩*

石灰稳定材料的体积收缩是由固体矿物组成和液相的热胀缩构成的。稳定土中的固体矿物组成包括原材料矿物和新生矿物。一般情况下，各原材料矿物的热胀缩性较小，但其中黏土矿物的胀缩性较大，而新生矿物如氢氧化钙、氢氧化镁、水化酸钙和水化铝酸钙均有着较大的热胀缩性。所以，就石灰稳定材料而言，含粒料的石灰稳定集料比石灰土的温缩系数低得多。此外，随着龄期的增长，各类新生矿物不断增多，导致石灰稳定土的温度收缩系数随龄期的增加而有所增加，初期增长速率较快，后期较慢。

石灰稳定土的干燥收缩主要是由于水分蒸发而产生的。此外，石灰稳定土有大量层状结构的晶体或非晶体，如黏土矿物、水化硅酸钙和水化铝酸钙等水化胶凝物，其间夹有大量层间水。随着相对湿度的进一步下降，层间水在水化胶凝物中迁移或蒸发，致使三晶格间距减小，从而引起整体材料的收缩。

因此，含有较多黏土矿物及分散度大、比表面积大的材料干缩性大。当石灰稳定材料中粗粒料增加时，将降低整体材料的比表面积和需水量，并对水化凝胶物的收缩产生一定的抑制作用，从而可较大幅度降低干燥收缩性。

4. *石灰稳定材料的组成*

(1) 石灰。石灰剂量对石灰稳定材料的强度影响显著，石灰剂量较低（小于3%～4%）时，石灰主要起稳定作用，土的塑性、膨胀性、吸水量减小，使土的密实度、强度得到改善。随着剂量的增加，强度和稳定性均提高，但剂量超过一定范围时，强度反而开始降低。石灰的最佳剂量，对黏性土和粉性土为干土重的8%～16%，对砂性土为干土重的10%～18%。剂量的确定应根据结构层技术要求进行混合料组成设计。

石灰质量应符合3级以上消石灰或生石灰的技术要求。机场场道工程中宜采用磨细生石灰粉。石灰在存放时应堆成高堆，并采取覆盖封存措施，尽量缩短存放时间。

(2) 土。土中的黏土矿物越多，土颗粒越细，塑性指数越大，用石灰稳定的效果就越好。为了提高稳定效果，塑性指数偏大的黏性土，要加强粉碎，粉碎后土块最大尺寸不应大于15mm。塑性指数10以下的亚黏土和砂土，需要采用较多的石灰进行稳定，且难以

碾压成型，稳定效果较差，最好采用水泥进行稳定。用石灰稳定的土的塑性指数范围宜为15～20，且土中硫酸盐含量不得超过0.8%，有机质含量不得超过30%。

（3）集料。在稳定类混合料中，可以采用级配碎石、未筛分碎石、砂砾、碎石土、砂砾土、煤矸石和各种粒状矿渣等混合料。

当用石灰稳定不含黏土或无塑性指数的集料时，需要添加15%左右的黏性土，以增加稳定效果。因此，石灰稳定集料实际上是石灰土稳定集料。在该类混合料中。集料含量应在80%以上，并具有良好的级配；当级配不好时，宜外加某种集料改善其级配。

5. *石灰稳定材料的配合比设计*

石灰稳定集料的配合比表示为：石灰：土：碎石（或砂砾），均以质量表示。采用试验法确定石灰土配合比时，设计内容与水泥稳定土相同，主要的设计步骤如下：

（1）选择石灰稳定材料中的石灰剂量。石灰稳定材料的配合比以石灰剂量表示，石灰剂量为石灰质量与土质量之比。石灰剂量与土的种类、石灰品种关系甚大。

（2）确定石灰稳定材料的最佳含水率和最大干密度。

（3）强度试验。若石灰稳定材料的强度平均值不能满足要求时，应添加水泥或改换用另一种土。

（4）确定石灰剂量。工地上实际采用的石灰剂量应比室内试验确定的剂量多0.5%（集中厂拌法施工时）或1.0%（路拌法施工时）。

六、石灰粉煤灰稳定材料

石灰粉煤灰稳定材料属于综合稳定材料，是由石灰、粉煤灰两种无机结合材料稳定的强度符合要求的混合料。石灰粉煤灰稳定材料，是一种缓凝型硅酸盐材料，具有良好的力学性能，用它作道面基层将会结成整体层。在一定温度、湿度下其强度随着龄期增长，结硬后具有良好的板体性、水稳定性、抗冻性与隔温性能。但早期强度较低，耐磨性差，由于干缩、冷缩，会发生一定程度的收缩裂缝。

1. *石灰粉煤灰稳定材料的分类*

石灰粉煤灰稳定材料视使用原料的不同分为以下几类：

（1）用石灰粉煤灰稳定细粒土得到的混合料称为石灰粉煤灰土，简称二灰土。

（2）用石灰粉煤灰稳定粗粒土和中粒土得到的混合料，视所用原材料而定。原材料为天然砂砾石、级配砂砾（砂砾中无土）称为石灰粉煤灰砂砾，简称二灰砂砾。

（3）原材料为天然碎石、级配碎石（包括为筛分碎石）称为石灰粉煤灰碎石，简称二灰碎石。

（4）用石灰粉煤灰稳定矿渣得到的混合料称为石灰粉煤灰矿渣，简称二灰矿渣等。

2. *石灰粉煤灰稳定材料强度的形成原理*

石灰粉煤灰稳定材料的强度形成机理与石灰稳定土基本相同，主要依靠集料的骨架作用和石灰粉煤灰的水硬性胶结及填充作用。由于粉煤灰能提供较多的活性氧化硅和活性氧化铝成分，在石灰的碱性激发作用下生成较多的水化硅酸钙、水化铝酸钙，具有较高的强度和稳定性。与石灰稳定土相比，二灰稳定土强度形成更多地依赖于火山灰反应生成的水化物，而粉煤灰是一种缓凝物质，表面能较低，难以在水中溶解，导致二灰稳定土中的火

山灰反应进程相当缓慢。因此，二灰稳定土的强度随龄期的增长速率缓慢，早期强度较低，但到后期仍将保持一定的强度增长速率，有着较高的后期强度。

二灰稳定土中粉煤灰的用量越多，初期强度就越低，后期的强度增长幅度也越大。如果需要提高二灰稳定土的早期强度，可以掺加少量水泥或某些早强剂。就长期强度而言，密实式二灰粒料与悬浮式二灰粒料相比并无明显差别，但密实式二灰粒料的早期强度大于悬浮式二灰粒料，并具有较好的水稳定性。养生温度对二灰稳定土的抗压强度有明显影响，较高的温度会促使火山灰反应进程加快。

3. *石灰粉煤灰稳定材料的收缩*

二灰稳定材料的干缩和温缩机理及其影响因素与石灰稳定材料相同，其收缩程度主要取决于试件含水率、材料组成（如粒料含量、石灰剂量、粉煤灰含量、黏土矿物的含量与其塑性指数等）。最大公称粒径以及最小粒径颗粒的通过率等对二灰稳定材料的收缩性都有较为重要的影响。总之，在二灰稳定材料中，粗集料形成骨架，能够抑制收缩开裂；细集料的加入，也会抑制富余二灰的收缩，过多的水分容易引起材料的早期收缩开裂。因此，必须严格控制二灰稳定材料中的含水率，通过调整集料、石灰、粉媒灰以及水的组成配比，将二灰稳定材料的收缩量控制在最低。

由于粉煤灰颗粒对混合料的收缩起着约束作用，因此当石灰剂量不变时，二灰稳定材料的干缩系数和温缩系数随着粉煤灰用量增加而减少；粉煤灰用量不变时，二灰稳定材料的干缩系数和温缩系数随着石灰剂量增加而增大。

4. *石灰粉煤灰稳定材料的组成*

（1）石灰。对石灰的要求与石灰稳定材料中的石灰相同，详细请参考本节中的“五、石灰稳定材料”。

（2）粉煤灰。粉煤灰中的主要氧化物为 SiO_2、Al_2O_3、Fe_2O_3，其总含量应大于70%。粉煤灰的活性主要来源于 SiO_2 和 Al_2O_3，活性组分越多，粉煤灰活性也越高。粉煤灰中的烧失量主要指未燃尽碳，它是挥发已逸去的焦炭，质轻而多孔，吸水性强。它是有害成分，烧失量过大将会明显降低混合料的强度，烧失量不应超过20%。

另外，与粉煤灰的细度有关，粉煤灰越细，表面能越大，参加化学反应的作用面越多，其活性也越高，其比面积宜大于 $2500cm^2/g$。因此，细颗粒粉煤灰的活性较好，对混合料的加固有利，但过细对水的敏感性较强，有时会增加施工难度。所以粉煤灰的细度应符合标注规定。干和湿粉煤灰都可以应用，湿粉煤灰的含水量不宜超过35%，干粉煤灰如堆积在空地上应加水，防止飞扬造成污染。使用时，应将凝固的粉煤灰块打碎或过筛，同时清除有害杂质。

（3）土。在二灰稳定材料中宜采用塑性指数在12～20范围内的黏性土或亚黏土。土中所含土块的最大尺寸不应超过15mm，也不可选用有机质含量超过10%的土。

（4）集料。为了充分发挥集料密实和嵌锁作用，集料应具有良好的级配。集料中应少含或不含塑性指数较大的土，以保证混合料的稳定性和耐久性。

5. *石灰粉煤灰稳定材料的配合比设计*

（1）首先应根据原料和设备情况以及应用的层位和水文条件等，通过实验选取最适宜于稳定的土，并制备同一种土样的4～5种不同配合比。

（2）然后对集料等进行击实试验，以确定其最大干密度和最佳含水量。

（3）按工地预定达到的压实度，分别计算不同配合比时二灰土、二灰集料试件应有的干密度。

（4）按最佳含水量和计算的干密度制备试件。

（5）将试块在规定温度下，保湿养护6天，浸水1天，进行无侧限抗压强度试验，计算试验结果的平均值和偏差系数。从中选择平均值高，偏差系数小的试件配合比。

第二节　粒料类材料

粒料类基层是用加工轧制的碎石按嵌挤原理或密实原理铺压而成的基层结构。粒料类基层按施工方法及所用填充结合料的不同，分为水结碎石、泥结碎石、泥灰结碎石、级配砾石、级配碎石、级配碎砾石等。

一、级配碎石等

级配碎石是由各种大小不同的粒级集料组成的混合料，当其级配符合技术规范的规定时，称其为级配型集料。级配型集料包括级配碎石、级配碎砾石（碎石和砂砾的混合料，也常将砾石中的超尺寸颗粒砸碎后与砂砾一起组成碎砾石）和级配砾石（或称级配砂砾）。它们都可以用作沥青道面的基层材料。

级配砾石、级配碎石、级配碎砾石是按嵌挤原则构成强度，其抗剪强度主要决定于剪切面上的法向应力和材料之间的内摩阻角。主要有以下三项因素构成强度：

（1）粒料表面的相互滑动摩擦；

（2）因剪切时体积膨胀而需克服的阻力；

（3）因粒料重新排列而受到的阻力。

粒料的摩阻角大小取决于石料的强度、形状、尺寸、均匀性、表面粗糙度及施工时的压实程度。石料强度高，形状接近正方形，有棱角，尺寸均匀，表面粗糙，压实度高时，内摩阻角大。一般石料的内摩阻角在30°～45°左右。

二、土石混合料

土石混合料是指用碎石与土混合碾压制成的材料。一般在机场道面基层中很少使用，但可以用于道基。

当含土量小时，按嵌挤原则构成强度，当含土量大时，按密实原则构成强度。强度和稳定性取决于内摩阻力和黏结力的大小。强度构成很大程度上取决于密实度、颗粒形状、和颗粒大小的分配，特别是以粗细成分的比例最为重要。

土石混填混合料的三种物理状况如图5-1所示。

（1）嵌挤结构：不含或少含细料，其强度和稳定性由颗粒之间的摩阻力形成。该混合料空隙率大，透水性好，不易冰冻，但由于材料没有润滑作用（黏性），不易施工碾压。

（a）嵌挤式

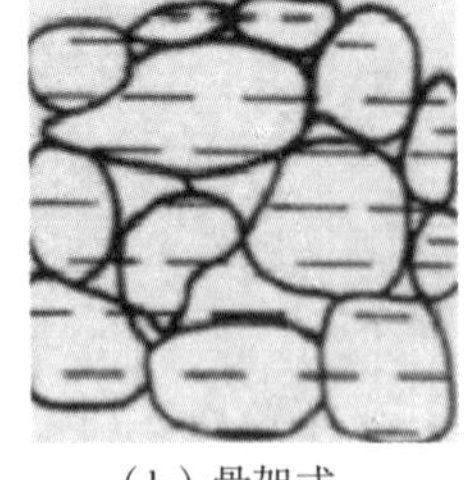
（b）骨架式

（c）悬浮式

图 5-1 土石混合料的三种物理状态

（2）骨架结构：含有足够的细料填充分颗粒间的空隙，但仍能从颗粒的接触中而得强度，其密实度有所提高，但透水性较差，施工压实较易。

（3）悬浮结构：含有大量细料，粗颗粒与粗颗粒之间没有接触，粗颗粒仅只是悬浮在细料中，强度主要依靠密实程度来形成，该混合料施工压实方便，但密实度低，难于透水，强度和稳定性受水的影响极大。

三、水结碎石

水结碎石是用大小不同的轧制碎石从大到小分层铺筑，经洒水碾压后而成的一种结构。其强度是由碎石之间的嵌挤作用以及碾压时所产生的石粉与水形成的石粉浆的黏结作用而形成的。由于石灰岩和白云岩石粉的黏结力较强，是水结碎石的常选石料。

第三节 其他基层材料

沥青稳定材料是指沥青与松散状的土、砂砾或其他集料经拌和后的混合物。这种混合物再经摊铺、碾压后，可作为路面的基层或底基层，为便于生产，沥青稳定材料中的沥青多系液体沥青或乳化沥青。在机场工程中，沥青稳定碎石常被用作基层材料。

一、沥青稳定碎石

沥青稳定碎石基层是不同于半刚性基层的柔性基层，是用适量的沥青对级配集料进行稳定后用作沥青路面的基层。与半刚性基层相比，沥青稳定碎石基层刚度相对较小，具有较高的抗剪强度、抗弯拉强度和耐疲劳性，不易产生收缩开裂和水损害；与传统的用于面层的沥青混凝土相比，它是针对基层用的，粒径偏大，级配偏粗，沥青用量偏少，对原材料的要求相对于面层要低，可以减少造价。

1. 沥青稳定碎石的分类

根据沥青道面施工技术规范，沥青稳定碎石混合料可以分为三类，分别是密级配沥青稳定碎石混合料，简称 ATB，一般用在基层；半开级配沥青稳定碎石混合料，简称 AM，一般用在面层；开级配沥青稳定碎石混合料，简称 ATPB，一般用在基层。

2. 沥青稳定碎石基层的优点

（1）沥青稳定碎石基层沥青路面，由于面层和基层材料结构的相似性，路面结构受力、变形更为协调。

(2) 设计优良的沥青稳定基层混合料能保证一定的空隙率，使水分顺畅地通过基层排出，不会滞留在路面结构中，从而造成路面的水稳性破坏。

(3) 沥青混合料对于水分的变化不敏感，受水和冰冻影响较小，不会因为干缩裂缝而导致面层出现反射裂缝。

(4) 沥青稳定碎石基层同沥青面层一起构成全厚式沥青面层，从而使得整个沥青面层的修筑时间减少。

二、碾压混凝土

碾压混凝土是一种干硬性贫水泥的混凝土，使用硅酸盐水泥、火山灰质掺和料、水、外加剂、砂和分级控制的粗骨料拌制成无坍落度的干硬性混凝土，采用与土石坝施工相同的运输及铺筑设备，用振动碾分层压实。碾压混凝土坝既具有混凝土体积小、强度高、防渗性能好等特点，又具有土石坝施工程序简单、快速、经济、可使用大型通用机械的优点。

1. 碾压混凝土的特点

和其他混凝土相比，碾压混凝土有以下特点：

水泥用量少；具有超干硬性；大量使用掺和料，如用粉煤灰或天然火山灰，掺量为胶凝材料总量的30%～60%；不需设纵横缝；混凝土运输过程中，需尽量减少倒运次数，以免产生分离；混凝土的平仓与摊铺，有的用推土机，有的用摊铺机；混凝土的碾压，根据层厚不同可采用不同性能的振动碾，一般铺料两层或三层后进行一次碾压，碾压遍数通过试验确定。

2. 用料的选择

(1) 水泥：与普通混凝土水泥要求基本一致。对级配好的碎石，水泥用量一般为8%～13%（以干重量计），对集料级配差且含软质骨料多（达5%左右）的材料，可取高限。

(2) 集料：根据国内外经验，粗集料使用连续级配，集料的最大粒径一般为15～20mm，最大的不超过40mm。细浆料含砂率不超过28%～30%。

(3) 水：与普通水泥混凝土道面要求相同。

(4) 掺配料：可掺入粉煤灰、炉渣粉、石英粉等，经过充分拌和后作为结合料。我国目前利用粉煤灰掺量为20%～40%，目的是尽量推迟凝结时间以延长现场施工时间和降低造价。

三、贫混凝土

1. 贫混凝土的定义

贫混凝土的水泥用量一般每立方砼为100～200kg，因而又称为经济混凝土。贫混凝土有湿贫混凝土、干贫混凝土和多孔贫混凝土三类。

贫混凝土是由粗、细集料与一定的水泥和水配制而成的一种材料，其强度大大高于二灰稳定粒料、水泥稳定碎石等半刚性基层材料。

2. 贫混凝土的特点

贫混凝土与其他基层材料相比，具有以下优点：

(1) 有较高的强度、刚度。贫混凝土基层与其他基层相比具有较高的强度、刚度，较

好的整体性和稳定性，良好的抗冲刷性和抗裂性，多孔透水贫混凝土还兼有内部排水功能，较为适用作为重载交通下的道面基层。

（2）水稳定性好，抗冲刷能力强。贫混凝土具有很强的抗冲刷能力，远胜于其他半刚性基层，从而能有效防止翻浆、板底脱空和错台等病害的产生。通过调整材料配比，还可修筑多孔贫混凝土基层，结合其他排水设施，形成性能良好的内部排水系统。

（3）抗疲劳性好。水泥混凝土的疲劳性能最优，其次为贫混凝土，说明贫混凝土的疲劳性能优于水泥稳定粒料等半刚性基层材料。

（4）抗冻性能好。随着水泥用量的增大，贫混凝土的抗冻性也增大；随着龄期的增长，抗冻性能也逐渐增长；随着掺入粉煤灰剂量的增加，贫混凝土的抗冻性逐渐下降，而对高品质的粉煤灰影响较小，所以粉煤灰的质量对抗冻性能影响较大。

（5）经济性好。贫混凝土基层不仅水泥用量少，而且可以采用地方小水泥窑生产的低标号水泥。对集料的要求也相对较低，可以使用当地大量的低标准砂石料，甚至利用再生的混凝土作为集料，并可以适当掺加粉煤灰代替部分水泥，从而节约了建设费用。

第四节　水泥道面的基层

一、基层的厚度及材料选择

水泥道面的基层宜采用水泥、石灰、粉煤灰等结合料稳定的混合料或碾压混凝土、贫混凝土、沥青混合料。基层的周边应比混凝土板的边缘宽出不小于500mm。

飞行区指标Ⅱ为A、B时，基层厚度应不小于150mm。飞行区指标Ⅱ为C、D、E、F时，基层总厚度不宜小于300mm。厚度等于或大于300mm的基层，可分为两层或两层以上。基层材料的选择及厚度应符合表5-1的有关要求。

表5-1　基层材料的设计要求

<table>
<tr><th>层次</th><th>飞行区指标Ⅱ</th><th>建议的基层材料</th><th>建议厚度（mm）</th><th>技术要求</th></tr>
<tr><td rowspan="7">上基层</td><td>A、B</td><td>水泥稳定粒料</td><td>150～200</td><td>7d浸水抗压强度不小于3MPa</td></tr>
<tr><td>C、D</td><td>石灰粉煤灰稳定粒料</td><td>150～200</td><td>7d浸水抗压强度不小于0.8MPa</td></tr>
<tr><td rowspan="5">E、F</td><td>水泥稳定粒料</td><td>150～240</td><td>7d浸水抗压强度不小于4MPa</td></tr>
<tr><td>碾压混凝土</td><td>150～240</td><td>7d浸水抗压强度不小于15MPa</td></tr>
<tr><td>贫混凝土</td><td>150～240</td><td>7d浸水抗压强度不小于10MPa</td></tr>
<tr><td>沥青混凝土</td><td>40～60</td><td></td></tr>
<tr><td>沥青碎石</td><td>80～100</td><td></td></tr>
<tr><td rowspan="5">下基层</td><td rowspan="3">C、D</td><td>水泥稳定粒料</td><td>150～200</td><td>7d浸水抗压强度不小于2MPa</td></tr>
<tr><td>石灰粉煤灰稳定粒料</td><td>150～200</td><td>7d浸水抗压强度不小于0.6MPa</td></tr>
<tr><td>石灰碎石土</td><td>150～200</td><td>7d浸水抗压强度不小于0.6MPa</td></tr>
<tr><td rowspan="2">E、F</td><td>水泥稳定粒料</td><td>150～200</td><td>7d浸水抗压强度不小于2.5MPa</td></tr>
<tr><td>石灰粉煤灰稳定粒料</td><td>150～200</td><td>7d浸水抗压强度不小于0.8MPa</td></tr>
</table>

二、基层的技术指标

1. 抗压强度

7d 浸水抗压强度的测试方法为：制取一定数量的标准试样（直径×高：50mm×50mm，或 150mm×150mm），按南方养生温度 25℃±2℃，北方温度 20℃±2℃的条件养生 6d 再浸水 1d 后，量测试件的高度和直径，进行抗压强度测试，测得最大承受压力值 P。7d 抗压强度通过式（5－1）计算：

$$R=\frac{P}{A} \tag{5-1}$$

式中，P 为试件承受的最大荷载（N）；A 为试件的受力面积（mm^2）单位；R 为无侧限抗压强度（MPa）。

计算有效试件的抗压强度平均值作为最终结果。

2. 压实度

道面基层的现场压实质量用压实度表示。压实度是指工地实际达到的干密度与试验室内标准击实试验所得的最大干密度的比值，以百分率表示。

基层的压实质量是场道工程施工质量管理最重要的内在指标之一。只有对基层结构层进行充分压实，才能保证基层的强度、刚度、稳定性以及平整度，从而延长跑道道面的使用寿命。

基层应具有足够的压实度。基层的压实度应不小于表 5－2 中的规定值。其检测方法有灌砂法、核子密度湿度仪法。

表 5－2 基层材料混合料压实标准要求

材料类别	压实度（%）	
	飞行区指标Ⅱ	
	A、B	C、D、E、F
级配碎、砾石	96	98
未筛分碎石、天然砾石	96	98
水泥或石灰稳定细粒土	93	96
石灰、粉煤灰稳定细粒土	93	96
石灰稳定中、粗粒土（含石灰稳定砂砾土、碎石土）	96	98
水泥稳定中、粗粒土（含水泥稳定碎石、碎石土、石渣、石屑、砂砾、砂砾土）	96	98
石灰、粉煤灰稳定中、粗粒土	96	98
水泥、石灰、粉煤灰稳定中、粗粒土	96	98

3. 基层顶面反应模量最低值

为防止地基产生过量的塑性变形或唧泥现象的发生，保证水泥混凝土道面的使用年限，基层顶面反应模量不应过低。

反应模量：根据温克勒地基假设，土基顶面任一点的弯沉 ω，仅同作用于该点的垂直压力 P 成正比，而同其相邻点处的压力无关。相当于无数横向互不联系的弹簧或相当于一

种液体的支承，反映压力 P 与弯沉值 ω 关系的比例常数 K 称为反应模量。

反应模量的计算公式为（5－2）：

$$K=\frac{P}{\omega} \tag{5-2}$$

式中，K 为路基反应模量（MN/m^3）；P 为单位压力（MPa）；ω 为弯沉值（m）。

基层的反应模量可以用来表征基层承载能力的大小。基层的反应模量越大，在相同荷载 P 作用下，基层产生的垂直变形即弯沉值就会越小，从而对面层越有利。

在机场场道工程中，基层顶面反应模量，不应低于表 5－3 的规定值。

表 5－3　基层顶面反应模量最低值

飞行区指标Ⅱ	A、B	C、D、E、F
基层顶面反应模量 ki（MN/m^3）	50	80

4. 隔离层

以往通常采用的石屑找平层，存在施工厚度控制不严、容易混杂泥土、使用期间可能引起道面唧泥等问题，因此改为设置隔离层。

在混凝土板与基层之间设置隔离层，主要是为了防止施工期间道面混凝土在切缝前因温度变化产生收缩裂缝（断板）。施工期间日温差大或存在温度快速下降可能时，应设置隔离层。在混凝土板与基层之间设置隔离层的作用有：

（1）防止基层在混凝土板缝处产生开裂（从而使道面板边受力性能下降）；

（2）降低混凝土板的收缩应力以及硬化过程中的内嵌应力；

（3）防止基层和水混凝土板之间形成易开裂和有大量损伤的过渡层，过渡层的形成将会增加混凝土板的拉应力。

上基层材料为碾压混凝土、贫混凝土时，应在基层与水泥混凝土板之间设置隔离层；当上基层材料为无机结合料稳定粒料时，宜在基层与水泥混凝土板之间设置隔离层。道肩部位的隔离层可采用 6～15mm 厚的石屑粉。道面部位的隔离层，当上基层材料为碾压混凝土、贫混凝土时，宜采用厚度不小于 20mm 的砂粒式或细粒式沥青混凝土；当上基层材料为无机结合料稳定粒料时，可选用下列材料：

（1）单层沥青表面处治或稀浆封层，层厚不宜小于 6mm；

（2）拉伸强度不低于 5kN/m、厚度不大于 0.6mm 的土工布、土工膜；

（3）厚度为 10～20mm 的沥青砂。

第五节　沥青道面的基层

一、基层类型的选择

基层按照结构层的刚度分为柔性基层、半刚性基层和刚性基层，按照材料类型分为粒料类基层、沥青稳定类基层、无机结合料稳定类基层、碾压混凝土基层和贫混凝土基层。

基层应具有足够的强度、刚度和稳定性，在冰冻地区应具有良好的抗冻性，基层宜采用无机结合料稳定类、沥青稳定类和粒料类等材料。

飞行区指标Ⅱ为A、B时，基层总厚度应不小于150mm，飞行区指标Ⅱ为C、D、E、F时，基层总厚度应不小于300mm。沥青稳定类和粒料类材料压实层的最小厚度应不小于100mm，无机结合料稳定类材料压实层最小厚度应不小于150mm。

常用作机场道面的基层材料的无机结合料稳定类、沥青稳定类、粒料类。不同面层结构对应的基层材料也会不同，基层不同部分的材料选择如表5-4所示。

表5-4　基层材料的选择

结构组合			航空交通量等级		
面层组合	上基层	下基层	重	中	轻
两层式 ≤15cm	无机结合料稳定类	无机结合料稳定类	× （快速出口滑行道可为√）	√	√
		粒料类	× （快速出口滑行道可为√）	√	√
	沥青稳定类	无机结合料稳定类	√	√	√
		沥青稳定类	√	√	√
		粒料类	×	×	√
	粒料类	粒料类	×	×	√
三层式 ＞15cm	无机结合料稳定类	无机结合料稳定类	√	√	√
		粒料类	×	√	×
	沥青稳定类	无机结合料稳定类	√	√	×
		沥青稳定类	√	√	×
		粒料类	×	√	×

二、基层材料的设计参数

在机场沥青道面基层中使用的各类稳定类材料无机结合料稳定类材料、粒料类、沥青稳定类材料应分别满足相应的技术要求。

（一）水泥结合料稳定类基层

水泥稳定类材料可用于沥青道面基层，飞行区指标Ⅱ为C、D、E、F时，用作基层的水泥稳定类材料宜采用骨架密实型混合料，集料最大粒径应不大于31.5mm，集料级配范围宜满足表5-5的要求，水泥稳定类材料的压实度，7d龄期的无侧限抗压强度代表值应满足表5-6的要求，水泥稳定类材料的水泥剂量宜，2.5%～5.0%，强度不满足要求时应调整级配。

表 5-5 骨架密实型水泥稳定类集料级配范围

层位	通过下列方孔筛（mm）的质量百分率（%）						
	31.5	19	9.5	4.75	2.36	0.6	0.075
基层	100	68～86	38～58	22～32	16～28	8～15	0～3

表 5-6 水泥稳定材料的压实度及 7d 无侧限抗压强度

层位	飞行区指标Ⅱ为 C、D、E、F	
	压实度（%）	抗压强度（MPa）
上基层	≥98	3.5～5.0
下基层	≥97	3.0～4.5

1. 回弹模量

回弹模量是指材料在荷载作用下产生的应力与其相应的回弹应变的比值，回弹模量反映了材料在垂直荷载作用下，抵抗竖向变形的能力。如果垂直荷载为定值，材料回弹模量值愈大则产生的垂直位移就愈小；如果竖向位移是定值，回弹模量值愈大，则材料承受外荷载作用的能力就愈大，因此，道面设计中采用回弹模量作为材料抗压强度的指标，无机结合料稳定类材料的回弹模量、弯拉强度及泊松比应满足表 5-7 的参考值。

表 5-7 无机结合料稳定类材料的回弹模量、弯拉强度及泊松比参考值

材料类型	回弹模量（MPa）	弯拉强度（MPa）	泊松比
水泥稳定砂砾	3000～4200	1.1～1.3	0.25
水泥稳定碎石	3000～4200	1.3～1.6	
石灰粉煤灰稳定碎石	2200～2800	1.0～1.3	

无机结合料稳定材料室内抗压回弹模量的试验方法（顶面法）如下：

（1）试验准备

① 试件数量：对于无机结合料稳定细粒土，应制备不少于 6 个试件；对于无机结合料稳定中粒土，应制备不少于 9 个试件；对于无机结合料稳定粗粒土，应制备不少于 15 个试件。按照无机结合料稳定材料试件制作方法（圆柱形）制备试件。

② 按照无机结合料稳定材料养生试验方法进行养生，水泥稳定类土养生龄期为 90d，石灰或粉煤灰稳定类土养生龄期 180d。

③ 圆柱形试件的两个端面应用水泥净浆彻底抹平。将试件直立桌上，在上端面用早强高强水泥净浆薄涂一层后，在表面撒少量 0.25～0.5mm 的细砂，用直径大于试件的平面圆形钢板放在顶面，加压旋转圆钢板，使顶面齐平。

④ 边旋转边平移并迅速取下钢板。如有净浆被钢板黏去，则重新用净浆抹平，并重复上述步骤。一个端面整平后，放置 4h 以上，然后将另一端面同样整平。试件整平后放置 8h 以上。

⑤ 将端面已经处理平整的试件饱水 24h，水面高于试件顶面约 2.5cm。

（2）试验步骤

① 根据试验材料的类型和一般的工程经验，选择合适量程的测力计和试验机，对被测试件施加的压力应在量程的20%～80%范围内。如采用压力机系统，需调试设备，设定好加载速率。

② 加载板上计算单位压力的选定值：

对于无机结合料稳定基层材料，用0.5～0.7MPa；

对于无机结合料稳定底基层材料，用0.2～0.4MPa。实际加载的最大单位压力应略大于选定值。

③ 将试件浸水24h后从水中取出，并用布擦干后放在加载底板上，在试件顶面撒少量0.25～0.5mm的细砂，并手压加载板在试件顶面边加压边旋转，使细砂填补表面微观的不平整处，并使多余的砂流出，以增加顶板与试件的接触面积。

④ 安置千分表，使千分表的脚支在加载顶板直径线的两侧并离试件中心距离大致相等。

⑤ 将带有试件的测变形装置放到道面材料强度试验仪的升降台上，调整升降台的高度，使测力环下端的压头中心与加载板的中心接触。

⑥ 预压：先用拟施加的最大载荷的一半进行两次加载卸载预压试验，使加载顶板与试件表面紧密接触。每两次卸载后等待1min，然后将千分表的短指针调到中间位置，并将长指针调到0，记录千分表的原始读数。

⑦ 将预定的单位压力分成5～6等份，作为每次施加的压力值。实际施加的荷载应较预定级数增加1级。施加第1级荷载（如为预定最大荷载的1/5），待荷载作用达1min时，记录千分表的读数，同时卸去荷载，让试件的弹性变形恢复。到卸载后0.5min时记录千分表的读数，施加第2级荷载（为预定最大荷载的2/5），同前，待荷载作用1min，记录千分表的读数，卸去荷载。卸载后达0.5min时，再记录千分表的读数，并施加第3级荷载。如此逐级进行，直至记录下最后一级荷载下的回弹变形。

（3）计算

用加载板上的计算单位压力p以及与相应的回弹变形l按式（5-3）计算回弹模量。

$$E_c=\frac{ph}{l} \tag{5-3}$$

式中，E_C为抗压回弹模量（MPa）；p为单位压力（MPa）；h为试件高度（mm）；l为试件回弹变形（mm）。

计算n个试件结果的平均值，抗压回弹模量用整数表示。同一组试件试验中，采用3倍均方差方法剔除异常值，异常值数量超过上述规定的试验重做。

2. 弯拉强度

弯拉是指材料单位面积承受弯矩时的极限折断应力，又称抗折强度。

弯拉强度试验有三分点加载和中心点加载两种加载模式。鉴于目前梁式试件的疲劳试验基本采用三分点加载模式，为了使弯拉强度试验结果可用于疲劳试验，本规程采用三分点加载模式。试验在抗折试验机上进行。试验方法如下：

（1）试件制备

① 根据混合料粒径的大小，选择不同尺寸的试件尺寸：小梁，50mm×50mm×200mm，适用于细粒土；中梁，100mm×100mm×40mm，适用于中粒土；大梁，150mm×150mm×550mm，适用于粗粒土。

② 按照规定方法成型梁式试件。

③ 养生时间视需要而定，水泥稳定材料、水泥粉煤灰稳定材料的养生龄期应是90d，石灰稳定材料和石灰粉煤灰稳定材料的养生龄期应是180d。按照标准养生方法进行养生。

④ 为保证试验结果的可靠性和准确性，每组试件的试验数目要求为：小梁，试件不少于6根；中梁，不少于12根；大梁，不少于15根。

（2）试验步骤

① 根据试验材料的类型和一般的工程经验，选择合适量程的测力计和试验机，对被测试件施加的压力应在量程的20%～80%范围内。如采用压力机系统，需调试设备，设定好加载速率。

② 球形支座涂上机油，使球形支座能够灵活转动，并安放在上压块上。在上下压块的左右两个半圆形压头上涂上机油。

③ 试件取出后，用湿毛巾覆盖并及时进行试验，保持试件干湿状态不变。

④ 在试件中部量出其宽度和高度，精确至1mm。

⑤ 在试件侧面（平行于试件成型时的压力方向）标出三分点位置。

⑥ 将试件安放在试架上，荷载方向与试件成型时的压力方向一致，上下压块应位于试件三分点位置。

⑦ 安放球形支座。

⑧ 根据试验要求，在梁跨中安放位移传感器，测量破坏极限荷载时的跨中位移。

⑨ 加载时，应保持均匀连续，加载速率为50mm/min，直至试件破坏。

⑩ 记录破坏极限荷载P（N）或测力计读数。

（3）计算

按式（5-4）计算弯拉强度。

$$R_S=\frac{PL}{b^2h} \tag{5-4}$$

式中，R_S为弯拉强度（MPa）；P为破坏极限荷载（N）；L为跨距，也就是两支点间的距离（m）；b为试件宽度（mm）；h为试件高度（mm）。

计算每一个试件的弯拉强度，并求其平均值，弯拉强度保留两位小数。

3. 泊松比

材料在受拉伸或压缩时，不仅沿纵向发生纵向变形，在横向也会同时发生缩短或增大的横向变形。由材料力学知，在弹性变形范围内，横向应变ε_y和纵向应变ε_x成正比关系，这一比值的绝对值称为材料的泊松比。也叫横向变形系数，它是反映材料横向变形的弹性常数。计算公式（5-5）如下：

$$\mu=\left|\frac{\varepsilon_y}{\varepsilon_x}\right| \tag{5-5}$$

式中，μ 为泊松比（无量纲）；ε_y 为横向应变（mm）；ε_x 为纵向应变（mm）。

（二）石灰粉煤灰稳定类

石灰粉煤灰稳定类粒料可用于沥青道面的下基层，其压实度、7d 龄期无侧限抗压强度代表值应满足表 5－8 的要求，回弹模量、弯拉强度及泊松比应满足表 5－7 的参考值。

表 5－8　石灰粉煤灰稳定类粒料的压实度及 7d 无侧限抗压强度

压实度（%）	抗压强度（MPa）
≥97	≥0.8

（三）粒料类和沥青稳定类基层

（1）沥青稳定碎石可用于沥青道面基层，用作基层的沥青稳定类材料宜采用骨架密实型混合料，集料级配范围宜满足表 5－9 的要求，抗压回弹模量、抗剪强度及泊松比应满足表 5－10 的参考值。

（2）级配碎石可用于航空交通量等级为轻的上基层，采用重型击实标准时，压实度应不小于 97%，加州承载比 CBR 值应不小于 100。

（3）级配碎石可用于沥青道面的下基层，采用重型击实标准时，压实度应不小于 96%，加州承载比 CBR 值应不小于 90。

（4）级配砾石、级配碎砾石可用于沥青道面的下基层，采用重型击实标准时，其压实度应不小于 96%，加州承载比 CBR 值应不小于 80。

（5）粒料基层回弹模量及泊松比参考表 5－11。

表 5－9　集料级配范围

筛孔（mm）	不同类型沥青混合料集料通过率（%）					
	AC－5	AC－10	AC－13	AC－16	AC－20	AC－25
31.5						100
26.5					100	95～100
19.0				100	90～100	75～90
16.0			100	95～100	75～90	62～80
13.2		100	95～100	75～90	62～80	53～73
9.5	100	95～100	65～88	58～78	52～72	43～63
4.75	90～100	55～75	35～68	42～63	33～58	32～52
2.36	55～75	38～58	25～53	32～50	23～46	25～42
1.18	35～55	26～43	15～41	22～37	18～34	18～32
0.6	20～40	17～33	12～30	16～28	12～27	13～25
0.3	12～28	10～24	8～22	11～21	7～20	8～18
0.15	7～18	6～16	6～16	7～15	4～14	5～13
0.075	5～10	4～9	4～8	4～8	3～8	3～7

表 5-10　沥青稳定类材料静态加载抗压回弹模量、抗剪强度及泊松比参考值

材料类型	抗压回弹模量（MPa）		抗剪强度（MPa）	泊松比	混合料名称
	20℃	15℃	60℃		
密级配沥青碎石基层	1000～1400	1200～1600	0.4～0.9	0.25～0.30	ATB-25. ATB-30

表 5-11　粒料基层回弹模量及泊松比

材料类型	回弹模量（MPa）	泊松比
连续级配的碎石基层	300～350	0.35
骨架密实的碎石基层	300～350	
填隙碎石（下基层用）	200～280	
未筛分碎石（下基层用）	180～220	
天然砂砾（下基层用）	150～200	

1. 抗压回弹模量

抗压回弹模量是指材料在压力荷载作用下，压应力与其相应的回弹应变的比值，抗压回弹模量表示基层在弹性变形阶段内，受压力时抵抗竖向变形的能力。抗压回弹模量值越大，受相同压力时基层的应变越小。

使用单轴压缩试验（圆柱体法）测定热拌沥青混合料的抗压回弹模量。如无特殊规定，用于计算弯沉的抗压回弹模量的标准试验温度为 20℃，加载速率为 2mm/min。具体方法如下：

(1) 试验准备

① 试件可以用静压法成型沥青混合料试件，也可从轮碾机成型的板块试件上用钻芯机钻取试件。试件尺寸应符合直径 100±2.0mm、高 100±2.0mm 的要求。如有条件，可采用振动压实或搓揉法成型试件。试件的密度应符合马歇尔标准击实密度 100%±1.0%的要求。

② 试件成型后不等完全冷却即可脱模，用卡尺量取试件高度，最高部位与最低部位的高度差超过 2m 时试件应作废。用于抗压回弹模量的一组试件数宜为 3～6 个。

③ 将试件放置在室温条件下 24h，用卡尺在各个试件上下两个断面的垂直方向上正确量取试件直径，取 4 个数的平均值作为试件的计算直径（d），准确至 0.1mm。

④ 用卡尺在各个试件的 4 个对称位置上正确量取试件高度，取 4 个数的平均值作为试件的计算高度（h），准确至 0.1mm。

⑤ 将试件置于规定的试验温度（15℃或 20℃）的恒温水槽中保温 2.5h 以上，保温时试件之间的距离应不小于 10mm。此时压板、底座也应同时保温。在有空调的试验室内测试时，将室温调至要求的温度，试件放置 12h 以上。

⑥ 使试验机环境保温箱或空调试验室达到要求的试验温度。

(2) 试验步骤

① 确定加载级别：测试抗压强度平均值 P，大体均匀地分成 10 级荷载，分别取

0.1P，0.2P，0.3P，…，0.7P 七级（可取成接近的整数）作为试验荷载。

② 将下压板、底座置于试验机升降台座上对中，迅速取出试件放在下压板中央刻线位置，加上上压板，在两侧千分表架上安置千分表，与下压板相应位置的千分表顶杆接触。如果利用试验机的压力与试件变形自动测试功能时，做好相应的测试准备。

③ 调整试验机台座的高度，使加载顶板与压头中心轻轻接触。

④ 以 2mm/min 速率加载至 0.2P 进行预压，保持 1min，观察两侧千分表增值是否接近，若两个千分表读数反向或增值差异大于 3 倍，则表明试件是偏心受压，应敲动球座适当调整，至读数大致接近，然后卸载，并重复预压一次。卸载至零后记录两个千分表的原始读数。

⑤ 以 2mm/min 速率加载至第 1 级荷载（0.1P），立即记取千分表读数及实际荷载数，并以同样的速率卸载回零，开始启动秒表，待试件回弹变形 30s 后，再次记取千分表读数，加载与卸载两次读数之差即为此级荷载下试件的回弹变形（ΔL_1）；然后依次进行第 2，3，…，7 级荷载的加载卸载过程，方法与第 1 级荷载相同，分别加载至 0.2P，0.3P，…，0.7P，卸载，并分别记取千分表读数及实际荷载，得出各级荷载的回弹变形 ΔL_i。

⑥ 按式（5-6）计算各级荷载下试件实际承受的压强 q，在方格纸上绘制各级荷载的压强 q 与回弹变形 ΔL，将 $q-\Delta L$ 关系绘成一平顺的连续曲线，使之与坐标轴相交得出修正原点，根据此修正原点坐标轴从第 5 级荷载（0.5P）读取压强 q 及相应的 ΔL。

沥青混合料试件的抗压回弹模量按式（5-7）计算。

$$q_i=\frac{4P_i}{\pi d^2} \tag{5-6}$$

$$E=\frac{q_5\times h}{\Delta L_5} \tag{5-7}$$

式中，q_i 为相应于各级试验荷载 P_i 作用下的压强（MPa）；P 为施加于试件的各级荷载值（N）；E 为抗压回弹模量（MPa）；q_5 为相应于第 5 级荷载（0.5P）时的荷载压强（MPa）；h 为试件轴心高度（mm）；ΔL_5 为相应于第 5 级荷载（0.5P）时经原点修正后的回弹变形（mm）。

当一组试件的测定值中某个测定值与平均值之差大于标准差的 k 倍时，该测定值应当舍弃。有效试件数为 n 时的 k 值列于表（5-12）。

供路面设计用的抗压回弹模量值按照式（5-8）计算：

$$E_A=\bar{E}-\alpha S \tag{5-8}$$

式中，E_A 为供路面设计用的抗压回弹模量值（MPa）；$\bar{E}$ 为一组试件实测的抗压回弹模量的平均值（MPa）；S 为一组试件样品实测值的标准差（MPa）；n 为一组试件的有效试件数；α 为保证率系数，取 2.0。

表 5-12　有效试件数与临界值的关系

有效试件数 n	3	4	5	6	7	8	9	10
临界值 k	1.15	1.46	1.67	1.82	1.94	2.03	2.11	2.18

2. 抗剪强度

抗剪强度，又称剪切强度，是材料产生剪断时的极限强度。反映材料抵抗剪切滑动的能力，在数值上等于剪切面上的切向应力值，即剪切面上形成的剪切力与破坏面积之比。

沥青混合料的抗剪强度通过三轴剪切试验机测定，三轴剪切试验是从材料的力学特性出发，通过测定不同围压下的破坏力，得出混合料的内摩擦角和黏聚力，评价沥青混合料的高温稳定性。

影响沥青混合料抗高温性能的主要因素有沥青的用量、沥青的黏度、矿料的级配、尺寸、形状等。适当减少沥青的用量，选用合适黏度的沥青，采用合理级配的矿料，采用表面粗糙、多棱角的碎石集料，有利于增强沥青混合料的高温稳定性。

3. 加州承载比 CBR

加州承载比 CBR 是美国加利福尼亚州提出的一种评定基层材料承载能力的试验方法。承载能力以材料抵抗局部荷载压入变形的能力来表征，并采用标准碎石的承载能力为标准，以相对值的百分数表示 CBR 值。这种方法后来也用于评定基层的强度，即标准试件在贯入为 2.54mm 时所施加的试验荷载与标准碎石材料在相同贯入量时所施加的荷载之比值，以百分率表示。由于 CBR 的试验方法简单，设备造价低廉，在许多国家得到广泛应用。

在直径 15.24cm、高 17.78cm 的金属筒内，放入 12.70cm 高的试样。试样按基层施工时的含水量和密实度在试筒内制备。并将试样浸水 4 昼夜，以模拟基层的最不利工作状态。为模拟道面结构对基层的作用，在试样浸水过程中及压入试验时，在其顶面施加环形砝码，其大小根据道面结构状况确定，但不得小于 45.3N、通常况下采用 111.2N。压入的金属圆柱压头底面积为 19.35cm^2。试验时，荷载按试件顶面每分钟压入变形 1～1.27mm 的速度施加，记录每压入 0.508mm 时的单位压力 p 值，直至贯入值为 12.07mm 时为止。

CBR 值按照式（5－9）计算：

$$CBR=\frac{p}{p_0}\times 100\% \qquad (5-9)$$

式中，p 为试件材料在一定贯入值情况下的单位压力（MPa）；p_0 为标准碎石在相同贯入值情况下的单位压力（MPa）。

计算 CBR 值的贯入值在一般情况下取 2.54mm，当贯入值为 2.54mm 时的 CBR 值小于贯入值为 5.08mm 时的 CBR 值时，应取后者为准。

（四）碾压或贫混凝土基层

（1）碾压混凝土或贫混凝土可用于沥青道面基层，厚度应不小于 150mm。

（2）碾压混凝土或贫混凝土基层掺加粉煤灰时，粉煤灰的掺入量宜为水泥质量，20%～40%。

（3）贫混凝土的集料公称最大粒径宜不大于 37.5mm，水泥剂量宜不少于 170kg/m^3，7d 抗压强度应不小于 10MPa。

(4) 碾压混凝土集料公称最大粒径宜不大于 26.5mm，水泥剂量宜不少于 280kg/m^3，7d 抗压强度应不小于 15MPa。

(5) 碾压混凝土和贫混凝土材料的弹性模量、弯拉强度及泊松比要求见表 5-13。

表 5-13 其他类材料的弹性模量、弯拉强度及泊松比参考值

材料类型	弹性模量（MPa）	弯拉强度（MPa）	泊松比
贫混凝土	15000～25000	1.5～3.5	0.25
碾压混凝土	20000～30000	2.5～4.5	

第六章 土与道基

早在几千年以前，人类就已经懂得利用土进行工程建设。例如，我国西安半坡村新石器时代遗址就曾发现土台和石器，相当于古代的地基基础。公元前三世纪后期修建了世界八大奇迹之一的万里长城，以及后来修建的南北大运河、黄河大堤，以及数不胜数的宫殿、庙宇等都能显示我国劳动人民在地基与基础方面对土的利用。这些历经了时代风雨考验和地质变迁仍然屹立不倒的伟大建筑，无一例外都有着坚固的地基与基础，这体现了当时的建筑工匠需要有丰富的有关土的知识和在它上面建造建筑物的经验。

土在机场工程中是很重要的建筑材料，没有充分压实的土的道基，再好的道面层也不会耐久。

第一节　土的形成

一、土的形成原因

地壳是由岩石和土所组成的。土是由连续、坚固的岩石在风化作用（包括物理风化、化学风化和生物风化）下形成的大小悬殊的颗粒，经过不同的搬运方式，在各种自然环境中生成的疏松和联结力很弱的沉积物。堆积下来的土，在很长的地质年代中，经过内力和外力地质作用，逐渐压缩固结、胶结硬化和重结晶，最终又会形成岩石。因此在自然界中，岩石不断被风化而破碎形成土，土又不断被压密、岩化形成岩石。这过程永无休止地重复进行着。

1. 物理风化

自然环境下的岩石经受风、霜、雨、雪的侵蚀，温度、湿度、冻胀的作用，还可能受到波浪的冲刷，搬运、重力、风力、地震等的物理破坏，从而不均匀膨胀与收缩，产生裂缝，崩解为碎石、碎屑。这种风化作用只改变颗粒的大小和形状，不改变原来的矿物成分，称为物理风化。由物理风化产生的土为巨粒土，这种土呈松散状态，总称无黏性土。物理风化是一个量变过程，形成了大量土的粗颗粒。

2. 化学风化

当岩石的碎屑与水、氧气和二氧化碳以及生物等相接触，这些岩石碎屑逐渐发生水化、碳化、氧化等化学变化，改变了原来组成矿物的成分，产生一种新的成分——次生矿物，这类风化称为化学风化。经化学风化产生的土为细粒土，这种土具有黏结力，如黏土与粉质黏土，总称黏性土。化学风化是一个质变过程，土的化学性质发生变化。

二、土的类别

根据土的地质成因，可划分为残积土、坡积土、洪积土、冲积土、淤积土、冰积土和风积土等，其中淤积土的成因包括湖泊堆积、沼泽堆积和一部分河谷冲积、三角洲冲积、滨海堆积等。

1. 残积土

残积土是岩石完全风化后残留在原地的土。

残积土在形成的初期，上部的颗粒较细、下部颗粒粗大，但由于后期雨水或雪水的淋滤作用，细小碎屑被带走，形成杂乱的堆积物。土颗粒的粗细取决于母岩的岩性，可以是粗大的岩块，也可能是细小的碎屑。由于未经过搬运，其颗粒具有明显的棱角状，无分选，无层理。残积土的物质成分与母岩的岩性密切相关。残积土具有较大的孔隙度，一般透水性较强，堆积在低洼地段的残积土常有上层滞水出现。

2. 坡积土

坡积土是山坡上方的风化碎屑物质在流水或重力作用下运移到斜坡下方或山麓处堆积形成的土。坡积土的颗粒一般具有棱角，但由于经过一段距离的搬运，往往成为亚角形；由于未经过良好的分选作用，细小或粗大的碎块往往夹杂在一起。坡积土的物质成分多种多样，与高处的岩性组成有直接关系。

3. 洪积土

洪积土是山区高地上的碎屑物质由暂时性洪流携带至沟口或沟口外平缓地带堆积形成的土。洪积土的颗粒具有一定的分选性：离山区或高地较近的地方，洪积土的颗粒粗大，碎块多呈亚角形；离山区或高地较远的地方，洪积土的颗粒逐渐变细，颗粒形状由亚角形逐渐变成亚圆形或圆形；在离山区或高地更远的地方，洪积土中则往往有淤泥等细颗粒土的分布。

4. 冲积土

冲积土是碎屑物质经河流冲积后在河谷地势较平缓地带或河口地带沉积形成的土。

冲积土根据其成因条件可分为山区河谷冲积土、平原河谷冲积土和三角洲冲积土。

(1) 山区河谷冲积土：主要由卵石、碎石等粗颗粒组成，分选性较差，颗粒大小不同的砾石相互混杂，组成水平排列的透镜体或不规则的夹层，厚度一般不大。

(2) 平原河谷冲积土：河流上游的冲积土一般颗粒粗大，向下游逐渐变细。冲积层一般呈条带状，常具有水平层理，有时也呈流水层或湍流层的交错层理。

(3) 三角洲冲积土：经河流冲积的大量细小碎屑物质在河流入海或入湖处沉积形成的土。三角洲冲积土形成于河流与海洋或湖泊相互作用的复杂沉积环境，是多种沉积相共存且成分复杂的沉积复合体。

5. 湖泊堆积土

湖泊堆积土是由于湖泊地质作用，包括物理作用、化学作用或生物化学作用，在湖盆内沉积形成的土。与其他陆相沉积土相比，湖泊堆积土一般颗粒细小，分选性和磨圆度均较好。湖泊堆积土中淤泥和泥炭分布广、厚度大，湖相黏土常具淤泥的特性，灵敏度很高。

6. 沼泽堆积土

沼泽堆积土是在地表水聚集或地下水出露的洼地内，由植物死亡后腐烂分解的残杂物与泥砂物质混合堆积形成的土。沼泽堆积土的主要成分为泥炭等有机生成物，呈黑褐或深褐色，有时也含有少量黏土和细砂，具水平层理。

7. 滨海堆积土

滨海堆积土是在海洋中靠近海岸的、海水深度不超过 20m 的、经常受海潮涨落作用影响的狭长地带堆积的土。滨海堆积土的分选性较好，颗粒大小由陆地向海洋方向自粗而细有规律地变化。由于海浪不断地冲蚀，颗粒形状滚成了圆形，磨圆度极好。滨海堆积土的成分较复杂，含有卵石、圆砾、砂、淤泥及生物贝壳等。

8. 冰积土

冰积土是由于冰川活动或冰川融化后的冰下水活动堆积而成的土。冰积土根据其成因条件，可分为冰碛堆积土、冰水堆积土和冰碛湖堆积土。

9. 风积土

风积土是岩石的风化碎屑物质经风力搬运至异地降落堆积形成的土。风积土的分选性良好，是陆相沉积土中分选性最好的土类之一。风积土中常见的为风积砂和风积黄土。

10. 人工填土

人工填土是由于人类活动所堆填的土。

人工填土根据其物质组成或堆填方式可分为素填土、杂填土、冲填土和压实填土等四类。

（1）素填土：由碎石土、砂土、粉土及黏性土等一种或几种土料组成的填土。

（2）杂填土：含有大量建筑垃圾、工业废料或生活垃圾等杂物的填土。

（3）冲填土：由水力冲填泥砂而形成的填土。

（4）压实填土：按一定标准控制土料成分、密度和含水量，经分层压实或夯实而成的填土。

素填土、杂填土和冲填土通常是由于人类活动所弃置而随意堆填的土，统称为人工弃填土。压实填土则是根据工程需要而特意处理堆填的土。

第二节　土的三相

土的物质成分包括土骨架的固态矿物颗粒、土孔隙中的液态水及其溶解物质以及土孔隙中的气体。因此，土是由颗粒（固相）、水（液相）和气体（气相）所组成的三相体系。土的三相组成、各相的性质、相对含量以及土的结构构造等各种因素，直接影响土的轻重、松密、干湿、软硬等一系列物理性质，而土的物理性质又在一定程度上决定了它的力学性质，所以物理性质是土的最基本的工程特性。在处理与土相关的工程问题和进行计算时，首先，要知道土的物理性质、特征及其变化规律，了解各类土的特性；其次，必须掌握各种物理特性指标的定义、测定方法以及三相比例指标间的相互换算关系，并且熟悉土的分类方法。

一、土的固相

土的固相物质包括无机矿物颗粒和有机质，是构成土的骨架最基本的物质，称为土粒。对土粒应从其矿物成分、颗粒的大小和形状来描述。

（一）土的矿物成分

土中的物质成分可以按照来源分为原生矿物、次生矿物和有机质三大类。

（1）原生矿物：原生矿物是岩石经物理风化破碎但化学成分没有发生变化的矿物成分，是岩浆在冷凝过程中形成的矿物。原生矿物主要有石英、长石、云母、角闪石、辉石、橄榄石、石榴石等，其中尤以石英、长石、云母最为常见。原生矿物颗粒一般都较粗大，它们主要存在于卵、砾、砂、粉各粒组中。

（2）次生矿物：次生矿物是原生矿物在一定气候条件下经化学风化作用，使其进一步分解而形成一些颗粒更细小的新矿物。次生矿物又可分为两种类型，一种是原生矿物中部分可溶性物质被水溶滤后带到其他地方沉淀下来所形成的可溶性次生矿物；另一种是原生矿物中的可溶部分被溶滤带走后，残留下来的部分改变了原来矿物的成分与结构，形成了新的不可溶性次生矿物。如三氧化二铝、三氧化二铁、次生二氧化硅、黏土矿物以及碳酸盐等。

当土中含水量少时，这些次生矿物结晶沉淀，在土中起胶结作用，可暂时提高土的力学强度；当含水量较多且盐分遇水溶解后，土的联结随之破坏，可使土的性质急剧变差。因此，土中含有一定数量的水溶盐时，土的性质随矿物的结晶或溶解会发生很大变化，尤其是易溶盐和中溶盐，是土中的有害成分，许多水溶盐溶于水后对金属和混凝土有腐蚀侵蚀性。工程设计规范中对水溶盐，特别是易溶盐含量有一定的限制。

（3）有机质：有机质是土中动植物残骸在微生物作用下分解形成的产物，分有机残余物和腐殖质两种。完全分解的腐殖质，呈胶粒，亲水性极强，与水的相互作用比黏粒更强，据研究，土中含量为1%的腐殖质相当于含量为1.5%的黏粒作用。有机残余物在湿度大和空气难以透入的条件下形成泥炭，性质很差。有机质是土中有害的矿物成分，腐植质含量在1.5%～2%以上称为淤泥类土，压缩性极高，强度很低，属特殊土类。

从外表上看到潮湿状态的土的颜色，在很大程度上反映了土的固相的不同成分和不同含量。红色、黄色和棕色一般表示土中含有较多的三氧化二铁，并说明氧化程度较高。黑色表示土中含有较多的有机质或锰的化合物；灰蓝色和灰绿色的土一般含有亚铁化合物，是在缺氧条件下形成的；白色或灰白色则表示土中有机质较少，主要含石英或含高岭石等黏土矿物。

（二）土的粒度成分

天然土是由大小不同的颗粒组成的，土粒的大小称为粒度。土颗粒的大小相差悬殊，大到几十厘米的漂石，小到几微米的胶粒。同时由于土粒的形状往往是不规则的，很难直接测量土粒的大小，只能用间接的方法来定量地描述土粒的大小及各种颗粒的相对含量。工程上常用不同粒径颗粒的相对含量来描述土的颗粒组成情况，这种指标称为粒度成分。

1. 土的粒组划分

天然土的粒径一般是连续变化的，为了描述方便，工程上常把大小相近的土粒合并为

组，称为粒组。粒组间的分界线是人为划定的，划分时应使粒组界限与粒组性质的变化相适应，并按一定的比例递减关系划分粒组的界限值。

对粒组的划分，各个国家不尽相同，我国现在常用的各粒组名称及其分界粒径尺寸见表 6－1。

表 6－1　土的粒组划分方案

<table>
<tr><th>粒组统称</th><th colspan="2">粒组名称</th><th>粒径 d 范围（mm）</th><th>分析方法</th><th>主　要　特　征</th></tr>
<tr><td rowspan="2">巨粒组</td><td colspan="2">漂石（块石）粒</td><td>$d>200$</td><td>直接测定</td><td>透水性很大，压缩性极小，颗粒间无黏结，无毛细性。</td></tr>
<tr><td colspan="2">卵石（碎石）粒</td><td>$60<d\leqslant200$</td><td rowspan="7">筛分法</td><td rowspan="7">透水性大，压缩性小，无黏性，有一定毛细性。</td></tr>
<tr><td rowspan="6">粗粒组</td><td rowspan="3">砾粒</td><td>粗砾</td><td>$20<d\leqslant60$</td></tr>
<tr><td>中砾</td><td>$5<d\leqslant20$</td></tr>
<tr><td>细砾</td><td>$2<d\leqslant5$</td></tr>
<tr><td rowspan="3">砂粒</td><td>粗砂</td><td>$0.5<d\leqslant2$</td></tr>
<tr><td>中砂</td><td>$0.25<d\leqslant0.5$</td></tr>
<tr><td>细砂</td><td>$0.075<d\leqslant0.25$</td></tr>
<tr><td rowspan="2">细粒组</td><td colspan="2">粉粒</td><td>$0.002<d\leqslant0.075$</td><td rowspan="2">静水沉降法</td><td>透水性小，压缩性中等，毛细上升高度大，微黏性。</td></tr>
<tr><td colspan="2">黏粒</td><td>$d\leqslant0.002$</td><td>透水性极弱，压缩性变化大，具黏性和可塑性。</td></tr>
</table>

2. 粒度成分及其表示方法

土的粒度成分是指土中各种不同粒组的相对含量（以干土质量的百分比表示），它可用以描述土中不同粒径土粒的分布特征。

常用的粒度成分的表示方法有表格法、累计曲线法和三角坐标法。

（1）表格法：表格法是以列表形式直接表达各粒组的相对含量。它用于粒度成分的分类是十分方便的，例如表 6－2 给出了三种土样的粒度成分分析结果。

表 6－2　粒度成分分析结果（%）

粒组（mm）	土样 A	土样 B	土样 C	粒组（mm）	土样 A	土样 B	土样 C
10～5	—	25.0	—	0.10～0.075	9.0	4.6	14.4
5～2	3.1	20.0	—	0.075～0.01	—	8.1	37.6
2～1	6.0	12.3	—	0.01～0.005	—	4.2	11.1
1～0.5	16.4	8.0	—	0.005～0.001	—	5.2	18.0
0.5～0.25	41.5	6.2	—	<0.001	—	1.5	10.0
0.25～0.10	26.0	4.9	8.0				

（2）累计曲线法：累计曲线法是一种图示的方法，通常用半对数纸绘制，横坐标（按

对数比例尺）表示某一粒径，纵坐标表示小于某一粒径的土粒的百分含量。如图 6－1 所示。

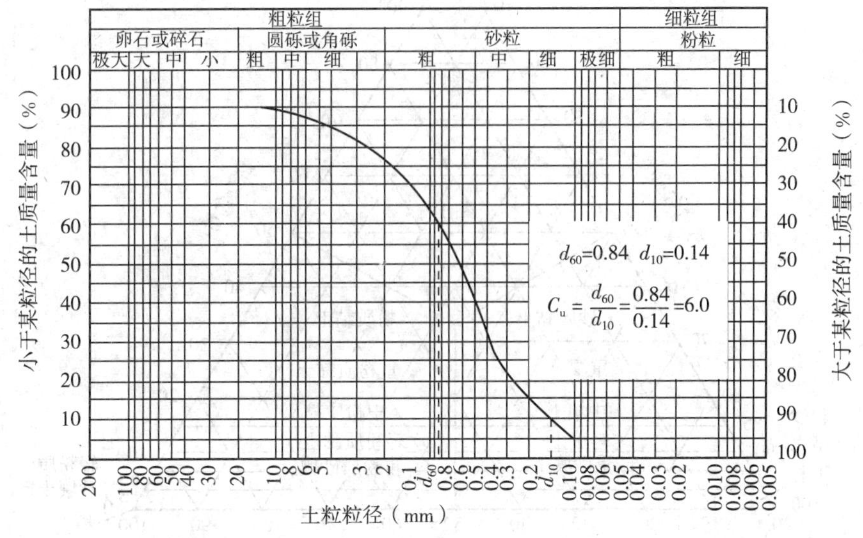

图 6－1　土的累计曲线

在累计曲线上，可确定两个描述土的级配的指标，如式（6－1）、式（6－2）：

① 不均匀系数

$$C_u=\frac{d_{60}}{d_{10}} \tag{6-1}$$

② 曲率系数

$$C_s=\frac{(d_{30})^2}{d_{60}d_{10}} \tag{6-2}$$

式中，d_{10}、d_{30}、d_{60}为分别为相当于累计百分含量为 10%、30%和 60%的粒径；

其中，d_{10}被称为有效粒径；d_{60}被称为限制粒径。

不均匀系数 C_u反映大小不同粒组的分布情况，$C_u<5$ 的土称为匀粒土，级配不良；C_u越大，表示粒组分布范围比较广，$C_u>10$ 的土级配良好。但如 C_u过大，表示可能缺失中间粒径，属不连续级配，故需同时用曲率系数来评价。曲率系数 C_s则是描述累计曲线整体的弯曲情况的指标。一般 C_s为 1～3，土的级配良好。

（3）三角坐标法：三角坐标法是一种图示法（如图 6－2 所示），可用来表达黏粒、粉粒和砂粒三种粒组的百分含量。它是利用几何上等边三角形中任意一点到三边的垂直距离之和恒等于三角形的高的原理，即 $h_1+h_2+h_3=H$ 来表达粒度成分。

3. *粒度成分分析方法*

常用的粒度成分的检测方法有两种：

（1）筛分法：适用于对粒径大于 0.075mm 的土粒。

（2）沉降分析法：适用于对粒径小于 0.075mm 的土粒。

筛分法是用一套不同孔径的标准筛把各种粒组分离出来，这和建筑材料的粒径级配筛

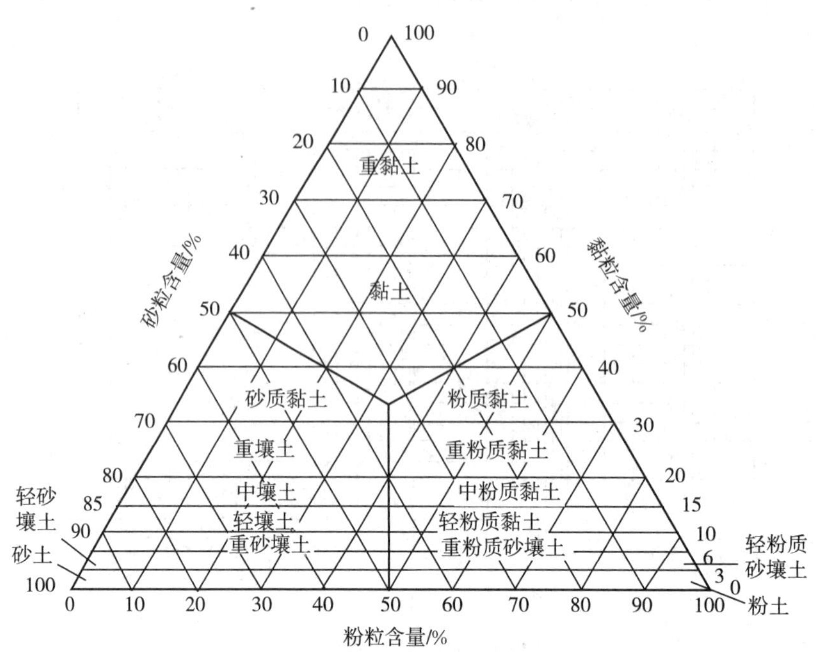

图 6-2　三角坐标法

分试验是一样的。但很细的粒组却无法用筛分法分离出来，这是因为工艺上无法生产很细的筛布。按我国原有的标准，最小孔径的筛是 0.1mm，而新的筛孔标准已改为 0.075mm，这相当于美国 ASTM 标准的 200 号筛。这是在国际上比较通用的标准，因此我国已经采用了这一标准，按新的标准生产了孔径为 0.075mm 的筛子。在采用最小孔径的筛子作筛分试验时应当采用水筛的方法，才能把联结在一起的细颗粒分开。通过 0.075mm 筛子的土粒用筛分法无法再加以细分，这就需要用沉降分析法。

沉降分析法是根据土粒在悬液中沉降的速度与粒径的平方成正比的司笃克斯公式来确定各粒组相对含量的方法。但实际上土粒并不是球形颗粒，因此，用司笃克斯公式计算的并不是实际土粒的尺寸，而是与实际土粒有相同沉降速度的理想球体的直径，称为水力直径。用沉降分析法测定土的粒度成分可用两种方法，即比重计法和移液管法。比重计是用来测定液体密度的一种仪器，对于不均匀的液体，从比重计读出的密度只表示浮泡形心处的液体密度。移液管法是用一种特定的装置在一定深度处吸出一定量的悬液，用烘干的方法求出其密度。用上述两种方法都可以求出土粒的粒径和累计百分含量。

4. 土粒的形状

土粒的形状是多种多样的，卵石接近于圆形而碎石颇多棱角，云母是薄片状而石英砂却是颗粒状的。土粒形状对于土的密实度和土的强度有显著的影响，棱角状的颗粒互相嵌挤咬合形成比较稳定的结构，强度较高；磨圆度好的颗粒之间容易滑动，土体的稳定性比较差。土粒的形状与土的矿物成分有关，也与土的形成条件及地质历史有关。描述土粒的形状一般用肉眼观察鉴别的方法。

二、土的液相

土的液相是指存在于土孔隙中的水。通常认为水是中性的，在零度时冻结，但实际上土中的水是一种成分非常复杂的电解水溶液，它和亲水性的矿物颗粒表面有着复杂的物理化学作用。水常以不同的形式和状态存在于土中，并与土粒相互作用着，这是影响土的性质的主要因素。按土中水的存在形式、状态、活动性及其与土的相互作用将土中水划分为固态水、结合水、自由水、气态水等类型，如图 6－3 所示。

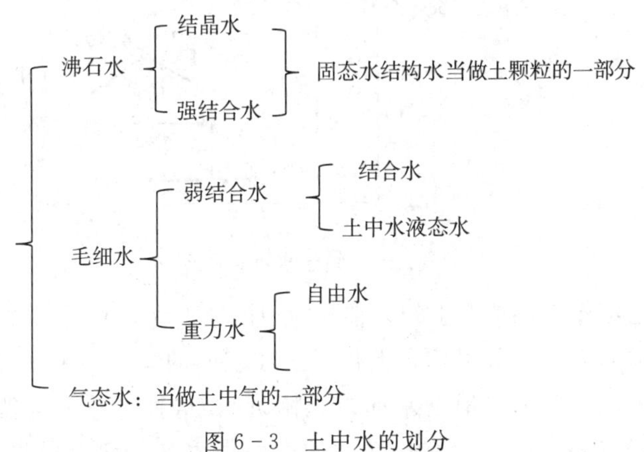

图 6－3　土中水的划分

1. 固态水

矿物成分水存在于矿物结晶格架的内部又称矿物内部结合水。按其与结晶格架结合的牢固程度不同，又分为结构水、结晶水和沸石水。结构水是以 H^+ 和 OH^- 离子的形式存在于矿物结晶格架的固定位置上，黏土矿物中铝氧八面体中的 OH^- 就是结构水。结晶水是水以分子形式和一定的数量存在于矿物结晶格架的固定位置上，如石膏($CaSO_4 \cdot 2H_2O$)中的 H_2O 就是结晶水。

2. 结合水

由于细小的土粒表面带电，而水又是极性水分子，在土粒表面静电引力作用下而被吸附的水称为结合水。结合水又可分为强结合水和弱结合水。

如图 6－4 所示，土粒的静电引力强度是随着离开土粒表面的距离增大而逐渐减弱的，靠近土粒表面的水分子，受到土粒的强烈吸引，而失去活动能力，整齐地排列起来，这部分水称为强结合水。而距离土粒表面稍远的水分子（强结合水的外缘），受到土粒的吸引力减弱，有部分活动能力，排列疏松不整齐，这部分水叫弱结合水。结合水不同于其他类型的水，它不受重力影响，密度较大，有黏滞性和一定的抗剪强度。强结合水在常温下不能移动，性质类似于固体颗粒；弱结合水可以从水膜厚处缓慢地向水膜薄处移动，黏性土的很多特性如可塑性与胀缩性等都是由于土中弱结合水的特性而表现出来的。

3. 自由水

自由水包括毛细水和重力水。距土粒表面较远的水分子，几乎不受或者完全不受土粒表面静电引力的影响，主要受重力或毛细压力作用的控制，能传递静水压力和能溶解盐分，在温度 0℃左右冻结成冰。

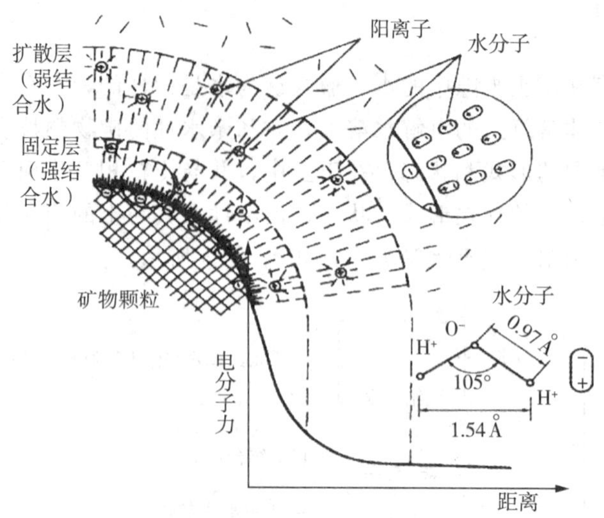

图 6－4　结合水示意图

毛细水是由于毛细作用保持在土的毛细孔隙中的地下水，它分布在结合水的外围，虽然水分子不能被土粒表面直接吸引住，但仍受土粒表面的静电引力的影响，特别是在固、液、气三相交界弯液面的附近（地下水面以上附近），这种影响尤为明显。这种情况下，土粒的分子引力（浸湿力）和水与空气界面的表面张力（毛细力）共同作用而形成毛细水。毛细水对土性质的影响，主要是毛细力常使砂类土产生微弱的毛细水联结。毛细水上升至地表时不仅引起沼泽化、盐渍化，而且使地基、路基侵蚀，降低土的力学强度。

重力水存在于较大的孔隙中，具有自由活动的能力，在重力作用下产生流动，为普通液态水，重力水流动时，产生动水压力，能冲刷带走土中的细小土粒，这种作用常称为机械潜蚀作用如管涌、流土等；重力水还能溶滤土中的水溶盐，这种作用称为化学潜蚀作用。潜蚀作用都将使土的孔隙增大，增大压缩性，降低土的抗剪强度；同时，地下水面以下饱水的土，受重力水浮力作用，土粒及土的重量相对减小。在工程计算中应当考虑这种渗流及浮力的作用力。

三、土的气相

土的气相是指充填在土的孔隙中的气体，包括与大气连通的和不连通的。

与大气连通的气体对土的工程性质没有多大的影响，它的成分与空气相似，当土受到外力作用时，这种气体很快从孔隙中挤出；但是密闭的气体对土的工程性质有很大的影响，密闭气体的成分可能是空气、水汽或天然气。在压力作用下这种气体可被压缩或溶解于水中，而当压力减小时，气泡会恢复原状或重新游离出来，使土的弹性增大，透水性减小。含气体的土称为非饱和土，土中的空隙全部被水填充的土称为饱和土。

四、土的结构

土的结构是指土粒（或团粒）的大小、形状、互相排列及联结的特征。

土的结构是在成土过程中逐渐形成的，它反映了土的成分、成因和年代对土的工程性质的影响。例如西北黄土的大孔隙结构是在干旱的气候条件下形成的，而西南的红黏土是在湿热的气候条件下形成的。这两种土虽然都具有大孔隙，但成因不同，土粒间的胶结物质不同，工程性质也就截然不同。土的结构对土的工程性质有重要影响，但到目前为止还未能提出满意的定量方法来描述土的结构。

土的结构按其颗粒的排列和联结可分为图 6-5 所示的三种基本类型。

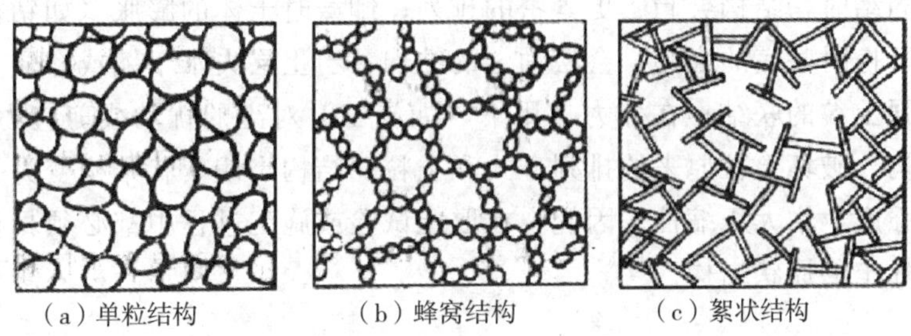

（a）单粒结构　（b）蜂窝结构　（c）絮状结构

图 6-5　土的结构示意图

1. 单粒结构

单粒结构是碎石土和砂土的结构特征。其特点是土粒间没有联结存在，或联结非常微弱，可以忽略不计。单粒结构可以是疏松的，也可以是密实的。疏松状具有疏松单粒结构的土，颗粒间孔隙大，土体骨架不稳定，在荷载作用下，特别在振动荷载作用下会趋向密实，土粒移向更稳定的位置，土中孔隙剧烈减少，同时产生较大的变形，引起土体较大的变形。因此，这种土未经处理一般不宜作为建筑物的地基；呈密实状单粒结构的土，由于其土粒排列紧密，在动、静荷载作用下都不会产生较大的变形，其强度较大，压缩性较小，是较理想的天然地基。密实状态的单粒结构在剪应力作用下会发生剪胀，其特点体积膨胀，密度变松。单粒结构的紧密程度取决于矿物成分、颗粒形状、粒度成分和级配的均匀程度。片状矿物颗粒组成的砂土最为疏松；浑圆的颗粒组成的土比带棱角的容易趋向密实；土粒的级配愈不均匀，结构愈紧密。

2. 蜂窝结构

蜂窝状结构是以粉粒为主的土的结构特征，粒径在 0.002～0.02mm 的土粒在水中沉积时，基本上是单个颗粒下沉，在下沉过程中碰上已沉积的土粒时，如土粒的引力相对自重而言已经足够的大，则此颗粒就停留在最初的接触位置上不再下沉，逐渐形成土粒链，形成大孔隙的蜂窝状结构。具有蜂窝状结构的土有很大的孔隙，但由于土粒链组成的弓架结构作用和一定程度的粒间联结，使其可以承担般的水平荷载。当水平荷载较高或承受动力荷载时，其结构将破坏，导致严重的地基沉降。

3. 絮状结构

絮状结构是黏土颗粒特有的结构，黏粒能够在水中长期悬浮，不因自重而下沉。悬浮在水中的黏土颗粒当介质发生变化时，土粒互相聚合，以边-边、面-边的接触方式形成絮状物下沉，沉积为大孔隙的絮状结构。这种结构对土的各向异性、抗剪强度和固结性质都有很大的影响。絮状沉积形成的土，在结构上是很不稳定的。随着溶液性质的改变或外力干扰，如受到压密或夯实作用时，絮状结构可变成定向结构；受到外力强烈干扰时，定向结构又可以变为无定向结构。具有絮状结构的黏性土，其土粒之间的联结强度（结构强度），往往由于长期的固结（压密）作用和胶结作用而得到加强。

黏粒间的联结特征是影响这一类土的工程性质的主要因素之上述三种结构中，以密实的单粒结构土的工程性质最好，蜂窝状结构其次，絮状结构最差。后两种结构土，如因振动破坏天然结构，则强度降低，压缩性增大，未经处理，不可作为天然地基。

土的结构形成以后，当外界条件变化时，土的结构会发生变化。例如，土层在上覆土层作用下压密固结时，结构会趋于更紧密的排列；卸载时土体的膨胀（如钻探取土时土样的膨胀或基坑开挖时基底的隆起）会松动土的结构；当土层失水干缩或介质变化时，盐类结晶胶结能增强土粒的联结；在外力作用下（如施工时对土的扰动或剪应力的长期作用）会弱化土的结构，破坏土粒原来的排列方式和土粒间结构，使絮状结构变为平行的重塑结构，降低土的强度，增大压缩性。因此，在取土试验或施工过程中都必须尽量减少对土的扰动，避免破坏土的原状结构。

第三节　土的物理指标

土的三相物质在体积和质量上的比例关系为三相比例指标。三相比例指标反映了土的干燥与潮湿、疏松与紧密，在一定程度上还可用来反映土的力学性质和工程性质，也是工程地质勘查报告中不可缺少的基本内容。所以要研究土的物理性质，就要分析土的三相比例关系，即土的物理性质指标的物理意义和数值大小。土的物理性质指标可以分为两类：一类是土的基本物理性质指标，这类指标需要由试验直接测定，所以又称为试验指标，包括土粒比重（土粒相对密度）、天然密度、含水量；另一类为土的换算物理性质指标，这类指标可以通过基本试验指标换算而来，包括干密度、饱和密度、浮密度、孔隙率、孔隙比和饱和度等。

为了推导土的三相比例指标，通常把在土体中实际上是处于分散状态的三相物质理想化地分别集中在一起，构成如图 6－6 所示的三相图。在图中，右边注明各相的体积，左边注明各相的质量。土样的体积 V 为土中空气的体积 V_a、水的体积 V_w 和土粒的体积 V_s 之和；土样的质量 m 为土中空气的质量 m_a、水的质量 m_w 和土粒的质量 m_s 之和；通常认为空气的质量可以忽略，则土样的质量就仅为水和土粒质量之和。

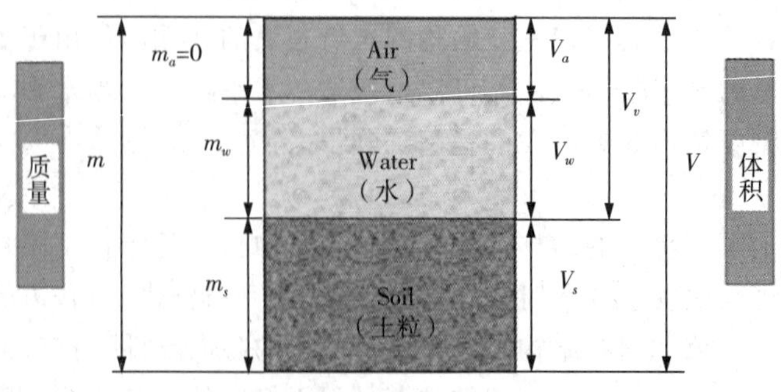

图 6－6　土的三相组成示意

一、土的基本物理指标

必须通过试验测定的指标有土的密度、土粒密度和含水量。

1. 土的密度 ρ

单位体积土的质量称为土的质量密度，简称土的密度，用 ρ 表示，单位通常用（g/cm^3）。一般土的密度为（1.6～2.20g/cm^3）。土的密度公式如式（6-3）所示：

$$\rho=\frac{m}{V} \tag{6-3}$$

单位体积土所受的重力称为土的重力密度，简称土的重度，并以 γ 表示，如式(6-4)所示：

$$\gamma=\frac{G}{V}=\frac{mg}{V}=\rho g\ (kN/m^3) \tag{6-4}$$

式中，g 为重力加速度，一般取 $g=9.8\approx10$（m/s^2）。

土的密度常用环刀法测定，用一圆形环刀（刀刃向下）放置于削平的原状土样面上，垂直将环刀全部压入土内，然后挖出环刀，用刮土刀将环刀上多余的土削至土样伸出环刀口为止，使其与环刀口面齐平，称得环刀内土样质量，求得质量与环刀容积之比值即为土的密度。现场测定土的密度一般采用灌砂法和灌水法，对于松散砂、淤泥和软黏土，采用核子密度湿度仪在现场测定其土的密度是近年来发展起来的一种新方法。

2. 土粒相对密度（比重）d_s

土粒密度 ρ_s（单位体积土粒的质量）与4℃时水密度 ρ_w 之比，称为土粒相对密度或土粒比重，土粒比重没有量纲。如式（6-5）：

$$d_s=\frac{m_s}{V_s}\cdot\frac{1}{\rho_w} \tag{6-5}$$

因为4℃时水密度 $\rho_w=1$（g/cm^3），所以土粒密度 ρ_s 与土粒相对密度（比重）d_s 在数值上是相等的。

一般土的土粒相对密度值见表6-2。土粒比重在试验室内可用“比重瓶法”测定。将风干碾碎的土样注入比重瓶内，由排出同体积的水的质量原理测定土颗粒的体积，从而测定土样的土粒比重。

表6-2　土粒相对密度参考值

土的类别	砂土	粉土	粉质黏土	黏土
土粒比重	2.65～2.69	2.70～2.71	2.72～2.73	2.73～2.74

3. 土的含水量 w

土中水的质量与土粒质量之比称为土的含水量，如式（6-6）所示，用百分数表示。

$$w=\frac{m_w}{m_s}\times100\% \tag{6-6}$$

含水量是表示土的湿度的一个指标，天然状态下土层的含水量变化范围很大，它与土的种类、埋藏条件及其所处的自然地理环境等有关。一般来说，同一类土，其含水量增大时，其强度就降低。土的含水量对黏性土、粉土的性质影响较大，对粉砂、细砂稍有影响，而对碎石土等没有影响。一般干的粗砂土，其含水量接近于零，而饱和砂土，可达40%；坚硬的黏性土的含水量约小于30%，而饱和状态的软黏性土（如淤泥），则可达60%或更大。

土的含水量常用烘干法、酒精燃烧法测定。先称出天然土样的质量，然后将其置于烘箱内维持温度100℃～105℃烘至恒量，再称干土质量，湿、干土质量之差与干土质量的比值，就是土的含水量。

二、土的换算物理指标

除了上述三个基本物理指标之外，还有六个常用指标，它们可以通过三个基础物理指标换算求得，所以被称为换算指标。

1. 土的干密度 ρ_d

单位体积土中土粒的质量称为土的干密度，如式（6－7）所示。

$$\rho_d=\frac{m_s}{V}\ (\mathrm{t/m^3}) \tag{6-7}$$

土的干密度值一般为1.3～1.8g/cm³。工程上常以土的干密度来评价土的密实程度，并常用这一指标来控制填土的施工质量。

2. 土的饱和密度 ρ_{sat}

土中孔隙完全被水充满时土的重度称为饱和重度，如式（6－8）所示。

$$\rho_{sat}=\frac{m_s+V_v\rho_w}{V} \tag{6-8}$$

3. 土的有效密度 ρ'

地下水位以下的土受到水的浮力作用，扣除水浮力后，单位体积土的质量称为土的有效密度，如式（6－9）所示。

$$\rho'=\frac{m_s-V_s\rho_w}{V} \tag{6-9}$$

4. 土的孔隙比 e

土中孔隙体积与土粒体积之比称为土的孔隙比，用小数表示，如式（6－10）所示。

$$e=\frac{V_v}{V_s} \tag{6-10}$$

孔隙比是用来评价土的密实程度的一个重要指标。黏性土和粉土的孔隙比变化较大。

5. 土的孔隙率 n

土中孔隙体积与总体积之比称为土的孔隙率，用百分数表示，如式（6－11）所示。

$$n=\frac{V_v}{V}\times 100\% \tag{6-11}$$

6. 土的饱和度 S_r

土中水的体积与孔隙体积之比称为土的饱和度，用百分数表示，如式（6-12）所示。

$$S_r=\frac{V_w}{V_v}\times 100\% \tag{6-12}$$

土的三相比例指标之间可以互相换算。各指标换算公式列于表 6-3 中。

表 6-3 土的三相指标换算公式

指标	常用换算公式	指标	常用换算公式
干密度	$\rho_d=\frac{\rho}{1+w}$	孔隙比	$e=\frac{\rho_s(1+\omega)}{\rho}-1$
饱和密度	$\rho_{sat}=\frac{\rho(\rho_s-1)}{\rho_s(1+\omega)}+1$	孔隙率	$n=1-\frac{\rho}{\rho_s(1+\omega)}$
有效密度	$\rho'=\frac{\rho(\rho_s-\rho_w)}{\rho_s(1+\omega)}$	饱和度	$S_r=\frac{\rho_s\cdot\rho\cdot\omega}{\rho_s(1+\omega)-\rho}$

第四节 土的状态指标

一、无黏性土的密实度

无黏性土主要是指砂土和碎石土。这类土颗粒一般为粒状，粒间联结很弱，且缺乏黏土矿物，所以是无黏性的散体，不具可塑性，呈单粒结构。无黏性土的密实度对其工程性质有重要的影响。当其处于密实状态时，结构较稳定，压缩性较小，强度较大，可作为建筑物的良好地基；而处于疏松状态时，稳定性差，压缩性大，强度偏低，属于软弱土之列。尤其是饱和的粉、细砂，稳定性很差，在振动荷载作用下，可能发生液化，对工程很不利，因此密实度是表征无黏性土物理特性的主要指标。无黏性土的这些特性是由于它所具有的单粒结构所决定的。在对无黏性土进行评价时，必须说明它所处的密实程度。

1. 无黏性土密实度的计算

采用天然孔隙比的大小来判别无黏性土的密实度，是一种较简捷的方法。但不足之处是它未反映无黏性土的级配和形状的影响。实践证明，有时较疏松的级配良好的无黏性土孔隙比，比较密实的颗粒均匀的无黏性土孔隙比小。此外，现场采取原状不扰动的无黏性样较困难，尤其是地下水位以下或较深的无黏性层更是如此。

当无黏性土处于最密实状态时，其孔隙比称为最小孔隙比 e_{min}，可将风干无黏性样分批装入容器，采用振动或锤击夯实的方法增加无黏性土样的密实度，直至密度不变时确定其最小孔隙比；而无黏性土处于最疏松状态时的孔隙比称为最大孔隙比 e_{max}，可取风干无黏性土样，通过长颈漏斗（松砂器法）轻轻地倒入容器来确定；e 为无黏性土的天然孔隙比。然后可按式（6-13）计算无黏性土的密实度 D_r：

$$D_r=\frac{e_{\max}-e}{e_{\max}-e_{\min}} \tag{6-13}$$

从式（6-13）可以看出，当无黏性土的天然孔隙比接近于最小孔隙比时，相对密实度接近于1，表明无黏性土接近于最密实的状态；而当天然孔隙比接近于最大孔隙比则表明无黏性土处于最松散的状态，则其相对密实度接近于0。根据无黏性土的相对密实度可以按表6-4将无黏性土划分为密实、中密、松散三种密实度。

表6-4　无黏性土密实度划分标准

密实度	密实	中密	松散
相对密实度	1～0.67	0.67～0.33	0.33～0

2. 无黏性土密实度的测定

从理论上讲，用密实度划分无黏性土的密实度是比较合理的。但由于测定无黏性土的最大孔隙比和最小孔隙比试验方法的缺陷，试验结果常有较大的出入；同时也由于很难在地下水位以下的无黏性层中取得原状无黏性样，无黏性土的天然孔隙比很难准确测定，这就使相对密实度的应用受到限制，因此，在工程实践中通常用标准贯入锤击数来划分无黏性土的密实度。

标准贯入试验是用规定的锤重（63.5kg）和落距（76cm）把标准贯入器（带有刃口的对开管，外径50mm，内径35mm）打入土中，记录贯入一定深度（30cm）所需的锤击数 N 值的原位测试方法。标准贯入试验的贯入锤击数反映了土层的松密和软硬程度。具体划分标准见表6-5。

表6-5　按标准贯入锤击数N值确定无黏性土密实度

密实度	松散	稍密	中密	密实
N 值	$N\leqslant10$	$10<N\leqslant15$	$15<N\leqslant30$	$N>30$

二、黏性土的界限含水量

1. 界限含水量的划分

含水量对黏性土的工程性质影响很大。当含水量很大时，黏性土就会成为泥浆，是一种黏滞流动的液体，称为流动状态；含水量逐渐减少时，黏滞流动的特点渐渐消失而显示出塑性。所谓塑性就是指可以塑成任何形状而不发生裂缝，并在外力解除以后能保持已有的形状而不恢复原状的性质。当含水量继续减少时，则发现土的可塑性逐渐消失，从可塑状态变为半固体状态。如果同时测定含水量减少过程中的体积变化，则可发现土的体积随着含水量的减少而减少，但当含水量很小的时候，土的体积却不再随含水量减少而减少了，这种状态称为固体状态。从一种状态变到另一种状态分界点的含水量称为分界含水量，流动状态与可塑状态间的分界含水量称为液限 w_L；可塑状态与半固体状态间的分界含水量称为塑限 w_P；半固体状态与固体状态的分界含水量称为缩限 w_s，如图6-7所示。

液限 w_L 可用两种方法测定。我国目前采用锥式液限仪来测定黏性土的液限。其测定

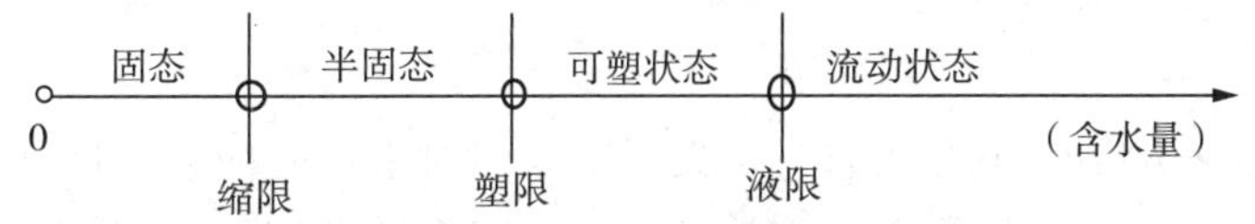

图 6-7 黏性土的含水量与状态关系

过程为：将调成均匀的浓糊状试样装满盛土杯内（盛土杯置于底座上），刮平杯口表面，将 76g 重圆锥体轻放在试样表面的中心，使其在自重作用下缓缓沉入试样，若圆锥体经 5s 恰好沉入 10mm 深度，这时杯内土样的含水量就是液限 w_L。

塑限 w_P 是用搓条法测定的。把塑性状态的土在毛玻璃板上用手搓条，在缓慢地单方向的搓动中土膏内的水分渐渐蒸发，如搓到土条的直径为 3mm 左右时断裂为若干段，则此时的含水量即为塑限 w_P。

由于上述测定液限、塑限的方法均采用人工操作，人为因素影响极大，测定结果很不稳定。我国的《公路土工试验规程》（JTG－E40）规定采用锥式液限仪进行液限和塑限联合测定的方法。联合测定法是采用锥式液限仪，以电磁放锥，利用光电技术组测读锥体入土深度，克服了上述方法的某些缺点，其测定过程为：将调成不同含水量的试样（至少 3 个不同含水量的试样）先后装入盛土杯中，刮平杯口表面，将 79g 重圆锥放在试样表面中心，以电磁控制放锥，使其在重力作用下缓缓沉入土中，利用光电方式测读锥体在 5s 时的入土深度。然后在双对数坐标纸上绘制圆锥下沉深度与土样含水量的关系曲线。大量试验资料表明它接近一条直线。在直线上查得圆锥下沉深度为 10mm 所对应的含水量为液限，下沉深度为 2mm 时所对应的含水量为塑限。

2. 塑性指数

可塑性是黏性土区别于无黏性土的重要特征。可塑性的大小用土处在塑性状态的含水量变化范围来衡量，从液限到塑限含水量的变化范围愈大，土的可塑性愈好。这个范围称为塑性指数 I_p，如式（6-14）。

$$I_p = w_L - w_P \tag{6-14}$$

塑性指数习惯上用不带%的数值表示。由于塑性指数在一定程度上综合反映了影响黏性土特征的各种因素，故工程上常按塑性指数对黏性土进行分类，如表 6-6 所示。

表 6-6 黏性土的分类

土的类别	粉质黏土	黏土
塑性指数	$10 < I_P \leqslant 17$	$I_P > 17$

黏性土的塑性指数越大，则其可塑状态的含水量范围也越大。研究表明，塑性指数的大小与土中结合水的含量有关，而土中结合水的含量与土的颗粒组成、土粒的矿物成分以及土中水的离子成分和浓度等因素有关。从土的颗粒而言，土粒越细且细颗粒的含量越高，则其比表面积和可能的结合水含量越高，因而塑性指数也越大；从矿物成分而言，黏土矿物可能具有的结合水量大，因而塑性指数也大；从土中水的离子成分和浓度而言，当水中高价阳离子的浓度增加时，土粒表面吸附的反离子层的厚度变薄，结合水含量相应减

少，塑性指数也小。

3. 液性指数

虽然天然含水量对黏性土的状态有很大影响，但对于不同的土，即使具有相同的含水量，两种土也未必处于相同的状态。也就是说，仅用含水量的绝对值指标并不能说明土处在什么状态。因为含不同黏土矿物的土在同一含水量下显示出不同的软硬状态。在同样的含水量下，一种土可能处于塑性状态，而含有不同矿物的另一种土可能处于流动状态，而两种土具有不同的塑限和液限。因此，黏性土还需要一个能够表示天然含水量与界限含水量之间相对关系的指标，也就是液性指数。

液性指数是指黏性土的天然含水量和塑限的差值（除去%）与塑性指数之比，用 I_L 表示，如式（6－15）所示：

$$I_L=\frac{\omega-\omega_P}{\omega_L-\omega_P}=\frac{\omega-\omega_P}{I_P} \tag{6-15}$$

根据液性指数，可将黏性土划分为坚硬、硬塑、可塑、软塑及流塑五种状态，其划分标准见表6－7。

表6－7 黏性土状态的划分

状态	坚硬	硬塑	可塑	软塑	流塑
液性指数	$I_L\leqslant0$	$0<I_L\leqslant0.25$	$0.25<I_L\leqslant0.75$	$0.75<I_L\leqslant1.0$	$I_L>1$

需要指出的是，黏性土的界限含水量指标液限和塑限，都是采用重塑土测定的，是天然结构已经破坏的重塑土的物理状态界限含水量。它们反映了黏土颗粒与水的相互作用，但并不能完全反映具有天然结构性的黏性土体与水的关系，以及作用后表现出的物理状态。因此用液限判定黏性土的软硬程度，对于扰动土是合适的，但对于原状土则偏于保守。

4. 灵敏度

我们把原状土无侧限抗压强度与结构完全破坏的重塑土的无侧限抗压强度之比叫灵敏度。灵敏度的大小决定着土结构性的强弱。土的灵敏度越高，结构性越强，受扰动后土的强度降低愈多。天然状态下的黏性土，由于地质历史作用常具有一定的结构性。当天然结构被破坏时，土粒间的胶结物质以及土粒、离子、水分子之间所组成的平衡体系受到破坏，黏性土的强度降低，压缩性增高。

黏性土受到扰动后结构破坏、强度降低，但是放置一段时间以后又会逐渐恢复原来的结构和强度，这种性质称为触变性。这是由于土粒、离子和水分子体系随时间而趋于新的平衡状态。

第五节 土的工程分类

不同成分、结构的土，其工程性质会有很大的不同，为了能大致判断土的基本性质，选择合理的研究方法，需要对土进行科学的工程分类。

工程中使用的岩石和土，可分为六类，即岩石、碎石土、砂土、粉土、黏性土和人工填土。

1. *岩石*

岩石应为颗粒间牢固联结，呈整体或具有节理裂隙的岩体。

岩石坚固程度应根据岩块的饱和单轴抗压强度 f_{rk} 分为坚硬岩、较硬岩、较软岩、软岩和极软岩（表 6－8）。当缺乏饱和单轴抗压强度资料或不能不进行该项试验时，可在现场通过观察定性划分（表 6－9）。

岩石的风化程度可分为未风化、微风化、中风化、强风化和全风化。

岩石的完整程度划分为完整、较完整、较破碎、破碎和极破碎（表 6－10）。当缺乏试验数据时，可按表 6－11 执行。

岩石的工程性质：除了强风化和全风化岩石外，一般岩石均为优良的地基；但软质岩石地基承载力偏低。

表 6－8　岩石坚硬程度的划分

坚硬程度类别	坚硬岩	较硬岩	较软岩	软岩	极软岩
饱和单轴抗压强度标准值 f_{rk}（MPa）	$f_{rk}>60$	$60\geqslant f_{rk}>30$	$30\geqslant f_{rk}>15$	$15\geqslant f_{rk}>5$	$f_{rk}\leqslant 5$

表 6－9　岩石坚硬程度的定性划分

名称		定性鉴定	代表性岩石
硬质岩	坚硬岩	锤击声清脆，有回弹，震手，难击碎；基本无吸水反应	未风化～微风化的花岗岩、闪长岩、辉绿岩、玄武岩、安山岩、片麻岩、石英岩、硅质砾岩、石英砂岩、硅质石灰岩等
	较硬岩	锤击声较清脆，有轻微回弹，稍震手，较难击碎；有轻微吸水反应	1. 微风化的坚硬岩； 2. 未风化～微风化的大理岩、板岩、石灰岩、钙质岩等
软质岩	较软岩	锤击声不清脆，无回弹，较易击碎；指甲可刻出印迹	1. 中风化的坚硬岩和较硬岩； 2. 未风化～微风化的凝灰岩、千枚岩、砂质泥岩、泥灰岩等
	软岩	锤击声哑，无回弹，有凹痕，易击碎；浸水后，可捏成团	1. 强风化的坚硬岩和较硬岩； 2. 中风化的较软岩； 3. 未风化～微风化的泥质岩 \ 泥岩等
极软岩		锤击声哑，无回弹，有较深凹痕，手可捏碎；浸水后，可捏成团	1. 风化的软岩； 2. 全风化的各种岩； 3. 各种半成岩

表 6－10　岩体完整程度划分

完整程度等级	完整	较完整	较破碎	破碎	极破碎
完整性指数	＞0.75	0.75～0.55	0.55～0.35	0.35～0.15	＜0.15

注：完整性指数为岩体纵波波速与岩块纵波波速之比的平方。

表 6-11 岩体完整程度划分

名称	结构面组数	控制性结构面平均间距（m）	代表性结构类型
完整	1～2	＞1.0	整状结构
较完整	2～3	0.4～1.0	块状结构
较破碎	＞3	0.2～0.4	镶嵌状结构
破碎	＞3	＜0.2	碎裂状结构
极破碎	无序	—	散体状结构

2. 碎石土

碎石土是指粒径大于 2mm 的颗粒超过总质量的 50％的土。根据颗粒大小和形状不同，可进一步分为漂石或块石、卵石或碎石、圆砾或角砾。分类标准见表 6-12。

碎石土没有黏性和塑性，属于单粒结构，其状态以密实度表示，分为松散、稍密、中密和密实（表 6-13）。

碎石土的工程性质：碎石土强度高、压缩性小、渗透性大为优良地基，其中碎石为最好。

表 6-12 碎石土的分类

土的名称	颗粒形状	粒组含量
漂石　块石	圆形及亚圆形为主棱角形为主	粒径大于 200mm 的颗粒超过总质量的 50％
卵石　碎石	圆形及亚圆形为主棱角形为主	粒径大于 20mm 的颗粒超过总质量的 50％
圆砾　角砾	圆形及亚圆形为主棱角形为主	粒径大于 2mm 的颗粒超过总质量的 50％

注：定名时应根据粒组含量栏从上到下以最先符合者确定。

表 6-13 碎石土的密实度

重型圆锥动力触探锤击数 $N_{63.5}$	$N_{63.5} \leqslant 5$	$5 < N_{63.5} \leqslant 10$	$10 < N_{63.5} \leqslant 20$	$N_{63.5} > 20$
密实度	松散	稍密	中密	密实

注：表内 $N_{63.5}$ 为经综合修正后的平均值。

3. 砂土

砂土是指粒径大于 2mm 的颗粒不超过总质量的 50％，且粒径大于 0.075mm 的颗粒超过总质量的 50％的土。砂土可再分为砾砂、粗砂、中砂、细砂和粉砂。分类标准见表6-14。

砂土的工程性质：一般为良好地基，饱和疏松的粉砂与细沙为不良地基。

表 6-14 砂土的分

土的名称	粒组含量
砾砂	粒径大于 2mm 的颗粒含量占总质量的 25％～50％

（续表）

土的名称	粒组含量
粗砂	粒径大于 0.5mm 的颗粒含量占总质量的 50%
中砂	粒径大于 0.25mm 的颗粒含量占总质量的 50%
细砂	粒径大于 0.075mm 的颗粒含量占总质量的 85%
粉砂	粒径大于 0.075mm 的颗粒含量占总质量的 50%

注：分类时应根据粒组含量栏从上到下以最先符合者确定。

4. 粉土

粉土为介于砂土与黏性土之间，指塑性指数小于或等于 10、粒径大于 0.075mm 的颗粒不超过总质量 50%的土。

粉土含有较多的粒径为 0.075～0.005mm 的粉粒，其工程性质介于黏性土和砂土之间，但又不完全与黏性土或砂土相同。粉土的性质与其粒径级配、包含物、密实度和湿度等有关。

粉土的工程性质：密实状态为良好地基，饱和状态下为不良。

5. 黏性土

黏性土是指塑性指数大于 10 的土。这种土中含有相当数量的黏粒（小于 0.005mm 的颗粒）。黏性土的工程性质不仅与粒组含量和黏土矿物的亲水性等有关，而且与成因类型及沉积环境等因素有关。黏性土按塑性指数分为粉质黏土和黏土。分类标准见表 6－15。

黏性土的工程性质：与含水量有关，密实硬塑时为优良地基、松散流塑时为软弱地基。

表 6－15　黏性土的分类

黏性土类别	粉质黏土	黏土
塑性指数	$10 < I_p \leqslant 17$	$I_P > 17$

注：塑性指数由相应于 76g 圆锥体沉入土样中深度为 10mm 时测定的液限计算而得。

6. 填土

填土是指人类由于各种活动而堆填的土。如建筑垃圾、工业残渣废料和生活垃圾等。这种土堆积的年代比较短，成分复杂，工程性质比较差。按其组成物质及成因分为素填土、杂填土和冲填土。分类标准见表 6－16。

填土的工程性质：一般由于强度低、压缩性大且不均匀为不良地基，压实填土相对较好。

表 6－16　人工填土的分类

土的名称	组成物质及成因
素填土	由碎石、砂土、粉土和黏性土等组成的填土
杂填土	含有建筑垃圾、工业废料、生活垃圾等杂物的土
冲填土	由水力冲填泥砂形成的土

7. 特殊土

特殊土是指一些具有特殊物质成分与结构，而且工程地质性质也比较特殊的土。特殊土具有常见的一般土不具备的特性，如黄土的湿陷性，淤泥的流变性，膨胀土的胀缩性等。这些特殊性质和它们的生成条件和经受变化的历史有密切关系。

第六节　特殊土及填土的处理

某些土类，由于生成时不同的地理环境、气候条件、地质成因、历史过程和次生变化等原因，使它们具有一些特殊的成分、结构和性质。当用作建筑物的地基时，如果不注意这些特殊性就可能引起事故。通常把这些具有特殊工程地质的土类称为特殊土。常见特殊土主要有湿陷性黄土、膨胀土、红黏土、软土以及盐渍土和多年冻土地基等。

飞行区存在特殊性岩土时，应按照《民用机场勘测规范》MH/T5025 的规定查明特殊性岩土的成因类型、工程性质、分布范围等，根据飞行区对地基的要求和天然地基条件确定地基处理方案。

一、软弱土

1. 软弱土的特征

软弱土指淤泥、淤泥质土和部分冲填土、杂填土及其他高压缩性土。由软弱土组成的地基称为软弱土地基。淤泥、淤泥质土在工程上统称为软弱土，其具有特殊的物理力学性质，从而导致了其特有的工程性质。软弱土的特性是天然含水量高、天然孔隙比大、抗剪强度低、压缩系数高、渗透系数小。在外荷载作用下的地基承载力低、地基变形大，不均匀变形也大，且变形稳定历时较长。

2. 软弱土的处理

当软弱土地基变形、强度或稳定性不满足要求时，应进行地基处理。

（1）对渗透性好或采取措施可降低含水率的地基，宜采用重锤夯实、强夯、冲击碾压、振动压实等机械压（夯）实浅层处理方法，处理有效深度宜通过现场试验确定。

（2）对较厚淤泥和淤泥质土地基，宜采用预压排水固结处理方法，预压荷载宜大于设计荷载，预压时间应根据排水通道设置、预压荷载大小及地基固结情况等综合确定，并应考虑预压荷载和堆载速率对堆载效果、场地稳定和周围建筑物的影响。

（3）当地基处理需设置垫层或采用换填法时，垫层或换填材料应采用性能稳定、无侵蚀性的材料，如：中砂、粗砂、砾砂、角（圆）砾、碎（卵）石、矿渣、灰土、轻质材料等。

（4）局部软弱土层以及暗塘、暗沟等可采用换填、复合地基或其他方法处理。

（5）软弱土地基处理检测应以标准贯入、静力触探、动力触探等原位测试为主，辅以必要的室内试验。

（6）软弱土地基处理应结合地基处理方法进行以沉降为主的监测，必要时应进行稳定性监测，监测内容主要包括地表沉降、分层沉降、地表水平位移、深层位移、孔隙水压力等。沉降稳定标准宜根据施加荷载大小、施工工况、预测的总沉降和工后沉降、沉降趋势和速率等因素综合分析确定。

（7）采用新技术、新材料、新工艺处理软弱土地基时，应进行分析论证与现场试验。

二、湿陷性黄土

1. 湿陷性黄土的特征

黄土是一种产生于第四纪地质历史时期干旱条件下的沉积物，具有天然含水量的黄土，如未受水浸湿，一般强度较高，压缩性较小，某些黄土在一定压力下受水浸湿，土结构迅速破坏，产生显著附加下沉，强度也迅速降低，其称为湿陷性黄土。土质均匀或较为均匀，结构疏松，大孔发育，有较强烈的湿陷性。在一定压力下受水浸湿，土结构不破坏，并无显著附加下沉的黄土称为非湿陷性黄土。

我国的湿陷性黄土，一般呈黄或褐黄色，粉土粒含量常占土重的60%以上，含有大量的碳酸盐、硫酸盐和氯化物等可溶盐类，天然孔隙比约为1.0，一般具有肉眼可见的大孔隙。湿陷性黄土又分为非自重湿陷性和自重湿陷性黄土两种。在土自重应力作用下受水浸湿后不发生湿陷者称为非湿陷性黄土；而在自重应力作用下受水浸湿后发生湿陷者称为自重湿陷性黄土。

2. 湿陷性黄土的处理

飞行区存在湿陷性黄土时，应进行现场浸水试验，根据湿陷性黄土特性、深度等，研究场地浸水的概率和后果严重程度，利用当地湿陷性黄土的治理经验，综合确定地基处理方案。飞行区道面影响区湿陷性黄土地基处理应符合表6-17的规定。

表6-17　湿陷性黄土地基处理要求

<table>
<tr><th colspan="2">湿陷等级</th><th>地基处理厚度（m）</th><th>剩余总湿陷量（mm）</th></tr>
<tr><td colspan="2">Ⅰ级</td><td>≥1.0</td><td rowspan="5">不宜大于200</td></tr>
<tr><td rowspan="2">Ⅱ级</td><td>非自重湿陷</td><td>≥0.0</td></tr>
<tr><td>自重湿陷</td><td>≥2.5</td></tr>
<tr><td colspan="2">Ⅲ级</td><td>≥3.0</td></tr>
<tr><td colspan="2">Ⅳ级</td><td>≥4.0</td></tr>
</table>

湿陷性黄土应采用以地基处理为主的综合治理方法。湿陷性黄土地基处理可按表6-18选择，可采用一种或多种方法相结合。

表6-18　湿陷性黄土地基处理常用方法

处理方法	适用范围	处理百度（m）
冲击碾压法	地下水位以上	0～1.4
换填垫层法	地下水位以上	1～3
强夯法	地下水位以上，饱和度 Sr≤60%的湿陷性黄土	3～7
挤密法	地下水位以上，饱和度 Sr≤65%的湿陷性黄土	5～15
其他方法	需试验验证	

湿陷性黄土应进行防水和排水设计，并符合下列要求：

（1）在雨季进行地基处理及土石方填筑施工时，应设置临时排水设施；

（2）在有地下水或地表水活动的地段，应采取截、排及防治渗漏等措施。

三、膨胀土

1. 膨胀土的特征

膨胀土一般系指黏粒成分主要由亲水性矿物组成，同时具有显著的吸水膨胀和失水收缩两种变形特性的黏性土，其一般强度较高，压缩性低，易被误认为是建筑性能较好的地基土。通常，一般黏性土也具有膨胀和收缩特性，但胀缩量不大，对工程无太多影响；而膨胀土的膨胀—收缩—再膨胀的周期性变化特性非常显著，常给工程带来危害。通常需将其与一般黏性土区别，作为特殊土处理。此外，由于该类土同时具有吸水膨胀和失水收缩的往复胀缩性，故亦称为胀缩性土。

膨胀土具有显著的吸水膨胀和失水收缩的变形特性，使建造在其上的构筑物随季节性气候的变化而反复不断地产生不均匀的升降，致使房屋开裂、倾斜，道面路基发生破坏，堤岸、路堑产生滑坡，机场跑道、涵洞、桥梁等刚性结构物产生不均匀沉降等，造成巨大损失。

2. 膨胀土的处理

飞行区存在膨胀土时，应根据膨胀土的膨胀率、收缩系数和膨胀力等特性，综合考虑气候特点、地形地貌条件、土体水分的变化情况，利用当地膨胀土的处理经验，因地制宜，确定地基处理方案。对强膨胀潜势的膨胀土场地，应进行专项试验研究。

膨胀土填方地基设计应符合下列要求：

（1）道床厚度范围应采用非膨胀土填筑或进行土质改良，当填方高度小于道床厚度且地基为膨胀土时，宜挖除地表 0.3～0.6m 的膨胀土，并将道床换填非膨胀土或掺灰处理。地基若为强膨胀潜势的膨胀土，挖除深度应达到大气影响急剧层深度。

（2）强膨胀潜势的膨胀土不应作为飞行区道面影响区和填方边坡稳定影响区填料，如无其他填料时，应采取改良措施，并通过现场试验确定。

（3）中膨胀潜势或弱膨胀潜势的膨胀土作为飞行区道面影响区和填方边坡稳定影响区填料时，应经改良处理后方可填筑，并采取防水、封闭、坡面防护等措施。

（4）膨胀土进行改良处理时宜采用二灰（石灰和粉煤灰）或石灰，最佳掺灰量宜通过室内试验结合现场试验确定，以掺灰后胀缩总率不超过 0.7%为宜。

（5）填方地基的压实工艺可采用碾压、冲击碾压，分层填筑厚度一般为 0.3～0.8m。压实度应符合规定。

（6）采用弱膨胀潜势及中膨胀潜势的膨胀土填筑地基，其边坡坡率应根据填方边坡的高度、填料重塑后的性质、区域气候特点，并参照既有填方地段的经验综合确定。边坡坡率和边坡平台的设置可按《公路路基设计规范》JTG D30 的规定执行。

在膨胀土地基处理过程中，主要检测指标应包括掺灰量、压实度；膨胀土地基处理之后，主要检测指标应包括自由膨胀率、胀缩总率、浸水膨胀量。

四、盐渍土

1. 盐渍土的特征

盐渍土系指含有较多易溶盐（含量>0.5%），且具有吸湿、松胀等特性的土。盐渍土分布很广，一般分布在地势较低且地下水位较高的地段，如内陆洼地、盐湖和河流两岸的漫滩、低阶地、牛轭湖以及三角洲洼地、山间洼地等。我国西北地区如青海、新疆有大面积的内陆盐渍土，沿海各省则有滨海盐渍土。

盐渍土厚度一般不大，自地表向下约 1.5～4.0m，其厚度与地下水埋深、土的毛细作用上升高度以及蒸发作用影响深度（蒸发强度）等有关。其形成受如下因素影响：干旱半干旱地区，因蒸发量大，降雨量小，毛细作用强，极利于盐分在表面聚集；内陆盆地因地势低洼，周围封闭，排水不畅，地下水位高，利于水分蒸发盐类聚集；农田洗盐、压盐、灌溉退水、渠道渗漏等进入某土层也将促使盐渍化。影响盐渍土基本性质的主要因素是土中易溶盐的含量。土中易溶盐主要有氯化物盐类、硫酸盐类和碳酸盐类三种。

2. 盐渍土的处理

飞行区存在盐渍土时，应根据盐渍土的分布范围、含盐特征、地下水和地表水情况、盐渍土类型和盐渍化过程，研究和分析可能产生的溶陷（蚀）、盐胀、腐蚀性等病害，利用当地盐渍土病害防治经验，因地制宜，确定地基处理方案。对于盐胀性强盐渍土、超强盐渍土以及溶蚀性盐渍土应进行专项研究。

飞行区道面影响区盐渍土地基处理应符合下列要求：

（1）清除表层的植被、盐壳、腐殖质土、强盐渍土和超强盐渍土。

（2）过湿地段应排除积水，挖除表层湿土后换填碎石、砾石、砂等粗颗粒土，粗颗粒土含盐量应小于 0.3%。

（3）填方区道基顶面高出地面、地下水位或地表长期积水位的最小高度，应不低于表 6-19 的规定。挖方区地基换填厚度应结合地基盐胀和冻胀深度综合确定，应不小于 1.0m。

表 6-19　盐渍土地区道基顶面最小高度

土质类别	高出地面（m）		高出地下水位或地表长期积水位（m）	
	弱、中盐渍土	强、超强盐渍土	弱、中盐渍土	强、超强盐渍土
碎石土	0.8	1.2	2.0	2.2
砂土	1.2	2.0	2.6	2.8
黏性土	2.0	2.6	3.6	4.0
粉土	2.6	3.0	4.2	4.6

注：设置隔断层的道基，其高度不受该表限制。

受地表水或地下毛细水影响的道基可设置隔断层，隔断层设计应根据当地材料、道基填方高度及水文地质情况，并进行技术经济比较后确定。隔断层可采用砂、砾石和隔水复合土工膜，应高出地面和地表长期积水位，并延伸到飞行区土面区一定范围。

盐渍土地基处理应进行含盐量、压实度等检测；对于盐胀性盐渍土应进行盐胀厚度、总盐胀量检测；对于溶蚀性盐渍土应进行浸水载荷试验检测。

五、冻土

1. 冻土的特征

温度≤0℃，含有冰，且与土颗粒呈胶结状态的各类土称为冻土。根据冻土的冻结延续时间又可分为季节性冻土和多年冻土两大类。

季节性冻土是指地壳表层冬季冻结而在夏季又全部融化的土。我国华北、西北和东北广大地区均有分布。因其周期性的冻结、融化，对地基的稳定性影响较大。多年冻土是指持续冻结时间在 2 年或 2 年以上的土。多年冻土常存在地面下的一定深度，每年旱季冻结，暖季融化，其年平均地温 0℃以上的地壳表层称为季节融化层。其下为多年冻土层，多年冻土层的顶面称为多年冻土上限。多年冻土主要分布在黑龙江的大小兴安岭一带，内蒙古纬度较大地区，青藏高原和甘肃、新疆的高山区，其厚度从不足 1m 至几十米。

2. 冻土的处理

飞行区存在冻土时，应按《民用机场勘测规范》MH/T5025 对冻土进行定名、分类和冻胀性或融沉性分级，并根据多年冻土分布、地下冰的平面和垂向分布、年平均地温等，结合地形地貌，研究分析可能产生的病害，利用当地冻土治理经验，因地制宜确定处理方案。

（1）季节冻土场地抗冻措施应采用防水排水、道基填料选取及提高压实标准等

① 地表和地基防水排水措施可采用截水沟、排水沟、暗沟、渗沟、渗水井和透水隔离层等，渗沟应设检查井，飞行区土面区排水沟不宜采用暗沟。边坡截水沟应采取防止渗水措施以防止冻融滑塌。排水困难时可考虑减少挖方深度或增加填方高度。

② 填方区标准冻深范围内，道床填料应为不冻胀土；道床以下填料宜为不冻胀土和弱冻胀土，当填筑粉砂、粉土和黏性土时，可进行改善处治；强风化软质岩及遇水崩解软化岩石不得用于上道床填筑。挖方区道面下换填垫层应符合现行民用机场道面设计规范的规定。压实标准应符合规定。

③ 多年冻土场地地基应根据冻土的类型及年平均气温，采用保护、不保护或破坏的原则设计。设计时应按冻土含冰特征区别对待，并计算融化沉降量和压缩沉降量，以确定设计原则和施工完成前的预留沉降量。多年冻土场地经验不足时宜进行专项研究。

④ 多年冻土场地填料及压实度除应符合规定外，尚应考虑冻结层上水的发育程度及填料的冻胀敏感性，挖方区开挖的高含冰量冻土不得作为飞行区道面影响区填料。道基顶面为碎石土时，应在地面设置防渗层，防渗层顶面横坡应不小于 4%。

⑤ 多年冻土场地应采取措施排除地表水和防止边坡外积水，对有危害的地下水应根据其类型、水量、积水和地层情况采用渗沟、冻结沟、积冰坑、挡冰堤或挡冰墙等措施排除。

⑥ 冻土地区机场建设应注意环境保护，减小对地表植被的破坏，做好地表和内部排水系统，场外取土时远离建（构）筑物，尽量避免外弃土方。

（2）冻土地基检测应符合下列规定

① 季节冻土地区飞行区道面影响区开挖后，应进行检验，当地基留有冻土层时，应检验残留冻土层厚度是否满足要求。道床填土过程中，应分层取样检测压实度，上道床和

下道床压实度应分别不小于98%和96%，粒径小于0.075mm颗粒含量应不大于10%。

② 多年冻土地区的基础下设置由粗颗粒非冻胀性砂砾料构成的垫层时，在压实填土过程中，应分层取样检测土的干密度和含水率，其压实度应不小于96%，对碎石、卵石土，干密度应不低于2.0g/cm^3，粒径小于0.075mm颗粒含量应不大于15%。

(3) 冻土地基监测应符合下列规定

① 冻土地基主要监测项目应包括地温场监测和变形监测，地温场监测包括年平均地温及持力层范围内的地温变化状态，变形监测包括施工期和运行期的基础冻胀和融沉变形。

② 多年冻土以冻结状态作用地基时，应全程监测；多年冻土以逐渐融化状态作用地基时，应监测5～10年；多年冻土以预先融化状态作用地基时，应监测3～5年。监测应与工程施工同时开始，施工期每月监测3次，运行期每月1次。

六、填土

1. 填土的特征

填土通常指人类工程和生活活动过程中随机堆填而成的无规则的无序堆积体，在建设工程中，填土位于地层的顶部，或作为新建建（构）筑物的基础持力层，亦或作为基坑边坡的坡体结构与荷载。填土因其特殊的成因，工程意义上有其特殊性，如常见的不均匀、欠固结、湿陷等，均是不利于工程安全的特性。因此，在充分调查了解填土特性的基础上，提出针对性的合理利用和处理方案，就可将这种“无用”的废弃填土场地变为有用之地，既可以节约土地资源，又可以保护周边建（构）筑物，并改善区域环境。

2. 填土的处理

飞行区存在填土时，应根据填土的成分、分布和堆积年代等，分析地基的均匀性和密实程度，并按成分、厚度、强度和变形特性等进行分层或分区评价，综合确定地基处理方案。填土性质复杂、厚度大、分布范围广时，应进行专项研究。

素填土、冲填土，以及由建筑垃圾或性能稳定的工业废料组成的杂填土可做地基土，由有机质含量较高的生活垃圾和对建（构）筑物有腐蚀性的工业废料组成的杂填土，不得作为地基土。

填土地基处理应符合下列要求：

(1) 换填法可用于处理填土厚度不大、填土成分不适合做地基土的填土地基。

(2) 分层压实法、振动碾压法和冲击碾压法可用于处理填土厚度不大、填土成分可做地基土的填土地基。强夯法可用于处理填土厚度较大、填土成分可做地基土的填土地基。

(3) 填土地基大面积处理前宜进行现场地基处理试验，以验证选用地基处理方法的有效性，优化地基处理设计参数。

(4) 填土地基应检测密实程度和均匀性，以标准贯入、静力触探、动力触探等手段为主，可辅以无损检测和室内试验。

七、常用特殊土处理方法

1. 换土垫层法

将浅层软弱土挖去，置换强度较高的砂土、碎石土、灰土等，夯实或压实后作为地基持力层。宜采用颗粒级配良好、质地坚硬的中砂、粗砂、砾砂、碎石、石屑或其他工业废粒料。缺少中、粗砂和砾砂的地区，也可采用细砂，但宜同时掺入一定数量的碎石或卵石，其掺量应按设计规定（含石量不应大于50%）。所用砂石料，不得含有草根、垃圾等有机杂物。兼起排水固结作用时，含泥量不宜超过3%。碎石或卵石最大颗粒不宜大于50mm。

换土后可以提高浅层地基承载力、减少地基沉降量、加速排水固结过程、防止冻土。适用于淤泥与淤泥质土、湿陷性黄土、填土、季节冻土。

2. 砂井堆载预压法

砂井堆载预压法是指在软土层中按一定距离打入管井，井中灌入透水性良好的砂，形成排水“砂井”，并在砂井顶部设置砂垫层作为水平排水通道，在砂垫层上部压载，以增加土中附加应力，附加应力产生超静水压力，使土体中孔隙水较快地通过砂井从砂垫层排出，以达到加速土体固结，在堆载预压下，加速地基排水固结，提高地基承载能力。

砂井的直径与间距要适当，深度则根据软黏土层厚度、施工限制、承载力要求等综合确定。一般尽量穿透黏土层或到达透水层。砂井内部填充中粗砂或沙袋。砂井堆载预压法适用于处理深厚软土和冲填土地基，多用于处理机场跑道、水工结构、道路、码头等工程地基。

3. 强夯法

强夯法指的是为提高软弱地基的承载力，用重锤自一定高度下落夯击土层使地基迅速固结的方法。强夯是动力固结法，利用起吊设备，将10～40吨的重锤提升至10～40m高处使其自由下落，依靠强大的夯击能和冲击波作用夯实土层。现有经验表明，在100～200吨米夯实能量下，一般可获得3～6m的有效夯实深度。

强夯法适用于处理碎石土、砂土、低饱和度的粉土与黏性土、湿陷性黄土、杂填土和素填土等地基。对高饱和度的粉土与黏性土等地基，当采用在夯坑内回填块石、碎石或其他粗颗粒材料进行强夯置换时，应通过现场试验确定其适用性。强夯不得用于不允许对工程周围建筑物及设备有一定振动影响的地基加固，必需时，应采取防振、隔振措施。

4. 挤密法

挤密法是以振动或冲击等方法成孔，然后在孔中填入砂、石、土、石灰、灰土或其他材料，并加以捣实成为桩体，按其填入的材料分别为砂桩、砂石桩、石灰桩、灰土桩等。挤密法一般采用打桩机或振动打桩机施工，也有用爆破成孔的。

挤密桩主要靠桩管打入地基中，对土产生横向挤密作用，在一定挤密功能作用下，土粒彼此移动，小颗粒进入大颗粒的空隙，颗粒间彼此靠近，空隙减少，使土密实，地基土的强度也随之增强。挤密桩主要应用于处理松软砂类土、消除湿陷性，其效果是显著的。

5. 振冲置换法

振冲置换法，是以起重机吊起振冲器，启动潜水电机带动偏心块，使振动器产生高频振动，同时起动水泵，通过喷嘴喷射高压水流，在边振边冲的共同作用下，将振动器沉到土中的预定深度，经清孔后，从地面向孔内逐段填入碎石，使其在振动作用下被挤密实，达到要求的密实度后即可提升振动器，如此反复直至地面，在地基中形成一个大直径的密实桩体与原地基构成复合地基，提高地基承载力，减少沉降，是一种快速、经济有效的加固方法。振冲置换法适用于饱和黏土、粉土、饱和黄土等，振冲成孔后在孔内填入砂石形成复合地基。其原理见图 6-8 所示。

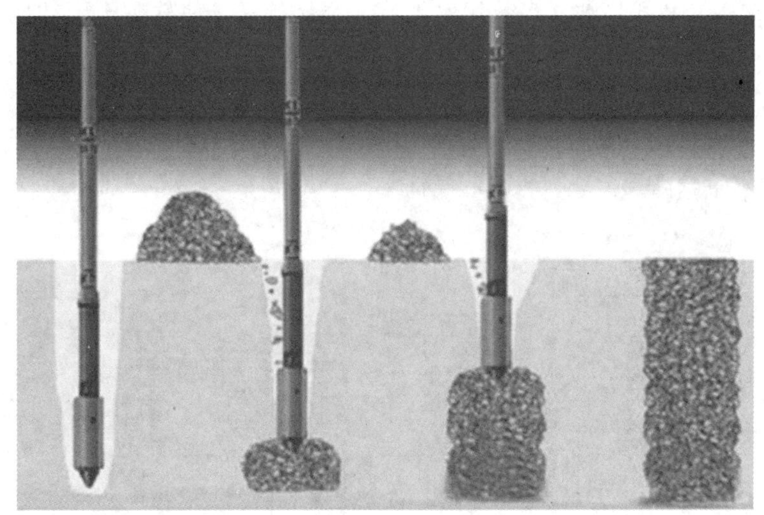

图 6-8　振冲置换法原理图

6. 高压喷射注浆法

高压旋喷注浆法（如图 6-9 所示）是在化学注浆法的基础上，采用高压水射流切割技术而发展起来的。高压喷射注浆就是利用钻机钻孔，把带有喷嘴的注浆管插至土层的预定位置后，以高压设备使浆液成为 20MPa 以上的高压射流，从喷嘴中喷射出来冲击破坏土体。部分细小的土料随着浆液冒出水面，其余土粒在喷射流的冲击力、离心力和重力等作用下，与水泥浆搅拌混合，并按一定的浆土比例有规律地重新排列，使土体与水泥浆成分混合并胶结硬化加固地基。浆液凝固后，便在土中形成一个固结体与桩间土一起构成复合地基，从而提高地基承载力，减少地基的变形，达到地基加固的目的。

主要适用于淤泥、淤泥质土、黏性土、粉土、砂土等细颗粒土。

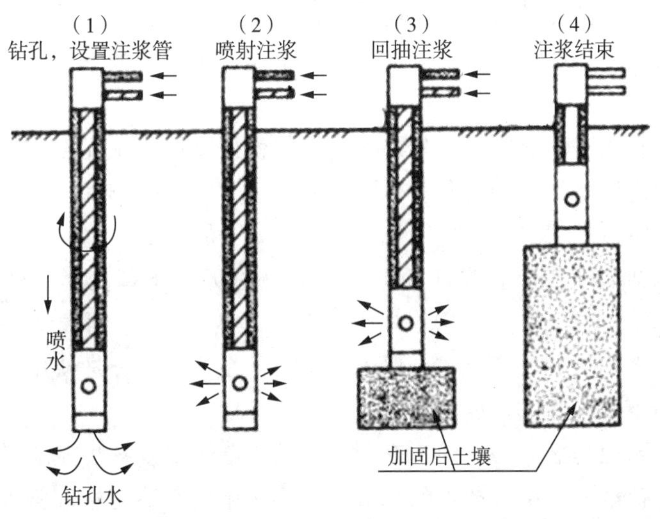

图 6-9　高压喷射注浆法示意图

7. 深层搅拌法

通过特制的深层搅拌机械，在地基中就地将软黏土（含水量超过液限、无侧限抗压强度低于0.005MPa）和固化剂（多数用水泥浆）强制拌和，使软黏土硬结成具有整体性、水稳性和足够强度的地基土。根据上部结构的要求，可对软土地基进行柱状、壁状和块状等不同形式的加固。施工过程如图6-10所示。

这种方法的原理就是水泥或石灰的胶结硬化作用。用于加固深度较厚的淤泥、淤泥质土、粉土和含水量较高且承载力较小的黏性土。

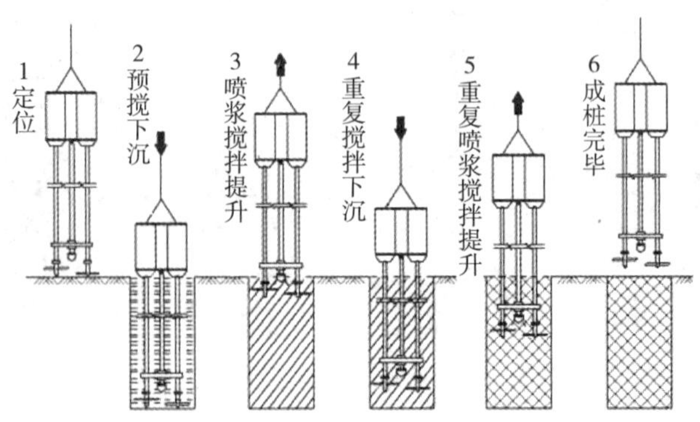

图6-10 深层搅拌法施工过程

第七节 土的压实

一、道基压实

道基是由天然土壤构筑而成，是道面结构的最下层，承受全部道面上层结构的自重和机轮荷载应力。土基的平整性和压实质量，在很大程度上决定着整个道面结构的稳定性。因此，无论是填方还是挖方道基均应按要求予以压实。对于特殊土质应采取相应的技术措施，以免在机轮荷载和自然因素的长期反复作用下，产生过量的形变和其他病害，从而加速道面结构的损坏。

实践证明，没有坚实、稳定、均匀的道基，仅做好基层和水泥混凝土板，道面是不能稳定的。所以在确定道面高程和进行排水设计时，必须确保道基稳定，使其免受地表水、地下水和冻融的危害。

土基的变形包括塑性变形和弹性变形两部分。过大的土基变形会使道面面层产生断裂、脱空、开裂等，在整个道面结构中，土基变形占绝大部分。因此，构筑坚实、平整、稳定的土基，提高土基抗变形能力，是保证机场道面结构具有良好使用品质的根本措施。

1. 土基及土面区压实的目的

土基压实的重要性是显而易见的。充分压实的土基可以发挥土基土的承载强度，减少土基和道面在机轮荷载的作用下产生的变形，增强土基的水稳定性和强度稳定性，有效延长道面的使用寿命。土面区压实使得其具有一定的强度，可以短暂支撑偶尔冲出跑道的飞机以及救援车辆，不至于陷入其中。

2. 土基压实的原理

用某种工具或机械对土基进行压实时，在压实机具的短时荷载或振动荷载的作用下，土颗粒重新排列和相互靠拢，小颗粒进入大颗粒的孔隙中，孔隙率减小；单位体积内固体颗粒含量增加，增加了粗土颗粒间的摩擦和咬合及细土颗粒间的分子引力，从而提高了土基的强度和稳定性。

对于黏性细粒土的压实，主要是将土孔隙中的空气挤出。碾压得越密实，土中空气越少。某一含水量时，土的理论最大密实度就是土中空气全部被挤出，土体接近于两相体。但实际上不可能通过碾压完全消除土中的空气。

3. 土基压实的作用

(1) 提高土基的强度：用不同的击实功能将同一种土在相同含水量下制备试件，使试件击实到不同的干密度。试验表明，试件干密度越大，强度越高。级配砂砾当密实度由95%提高到100%时，弹性模量值提高60%。粉质亚黏土的干密度由1720g/cm^3，提高到1930g/cm^{3}时，土的弹性模量增加一倍。

(2) 提高土基的水稳定性：土基在最佳含水量时压实到最大密实度，能够获得最好的水稳定性。在最佳含水量下击实的试样，水饱和后其强度和密实度仍然最高。

(3) 显著降低土的渗透性和毛细作用：研究表明，当在最佳含水量下将土壤压实到最大密度时，土中将不再发生水分的毛细运动。这是因为土基压实越紧密，土中孔隙越小，相邻土颗粒的接触点水膜交叠起来，此水膜的黏滞度大于普通水的黏滞度，使水分的渗透和毛细移动受到阻碍。用粉质亚黏土进行的试验表明，随着密实度的增加，土的渗透系数明显降低。

(4) 减少土基的塑性变形：土基的密实度不足，在荷载作用下会产生沉陷变形。密实度越小，可能产生的沉陷变形就越大。反之，则越小。

(5) 减小冻胀量、提高冻融稳定性：试验资料和工程实践表明，土基冻前密实度越大，融冻后其强度降低越少。因此，在季节性冰冻地区，采用提高土基密实度来增强其冻融稳定性，是经济而有效的措施。

4. 影响土基压实的因素

(1) 含水量：在压实过程中，土的含水量对所能达到的密实度起着非常重大的作用。由室内试验得到含水量与密实度的关系曲线如图6-11所示。

由图6-11可见，影响最大干密度的含水量存在一个最佳值。当土的含水量小于最佳含水量时，土的干密度随含水量的增加而增大；在最佳含水量时干密度达到最大值；含水量超过最佳含水量时，干密度随含水量的增加而减小。这表明只有在最佳含水量的范围内，增加土的含水量对土基压实才有良好作用。超过此值，含水量增加反而产生不利影响。产生这一现象的原因是，在最佳含水量范围内，含水量增加时，包裹于土粒表面的水膜加厚，相应地降低了土粒之间的吸引力，减小了土的内摩擦角，土粒在外力作用下容易发生相对位移，重新排列成紧密的结构；当含水量超过最佳含水量并继续增加时，土颗粒间的空隙几乎全部被水充满，由于水是不可压缩的，单位体积内土颗粒的含水量不再增加，在相同压实功能下，土的干密度反而逐渐减小，压实效果变差。

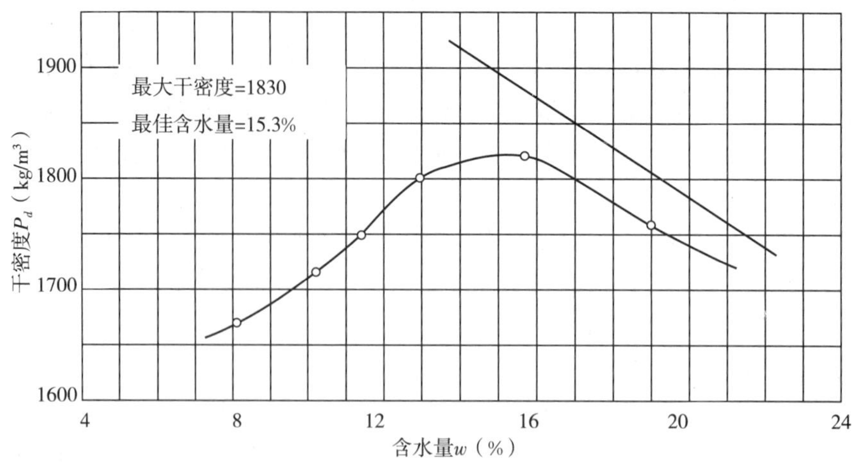

图 6－11　含水量与干密度的关系

（2）土的类型：对于不同类型土的压实试验结果如图 6－12。由图可见：

① 各类土的最佳含水量和最大干密度虽然不同，但击实曲线的性质是基本相同的。

② 分散性较高的土，即土中粉粒和黏粒含量高的土，其最佳含水量较高，而最大干密度较低。这是由于黏土颗粒细，比表面积大，需要较多水分包裹土粒以形成水膜。

③ 亚砂土和亚黏土的最佳含水量小于黏土，压实后的最大干密度高于黏土。

因此，在相同压实功能下，亚砂土和亚黏土的压实性能优于黏土。

（3）压实效能：土的最佳含水量和最大干密度随压实效能变化的情况，如图 6－13 所示。由图可见，土的最佳含水量随着压实效能的增加而减小，而最大干密度则随压实功能的增长而增大。当含水量一定时，压实能效越大，干密度越高。

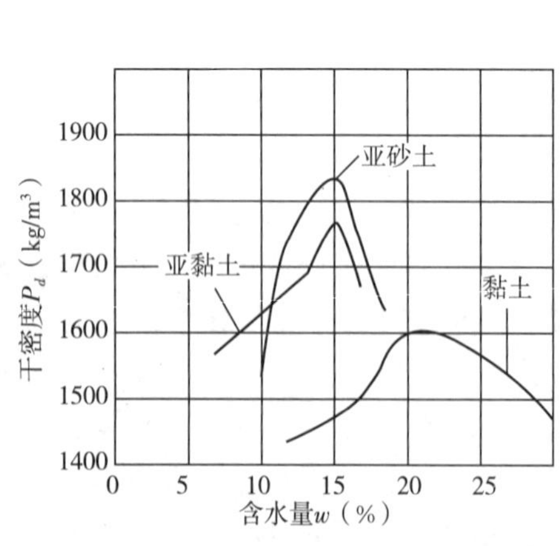

图 6－12　不同土类的含水量
——干密度关系

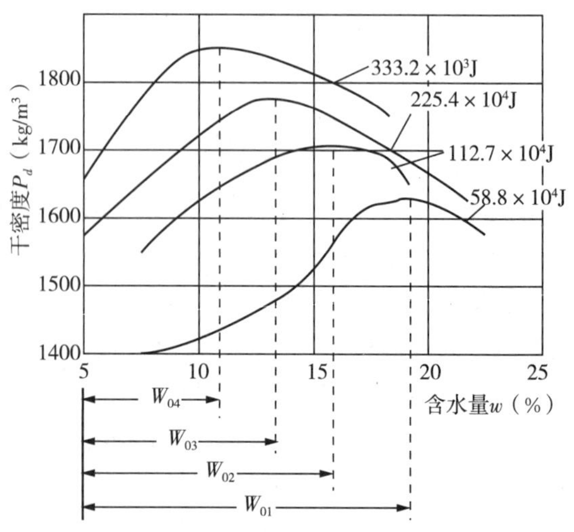

图 6－13　不同压实效能的含水量
——干密度关系

在施工现场用压路机对土基进行碾压时，或者增加压路机的质量，或者增加碾压遍数，都可以达到增加压实效能、提高土基密实度的效果。当然，增加压实效能不是无限的，应作经济比较。当用压实功提高土基密实度的效果不明显时，就应采取其他措施，如改变含水量或必要时换土等。

(4) 压实机具：压实机械的种类对土基压实状态有很大影响。使用轻型压路机只能得到较小的密实度，使用重型压路机则可得到较大的密实度。振动压路机比相同质量的光面压路机的压实效果好得多，不单密实度大，有效压实深度也大。因此，根据土质情况合理选择压实机械，对提高土基的压实效果有十分重要的作用。

① 光面压路机。采用光面钢轮压路机碾压时，由于碾压与土基基础面积大，单位压力较小，因此光面压路机的压实厚度较小。施工中，通常用轻型和中型光面压路机进行预压。普通中型光面压路机更适宜于压实低黏性土和非黏性土，重型光面压路机可以成功压实黏性土。对于无黏性的砂，不适宜用光面压路机碾压。

② 轮式压路机。轮胎压路机是利用充气轮胎及其悬挂装置的可变性，使轮胎与土基表面保持一定的接触面。由于它具有可以调节增减本身总质量、与被压土层接触面积大以及有效压实深度大等优点，因而日益广泛地被运用在各种土方工程的压实操作中。但轮胎压路机更适合于压实黏性土。国产牵引式轮胎压路机的总质量可由 30t 变动到 50t。它在结构上采用组合式，作业中遇到地面高低不平时，各车厢可以独立地沿着垂直方向相对运动，而不至于因地面不平引起个别轮胎超载或低洼处碾压不到。

③ 振动压路机。震动压路机压实功效很高，机上的调谐装置可以根据需要调成不振、弱振或强振的工作状态。因此，它可兼作轻型、中型和重型压路机使用。具有质量小、体积小、速度快、效率高、操纵灵活等优点。振动压路机特别适于压实黏性小的土、砂砾料机碎石混合料。用振动压路机压实非黏性土，而土的含水量为最佳含水量的 1.10～1.20 倍时，能得到较好的压实效果。但应注意将振动出的自由水及时排出。

④ 羊角碾。羊角碾的特点是单位面积压力大。它的压实效果和压实深度均较相同质量的压路机高。羊角碾有双筒式和单筒式。国产双筒式羊角碾的压实宽度达 2685mm，单位压力约为 4.03～6.91MPa。压实土层厚度一般为 20～30cm。羊角碾的压实作用是由下而上，用羊角碾压实后，表层 6～10cm 的土层仍是松的，需要用光面压路机再次压实。羊角碾最适合于碾压黏性土。但过分潮湿的黏性土，用羊角碾也不会得到良好的效果。非黏性土一般不用羊角碾压实。

⑤ 冲击压实机。近几年，在一些机场土方工程中，采用了冲击压实技术。我们知道，机械夯锤大多属于点位作业，压实效率很低。光面压路机和振动压路机尽管能够实现连续压实作业，但由于压实功能有限，很难获得深层压实效果。20 世纪 50 年代南非的 Aubrey Berrange 先生首创了连续式冲击压实技术及设备，后来又经过不断改进和完善发展成高能量连续式和高能量间断式压实机。冲击压实轮为三边、四边、五边或六边形的实体、空体及可填充式轮体。冲击压实机由牵引机和压实机两部分组成。

⑥ 其他压实机具。除上面介绍的压实机外，还有多种夯实机械，如内燃夯土机，蛙式打夯机，夯板及夯锤等，这类压实机具的压力传布最深，但功率小，适宜于狭窄工作面上各类黏性土和非黏性土的压实。在机场大面积土基施工中应用较少。

5. 道基压实过程

土基层在压实时，一般需要先按照设计要求挖掉施工区一定深度的自然土壤，平整后再分层铺虚土、分层碾压；一般情况下，根据土的类型、压实机具类型确定每层虚土厚度（松铺厚度），尽量不要超过 30cm，也不要小于 10cm。由于碾压设备宽度有限，当碾压区域较宽时，需要将作业区分成一定宽度的碾压带分别压实；为了确保压实效果，两条相邻碾压带要有一定宽度的搭接，搭接宽度一般为 15cm 左右。碾压作业中，碾压机具行驶速度也不宜过快，一般不要超过 2～3km/h。每层土基压实质量检验合格后，才能进行下一层的施工。

6. 道基及土面区压实要求

由于机场荷载一般比较大，客观上对土基的要求越来越高；土基压实的好坏对道面性能、使用寿命、飞行安全影响较大；如果土基前期压实不好，一旦道面完成铺筑，则很难再进行处理。因此，为了提高工程总体质量，减少日后道面日常维护维修成本与工作量，降低土基沉降量与不均匀沉降，民航机场飞行区对土基密实度具有很高的要求。在行业标准《民用机场飞行区土（石）方与道面基础施工技术规范》中规定了土基的密实度标准及检测要求，见表 6-20 及表 6-21。石方填筑或土石混合填筑使用固体体积率来表示压实度，要求土基不小于 83%，土面区不小于 72%。

表 6-20　飞行区土方密实度要求

部位			土基顶面或土面以下深度（cm）	重型击实法的密实度（%） 飞行区指标Ⅱ	
				A、B	C、D、E、F
道基区	填方		0～100	96	98
			100～400	93	95
			>400	92	93
	挖方及零填		0～30	96	98
土面	填方	跑道端安全区	0～80	85	90
			>80	83	88
		升降带平整区	0～80	85	90
			>80	83	88
		其他土面区	0～80	80	85
			>80	80	85
区	挖方及零填	跑道端安全区	0～30	85	90
		升降带平整区	0～30	85	90
		其他土面区	0～20	80	85

注：表中仅为一般土质压实要求。特殊土质，通过现场试验分析经设计单位研究确定压实标准。

道床填料压实后的加州承载比（CBR）应满足表 6-22 的要求，其检测方法与级配碎石的加州承载比检测方法相同。

表 6-21　土基及土面区压实度检测标准

项目	频数	检测方法	标准值
道基	每层 $1000m^2$ 一个点	环刀法、灌水法、灌砂法	表 6-29 所示要求
跑道端安全区 升降带平整区	每层 $1000m^2$ 一个点	同上	同上
其他土面区	每层 $2000m^2$ 一个点	同上	同上
坑、沟、塘等处理	每层≤$500m^2$ 一个点	同上	同上

表 6-22　道床填料 CBR 要求

填挖类型	道基顶面以下深度（m）	飞行区指标Ⅱ	
		A、B	C、D、E、F
填方	0～0.3	≥6	≥8
	0.3～1.2 （0.3～0.8）	≥4	≥5
挖方及零方	0～0.3	≥6	≥8
	0.3～1.2 （0.3～0.8）	—	≥5

7. 道基密实度检测

（1）计算公式

密实度是土基施工质量检测的关键指标之一，表征施工现场土基压实后的密度状况，密实度越高，土基强度越大，稳定性越好。对于粒径不大于 5mm 的细颗粒，其计算公式为：

$$密实度=\rho_d/\rho_{dmax}\times 100\% \tag{6-16}$$

式中，ρ_d 为取样实际干密度；ρ_{dmax}为标准最大干密度。

而取样的干密度计算公式为：

$$\rho_d=\rho/(1+\omega) \tag{6-17}$$

$$\omega=\frac{m-m_s}{m_s} \tag{6-18}$$

式中，ρ_d为取样土的干密度；ρ 为取样土的湿密度；w 为土的含水率，按式（6-18）计算。

（2）检测方法

① 最大干密度测定试验。飞行区施工所用土的最大干密度一般在实验室采用重型击实法取得（适用于粒径小于 40mm 的土）。试验方法与步骤如下：

A. 取施工土样 30kg 或 50kg，风干后碾碎后过 5mm、20mm 或 40mm 筛，将筛下的土样拌匀；

B. 按照含水率每次增加 2%计算所需加水量，并制备不同含水量土样（至少 5 个样本），每个样本 3kg 或 6kg 左右；

C. 使用重型击实仪，将每个样本分 3 层或 5 层平铺在击实筒内，每层 90 击或 56 击，使得单位体积击实功约为 268.5×10^4J；

D. 取下含套筒的试件，称量试件质量并计算湿密度；

E. 从试件中间位置取出 2 份试样检测其含水率；

F. 计算试件的干密度；

G. 将全部样本按照上述步骤进行实验，把每次记录的干密度——含水率数据绘制成曲线图，从中找出最大干密度与最佳含水量。

② 湿密度检测试验。压实土基湿密度（施工现场实际密度）测定一般采用环刀法（适用于细粒土）。试验步骤与方法为：

A. 先用环刀现场取压实土样若干；

B. 根据环刀容积及所取土样重量计算每个土样的湿密度；

C. 将所得数据进行算术平均计算后即为压实土基湿密度。

③ 含水率测定实验。土样含水率检测一般采用烘干法或者酒精燃烧法（没条件时采用）。测定步骤为：

A. 现场取一定重量的土样若干，黏土类 15～30g，砂类土 50g；

B. 秤重记录后后放置到 105℃～110℃的恒温烤箱中烘干；

C. 烘干时间黏质土一般 8～10h，砂类土 6～8h；

D. 记录烘干后土样的重量，再利用式（6－6）计算土样的含水率。

8. 固体体积率

最大干密度指标的计算是建立在均质填料的基础上的，而对于爆破碎石填料或土石混合料，即使粗料含量相同，由于填料颗粒密度的变化，不同岩石含量变化同样会引起最大干密度值产生变化。对于机场高填方工程，出现不同岩质的混合填料是不可避免的：一方面由于岩石的种类和级配不同，造成批次填料中的岩石在挖运堆填过程中形成搭配比例的波动；另一方面，山体岩石本身在其形成过程中存在差异（厚薄相间岩层、软弱夹层、岩性差异等），造成爆破后岩块颗粒密度变化较大。根据相关规范及相类工程经验，尽管确定的压实干密度上下波动较大，但固体体积率相对较为稳定和有规律，以便更有效地进行施工质量控制。

（1）计算公式

固体体积率计算如式（6－19）：

$$K=\frac{\rho_d}{G_s} \tag{6-19}$$

式中，K 为固体体积率（%）；ρ_d 为石方或土石方压实后的干密度（g/cm³）；G_s 为石方或土石方的综合毛体积密度（g/cm³）。

（2）测定方法

石方或土石方填筑土基，首先利用灌水法或灌砂法现场检测压实土基的湿密度，回到实验室后使用烘干法或其他方法检测试样的含水量，从而得到石方或土石方的干密度。

综合毛体积密度就是石料连同颗粒内部孔隙的密度，类似于最大干密度。使用网篮法测定粒径大于5mm粗颗粒的表观密度，使用容量瓶法测量粒径小于5mm颗粒的表观密度，最后再使用浮称法测量粒料的平均土粒比重求得粒料的综合毛体积密度。

三、土基平整

1. 土基及土面区平整的目的

确保土基平整，可以减少其上部结构因此而产生的脱空、塌陷、平整度差等不良病害，从而提高道面整体的施工质量，保障飞行安全。土面区的平整有利于排水，更重要的是可以减少冲出跑道飞机起落架等折断的危险。

2. 土基平整机具

一般根据施工条件、运输距离、填挖土层厚度、土壤类型等可以选择不同的施工机具。

(1) 推土机：一般情况下，当需要平整的场地高低起伏较大，但平整范围不太大时，以选用推土机为宜。

(2) 铲运机：当需要平整的场地地面起伏不太大，坡度在20°以内，面积较大时，以铲土机为宜。

(3) 平地机：当摊铺完虚土后，应使用平地机进行精确平整。

3. 飞行区土基及土面区平整要求

施工完成后，机场飞行区土基及土面区平整度要达到《民用机场飞行区土（石）方与道面基础施工技术规范》中所规定的最低标准。

四、平整度的检测

平整度检测是指用3m直尺检测其与土基或道面间的最大间隙，以此表示土基等道面的平整度。检测方法与步骤如下：

(1) 取需要检测的一段土基，按照面积大小如表6-23规定取若干检测点；

(2) 将3m直尺放置在检测点附近道面上，肉眼观测较大缝隙处，用楔形塞尺测量间隙，并记录最大值，判断每个检测点平整度是否合格。

表6-23 土基及土面区平整度要求与检测标准

项目		频数	标准值（mm）
土基	平整度	1点/1000m^2	≤20
跑道端安全区、升降带平整区	平整度	1点/2000m^2	≤50
其他土面区	平整度	1点/5000m^2	+50

第七章 场道工程新材料

随着民航业的快速发展，飞机日益大型化、重载化，这就对机场道面提出了越来越高的性能要求。由于沥青混凝土承受重载的能力相对较差，在现代化机场中已较少用于铺面；而具有强度高、受高温影响小等优点的水泥混凝土越来越多地应用于机场道面。水泥混凝土道面的最大优点是可以通过增加面板厚度来提高机场道面的承载能力。随着我国国民经济的快速发展、民用飞机的数量与航班密度大幅度增加，机场跑道的负荷与日俱增，而且由于机场道面暴露于自然环境下，长期承受飞机重复荷载作用和严酷的自然环境作用，更加要求道面混凝土应具有足够的物理力学性能与耐久性。近年来我国北方地区新建、扩建的机场，陆续出现了混凝土道面使用仅数年后便发生冻融、碎裂、脱皮、腐蚀等耐久性破坏现象，不但严重影响飞机的安全起飞、着陆及停放，降低了道面的使用寿命，而且要花费巨额维修和重建费用。在机场建设中引入现代高性能混凝土技术为解决这类问题提供了有效的技术途径。

第一节 自密实混凝土

一、自密实混凝土简介

1. 自密实混凝土的定义

自密实混凝土（简称 SCC）是指在自身重力作用下能够流动、密实，即使存在致密钢筋也能完全填充模板，同时获得很好均质性，并且不需要附加振动的混凝土。自密实混凝土是由胶凝材料（如水泥）和各种矿物掺合料、骨料（如砂石）及水按适当比例配合，拌合形成混合物，经过一定时间的凝结硬化，形成具有力学性能的人造石材。

2. 自密实混凝土的优点

（1）卓越的流动性和自填充性能，并且不离析、不泌水，能够保证混凝土良好的密实性；

（2）施工过程中无须振捣，避免了振捣对模板产生的磨损，并且没有振捣噪音，能够改善工作环境和安全性，缩短工期；

（3）成型后的混凝土有优异的耐久性，不会出现表面气泡或蜂窝麻面，不需要进行表面修补，能够改善混凝土的表面质量。

自密实混凝土具有砂率较高、胶凝材料掺量较大、高效减水剂用量较大等特点，这些特点使得自密实混凝土与普通混凝土的配合比设计大不相同。再加上自密实混凝土对原材

料的要求比较严格，各种原材料因地域性不同所表现出来的材料组成和性质有着天壤之别。所以，需要针对某一地区的原材料性能来合理地进行自密实混凝土的配合比设计。

3. 自密实混凝土的工作性

新拌制的自密实混凝土与普通混凝土相比，自密实混凝土的工作性内涵有所扩大，具体体现在以下四个方面：

(1) 高流动性：保证混凝土能够在自重作用下克服内部阻力（包括胶凝材料的黏滞性与内聚力以及骨料颗粒间的摩擦力）和与模板、钢筋间的黏附性，产生流动并填充模板与钢筋周围。

(2) 高稳定性：保证混凝土质量均匀一致，在浇筑过程中砂浆与骨料不会离析，浇筑后不会泌水与沉降分层。

(3) 通过钢筋间隙能力：保证混凝土穿越钢筋间隙时不发生阻塞。

(4) 填充密实性：保证混凝土填充模板，并自行排出浇灌过程中带入的气泡达到成型密实，是流动性、稳定性和间隙通过性的综合表现。

4. 技术特点

自密实混凝土同普通混凝土相比，自密实混凝土在配合比设计上对原材质量和用量有更高的要求，主要表现在如下方面：

(1) 高效减水剂是自密实混凝土产生的前提。自密实混凝土随着高效减水剂的发展而产生的，减水剂对其性能有决定性影响。减水剂的作用相当于振捣棒，均匀分散水泥颗粒于水形成浆体，骨料通过浆体浮力和黏聚力悬浮于水泥浆中。

(2) 自密实混凝土对水泥的要求。水泥强度等级根据混凝土的试配强度等级选择，同时考虑与减水剂相容性问题，通常自密实混凝土比普通混凝土水泥用量多、水泥强度等级高。

(3) 自密实混凝土对骨料的要求。自密实混凝土对骨料有较高的要求。

(4) 超细矿物掺合料是配制自密实混凝土的必要条件。超细矿物掺合料是自密实混凝土配制不可缺少的条件，它们可以提高拌合物的流动性、减少水泥用量和水化热，并通过二次火山灰效应参与水化进程，提高混凝土后期强度。

二、自密实混凝土的材料组成

自密实混凝土具有特殊的工作性能，这使得它在原材料上比普通振捣混凝土要求更为细致严格。

1. 胶凝材料

水泥选用较稳定的通用硅酸盐水泥，品种的选择决定于对混凝土强度、耐久性等的要求。但考虑到工作性要求及坍落度经时损失小，应优先选择 C_3A 和碱含量小、标准稠度需水量低的水泥。掺合料是自密实混凝土不可缺少的组成部分之一，可采用各种母岩的磨细石粉、粉煤灰、磨细矿渣、硅灰等矿物掺合料改善自密实混凝土的流动性能和抗离析能力，提高硬化混凝土的强度和耐久性。不同矿物掺合料复合使用具有超叠加效应，配制自密实混凝土通常将两种矿物掺合料复合使用。胶凝材料总量不少于 $500kg/m^3$。

2. 骨料

自密实混凝土应选择质地坚硬、密实、洁净的骨料，含泥量、杂质要少。粗骨料针片含量少，最大粒径一般为16～20mm，且间断级配往往优于连续级配砂在混凝土中存在双重效应，一是圆形颗粒的滚动减水效应；二是比表面积大，需水量高这两种相互矛盾的效应决定了必须根据水泥、掺合料、外加剂等情况综合考虑来选取砂率。宜选用级配良好的中砂或粗砂。砂的含泥量和杂质，会使水泥浆与骨料的黏结力下降，需要增加用水量和增加水泥用量，所以砂必须符合规范技术。砂率在45%以上，最高可到50%。

3. 化学外加剂

宜采用减水率在20%以上的高效减水剂，复合使用高效减水剂和普通减水剂也可获得较好效果。减水剂的掺量以及与水泥、矿物掺合料的相容性应经试验确定除此之外，也可掺入增黏剂和引气剂等外加剂。

4. 拌合用水

自密实混凝土拌合用水应符合现行行业标准《混凝土用水标准》JGJ63的相关规定。

5. 其他

根据工程需要，自密实混凝土加入钢纤维、合成纤维时，其性能应符合现行行业标准《纤维混凝土应用技术规程》JGJ/T221中的相关规定。

第二节　道面纤维混凝土

针对机场水泥混凝土道面的开裂问题，目前在机场道面的新建，特别是维修过程中经常采用纤维混凝土。道面纤维混凝土是以普通混凝土材料为基材，加入各种纤维而形成的复合材料，它能有效改善传统机场道面材料脆性大、抗裂性差等缺点。在各类纤维混凝土中，钢纤维混凝土较早应用于机场道面。

一、纤维混凝土的含义

纤维混凝土是指掺加短钢纤维或合成纤维作为增强材料，以水泥浆、砂浆或混凝土作基材组成的复合材料。水泥石、砂浆与混凝土的主要缺点是：抗拉强度低、极限延伸率小、高脆性，加入抗拉强度高、极限延伸率大、抗碱性好的纤维，可以克服这些缺点。纤维可控制基体混凝土裂纹的进一步发展，从而提高抗裂性。由于纤维的抗拉强度大、延伸率大，使混凝土的抗拉、抗弯、抗冲击强度及延伸率和韧性得以提高。纤维混凝土的主要品种有石棉水泥、钢纤维混凝土、玻璃纤维混凝土、聚丙烯纤维混凝土及碳纤维混凝土、植物纤维混凝土和高弹模合成纤维混凝土等。

纤维混凝土的混凝土，钢纤维的掺入能显著提高混凝土的抗拉强度、抗弯强度、抗疲劳特性及耐久性；合成纤维的掺入可提高混凝土的韧性，特别是可以阻断混凝土内部毛细管通道，因而减少混凝土暴露面的水分蒸发，大大减少混凝土塑性裂缝和干缩裂缝。

二、纤维混凝土的组成设计

1. 组成材料

(1) 水泥：钢纤维混凝土应采用普通硅酸盐水泥和硅酸盐水泥；合成纤维混凝土优先

采用普通硅酸盐水泥和硅酸盐水泥，根据工程需要，选择其他品种水泥；

（2）骨料：钢纤维混凝土不得使用海砂，粗骨料最大粒径不宜大于钢纤维长度的2/3；喷射钢纤维混凝土的骨料最大粒径不宜大于10mm；

（3）纤维：纤维的长度、长径比、表面性状、截面性能和力学性能等应符合国家有关标准的规定，并根据工程特点和制备混凝土的性能选择不同的纤维。

2. 配合比

纤维混凝土的配合比设计应注意以下几点：

（1）钢纤维混凝土中的纤维体积率不宜小于0.35%，当采用抗拉强度不低于1000MPa的高强异形钢纤维时，钢纤维体积率不宜小于0.25%；各类工程钢纤维混凝土的钢纤维体积率选择范围应参照国家与有关标准。控制混凝土早期收缩裂缝的合成纤维体积率宜为0.06%～0.12%。

（2）纤维混凝土的最大胶凝材料用量不宜超过550kg/m^3；喷射钢纤维混凝土的胶凝材料用量不宜小于380kg/m^3。

3. 混凝土制备

纤维混凝土的搅拌应采用强制式搅拌机。宜先将纤维与水泥、矿物掺合料和粗细骨料投入搅拌机干拌60～90s，而后再加水和外加剂搅拌120～180s，纤维体积率较高或强度等级不低于C50的纤维混凝土宜取搅拌时间范围上限。当混凝土中钢纤维体积率超过1.5%或合成纤维体积率超过0.2%时，宜延长搅拌时间。

4. 主要技术指标

（1）纤维要选择合适的掺量，合成纤维会使混凝土强度降低，在同时满足抗裂性能和力学性能的前提下确定掺量，一般体积率不超过0.12%；

（2）钢纤维或合成纤维掺量过多时，都会使坍落度损失增加，选择合适的掺量和调整配合比，使纤维的掺入对混凝土工作性不产生负面的影响；

（3）纤维混凝土的轴心抗压强度、受压和受拉弹性模量、剪变模量、泊松比、线膨胀系数以及合成纤维轴心抗拉强度标准值和设计值可按《混凝土结构设计规范》GB50010的规定采用。

三、纤维混凝土的分类及应用

纤维混凝土在工程中应用比较广泛，这跟混凝土的种类繁多，功能多样有关系。其中用量最大的纤维主要分为四种：石棉纤维混凝土、玻璃纤维混凝土制品、钢纤维混凝土制品，以及合成纤维混凝土制品。

1. 合成纤维混凝土

合成纤维混凝土材料中，最早的增强纤维是聚丙烯纤维，主要应用于军事用途防爆结构。在通常的使用中，主要与玻璃纤维、钢纤维等联合使用，某些特殊纤维配制的混凝土，绝热性能和耐久性优良；还有碳纤维、芳纶纤维混凝土等结构材料，可以很好地适应温度变化对混凝土造成的涨缩破坏，甚至可以防止火灾等。因此合成纤维混凝土材料的应用种类最广。

2. 石棉混凝土

石棉混凝土制品从产品出现走向工程应用，其产量越来越大。因为该类纤维增强混凝土有耐腐蚀、耐紫外线、耐候性的特点。但石棉纤维制品的石棉粉尘具有致癌作用，因此应当采取控制粉尘污染侵害的前提下才能大量使用。

3. 玻璃纤维混凝土

玻璃纤维混凝土由苏联发明制造。被广泛使用的大部分玻璃纤维是耐碱性玻璃纤维，制造耐碱性玻璃纤维可以通过对玻璃纤维做耐碱图层和增加玻璃纤维中防老化元素的含量来实现。玻璃纤维可用于建造储藏仓之类，它具有自重轻、成本低、耐久性非常好的特点。因此具有良好的应用前景。

4. 钢纤维混凝土

钢纤维混凝土系指将短的、不连续的钢纤维均匀乱向分散于混凝土中组成的可浇筑、可喷射成型的一种新型复合材料，其优良的抗拉、抗弯、抗剪、耐冲击、耐疲劳、高韧性等性能。钢纤维混凝土在机场场道工程中应用较早，是当前全世界范围内应用最为广泛用量最大的工程结构材料。主要应用在公路路面、桥梁建设、机场道面、工业建筑用地等。还可以应用于桥梁承台、交通隧道、军事工程中去，起到支护和抗冲击的作用。

钢纤维混凝土的基本力学性能主要有如下特点：

(1) 钢纤维对基体混凝土的增强作用并不显著。加入钢纤维后，其抗压强度随钢纤维含量的增加略有提高，但增量不大，一般提高幅度在10%以下。

(2) 钢纤维对混凝土劈拉强度的增强效果要比对抗压强度的增强效果显著许多。钢纤维混凝土28d劈拉强度高于基准混凝土，并随着钢纤维体积掺量的增加而增大。但钢纤维的加入并不能有效地提高混凝土早期劈拉强度。

(3) 钢纤维混凝土的极限抗弯强度比素混凝土高得多，前者的初裂抗弯强度甚至比后者的极限抗弯强度还要高。试件初裂后，受拉区裂缝宽度随着荷载的增大而扩大，达到极限强度后，它不像素混凝土那样突然折断，而是随着裂缝宽度的继续扩大而缓慢卸载。

(4) 钢纤维混凝土有着良好的延性和控制混凝土裂缝的能力，其韧性远远大于相应素混凝土的韧性。

第三节　高性能混凝土

一、高性能混凝土的特点

1. 高性能混凝土的含义

高性能混凝土是具有混凝土结构所要求的各项力学性能，且具有高工作性、高耐久性和高体积稳定性的混凝土。高新能混凝土不是混凝土的一个品种，而是达到工程结构耐久性的质量要求和目标，是满足不同工程要求的性能和具有匀质性的混凝土。

2. 高性能混凝土的性能

(1) 耐久性：高性能混凝土最显著的特点是其高耐久性。在耐久性包含的各个性能中，最突出的是抗渗性。制作高性能混凝土时，掺入了高效的减水剂，这种减水剂构成比

较特殊，而且它的水胶比普通的减水剂要低很多，在水泥发生全部水化后，混凝土中并没有多余的毛细水，其颗粒之间的空隙比普通混凝土的小了很多，从而使总的空隙率降低。除了添加这种减水剂外，还加入了矿物质超细粉，而这种矿物质超细粉将很好地填充混凝土中的空隙，使得混凝土中粗细骨料之间的空隙得到明显的减小，而且矿物质超细粉的加入还有效地改善了水泥石的孔结构。在这些细微部位得到改善之后，混凝土的早期抗裂性得到了大大的提高。此外，高效减水剂与矿物质超细粉的加入，对抗冻性、抗风化性、耐磨性、耐化学腐蚀性等都可以得到显著的改善。总的来说，高性能混凝土比传统的普通混凝土有更高的耐久性能。

(2) 工作性：高性能混凝土具有较好的工作性，因为拌合物有较高的流动性，在其施工成型过程中不会发生泌水、离析或分层等现象。在装模时，不会落下死角或出现空隙，能保证在施工工作中保持混凝土密实均匀，在施工时完全可以采用泵送或自密实的方法，这将大大地减轻施工的劳动强度，节约了施工能耗。由于高性能混凝土的水灰比低，自由水少，且掺入超细粉，基本上无泌水，其水泥浆的黏性大，很少产生离析的现象。

(3) 力学性能：由于混凝土是一种非均质材料，强度受诸多因素的影响，水灰比是影响混凝土强度的主要因素，对于普通混凝土，随着水灰比的降低，混凝土的抗压强度增大，高性能混凝土中的高效减水剂对水泥的分散能力强、减水率高，可大幅度降低混凝土单方用水量。在高性能混凝土中掺入矿物超细粉可以填充水泥颗粒之间的空隙，改善界面结构，提高混凝土的密实度，提高了强度。

(4) 体积稳定性：由于配制高性能混凝土要求水胶比低，所以混凝土在硬化早期的收缩徐变变形小，由温度变化产生的变形也小，而且在施工过程中不易产生施工裂缝，因此，高性能混凝土还具有较高的体积稳定性。但是，由于养护和使用环境的相对湿度和温度的影响，高性能混凝土的早期收缩率会随着早期强度的提高而提高，所以，对于高性能混凝土来说，并不是强度等级越高越好。

(5) 经济性：由于高性能混凝土具有良好的耐久性、工作性、体积稳定性以及较高的强度等特点，因此对经济效益有很大的影响。良好的耐久性在很大程度上降低结构维修所需要的费用，延长结构的使用寿命，因此收到良好的经济效益；采用高强度高性能混凝土作为建筑结构所使用的材料，不仅可以减小结构的尺寸，减轻结构的自重，而且可以增大结构的净面积和空间。

二、高性能混凝土的材料选择

1. 水泥

在配制高性能混凝土时，一般选用硅酸盐水泥或普通硅酸盐水泥。这是因为当使用掺有矿物混合材料的水泥时，往往不清楚所加入的矿物混合材料质量与掺和工艺，而且矿渣硬度比水泥熟料大，共同磨细时，水泥中的矿渣颗粒太粗，矿渣的潜在活性不能充分发挥。

应尽可能选择水化速度较慢、水化发热量较小的水泥。同时选择水泥时不能以强度作为唯一指标，强度高的水泥不一定好。在目前生产工艺条件下，提高水泥强度（尤其是早期强度）主要依靠增加水泥中的C3A、C3S的含量，并提高水泥的比表面积来实现，而比表面积过高将导致水化速度过快，水化热大，混凝土收缩大，抗裂性下降，混凝土的微结构不良，抗腐蚀性差，从而影响混凝土的耐久性。

2. 细集料

细集料宜选用质地坚硬、洁净、级配良好的天然中、粗河砂，其质量要求应符合普通混凝土用砂石标准中的规定。砂的粗细程度对混凝土强度有明显的影响，一般情况下，砂子越粗，混凝土的强度越高。配制C50～C80的混凝土用砂宜选用细度模数大于2.3的中砂，对于C80～C100的混凝土用砂宜选用细度模数大于2.6的中砂或粗砂。

3. 粗集料

高性能混凝土必须选用强度高、吸水率低、级配良好的粗集料。宜选择表面粗糙、外形有棱角、针片状含量低的硬质砂岩、石灰岩、花岗岩、玄武岩碎石，级配符合规范要求。由于高性能混凝土要求强度较高，就必须使粗集料具有足够高的强度，一般粗集料强度应为混凝土强度的1.5～2.0倍。另外，粗集料还应注意集料的粒型、级配和岩石种类，一般采取连续级配，其中尤以级配良好、表面粗糙的石灰岩碎石为最好。粗集料的线膨胀系数要尽可能小，这样能大大减小温度应力，从而提高混凝土的体积稳定性。

4. 掺合料

配制高性能混凝土时，掺入活性矿物掺合料可以使水泥浆的流动性大为改善，空隙得到充分填充，使硬化后的水泥石强度有所提高。更重要的是，加入活性细掺合料改善了混凝土中水泥石与骨料的界面结构，使混凝土的强度、抗渗性与耐久性均得到提高。活性细掺合料是高性能混凝土必用的组成材料。在高性能混凝土中常用的活性细掺合料有硅粉（SF）、磨细矿渣粉（BFS）、粉煤灰（FA）、天然沸石粉（NZ）等。粉煤灰能有效提高混凝土的抗渗性，显著改善混凝土拌合物的工作性，大掺量粉煤灰混凝土还对环境保护和节约资源有重要意义。配制高性能混凝土的粉煤灰宜用含碳量低、细度低、需水量低的优质粉煤灰。用于高性能混凝土的磨细矿渣细度大于水泥，能提高混凝土的工作性和耐久性。硅粉是电炉法生产硅铁合金所排放的烟道灰，SiO_2含量大于90%，平均粒径约0.1μm，借助大剂量高效减水剂和强力搅拌作用，可以填充到水泥或其他掺合料的间隙中去，并且具有很高的活性，在各种掺合料中对混凝土的增强作用最为显著，是国际上制备超高强混凝土最通用的超细活性掺合料，但应控制使用量，或与其他掺合料一起使用，防止反应热过大。

5. 减水剂及缓凝剂

由于高性能混凝土具有较高的强度，且一般混凝土拌合物的坍落度较大（15～20 cm左右），在低水胶比（一般小于0.35）的情况下，要使混凝土具有较大的坍落度，就必须使用高效减水剂，且其减水率宜在20%以上。有时为减少混凝土坍落度的损失，在减水剂内还宜掺有缓凝的成分。

三、高性能混凝土的施工控制

1. 搅拌

高性能混凝土的原材料应严格按照施工配合比要求进行准确称量，称量最大允许偏差应符合下列规定（按重量计）：胶凝材料（水泥、掺合料等）±1%；外加剂±1%；骨料

±2%；拌合用水±1%。应采用卧轴式、行星式或逆流式强制搅拌机搅拌混凝土，采用电子计量系统计量原材料。搅拌时间不宜少于 2min，也不宜超过 3min。炎热季节或寒冷季节搅拌混凝土时，必须采取有效措施控制原材料温度，以保证混凝土的入模温度满足规定。

2. 运输

应采取有效措施，保证高性能混凝土在运输过程中保持均匀性及各项工作性能指标不发生明显波动。应对运输设备采取保温隔热措施，防止局部混凝土温度升高（夏季）或受冻（冬季）。应采取适当措施防止水分进入运输容器或蒸发。

3. 浇筑

混凝土入模前，应采用专用设备测定混凝土的温度、坍落度、含气量、水胶比及泌水率等工作性能；只有拌合物性能符合设计或配合比要求的混凝土方可入模浇筑。混凝土的入模温度一般宜控制在 5℃～30℃。混凝土浇筑时的自由倾落高度不得大于 2m，当大于 2m 时，应采用滑槽、串筒、漏斗等器具辅助输送混凝土，保证混凝土不出现分层离析现象。混凝土的浇筑应采用分层连续推移的方式进行，间隙时间不得超过 90min，不得随意留置施工缝。新浇混凝土与邻接的已硬化混凝土或岩土介质间浇筑时的温差不得大于 15℃。

4. 振捣

可采用附着式平板振捣器、表面平板振捣器等振捣设备振捣混凝土。振捣时应避免碰撞模板、钢筋及预埋件。每点的振捣时间以表面泛浆或不冒大气泡为准，一般不宜超过 30s，避免过振。

5. 养护

高性能混凝土早期强度增长较快，一般 3 天达到设计强度的 60%，7 天达到设计强度的 80%，因而，混凝土早期养护特别重要。通常在混凝土浇筑完毕后采取以带模养护为主，浇水养护为辅，使混凝土表面保持湿润。养护时间不少于 14 天。

6. 质量检验控制

除施工前严格进行原材料质量检查外，在混凝土施工过程中，应对混凝土的以下指标进行检查控制。混凝土拌合物：水胶比、坍落度、含气量、入模温度、泌水率、匀质性；硬化混凝土：标准养护试件抗压强度、同条件养护试件抗压强度、抗渗性等。

四、绿色高性能混凝土

绿色高性能混凝土是一种对环境无害的高技术性能的混凝土，它的制作工艺以及配合比完全采用现代混凝土的设计技术，选用优质的原材料或者工业废渣，掺入矿物细掺料以及高性能外加剂，在严格的养护环境、时间控制等条件下配制而成。绿色高性能混凝土所用的材料保证了混凝土具有较高的耐久性、良好的工作性、恰当的适用性、较强的体积稳定性以及其他各种力学性能；同时使用工业废渣做原材料也很大程度地节约了资源，保护了环境，具有较高的经济效益及环境效益，而且由于具有良好的性能使得工人劳动量也得到很大的减轻。因此，绿色高性能混凝土有很好的可行性。

绿色高性能混凝土提高了建筑安全的安全性，而且可以回收再利用，加大了利用率，改善了建筑垃圾多的现状，从某种程度上说降低了资源的浪费，降低了制作的成本，保护了环境。因此，绿色高性能混凝土的发展是大势所趋。

第四节　道面接缝材料

一、道面接缝与接缝材料

在机场水泥道面工程中，设置接缝的目的是为了控制板的收缩应力和翘曲应力所引起的裂缝出现的位置，避免板的膨胀，产生过大的压应力，提供板间足够的荷载传递能力。

根据接缝与道面中线的关系，道面接缝可以分为纵缝和横缝（如图 7－1 所示）两种。纵缝是平行于道面中线方向的施工缝，一般设置在道面中间。横缝是垂直于道面中线方向

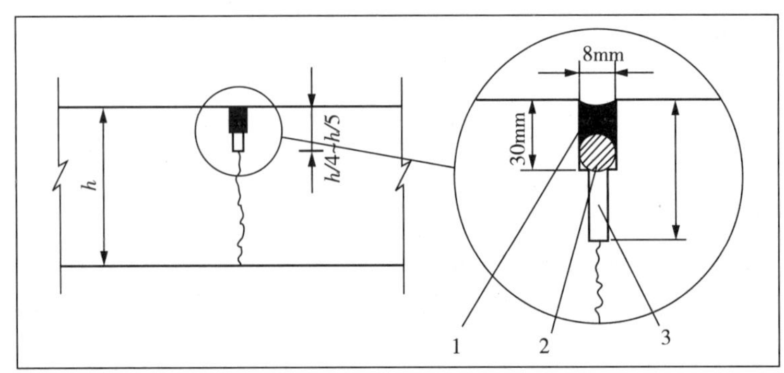

（a）假缝型

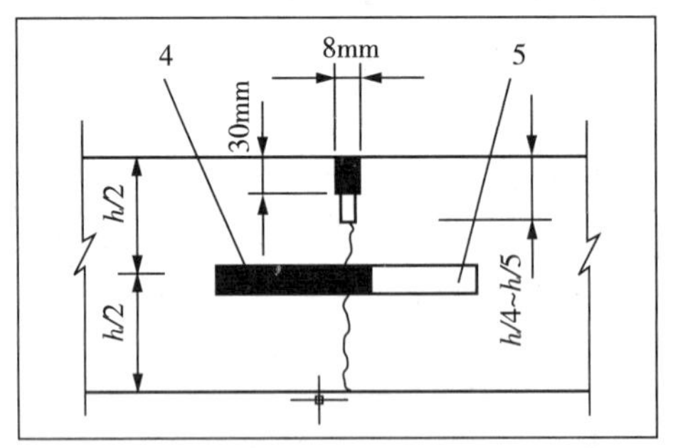

（b）假缝加传力杆型

图 7－1　横向缩缝

1—填缝材料；2—嵌条；3—下部锯缝；4—传力杆涂沥青端；5—传力杆

的接缝，分为缩缝、胀缝（如图 7－2 所示）和施工缝三种。不同形式的接缝，对于减小或消除面层内的温度、胀缩及翘曲应力具有不同的作用。设置了接缝后就需要进行填缝，否则雨水会沿接缝进入道面基层、道基，造成道面的承载力下降，甚至发生唧泥、断裂等病害。另一方面，道面上的小石子等硬物可能会进入到接缝内，当接缝收缩时，会在硬物处产生较大的应力，造成面板边缘破碎，产生更多的水泥碎屑，影响航空安全。因此必须在接缝中使用接缝材料，防止雨水的下渗和石子的进入，这是道面长久保持良好使用性能

的重要条件。

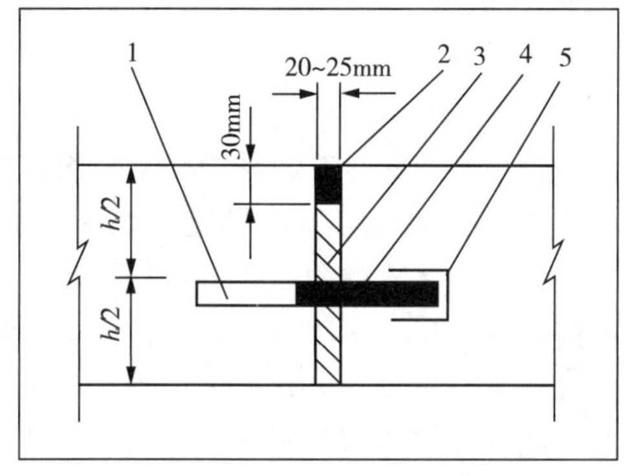

（a）滑动传力杆型

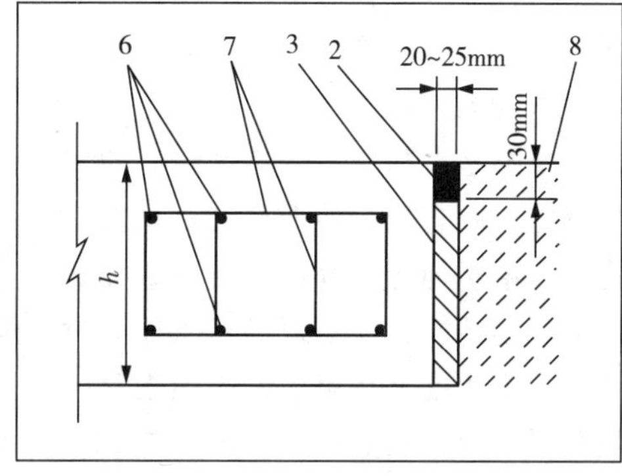

（b）边缘钢筋型

图 7-2　胀缝构造

1—传力杆；2—填缝料；3—胀缝板；4—传力杆涂沥青端；5—长 10cm 套筒（留 30mm 空隙填以泡沫塑料、纱头等）；6—主筋；7—箍筋；8—道面或其他构筑物

机场道面接缝材料，即道面嵌缝材料，按照使用性能分为胀缝材料（胀缝板）和填缝材料（嵌缝密封胶）。胀缝材料即胀缝板，能适应混凝土板的膨胀和收缩而嵌入道面胀缝中的板材。在热胀冷缩、湿胀干缩等各种应力作用下道面板产生较大的位移和变形，导致胀缝处的接缝位移较大。胀缝材料的作用是在高温季节，接缝宽度缩小时，胀缝材料被压缩而不挤凸，使道面板不致产生挤压破坏；当低温季节道面板收缩时，胀缝材料又能回弹变形，持续封填胀缝，使道面表面保持平整。封缝材料，是能承受接缝位移以达到气密、水密目的而嵌入道面接缝中的材料，用于水泥混凝土道面的缩缝密封和胀缝上部的封闭。封缝材料应选用与混凝土板缝壁黏结牢固、回弹性好、拉伸率大、不溶于水、不透水、高温时不溢出或流淌、低温时不脆裂、抗燃油、抗嵌入能力强和耐久性好的材料。

二、常用道面接缝材料

目前，我国机场道面以及道路路面工程中应用的接缝密缝材料主要是硅酮、聚氨酯和聚硫等几种密封胶。

1. 硅酮类

硅酮类嵌缝密封胶固化时不起泡，能与混凝土牢固黏结，变形能力强，耐湿热、耐老化性能优异，但其耐油性差，抗撕裂性能差，不耐磨、不耐穿刺，胶层厚时完全固化很困难，易产生油状渗析物污染混凝土，且价格较贵，我国机场、道路工程应用不多。

2. 聚氨酯类

聚氨酯类嵌缝密封胶强度高，抗撕裂、耐穿刺、耐磨性好，黏结性好，耐低温，耐油、耐酸碱、抗疲劳性能好，但是固化时异氰酸酯端基与空气中的水分反应释放出二氧化碳，使密封胶本体产生气泡甚至裂纹，固化速度较慢且表面容易发黏，不能长期耐湿热和耐老化，因其价格较低，国内机场、道路工程应用最多。

3. 聚硫类

聚硫类嵌缝密封胶有优良的抗位移和抗撕裂能力，良好的耐油、耐水、耐溶剂、耐低温性能，能在水中保持原性能，并且无毒无污染的理想防水密封材料。但是，由于聚硫密封胶长期在户外暴露容易出现老化、逐渐变硬、失去弹性、表面出现龟裂、耐候性和耐紫外线性能下降。因其价格居中，应用较多。

4. 聚硫氨酯

聚硫氨酯是由基膏、固化剂组成的双组分新型弹性嵌缝密封胶，其中基膏由聚硫氨酯液体橡胶为原胶，加入活性填料、增塑剂、缓硫化剂等助剂配制成。固化剂包含硫化剂、助硫化剂、增塑剂等成分。因而，聚硫氨酯兼具聚氨酯、聚硫橡胶的结构特征，均衡了各聚合物组分的性能，既呈现了聚氨酯密封胶强度高，抗撕裂、耐穿刺、黏结性好的优良性能，又在一定程度上克服了聚氨酯密封胶易产生气泡甚至裂纹，固化速度较慢，不能长期耐湿热和耐老化等缺点。在聚氯酯链上引入巯基，综合了聚硫密封胶对气体、水、非极性介质阻隔性良好、固化剂用量的许可范围大等优良性能，在一定程度上克服了聚硫密封胶耐候性和耐紫外线性能较差的缺点。因此，聚硫氨酯既综合了聚硫和聚氨酯的优良特性，又在一定程度上避免了二者的缺点，是一种综合性能优良的新型按缝材料，完全满足水泥混凝土道面对接缝材料的技术要求。

5. 聚乙烯泡沫塑料

聚乙烯泡沫塑料是一种优质的机场道面胀缝材料，是以聚乙烯树脂为主体，加发泡剂、交联剂和其他添加剂制成，是十分重要的一种缓冲材料。它具有密度小，最小可达 $0.01/cm^3$；缓冲性、耐热性、吸水性小；化学性能稳定，不易受腐蚀；机械性能好，坚韧、有挠性、耐摩擦；加工性能好，易于成型；价格较便宜等优点。

6. 泡沫橡胶

泡沫橡胶是橡胶的一种，可以作为胀缝材料，所以又称为海绵橡胶。它是海绵状多孔结构的硫化橡胶，有开孔、闭孔、混合孔和微孔之分，可制成软橡胶或硬橡胶制品，质轻、柔软、有弹性、不易传热，具有防震、缓和冲击、绝热、隔音等作用，用合成橡胶制成的还具有耐油、耐老化、耐化学品等特点，是综合性能最好的机场道面胀缝材料。

第八章　场道工程材料的管理

在机场工程施工管理中，材料管理已成为工程项目管理的重要部分。工程材料成本是工程成本的主要部分，材料的管理也关系到工程进度、工程质量。场道工程中对材料质量要求严格，使用的材料品种多、规格多，而且随工程的进展，使用材料的种类变化大，因此，加强材料的管理是场道工程项目管理的重点工作。

场道施工项目材料管理的基本任务，是要通过编制材料计划对资源的投入量、投入时间和投入步骤做出合理的安排，满足企业生产实施的需要；从资源的来源、投入到施工项目的实施，保障计划得以实现，满足项目施工过程的需求；根据每种材料的特性，制订科学的、符合客观规律的管理措施，进行动态配置与组合，协调投入合理使用，以尽量少的资源来满足项目的使用需求，降低材料的消耗和损耗，降低材料供应的成本，节约使用资源、降低产品成本、提高经济效益。

第一节　材料定额与计划

一、材料消耗定额

1. 材料消耗定额的概念

材料消耗定额是指在一定的生产技术组织条件下，完成单位产品或单项工程必须消耗的材料数量。其中，一定的生产技术组织条件主要包括四个方面，一是指一定的工程对象和结构性质。工程对象不同，材料消耗量也不同。二是指一定的施工工艺方法。施工方法不同，材料消耗量也不同。三是指一定的工人技术熟练程度。工人的技术熟练程度不同，材料消耗量也不同。四是指一定的组织管理水平。组织管理水平不同，不仅会影响工程进度，也会影响材料消耗。

2. 材料消耗定额的作用

（1）制材料计划、组织材料供应的重要依据；

（2）核算材料消耗的依据，也是划分材料供应部门与需用单位双方责任的基础；

（3）监督促进公路项目施工厉行节约，加强材料核算和材料成本控制的重要工具。

3. 材料消耗定额的种类

（1）按用途划分：材料消耗定额按用途可将其分为材料消耗概（预）算定额、材料消耗施工定额及材料消耗估算指标。

① 材料消耗概（预）算定额。它是由各省市基建主管部门在一定时期执行的标准设

计（或典型设计），按建筑安装工程施工及验收规范、质量评定标准及安全操作规程，并结合当地社会劳动消耗的平均水平与合理的施工组织设计和施工条件进行编制的。材料消耗概算定额主要用来估算建筑工程的材料需用量，为编制材料备料计划提供依据。材料消耗预算定额主要用于编制施工图预算，若企业用于编制材料计划，供内部施工生产使用，则可根据实际情况需要调整。

② 材料消耗施工定额。它是指由建筑企业自料消耗标准。它反映了企业管理水平、工艺水平及技术水平。材料消耗施工定额是材料消耗定额中最细的定额，具体反映了每个部位（分项）工程中每一操作项目所需材料的品种、规格及数量。在同一操作项目中，同一种材料消耗量在施工定额中的消耗数量一般低于概（预）算定额中的数量标准。材料消耗施工定额是建设项目施工中编制材料需用计划与组织定额供料的依据、企业内部实行经济核算和进行经济活动分析的基础。

③ 材料消耗估算指标。它是指在材料消耗概（预）算定额的基础上，用扩大的结构项目形式来表示的一种定额。一般是在施工技术资料不全，且有较多不确定因素的条件下，用来估算某项工程或某类工程、某个部门的建筑工程所需主要材料的数量。材料消耗估算指标是非技术性定额，所以不能用于指导施工生产，而主要用于审核材料计划。一般按照每万元工作量或者每平方米建筑面积某种材料的消耗量来估算。

（2）按材料类别划分：材料消耗定额按材料类别可分为主要材料（结构件）消耗定额、周转材料（低值易耗品）消耗定额及辅助材料消耗定额。

① 主要材料（结构件）消耗定额。主要材料（结构件）即为直接用于建筑上构成工程实体的各项材料，例如场道工程中大量使用的水泥、粗集料、细集料、沥青等。这些材料一般为一次性消耗，其费用占材料费用较大的比重。主要材料消耗定额按品种进行确定，它由构成工程实体的净用量与合理损耗量组成。

② 周转材料（低值易耗品）消耗定额。周转材料（低值易耗品）即在施工过程中可以多次周转使用，又基本上保持原有形态的工具性材料，如浇筑混凝土用的模板、支架等。周转材料经过多次使用，每次使用都会有一定的损耗，直至其失去使用价值。周转材料消耗定额与周转材料需用数量及该周转材料周转次数有关。

③ 辅助材料消耗定额。辅助材料不直接构成工程的实体。用量较少，但品种多且复杂，常通过主要材料间接确定，在预算定额中一般不列出品种，只列出其他材料费，如催化剂、染料、润滑油和包装材料等。辅助材料中的不同材料有不同特点，因此辅助材料消耗定额可按分部分项工程的单位工程量计算出辅助材料货币量消耗定额；也可按完成建筑安装工作量（或建筑面积）来计算出辅助材料货币量消耗定额；还可按操作工人每日消耗辅助材料数量来计算辅助材料货币量消耗定额。

4．材料消耗的构成分析

场道工程项目材料消耗主要由以下三个部分组成：

（1）有效消耗。是指直接构成工程实体的材料消耗，如道面中的水泥、集料等。

（2）工艺性损耗。由两个因素构成：一是在材料加工准备过程中产生的损耗，如端头短料、边角余料等；二是在施工过程中产生的损耗。工艺性损耗的特点是在施工过程中不可避免地会发生，但随着施工技术水平的提高，可将此类损耗减少到最低程度。

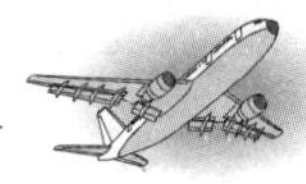

（3）非工艺性损耗。包括以次品、不合格品的材料消耗，运输保管不善而带来的损耗，供应条件不符合要求而造成的损耗，如大材小用、优材劣用等材料化验取样损耗，以及其他原因造成的损耗。非工艺性损耗的特点也是很难完全避免的，损耗量的大小与生产技术水平及组织管理水平密切相关。

在场道施工中，材料在运输、中转、堆放保管、场内搬运及操作中都会产生一定的损耗。按性质不同可分为两类：一类是目前生产水平所不可避免的。如砂浆搅拌后向施工工作面运输过程中，因运输设备不够精密，必然存在漏灰损失；在使用砂浆时，也存在着掉灰、桶底余灰损失。这些现象都普遍存在，在目前施工条件下是无法避免的，需要作为合理的损耗将其计算到定额中去。另一类是在现有条件下可以避免的。如保管材料不当而形成的材料损失，或是施工操作不慎造成质量事故的材料损失等。这些应看作是不合理的、可以避免的损耗，不应将其计算到定额中去。从以上分析可见，要降低材料消耗，就要在降低工艺损耗和非工艺损耗上下功夫。

5. 材料消耗定额的制订方法

（1）技术分析法。是指即以施工图和施工工艺技术文件计算结果为基础，确定最经济合理的材料消耗数量。其步骤有以下几项：

① 计算净用量。净用量是组成材料消耗定额的主要内容，有以下两种确定方法。如果分项工程只有一种主要材料，可直接根据施工图纸来计算净用量。如果分项工程由多种材料组成，如砌砖工程与混凝土工程，首先要确定各种主要材料的比例，再根据施工图纸与主要材料的比例来计算其净用量。

② 确定损耗率。根据施工工艺、材料质量、施工规范、设备要求、历史资料及管理水平测算损耗率。

管理损耗率＝（管理损耗量÷消耗总量）×100％

工艺损耗率＝（工艺损耗量÷消耗总量）×100％

③ 计算材料消耗定额：

材料消耗预算定额＝净用量÷（1－损耗率）

材料消耗施工定额＝材料消耗预算定额×（1－管理损耗率）

（2）标准试验法。即按一定的技术标准测试，并根据试验得出的数据，通过整理分析，确定材料的消耗。在标准条件下，试验确定的材料消耗量还需按实际条件做相应调整。这种方法适用于砂浆、混凝土及沥青柔性防水屋面等符合材料消耗量的测定。

（3）统计分析法。即根据单位工程或分部、分项工程材料消耗的历史统计资料，并考虑到当前施工生产的具体情况来计算和确定材料消耗量。在此基础上，根据计划期与原统计期的不同因素做相应调整后，再确定材料消耗定额。采用统计分析法时，为保证定额的先进水平，一般按以往实际消耗的平均先进数作为消耗定额。求平均先进数，是从同类型结构工程的10个单位工程消耗量中，扣除2个最低值与最高值后，取中间6个消耗量的平均值。

（4）经验估算法。是根据生产人员和技术人员的经验进行估计，依此确立材料消耗

量。估算法的优点是实践性强、简便易行、制订迅速，但其缺点为缺乏科学计算依据、准确度较差。经验估算法一般用于急需临时估算，无统计资料或虽有消耗量但不易计算的情况。

（5）现场测定法。是在一定的技术组织条件和技术熟练工人操作条件下，通过在现场实地进行观察和测定，并将得出的数据加以分析整理而确定材料的消耗数量。现场测定法的优点是现场目睹、真实可靠、容易发现问题，利于消除一部分消耗不合理的浪费因素，提供可靠的数据与资料。测定法的缺点是工作量大，在具体施工操作中实测较难，还不可避免地会受到工艺技术条件、施工环境因素及参测人员水平等因素的限制。

在实际工作中，通常是把上述几种方法结合使用。主要材料的消耗定额一般以技术计算法为主，同时根据生产经验和统计资料加以补充或修正。辅助材料的消耗定额可根据不同情况分别采用统计分析法和经验估计法等制定。

二、材料计划管理

1. 材料计划的分类

材料计划管理指运用计划来组织、指挥、监督、调节材料的订货、分配、供应、采购、运输、储备、使用等经济活动的管理工作。通过编制材料计划，发现材料管理工作中的薄弱环节，提出计划期内材料管理工作的主要任务和努力方向，从而更好地保证正常施工的需要和降低材料费用。

材料计划有多种分类形式。按材料计划期限分为年度计划、季度计划、月度计划、旬计划。

（1）年度材料计划：是年度综合计划的重要组成部分。年度材料计划是根据签订的工程承包合同和年度施工计划，参照工程结构情况和工期要求，按预算定额和概算定额编制的。编制年度材料供应计划时，应当计算各种材料的需要量；期初、期末材料储备量；经过综合平衡确定材料的申请采购量，据此编制申请计划和采购计划对年度材料计划的要求是：预见性要强，规格、品种、质量都要确定落实，订货后般不宜变动。因此编制时应尽量摸清货源和库存情况，既不能留缺口，也不可盲目高估，要实事求是，注意综合平衡。

（2）季度材料计划：是为保证季度施工生产任务而编制的计划，是年度材料计划在某季度的具体体现。

（3）月材料计划：系根据工程进度，以分部（分项）工程为对象，按分部（分项）工程的材料预算进行编制，是材料计划中的重要环节，也是直接供料和控制用料的依据，要求全面、及时、准确。

（4）旬材料计划：是月材料计划的调整和补充，是送料的依据。在施工队以下的基层施工单位，旬计划的作用更大。

2. 材料计划的编制程序

（1）计算计划期内工程材料需用量。可以采用直接计算法或者间接计算法。依照施工图纸计算分部、分项实物工程量，套用相应的材料消耗定额编制材料分析表。再按施工进度编制季、月需用计划。

（2）确定实际需用量编制材料需用计划。根据各工程项目计算的需用量，核算实际需

用量。核算时可以依据一些通用性材料，在工程初期阶段，考虑到可能出现的施工进度超额因素，通常都稍加大储备需用量。在工程竣工阶段，由于考虑到工完、料清、场地净，防止工程竣工材料积压，通常是利用库存控制进料，这样实际需用量要稍小于计划需用量。

(3) 编制材料申请计划。需要上级供应的材料需编制申请计划。申请量的计算公式为：

材料申请量＝实际需用量＋计划储备量－期初库存量

(4) 编制供应计划。供应计划是材料计划的实施计划。材料供应部门按照用料单位上报的申请计划及各种资源渠道的供货情况与储备情况，进行总需用量与总供应量的平衡，并在此基础上编制对各用料单位（或项目）的供应计划。

(5) 编制供应措施计划。在供应计划中应明确的供应措施要有相应的实施计划。如市场采购，要相应编制采购计划；加工订货需有加工订货合同及进货安排计划，以保证供应工作的完成。

第二节　材料采购与储备

一、材料的采购管理

1. 采购计划

采购和加工业务需要有较长时间的准备。

依据材料计划、设计文件、项目管理实施规划和有关采购管理制度编制采购计划。采购计划包括：(1) 采购工作范围、内容及管理要求；(2) 采购信息，包括产品或服务的数量、技术标准和质量要求；(3) 检验方式和标准；(4) 供应方资质审查要求；(5) 采购控制目标及措施。无论是计划分配材料或市场采购材料，都要按照材料采购计划，做好细致的调查研究工作，摸清需要采购和加工材料的品种、规格、质量、数量、型号、价格、供应时间和用途，以便落实货源。

2. 市场调研

由采购组派出2人或2人以上一起进行市场询价、比价调研，询价单位不少于5家，且分类、分档次、分品牌、型号，附比价详单报项目负责人审核。市场调研时主要做到如下几点：(1) 审核查验材料生产经营单位的各类生产经营手续是否完备齐全；(2) 实地考察企业的生产规模、诚信观念、销售业绩、售后服务等情况；(3) 重点考察企业的质量控制体系是否具有国家及行业的产品质量认证，以及材料质量在同类产品中的地位；(4) 从建筑业界同行中了解，获得更准确、更细致、更全面的信息；(5) 组织对采购报价进行有关技术和商务的综合评审，并制定选择、评审和重新评审的准则。

市场采购和加工材料经部门领导批准后，便可开展业务谈判活动。业务谈判是材料采购人员与生产、物资和商业等部门进行具体的协商、洽谈。需加工制作的特殊材料要充分考虑到材料的加工周期，施工组应提前做好材料需求计划。确定供货商后，应积极与供货

商到施工现场与施工技术人员进行技术性交底。

3. 材料采购加工的成交

在保证质量的前提下，货比三家，选择较低的材料采购价格。对材料采购时的运费进行控制。要合理地组织运输，材料采购进行价格比较时要把运输费用考虑在内。在材料价格相同时，就近购料，选用最经济的运输方法，以降低运输成本。要合理地确定进货的批次和批量，还要考虑资金的时间价值，确定经济批量。

经过与选定的供应单位反复酝酿、协商，取得一致意见，达成材料采购、销售协议，即为成交。加工业务在双方达成协议时，应签订加工合同（或定做合同）。加工合同是指承揽方根据定做方提出的品名、项目及质量要求。

经供需双方协商达成协议签订合同后，由供方交货，需方收货。交货、收货过程即为采购和加工的执行阶段。材料采购和加工的执行一般有以下几个方面：(1) 交货日期。供方应按规定日期交货，需方按规定日期收（提）货。(2) 验收。由建筑企业派人对所采购和加工材料，进行数量及质量验收。材料数量、质量经验收通过后，要填写材料验收单，报本单位有关部门，即表示该批材料已经接收完毕，并验收入库。(3) 交货地点。材料交货地点是指供应企业仓库、堆场或收料部门事先指定的地点。(4) 交货方式。材料交货方式是指材料在交货地点的交货方式，包括车、船交货方式和场地交货方式。(5) 运输。供需双方应按成交确定的（或合同规定的）运输办法执行。

4. 采购和加工的经济结算

经济结算即建筑企业对采购的材料用货币偿付供货单位价款的清算。采购材料的价款即为货款，加工的费用即为加工费。除应付货款与加工费外，还有应付委托供货与加工单位代付的运输费、保管费、装卸费及其他杂费。

材料供应中有可能出现的其他问题：如质量、价格认证与责任分工，材料供应对工期的影响等因素都要阐明要求，来促进双方的配合与协作。甲、乙双方联合供应方式是一种较普遍的供应方式。这种方式一方面可以充分利用甲方的资金优势与采购渠道优势，又能使施工企业发挥其主动性与灵活性，提高投资效益。但这种方式容易出现采购供应中必然发生的交叉因素所带来的责任不清，所以必须有有效的材料供应合同作保证。

二、材料的运输

合理地组织运输可缩短材料运输里程减少材料在途时间，加快材料运输速度与周转速度，以提高材料的使用率；是保证材料供应，促使施工顺利进行的先决条件，可加快材料运输迅速、合理地完成空间转移，以保证施工的顺利进行；合理地使用运输工具，可节省运力，减少运输损耗，并提高运输经济效益。

1. 运输方式的选择

目前工地运输的方式有铁路、公路运输、水路运输和特种运输（索道、管道）等。选择运输方式，必须充分考虑各种影响因素，例如运输量大小、运距和材料的性质；现有运输设备条件；利用永久性道路的可能性；地形、地质及水文等自然条件。运输方案是否合理，应结合具体条件加以分析，一般应达到下列几个要求：(1) 运距最短，运输量最小；(2) 减少运转次数，力求直达工地；(3) 装卸迅速和运转方便；(4) 尽量运用原有交通条件，尤其要

充分利用价格低廉的水运，以减少临时运输设施的投资；（5）运输工具应与所运物资的性能、价值和要求相适应，充分发挥运输工具的载运能力；（6）符合安全技术规定。

2. 材料的交接

材料运到后，由到站（到达港）根据材料运单上发货人所填记的收货人名称、地址与电话，向其发出到货通知，通知收货人到指定地点领取材料。收料人员接收运达的材料时，应按材料运单规定的材料名称、规格与数量，与实际装载情况核对，经确认无误后，由收货人在有关运输凭证上签名盖章，表示运输的材料已收到。

在准备材料的装货、卸货时，要随时注意天气变化，掌握与运输、资源、用料和装卸有关的各项动态，做到心中有数，做好充分准备。材料卸货前，应检查车、船装载情况；卸货后，检查车船内材料是否全部卸清。

发生延期装货、延期卸货时要查明原因。货物在运输过程中发生货物数量的损失即为货差，发生货物的质量、状态的改变即为货损，货损与货差都是运输部门的货运事故。货运事故包括火灾、货物丢失、货物被盗、货物损坏、票货分离和误装卸、误交付、错运、件数不符等。发生货运事故时，要在车、船到达的当天会同运输部门处理，并向运输部门索取有关记录。

三、材料储备

材料进场，材料员应立即组织仓管员、项目施工员办理入库，登记入账手续，入库前仓管员应清点好材料的数量，核对材料的外观、形状，检验材料的质量，对所进材料的证明、规格型号确认、材质核对。核对无误后由材料员、仓管员、项目施工员立即填写材料验收单办理入库。

仓库内的材料消耗是逐渐进行的，而材料的采购是集中、分批进行的，因此，必须建立一定的材料储备，材料储备过多会占用较多的流动资金，储备过少又不能保证生产的正常进行，为此需要制定一个合理的储备定额。

1. 经常储备

经常储备是为保证正常施工需要和加速材料周转而建立的储备。这种储备是不断变化的，当一批材料进场时达到最大值，随着材料被使用而逐渐减少直至达到最小值。当第二批材料进场时，又达到最大值，如此周而复始，如图 8－1 所示。

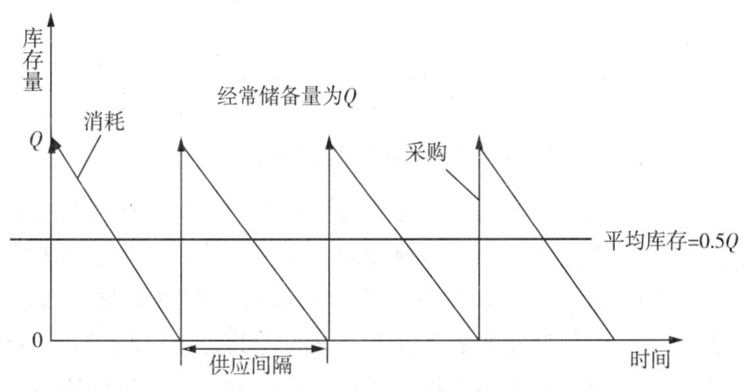

图 8－1　经常储备时的库存变化

在场道工程中，各施工现场应根据施工进度计划确定各施工阶段、分部（分项）工程的施工时间，考虑材料资源、途中运输时间、交货周期、入库验收及使用前的储备时间等，在保证供应的前提下，分期分批组织材料进场。这种提前进场的储备即为经常储备。其中，经常储备的最大值称为经济订货量，即材料存储总费用最低的订货量存储总费用由以下几部分构成：

（1）订购费用。包括材料价款之外每次订购材料运抵仓库之前的一切费用，如采购人员工资、出差费、采购手续费、检验费等。订货费用随订购次数的增加而增加。

（2）材料费用。即材料量与材料单价的乘积。

（3）仓储费用。即材料入库所需的一切费用。包括该批材料在库占用流动资金的利息，占用仓库的费用，库存期间的保管、保险及材料损耗费等。库存量越大，仓库费用就越大。

存储费用、订购费用与订货量的关系如图 8－2 所示，当总费用达到最低值时的订货量即为经济订货量。

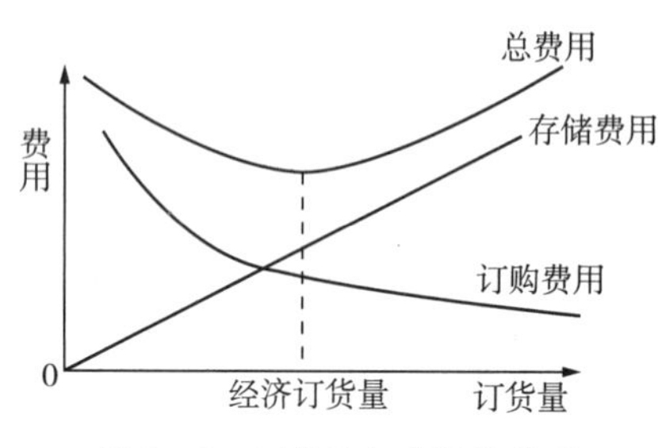

图 8－2　订货量与费用的关系

2. 保险储备

保险储备定额通常确定为一个常量，为预防原材料运输误期，或品种、规格不符合需要，以致影响正常施工而建立的储备。无周期性变化，正常情况下不动用，只有在发生意外使经常储备不能满足需要时才动用。保险储备的数量标准即保险储备定额。保险储备与经常储备的关系，如图 8－3 所示。保险储备定额也叫作最低储备定额，保险储备定额加经常储备定额又叫作最高储备定额。

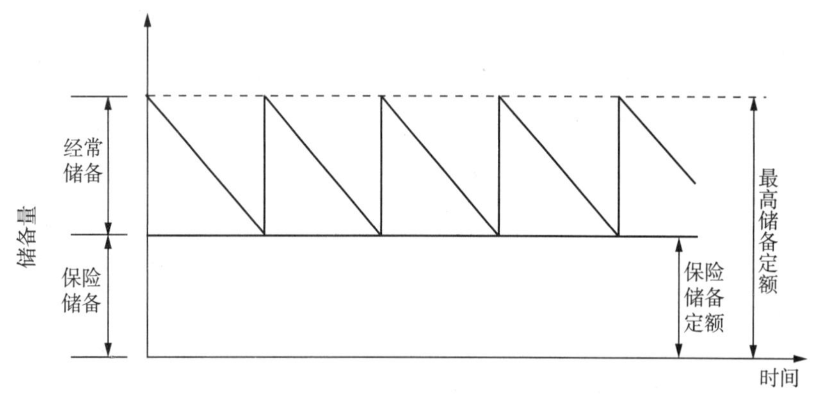

图 8－3　保险储备时的仓储量变化

在场道工程中，因采购、运输等方面可能发生意外，施工生产用料又有不均衡、工程量增减、材料代用、设计变更等，导致材料计划改变，或计划数量偏低时，都应对常用主要材料设保险储备，用来调剂余缺，以备急需。再随着工程的进展、材料计划的相应修订，需用量逐步落实，可将保险储备数量逐渐压缩，尤其是施工现场，常将保险储备视同经常储备看待，也就是将保险储备逐渐投入使用，直至竣工时料尽场清为止。

保险储备的确定方法有两种：(1) 经验统计法。即根据某种材料误期的历史资料，求出平均的误期天数，作为保险储备天数。(2) 实际分析法。即一旦供应误期，即从提出采购开始到材料进场可以投入使用为止，以其所需的天数作为保险储备天数。

3. 季节储备

季节储备定额是为防止季节性生产中断而建立的材料储备的数量标准。如砂、石，在洪水季节无法生产，不能保证其连续供应，或运输受季节影响（如冬季河道封冻停航）。季节储备通常在供应中断之前逐步积累，供应中断时达到最高值，供应中断后逐步消耗，直至供应恢复，如图 8-4 所示。季节性储备量的大小，取决于季节性储备天数，即季节供应中断的长短，中断天数与日消耗量的乘积即为季节储备定额。

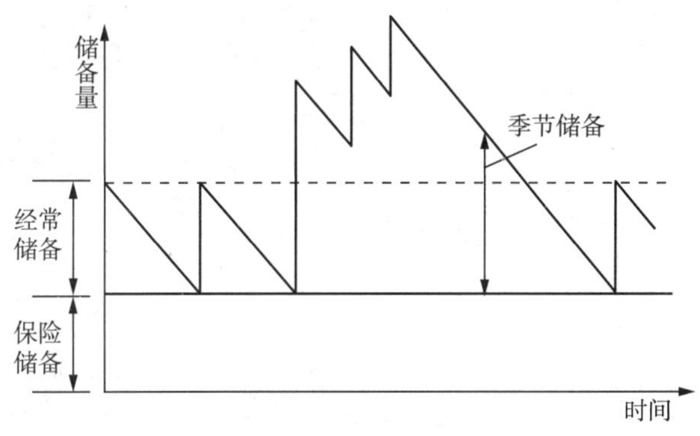

图 8-4　季节储备时的储备量变化

第三节　材料的质量控制

一、质量控制的重要性

建筑材料质量的优劣直接影响场道工程的质量水平。建设单位应该严格把好验收关，充分确保工程所用材料的质量。因此，验收人员一定要有高度的责任心，认真负责地清点核对材料的数量、型号、规格等是否符合相关规定的标准，对不符合要求的坚决不予验收入库。对要进行实验检验的材料，要由相关的质检人员专门进行检测。对多源头、多渠道的材料，应在进场时将其分批、分品种堆放、贮存，并及时提供出厂合格证。经检测后，如果符合要求，则由采购员、质检员和保管员三者同时填写验收记录表并签字。在材料的验收过程中尤其要注意两方面的问题，第一，对没有验收结论的材料坚决不予办理发放手续；第二，对于那些缺少的材料一定要详查，找出问题所在，并做好记录。

二、常用材料的质量检验

工程材料验收入库时必须向供应商索要国家规定的有关质量合格及生产许可证明。项目采用的设备、材料应经检验合格，并符合设计及相应现行标准要求。材料检验单位必须具备相应的检测条件和能力，经省级以上质量技术监督部门或者其授权的部门考核合格后，方可承担检验工作。采购产品在检验、运输、移交和保管等过程中，应按照职业健康安全和环境管理要求，避免对职业健康安全、环境造成影响。

1. 核对资料

材料进场后，材料员根据需用计划对照送货清单认真核对材料的规格、数量等，并同时索取产品合格证、说明书、质保书或试验报告等技术资料，并对技术资料的内容进行验证，以确认其资料是否有效。

2. 检验实物

清点实物与送货清单的材料的名称、规格、数量等相符后，开始进行外观检查（如钢材需查看其表面是否有裂纹、结疤、分层等，定尺钢材端头是否一般齐，一样长，并对同规格的钢材进行抽样检查其直径，水泥、木材等都应按此进行相应的外观检查），需开箱（包）的要开箱（包）检查，暂时不能开箱（包）检查的可先入库，但在使用时必须通知厂方或供方到现场一起开箱（包）以明确责任，需进行复试的物资要填写《材料进场取样通知单》通知试验取样，了解物资是否符合工程要求，对检查不合格的物资联系供方进行处理。在场道工程中常用材料的检验要求如下：

（1）水泥

水泥要求做强度、安定性等试验，并进行现场监督取样。未经检验的材料，不允许用于工程；质量达不到要求的材料，及时清退场外。主要检查内容如下：

① 外观检查项目：品种名称、级别、包装或散装仓号、出厂日期等。

② 资料检查：产品合格证、出厂检验报告、复试报告、厂家资质、核准证、交易证等。

③ 组批规则：按同一生产厂家、同一级别、同一品种、同一批号且连续进场的水泥，袋装不超过 200t，散装不超过 500t 为一批，每批抽样不少于一次。

④ 检验项目：凝结时间（初凝、终凝）、安定性、水泥胶砂强度（挤压强度、抗折强度）、细度（比表面积）、烧失量、不溶物、MgO、SO_3。

⑤ 抽样方法：随机地从不少于 20 袋中采取等量水泥，经混拌均匀后，再从中称取不少于 12kg 水泥作为检验试样。

此外还要注意，在使用过程中对水泥质量有怀疑或水泥出厂超过 3 个月时，应进行复验，并按复验结果使用。

（2）沥青

对沥青的检验内容包括：

① 资料检查：合格证、质保单。

② 取样数量：黏稠或固体沥青不少于 15kg；液体沥青不少于 1L；沥青乳液不少于 1L。

③ 检验项目：针入度、延度、软化点、含蜡量、闪点等。

除液体沥青、乳化沥青外，所有需加热的沥青试样必须存放在密封带盖的金属容器中，严禁灌入纸袋、塑料袋中存放、试样应存放在阴凉干燥处，注意防止试样污染。装有试样的盛样器应加盖、密封，外部擦拭干净，并在其上标明试样来源、品名、取样日期、地点及取样人。

沥青储运站及沥青混合料拌合厂必须将不同来源、不同标号的沥青分开存放，不得混杂。沥青使用期间，沥青在罐中或储油池中储存的温度不宜低于 130℃，且不得高于 180℃. 在冬季或停止施工期间，沥青可在低温状态下存放。沥青应避免长时间存放。

（3）细集料

对细集料的检验内容包括：

① 资料检查：交易证、复试报告。

② 组批规则：应按同一产地、同一规格、同一进场时间，以 $400m_3$ 或 600t 为一检验批，不足上述数量为一批。每一检验批取样 22kg。

③ 取样方法：从料堆取样前先将取样部位表层铲除，然后由各部位抽取大致相等的砂共 8 份，组成一组试样。

④ 检验项目：筛分析（累计筛余百分率、细度模数）、含泥量、泥块含量等。

（4）粗集料

对粗集料的检验内容包括：

① 资料检查：交易证、复试报告。

② 组批规则：应按同一产地、同一规格、同一进场时间，以 $400m_3$ 或 600t 为一检验批，不足上述数量为一批。

③ 取样方法：从料堆取样前先将取样部位表层铲除，然后由各部位抽取大致相等的石子 15 份，组成一组试样。当大粒径不大于 20mm 时，取样 40kg；当大粒径为 31.5～40mm 时，取样 40kg。

④ 检验项目：筛分析（颗粒级配）、含泥量、泥块含量、针片状颗粒总含量、压碎指标值检验等。

（5）粉煤灰

对粉煤灰的检验内容包括：

① 资料检查：产品合格证、复试报告。

② 组批规则：以连续供应的 200t 同厂别、同等级的粉煤灰为一批，不足 200t 的按一批论。

③ 抽样方法：从堆场中的不同部位取 15 份试样，每份试样 1～3kg，混合拌匀，按四分法，缩取出 2kg 作为试样。

④ 检验项目：细度、需水量比、烧失量等。

（6）水泥混凝土拌和用水

当采用非饮用水水源时，水质应进行化验。

① 资料检查：化验报告。

② 取样方法：江河、湖泊和水库水样一般应在中心部位或经常流动的水下面 200～500mm 处采集，采样容器应彻底清洗，采集时再用采集的水样冲洗三次后，才能采集水样。水样采集后应加盖密封，保持原状。采集水样时应标记水源和取样地点、水的类型、取样日期、水的外观等。

③ 检验项目：pH 值、不溶物、氯化物、硫酸物、硫化物等。

（7）钢筋

对水泥混凝土外加剂的检验内容包括：

① 资料检查：出厂质量证明书、复试报告、交易证。

② 组批规则：以同一牌号、同一炉号、同一规格、同一交货状态的盘条为一批，每批重量不大于 60t。

③ 取样方法：在每批材料中任意取 2 根钢筋，将每根钢筋从端头截去 500mm，然后从每根钢筋中依次截取拉伸试件 1 根、弯曲试件 1 根，然后再从任一根钢筋上截取化学分析试件 1 根（备用）。

④ 检验项目：屈服点、抗拉强度、伸长率、弯曲直径、弯曲角度等。

检验时注意，当发现钢筋脆断、焊接性能不良或力学性能显著不正常的现象时，应对该批钢筋进行化学成分含量试验分析。

3. 注意事项

材料入库必须在材料进入现场的当天（除地材）办理完毕。材料进场后由材料员验收材料并开具《材料入库单》，同时与质量员、技术员、项目经理会签。所有材料验收过程中所产生的数据必须在《材料入库单》中注明，不得有修改，若数量有争议时，立即通知采购人员进行协调处理，暂时协调不好的须在材料验收单中注明有争议的事项。材料员必须认真核查材料的出场材料质量证明，质量证明资料必须齐全。在材料验收中如发现质量不合格等问题，材料员应及时填写不合格品报告，并尽快报告项目经理和材料部，组织不合格品评审，对不合格品采取措施。在问题没有处理之前，将确定的不合格品，隔离堆放，严禁投入使用。

第四节　材料的现场管理

现场材料管理人员负责进场材料的验证，严格按照材料计划和合同标准对进场物资进行验收。按现场堆放计划对进场材料合理堆放并及时标识，严格控制材料的超耗用量，负责现场材料登记、发放和核算工作，按月准确提供各种必要的核算数据及原始材料，并对现场材料的使用跟踪。

一、材料的现场存放管理

场道工程中常用的几种材料存放要求如下：

1. 水泥的存放

袋装水泥存放要选择地势较高，便于排水的地方，要有水泥砂浆防潮地面和墙裙及防雨设施，或者做架空堆放。水泥进场按批次分别码垛，垛高不得超过 10 袋，如当天使用可露天存放，但要做好上苫下垫。水泥发放时要坚持先进先出，后进后出的原则，在存放 3 个月后，要重新测试水泥的标号。

2. 集料的存放

地面硬化后，粗细集料应成方、分规格堆放，相邻存放时要做好隔墙，确保不串不混，随用随清，远离垃圾污染源。

3. 钢材的存放

钢材按品种、规格、型号、长度、等级、批次及不同技术文件和质量说明书分别码

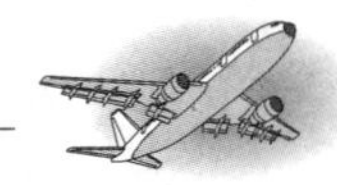

放，必须设置标牌显标识。半成品应分别码放，予以插牌。若条件有限，只能露天存放时，应做好上盖下垫，保持场地干燥。

4. 木材的存放

木材桉树种、材种、方木、板材、大小、规格、新旧程度分别码放，设置标牌加以标识。码放时，每垛底距地面不得少于 30cm，通风好，排水畅通，垛间要留有通道，便于发放。场地四周应远离火源，纵横要留有消防道路，并配有消防设备。

5. 水泥混凝土和大型金属构件的存放

进入现场的砼的构件和大型金属构件，要按平面布置图合理堆放，插牌标识，严格按计划单验收；铁合金构件、小型铁件，木构件一律入库保管，防止丢失损坏，防止倾倒。

6. 零星贵重材料

要建立现场小仓库，不准用钢架和钢模板搭设临时货架，按物资类别存放，如五金、电器材料、劳动保护用品等，用材料卡片插牌标识，做到账、物、卡三相符。

二、现场材料的发放

1. 材料发放程序

将施工预算（或定额员签发的限额领料单）下达到班组工长，在对班组交代生产任务的同时，也应做好用料的交底。班组料具人员持限额领料单在材料员处领料。材料员核定工程量、材料品种、规格及数量等无误后，交由领料员与仓库保管员。班组凭限额领料单领用材料，仓库按领料单发放材料。发料时要以限额领料单为依据，限量发放，可直接记载于限额领料单上，也可开领料小票，双方签字确认。如一次开出的领料量较大而需多次发放时，应在发放记录上逐次记载实领数量，由领料人进行签认。

当领用数量达到或超过限额数量时，应立即向主管工长及材料部门主管人员说明情况，分析其原因，并采取措施。如限额领料单未能及时下达，应由工长填制并由项目经理审批的工程暂借用料单，办理因超耗或其他原因造成多用材料的领发手续。

2. 材料发放方法

在现场材料管理中，各种材料的发放程序基本上相同的，发放方法因品种、规格不同而不同。大堆材料主要有砖、瓦、砂、灰、石等材料，一般是露天存放且多工种使用。按照材料管理要求，大堆材料的进出场及现场发放都要计量检测。这样做才能保证施工工程的质量，也能保证材料进出场及发放数量的准确性。发放大堆材料除了按限额领料单中确定的数量发放之外，还要做到在指定的料场清底使用。对混凝土与砂浆所使用的砂、石，按配合比计量控制发放。也可按混凝土、砂浆不同强度等级的配合比，分盘计算发料的实际数量，同时做好分盘记录与办理领发料相关的手续。

主要材料包括水泥、钢材与木材三大材料。一般是在库房发放材料或是在指定的露天料场与大棚内保管存放，有专职人员办理领发的手续。主要材料的发放要凭限额领料单（任务书）领发料，还要按照有关的技术资料和使用方案进行发放。

3. 应注意的问题

建立限额领料制度，对于材料的发放，不论是项经部、分公司还是项目部仓库物资的发放，都要实行“先进先出，推陈储新”的原则，项目部的物资耗用应结合分部、分项工

程的核算，严格实行限额领料制度，在施工前必须由项目施工人员开签限额领料单，限额领料单必须按栏目要求填写，不可缺项。对贵重和用量较大的物品，可以根据使用情况，凭领料小票分多次发放。对易破损的物品，材料员在发放时需作较详细的验交，并由领用双方在凭证上签字认可。

三、材料的耗用计算

1. 材料的耗用

现场材料耗用过程是材料核算管理的重要组成部分。根据材料的分类及材料的使用去向，采取不同的耗料程序。工程耗用材料包括大堆材料、主要材料及成品、半成品等。其耗料程序是根据领料凭证所发出的材料经核算后，对照领料单核实，按实际工程进度计算材料的实际耗料数量。因设计变更、工序搭接造成材料超耗的，也要如实记入耗料台账，以便于工程结算。

2. 材料耗用计量方法

为了使工程能收到较好的经济效益，使材料得到充分利用，保证施工生产，根据现场耗用的过程，和材料的种类、型号分别采取耗料方法。

（1）对露天存放的大堆材料，不便于随时计数，耗料通常采取两种方法：一是实行定额耗料，按实际完成工作量来计算材料用量，并结合盘点，计算出月度耗料数量；二是根据混凝土、砂浆配合比和水泥耗用量计算其他材料用量，并按项目逐日记入材料发放记录，到月底进行累计计算，作为月度耗材数量。

（2）对主要材料通常为库发材料，根据工程进度计算实际耗料数量。

（3）对成品及半成品，通常为库发材料或是在指定的露天料场和大棚内管理发放。一般采用按工程进度、部位进行耗料或按配料单或加工单进行计算，求得与当月进度相适应的数量，作为当月的耗料数量。

3. 材料耗用中需注意的问题

现场耗料是保证施工生产、降低材料消耗的重要环节之一，切实做好现场耗料工作，是搞好项目承包的根本保证，因此应做好以下工作：一是要加强材料管理制度，建立健全的各种台账，严格执行限额领料及料具管理规定；二是分清耗料对象，按照耗料对象分别记入成本；三是严格保管原始凭证，不可任意涂改耗料凭证，保证耗料数据和材料成本的真实可靠。

四、施工中材料管理

施工中的材料管理是现场材料管理和目标的实施阶段，其主要内容如下：

（1）现场材料平面布置规划，做好场地、仓库、道路等设施的准备。

（2）履行供应合同，保证施工需要，合理安排材料进场，对现场材料进行验收。

（3）掌握施工进度变化，及时调整材料配套供应计划。

（4）加强现场物资保管，减少损失和浪费，防止物资丢失。

（5）施工收尾阶段，组织多余料具退库，做好废旧物资的回收和利用。

第五节　材料的成本管理

在工程项目中，成本控制的内容一般包括制度控制、限量控制、材料索赔控制。

1. 制度控制

树立“先算后用，节约有奖，浪费扣罚”的风尚，建立限额领料制度、余料回收奖励制度，包括“金点子”和合理化建议节约提成的激励制度；强化现场工程材料预算、计划和进场验收制度，对商品砼、钢材、水泥、砂石料、干粉砂浆和砼砌块等大宗材料应有专门采购收料制度，确保质量合格和数量准确；建立常用小器具和废旧料管理制度，扶梯、栏杆、灯架、配电箱等各种常用材料应设专人保管，废钢材、废电线等可回收材料应建立收集和处理制度。

2. 材料限量控制

施工项目的工程材料费一般要占工程总成本的60%左右，显然材料成本是成本控制的重头戏。材料控制主要靠改进材料的采购、运输、收发、保管等方面的工作，减少各个环节的损耗，节约采购费用；采用精益的管理原则，合理堆放现场材料，减少二次搬运；对材料的领取做好管理工作，杜绝材料的浪费。坚持按定额确定的材料消费量，实行限额领料制度，施工人员只能在规定限额内分期分批领用，如超出限额领料，要分析原因，及时采取纠正措施；改进施工技术，推广使用降低材料用量的各种新技术、新工艺、新材料；加强现场管理，合理堆放，减少搬运，降低堆放、仓储损耗。

3. 索赔控制

施工索赔是由于业主或其他方面的原因，致使施工单位在施工过程中付出了额外的费用或造成损失，施工单位通过合法途径和程序，要求业主偿还其施工中的费用损失。

第九章 军用机场道面工程与使用质量评定

机场道面是机场的核心部分。道面结构状况、使用品质等，直接决定了一座机场的使用性能。本章主要讲述军用机场道面的分类、使用要求、结构构造、道面使用的影响因素、道面基础、水泥混凝土道面、沥青混凝土道面、道面使用质量评定与补强。

第一节 军用机场道面的类型和使用要求

一、机场道面的分类

根据道面修建所用的材料、道面结构所表现出的力学特性、道面的使用品质以及道面的施工方式的不同，机场道面有以下几种分类。

（一）按道面构成材料分

按照道面面层材料将道面分成以下几类：

（1）水泥混凝土道面。它是以水泥作为胶结材料，辅以砂、石集料加水拌和均匀铺筑而成的道面。这种道面强度高，使用品质好，应用广泛；但初期投资大，完工后需较长的养护期，不能立即开放交通。该类道面是我国军用机场中常用的道面。

（2）沥青类道面。它是以沥青类为胶结材料，辅以砂、石集料，在一定温度下拌和均匀，碾压成型后构成的道面。这类道面平整性好，飞机滑行平稳舒适，强度高，能够满足各种飞机的使用要求。由于沥青道面铺筑后不需要养护期，可以立即投入使用。

（3）砂石类道面。它是在碾压平整的土基上，铺筑砂石类材料，经过充分压实后构成的道面。这种道面因其承载能力低，晴天易扬尘，雨天泥泞无法飞行，目前应用较少。

（4）土道面。它是以平整碾压密实的土质表面作为道面的面层，供飞机起落滑跑之用。这种道面造价低，施工简便，主要用于轻型飞机起降的机场。土道面通常种植草皮，以提高其承载能力。军用机场的应急跑道，通常为土质道面。大型机场的土跑道，是供紧急情况下飞机迫降用的。

（5）水上机场。它是供水上飞机使用的机场。飞机利用水面进行起飞、着陆、滑行、以及进行飞行前的准备工作和维护保养。水上机场应具有符合要求的飞行水域、码头和入水坡道。其中入水坡道是用水泥混凝土修筑的，而其余部分的“道面”则是由水面构成的。

（6）冰上机场。它是利用表面平整而坚硬的冰层作为机场道面，供飞机起飞、着陆、滑行和维护保养之用。河湖冰上机场通常建在能结成坚固而表面平整的浅水区（水深 2～4m）。海洋冰上机场通常设在利于结成平整冰面的海湾或狭长浅湾内。气温在－10℃以下时，淡水冰层厚 50cm 左右可供 2.5t 以下的轻型飞机使用；冰层厚 150cm 时，可供 100t 以下的飞机使用。如果是含盐的冰层，对轻型飞机还应增厚 25%，对重型飞机就增厚 15%。

早在20世纪初期，人们就在北极探险活动中使用过冰上机场。在第二次世界大战中，苏联把冰上机场用于军事目的。2007年12月12日一架空客A319客机降落在南极一条蓝色冰制跑道上，成为首架在南极降落的喷气式飞机。该机场跑道长4km、跑道的冰层厚700m。建造这条跑道的员工在南极工作了三个夏天，跑道离南极大陆海岸线25km远。

（二）按道面使用品质分

按照道面使用品质，可分为以下三类：

（1）高级道面。这类道面的面层用高级材料构成。道面结构强度高，抗变形能力强，稳定性和耐久性好。属于这类道面的有水泥混凝土道面、配筋混凝土道面、预应力钢筋混凝土道面和沥青混凝土道面等，其中以水泥混凝土和沥青混凝土道面应用最为广泛。配筋混凝土道面以加筋混凝土和连续配筋混凝土道面居多。

高级道面具有良好的使用品质，受气候条件影响少，适用于重型飞机的机场道面。在主要航线机场和军用永备机场上都采用高级道面。由于高级道面需要大量的高强材料，最初修建费用很高；但日常维护工作量少，费用也较低。

（2）中级道面。主要包括沥青贯入式、黑色碎石和沥青表面处治等类型的道面。这类道面无接缝，表面平整，使用品质也好。中级道面的最初修建费用低于高级道面，并且可以根据使用机种发展需要分期修建，这在投资上是有利的。这类道面主要用于低等级的军用机场和地区性航线机场。中级道面的维修周期短，维修工作量和费用都高于高级道面。

（3）低级道面。它主要包括砂石道面、土道面和草皮道面。这类道面承载力低，通常作为轻型飞机的起降场，如初级航校机场、滑翔机场和农用机场等。军用机场的紧急起飞跑道、应急迫降场，都采用低级道面。低级道面主要利用当地材料建成，投资少，修建速度快，但道面使用品质受自然因素影响大，不能保证飞机在任何气象条件下都能正常使用。维修虽然简单，但工作量大。

（三）按道面力学特性分类

按照荷载作用下道面结构的力学特性的不同，机场道面可分为两种基本类型：刚性道面和柔性道面。

（1）刚性道面。由于道面结构的面层采用了一种强度高、整体好、刚度大的板体，能把飞机的机轮荷载分布到较大的土基面积上。因此，刚性道面结构承载力大部分由道面板本身提供。道面板的强度用水泥混凝土的弯拉强度来表示。当荷载引起的弯拉应力超过水泥混凝土的抗弯拉强度，板将产生断裂，导致道面结构的破坏。其承载力由板的厚度、混凝土弯拉强度、配筋率以及基层和土基的强度来确定。这类道面主要有水泥混凝土道面、配筋水泥混凝土道面、钢筋水泥混凝土道面和预应力钢筋水泥混凝土道面。

（2）柔性道面。柔性道面抵抗弯拉变形的能力弱，各层材料弯曲抗拉强度为较小。在机轮荷载的作用下表现出相当大的形变性。因此，只能把机轮压力传布到较小的面积上，各层材料主要在受压状态下工作。轮载作用下柔性道面弯沉值（变形）的大小，反映了柔性道面的整体强度。当荷载作用下产生的弯沉值超过容许弯沉值时，柔性道面就会发生损坏。同时，当荷载引起面层的弯拉应力和基层（当基层为整体性基层时）的弯拉应力超过其抗弯拉强度时，同样，也会引起道面的破坏。对于机场沥青道面，飞机荷载引起的弯拉应力往往是引起道面破坏的主要原因。因此在机场沥青道面设计时，基层和面层要有足够

的强度来抵抗飞机荷载引起的弯拉应力。沥青道面的使用时尽量避免超载使用。

属于柔性道面的有：沥青类道面、砂石类道面、土道面等。

(四）按施工方式分类

按照道面面层的施工方式的不同，道面可分为现场铺筑道面和装配式道面。

(1）现场铺筑道面是指将拌和均匀的道面材料现场铺筑而构成的道面。水泥混凝土道面、沥青类道面，以及各种砂石道面、结合料处治的土道面，都属于现场铺筑道面。

(2）装配式道面的面层不是在现场施工的，而是在工厂预制，运抵现场后装配而成的。这类道面包括水泥混凝土砌块、预应力钢筋混凝土预制板、钢板、铝板道面和玻璃钢道。

二、机场道面的使用要求

机场道面是机场内主要工程项目，其质量好坏直接影响飞行安全和使用品质。机场保障的核心内容之一是使道面在规定的使用年限内满足飞机使用要求。机场道面承受着飞机机轮荷载、高温高速喷气流，以及冷热、干湿、冻融等自然因素的作用。为了保证飞机在任何气候条件下都能执行任务，满足使用要求。机场道面必须具有良好的使用性能，主要表现在以下几个方面。

(一）具有足够的强度和刚度

飞机在道面上滑行或停放，不仅把竖向压力传给道面，还会把水平荷载传给道面。此外，道面内的温度变化也会引起温度应力。在这些外力的作用下，道面结构内会产生拉应力、压应力和剪应力。如果道面结构整体或某一组成部分的强度或抗变形能力不足以抵抗这些应力时，道面就会出现撕裂、沉陷、波浪或车辙，使道面使用性能下降。因此，道面结构整体及其各组成部分应具备同机轮荷载和温度荷载相适应的强度。

刚度是指道面结构抵抗变形的能力。道面的整体或某组成部分的刚度不足，即便是强度足够，也会在机轮荷载作用下产生过大的变形，使道面出现波浪、轮辙、沉陷等不平整现象，影响飞机滑行的平稳性，或者促使道面结构出现断残裂现象，缩短道面的使用寿命。因此，道面不仅要有足够的强度，还要有足够的刚度，使整个道面结构及各个部分的交形量控制在允许范围内。

(二）良好的气候稳定性

机场道面袒露在自然环境中，受各种自然因素（温度、湿度等）的影响，道面结构的性能会发生变化。例如，沥青道面在夏季高温季节可能会发软、泛油，出现轮辙和拥包；在冬季低温时又可能因收缩受到约束出现开裂，这必将影响道面的使用品质和使用寿命。同样，水泥混凝土道面在水的作用下会出现唧泥或板底脱空，进而造成板的断裂，这些都给结构设计和材料组成设计带来了复杂性。因此，在机场道面设计中，要充分调查和分析机场周围的环境条件(温度和湿度)、水文地质条件，研究建筑材料的性能同温度和湿度的关系，在此基础上选取合适的设计参数和结构组合，设计出在当地气候条件下具有足够稳定性的道面结构。

(三）道面表面要有合适的粗糙度和良好的平整度

现代飞机对机场道面的要求是不仅应有足够的强度，而且还必须具有满足飞机高速滑跑的通行性能，即跑道道面应有合适的粗糙度（抗滑性）和良好的平整度。跑道道面只有同时满足强度、粗糙度和平整度三方面技术指标的要求，才能保障现代飞机起飞、降落滑

跑时的安全、舒适，才能延长飞机和道面的使用寿命。

（1）道面粗糙度：为了执行作战和训练任务，以及满足不断发展的航空事业的需要，都要求机场道面能保证飞机在较恶劣的气象条件下进行起飞和着陆。机轮与道面间具有足够的摩阻力，是防止飞机制动时打滑和方向失控的重要保证。此外，无论是高速喷气式歼击机，还是大质量的轰炸机、大型客机，对飞机着陆时的操纵和制动的可靠性都有较高的要求。而这种可靠性在很大程度上取决于机轮与道面之间有无足够的摩阻力。因此，机场道面的防滑问题就是飞机滑跑时的安全问题。一般认为，飞机在湿跑道上滑跑，道面摩擦系数小于 0.2 是危险的。

表示机场道面抗滑性能的主要指标有道面摩控系数和道面粗糙度。

道面的摩擦系数定义为：

$$f=\frac{F}{W} \tag{9-1}$$

式中，f 为摩擦系数；F 为作用在道面上的摩阻力；W 为垂直于道面表面的荷载。

由于摩擦系数与道面表面的结构状态、飞机的滑行速度，制动状况等因素有关，不同条件下测定出的摩擦系数值是不同的。因此，需要规定标准条件，进行摩擦系数的测定。目前，测定摩擦系数的方法主要有制动距离法、锁轮拖车法、偏转轮拖车法和摆式仪法等。下面主要介绍一下常用的摆式仪法。

摆式仪是一种可携带的室内仪器。其摆锤底面装有轮胎面组成的滑块，并以一定高度自由下摆，由于经潮湿道面时因摩擦会损失部分能量，故由回摆高度即可知损失能量的大小，从而根据功能原理确定道面的抗滑性能。这种试验条件大致相当于以 50km/h 速度滑跑时的摩擦状况。

（2）水泥混凝土道面防滑要求：水泥混凝土道面在干、湿状态下的摩擦系数随速度的变化。干燥状态下道面的摩擦系数随速度的增加几乎保持不变，而潮湿状态下道面摩擦系数不仅小于干燥状态，而且随速度的增大而迅速减小。不同状态下水泥混凝土道面滑动摩擦系数见表 9-1。

表 9-1　不同状态下水泥混凝土道面滑动摩擦系数

表面的状态	滑动摩擦系数
干燥而粗糙的道面	1.0～0.7
干燥平滑的道面	0.5
潮湿的道面	0.5～0.3
冰覆盖的道面	0.1

道面粗糙度是指道面的粗糙程度，是道面抗滑性能的指标，除刻槽的道面外，道面粗糙度以道面表面的平均纹理深度来衡量。纹理深度包括宏观构造（粗纹理）和微观构造（细纹理）。粗纹理是指道面表面外露集料之间的平均深度，用填砂法测定；细纹理是指集料表面的粗糙度，用磨光值表示。道面表面的纹理构造使道面表面雨天不会形成较厚的水膜，避免飞机滑跑时产生“水上飘滑”现象。

在飞机滑跑速度不高时，道面表面的水来得及从滚动的机轮下排除，一部分水则被控制在集料表面的纹理之中。这时，轮胎同道面表面能保持有摩阻作用的接触，细纹理对潮湿表面的抗滑起决定的作用，当滑跑速度较大时，粗纹理对道面抗滑起决定作用。其功能是提供通路，使道面表面的水能从高速滚动的机轮下迅速排除，从而避免形成水膜，使轮胎仍能同道面保持接触；而细纹理提供的低速抗滑效能在高速滑跑条件下仍能发挥作用。显然，飞机滑跑速度越大，为迅速排除表面水，所需纹理深度越大。

光滑的表面使机轮与道面间缺乏足够的附着力，导致飞机着陆时制动距离过长，而可能冲出跑道。尤其是在湿跑道上滑行时，飞机容易产生“水上飘滑”而失去控制。1986年，美国宇航局的统计表明，35%的飞机操纵事故可能与道面的摩擦系数有关。在这些事故中的28%发生在冰雪情况下，42%是发生滑水现象。在这两种情况中，道面表面的摩擦系数可能都小于0.1。其余30%的事故发生在湿跑道上，其摩擦系数可能为0.1～0.2。该报告指出，飞机在湿跑道上滑跑，道面的摩擦系数小于0.2是危险的。

为了提高水泥混凝土道面的抗滑性能，通常采取表面处理措施，以增大其纹理深度。按照实施处理的时机分为两大类。一类是在新铺筑道面时采用的，在混凝土初凝后强度不高时进行处理，如拉毛、拉槽、压槽、裸石、嵌石等；另一类是在恢复旧道面的抗滑性能时采取，如刻槽、打毛（喷砂、喷丸）、酸蚀、冷黏磨耗层等。各种抗滑处理措施的效果见表9-2。就处理效果而言，以拉毛、拉槽组合法为最好，其次是嵌石法、拉槽法和裸石法；就费用情况比较，以拉槽法和拉毛拉槽组合法最为经济。机场道面多采用拉槽法。嵌石法和裸石法不适合机场道面，因为裸露的石料容易脱落，会打坏飞机蒙皮和发动机，影响飞行安全。

表9-2　水泥混凝土道面各种抗滑处理措施比较表

项目 处理工艺	摩擦系数		构造深度（mm）		施工难易程度
	范围	中值	范围	中值	
拉毛	0.43～0.57	0.50	0.20～0.40	0.30	容易
拉槽	0.53～0.65	0.59	0.54～0.59	0.57	容易
拉毛拉槽组合	0.49～0.73	0.61	0.59～0.70	0.65	容易
压槽	0.40～0.54	0.47	0.34～0.41	0.38	容易
酸蚀	0.38～0.54	0.42	0.13～0.17	0.15	一股
嵌石	0.43～0.46	0.45	0.52～0.714	0.61	一般
裸石	0.38～0.45	0.42	0.48～0.57	0.53	困难

用刻槽法改善水泥混凝土道面的抗滑性能效果明显，目前，在机场道面和高速公路上应用较多。制槽的深度为2～4mm，宽度为2～4m。槽的间距为10～21mm，可以等间距，也可以采用随机间距。

《军用机场水泥混凝土道面设计规范（GJB1278A—2009）》中对道面粗糙度用平均纹理深度表示，用填砂法量测的道面平均纹理深度应满足下列要求：跑道为0.40～0.65mm；滑行道和停机坪为0.30～0.40mm。

国际民航组织规定机场道面表面平均纹理深度为0.8～1.2mm对摩擦系数没有具体规

定。国内民航机场规定新建的水泥混凝土跑道及快速出口滑行道不得小于0.8mm，其余滑行道和机坪不得小于0.4mm。

(3) 沥青混凝土道面防滑要求：同水泥混凝土道面一样，沥青混凝土道面也采用摩擦系数和纹理深度表示其抗滑性能。在水泥混凝土道面中，作为胶结料的水泥硬化后形成的水泥石具有较高的抗磨耗能力。而沥青作为黏结剂在施工成型后的道面中其抗磨耗能力较水泥石要低得多。

军用机场沥青道面的抗滑标准见表9-3。这是新建道面验收时应该满足的指标要求。国内民用机场按国际民航组织的规定执行（平均纹理深度为0.8～1.2）。这个规定没有区别道面类型。

表9-3　沥青道面抗滑标准

机场等级	竣工验收值		
	摆值（BPN）	构造深度 mm	横向力系数（SFC）
四级、三级	≥52	0.60	≥54
二级	≥50	0.55	≥54
一级	≥45	0.50	≥50

(4) 道面平整度：机场道面表面的平整度是表征道面表面特性的一个重要指标。所谓道面平整度是指道面的表面对于理想平面的偏差，它对飞机在滑行中的动力性能、行驶质量和道面承受的动力荷载三者的数值特征起着决定性的作用。通常它以满足飞机使用要求前提下的不平整度允许值的上限来表示。

无论是人为的还是自然因素均可引起道面上较大的隆起或沉陷。弹坑或由不均匀冻胀产生的道面突然降起，均称之为障碍。障碍对机场道面而言是绝对不允许的，它不属于道面平整度的范畴。

机场道面的不平整度主要由下列诸因素引起：

首先是道面固有的不平整度。例如，道面设计中的纵向变坡、施工中道面板在接缝处允许的邻板高差和达不到设计高程的偏差等，即使这些偏差都在设计和施工规范规定的允许范围内，它们对道面不平整度的影响也是不容忽视的。

其次是道面在使用过程中由于受到荷载和自然因素的长期反复作用的影响，产生的新不平整度，或使固有的不平整度增大，例如，由于飞机荷载的重复作用使道面在垂直方向生的塑性累积变形；由于地下水位变化引起土基和基层的不均匀沉陷；由于冰冻引起的道面鼓胀；由于温度应力引起的道面板的翘曲、抬高；由于道面表层的磨耗、剥落、腐蚀、拥包形成的表面缺损等。

道面的平整度影响飞机滑跑的稳定性和舒适性。飞机滑过道面的不平整处将产生冲击振动。随着道面平整度的变坏和恶化，不仅影响乘客的舒适、货物的完好，而且还会影响飞行员操纵飞机和判读仪表，引起机件的磨损，危及飞行安全。某机场跑道由于平整度恶化发生飞机空速管因振动过大而折断。

(1) 水泥混凝土道面平整度要求：为了满足飞机的使用要求，对水泥混凝土道面不平整度允许值的上限需要作出相应的规定。施工过程中的平整度可采用3m直尺进行控制，竣工时采用平整度仪和 3m 直尺进行检测。对水泥混凝土板还需要进行邻板高差的控制。道面混凝土的表面平整度要求如下：

① 3m 直尺与道面之间的间隙值不大于 3mm。每 500m^2 检查二块板，在板中垂直于板边交叉量 2 尺，在两对角线各量 2 尺，取各尺间需最大值的平均值。

② 邻板高差允许值。纵缝处为 3mm，横缝处为 2mm。胀缝每 50m 检查 1 点，横缝每 10 条检查 1 条，每条检查 1～2 点。

③每块板的实测高程与设计高程偏差，用水准仪测量不得大于±5mm。

（2）沥青混凝土道面平整度要求：沥青混凝土道面的平整度用用 3m 直尺、平整度仪和高程进行控制和检测。机场的沥青混凝土道面竣工后的平整度应符合表 9－4 的要求。

表 9－4　沥青混凝土道面平整度要求

	检查项目	质量标准或允许偏差	检查频度	合格判定	检查方法
军用机场	平整度（mm）	3m 直尺：3	每批 76 个点	不合格点数 $d \leqslant 17$ 个	随机，每点纵向测一尺
		3m 平整度仪 1.8	每 100m 应计算 σ 的值	$\sigma \leqslant 1.8$	沿跑道中线及两侧
	高程（mm）	±5	每批 76 点	不合格点数 $d \leqslant 17$ 个	随机，水准仪
民用机场	平整度（mm）	上面层不大于 3，中、底面层不大于 5	每 2000m^2 检查一处		上层用 3m 直尺法测量，中、底层用竣工资料
	高程（mm）	+5 −3	每 50m 测一个断面，每个断面 5 点（机坪测点间距 20m）		用水准仪测量

（四）耐久性

机场道面在其使用年限内，受轮载和气候等因素长期、反复的作用，道面结构的整体或某一组成部分会逐渐出现疲劳损坏和塑性变形累积。耐久性不足，道面使用很短的时间就需要修复或改建，既干扰正常飞行，又造成经费的浪费。为此，设计和修建的机场道面结构，应使其在使用寿命年限内，具有较高的抗疲劳和抗塑性变形的能力。水泥混凝土道面设计使用年限见表 9－5。沥青混凝土道面设计使用年限通常不超过 15 年。

表 9－5　水泥混凝土道面设计使用年限

机场等级	设计使用年段	机场等级	设计使用年限
四级	30～40	一级	20～30
二、三级	25～35		

（五）表面洁净

机场道面的表面应洁净，无砂石和混凝土碎块，以免打坏飞机蒙皮和被吸入发动机而危及飞行安全。这就要求加强对道面的养护，及时清扫道面。

三、机场道面的构造

（一）道面结构

机轮和自然因素对道面结构的影响随着深度的增加而逐渐减弱。因此对道面材料的强度、刚度和稳定性的要求也随深度的增加而逐渐降低。为适应这一特点，降低工程造价，道面结构是多层次的，上层用高级材料，随后层用次高级材料，最下层用低级材料。道面的结构层次如图 9－1 所示。按使用要求、承受的荷载大小、土基支承条件和自然因素影响程度的不同，在土基顶面采用不同规格和要求的材料分别铺设垫层、基层和面层等结构层次。

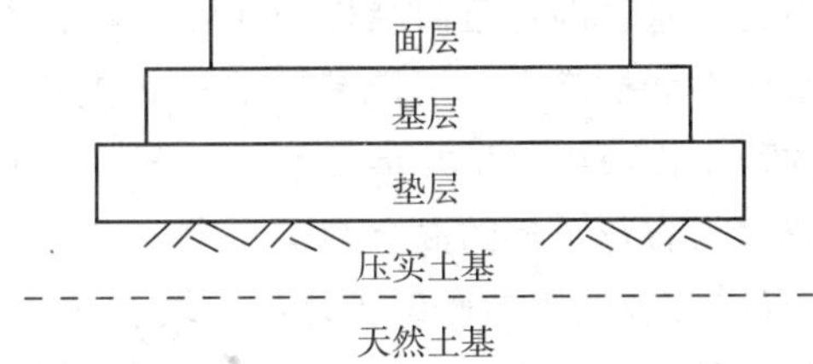

图 9－1　水泥混凝土道面结构层次

1. *面层*

机场道面的面层是直接同机轮和大气环境相接触的层次，它既要随机轮荷载的竖向压力、水平力和冲击力的作用，同时又受到降水的侵蚀作用和温度变化的影响。因此，同基层和垫层相比，面层应具有较高的结构强度、刚度、耐磨、不透水和温度相定性，并且表面还应具有良好的平整度和粗糙度，以保证飞机起飞、着陆和滑行的舒适性和安全性。

组成面层的材料可分为下面四种类型。

（1）水泥混凝土：这类道面具有较高的强度和刚度，能够承受任何飞机的作用，可用于跑道、滑行道、联络道和各种停机坪的面层。

（2）沥青混凝土：这类道面表面平整，滑行平稳舒适，能够满足各种飞机的使用要求，可用于跑道、滑行道、联络道。由于沥青混凝土不耐航油的侵蚀，一般不用于停机坪的面层。

（3）沥青类材料。这类材料包括沥青碎石、沥青贯入式和沥青表面处治等。沥青碎石和沥青贯入式用作面层时，因空隙多、易透水，通常应加封层。沥青表面处治一般不能单独作为面层，主要作为封层的摩擦层，以改善道面表面的性能。

（4）用土作为主要材料，如泥结（砾）碎石道面，各种结合料处治的土道面、草皮道面等。这类道面只能供轻型飞机使用，兼作大型飞机和军用飞机的紧急着陆场，或野战机场道面，使用品质较差。

（5）用混凝土预制块、钢板、铝板和玻璃钢板作为道面的面层。主要用于野战机场或公路跑道的临时设施建设。

为确保道面面层的性能要求，各级军用机场水泥混凝土道面面板厚度参考值见表 9－6。

表 9－6　各级军用机场水泥混凝土道面面层厚度参考范围

机场等级	跑道端部，滑行道、停机坪（cm）	跑道中部（cm）
四级	≥35	≥33
三级	25～34	23～32
二级	20～24	18～22
一级	16～20	16～18

民航机场规定新建水泥混凝土道面板的厚度不应小于 20cm。

2. 基层

基层是面层和土基或垫层之间的结构层，是道面结构中的重要层次。对于水泥混凝土道面结构，能保证水泥混凝土道面整体强度和平整度，防止唧泥、错台和脱空，延长道面使用寿命；沥青混凝土道面，基层是道面结构中的承重部分，一般采用提高基层的强度和厚度来提高整个沥青道面结构的强度。基层受自然因素的影响不如面层强烈，但必须有足够的水稳性和抗冻性、用作基层的材料主要有：有各种结合料（如石灰、水泥或沥青等）处治的稳定土或碎（砾）混合料；各种工业废渣混合料，如高炉熔渣（水淬渣）、煤渣或粉煤灰等与石灰组成的混合料或外掺碎石或土的混合料（二灰土、二灰石）等；各种碎（砾）石混合料或天然砂砾；片石、块石或卵石等；贫水泥混凝土。

基层最小厚度为 15cm，其周边应比水泥混凝土板边缘宽出 30～50cm。

3. 垫层

垫层是介于基层和土基之间的层次，其主要作用是改善土基的温度和湿度状况，以保证面层和基层的强度稳定性、水稳定性和温度稳定性；继续扩散由基层传下来的荷载，以减少土基的产生的变形。垫层并不是必须设置的结构层次，通常是在土基水、温状况不良时设置。

对垫层材料的要求，强度不一定高，但其水稳性和抗冻性要好。常用的垫层材料，一类是由松散的颗粒材料如砂、砾石、炉渣等组成的透水性垫层；另一类是石灰土、水泥土或炉渣土等稳定土垫层。垫层的最小厚度为 15cm，周边应宽出基层边缘 30～50cm。

4. 压实土基

压实土基是道面结构的最下层、承受全部上层结构的自重和机轮荷载。土基的平整性和压实质量在根大程度上决定着整个道面结构的稳定性，因此，无论是填方还是挖方均应按要求予以严格压实。对于特殊土质要采取相应的对策，否则，在机轮荷载和自然因素的长期作用下，土基会产生过量的变形和各种病害，从而加速面层的损坏。

（二）道面结构的横断面

为了迅速排水，以防止或减少降水渗入道面下的土基，机场道面应考虑横向排水要求。跑道的横坡应不小于 5‰，且不大于 10‰；滑行道的横坡应不小于 5‰，且不大于 15‰；土跑道的横坡应不小于 5‰，且不大于 20‰；平地区的横坡应为 5‰～25‰；道肩的横坡应略大于相邻道面的横坡。机场跑道与滑行道的横断面图如图 9－2 所示。

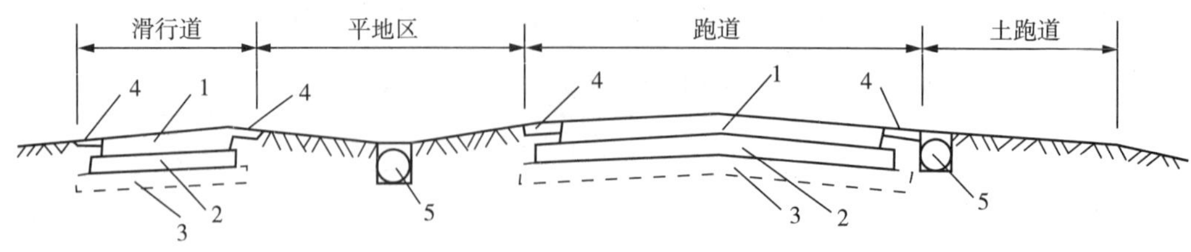

图 9－2 机场跑道与滑行道横断面示意图

1—面层；2—基层；3—垫层；4—道肩；5—排水设施

第二节　影响军用机场使用的因素

机场道面的作用是保证飞机在地面的正常活动，这些活动包括飞机的停放、滑行、起飞和着陆等。因此，多数人认为机场道面主要承受飞机的作用。但机场道面结构体系裸露在地表，也直接受到自然因素的影响。即使一个每天有500架次飞机起落的繁忙跑道，每一架飞机通过跑道上某一给定的地点，只需不到0.01s。500架飞机的活动使道面在一天之内遭受荷载作用的总时间不超过5s。这就意味着一天之内有99.99%的时间，道面是在自然因素的作用下。实践表明，很多道面受到自然力的破坏比遭受所施加机轮荷载的破坏更为严重。因此，机场道面使用中不仅要关注飞机对机场道面体系的作用，同时要密切关注自然因素对机场道面体系的影响。

一、自然因素对机场道面体系影响

自然因素的影响主要表现在温度和湿度两个方面。道面结构体系的温度和湿度状况随周围自然因素的变化而变化。这些变化使道面体系的材料性质和状态发生相应的改变。例如，温度和湿度的变化引起道面材料和土基土壤的强度和刚度的增加或减少。

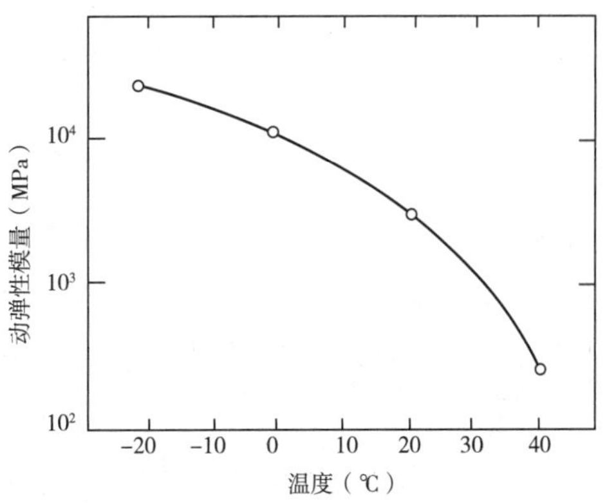

图 9－3　温度对沥青混凝土刚度的影响

（一）温度对机场道面体系的影响

图 9－3 所示为沥青混凝土的刚度随温度而变化的试验结果。

由图可见，当温度由0℃升高到40℃时，动弹性模量降低25倍，说明沥青混凝土的刚度随温度的变化是很敏感的。即温度主要影响道面面层结构内的变化。

大气的温度变化有着周期性的规律。与大气直接接触的道面温度也必然随之发生相应的变化。如图 9－4 和图 9－5 分别显示了夏季晴天的情况下水泥混凝土面层和沥青混凝土

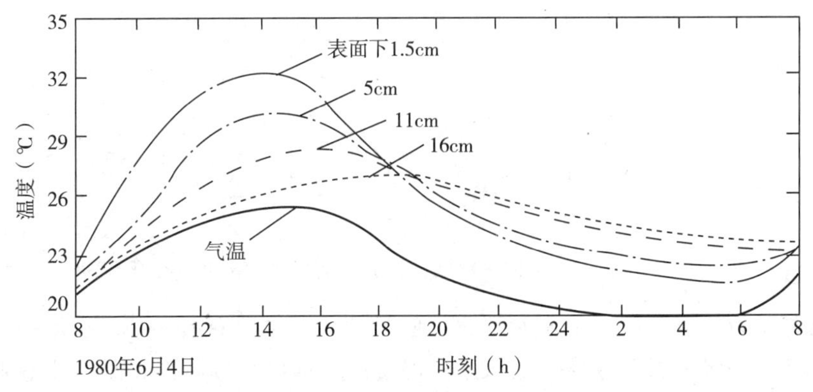

图 9－4　水泥混凝土道面日温度变化曲线

面层温度的日变化观测结果。图中显示的规律表明，由于部分辐射热被道面吸收，因此道面的温度较气温高（在图 9 - 4 的实例中，水泥混凝土面层的温度高出气温 14℃，而图 9 - 5 中的沥青面层温度则高出气温 23℃）；道面表面温度峰值比气温峰值滞后；随深度增加，道面温度变化趋于平缓。

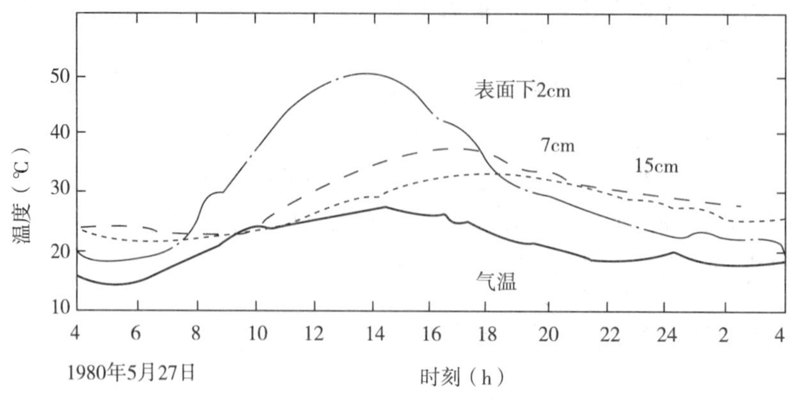

图 9 - 5　沥青面层温度日变化曲线

道面结构内温度状况随深度变化的情况，可以更明显地从一昼夜不同时刻和道面温度沿深度分布的曲线图中看出。图 9 - 6 即为水泥混凝土面层的观测实例。板内温度沿深度一般呈曲线分布。顶面和底面之间的温度坡差（或称温度梯度），在一天之内经历了由负（顶温低于底温）到正（顶温高于底温）再到负的循环变化。其周期性同气温变化几乎同步，见图 9 - 7。温度梯度通常在早晨的某一时刻（图 9 - 7 中为 8：00）接近于零，午后某一时刻（图 9 - 6 中为 14：00）正温差达到最大值，而在凌晨某一时刻（大约在 3：00～5：00）负温差达到最大值。

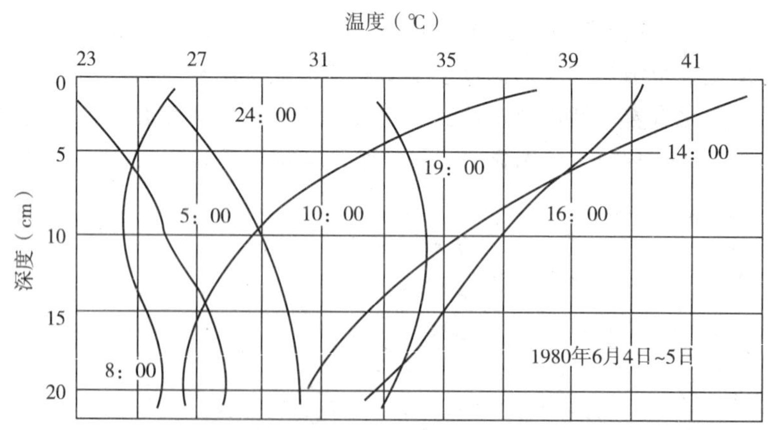

图 9 - 6　一天内不同时刻沿水泥混凝土面层深度的温度变化曲线

水泥混凝土板内温度状况的不断变化，使板发生位移和变形。平均板温一天或一年内的变化，会产生一定的板长变化；板截面上温度的不均匀分布，会使板产生翘曲变形。当板长变化或翘曲变形受阻时，板内便产生温度伸缩应力和翘曲应力。

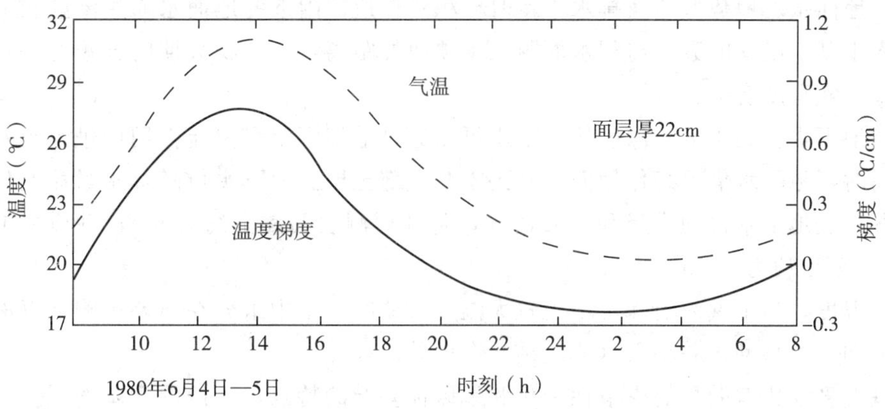

图 9－7　水泥混凝土面层温度梯度日变化曲线

（二）湿度对机场道面体系的影响

湿度对机场道面体系的影响主要体现在土基强度随湿度变化而产生的变化上。图 9－8 显示了土基刚度随土中含水量增大而急速下降的情形，图 9－9 显示了土基强度在一年中的变化。

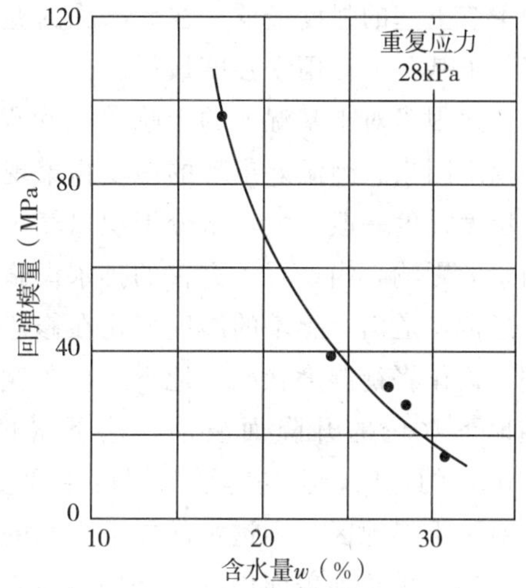

图 9－8　湿度对土基刚度的影响

影响土基湿度的因素主要有：

（1）大气降水和蒸发。降水浸湿透水的道面并下渗而润湿土基，或者沿道面的接缝和裂缝渗入土基；降水还浸湿透水道肩和边坡，并通过毛细润湿作用向土基内扩展；蒸发使水分从土基中逸出而促使土基趋向干燥。因此，土基的潮湿程度与降水量、蒸发量与道面类型有关。

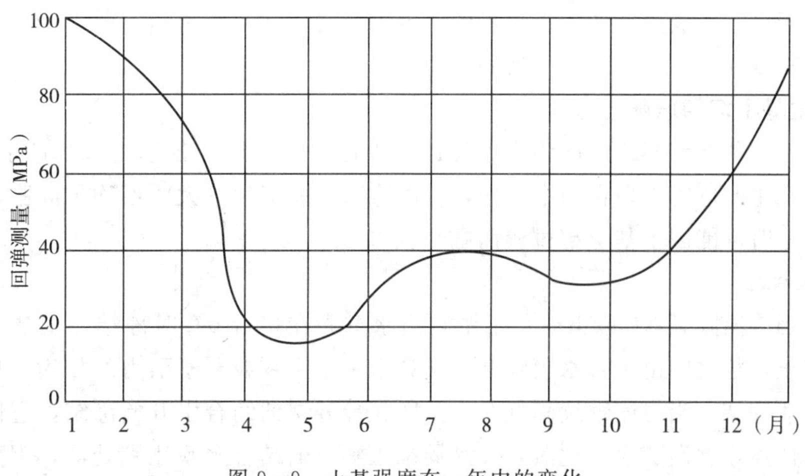

图 9－9　土基强度在一年中的变化

(2) 地面水。地势低洼及排水不良时，积滞在道面附近的地面水通过渗漏和毛细润湿作用进入土基，浸入的数量与积水面距土基顶面的距离，以及积大期的长短有关，也与土质及土基压实程度有关。

(3) 地下水。处于某一深度的地下水可以通过毛细润湿和渗流作用而进入土基。地下水位较高时，地下水借毛细作用而上升到土基上部土层。地下水位随降水量而变化，土基的浸湿程度随地下水位的升降和土质而异，野外观测表明黏土约为 6m，砂质黏土或粉土约为 3m，砂土约为 0.9m。

(4) 温度。当土基内沿深度出现较大温度坡差时，土中水分在温差影响下以液态或气态由热处向冷处移动，并积聚（或凝结）在该处。

土基湿度变化有明显的季节性变化和地区性差异的特点，其浸湿土基的程度，在一年四季内按各地区的不同规律不断地变化着。在季节性冰冻地区，由于气候因素的大幅度变化，使土基的强度由现明显的季节性特点，如图 9-9 所示。由图可见，在季节冰冻地区，春融季节土基的强度最低。在无冰冻的温暖地区，气候因素的变化幅度不大。但其降雨量较多，土基一般在雨季强度最低。

上述因素对土基湿度的影响情况和程度，由于所处环境的不同，是因时因地而异的。例如温度因素，因温差出现的湿度积聚现象主要在季节冰冻地区较为严重。而在非冰冻地区，湿度梯度一般不大，水分聚积以气态为主，不会成为影响土基湿度的主要因素；又如地面水的影响，当设置了完善的排水设施和加强养护措施后，通常是可以消除的。

通常，道面下土基的湿度变化在修建好后约二、三年期间，会逐渐趋于一稳定的波动范围，称作平衡湿度状况。地下水位如离地表面较近，则土基湿度主要受地下水位控制，并随地下水位的升降面波动。地下水位如离地表较远而降水量较高（年降雨量大于 250mm）的地区，土基的平衡湿度主要受气候因素（降水量和蒸发量等）和排水条件影响。对于干旱地区，不透水面层下土基的平衡湿度，主要受空气相对湿度和土基内气态凝结水影响。由于加盖面层后土基中水分蒸发较前更为困难，从而使土基上层的湿度增大。因此，干旱地区道面下土基的平衡湿度较当地无覆盖土在相同深度处湿度略大。

我国的西北地区，气候干燥，降水量小而蒸发量大。水泥混凝土道面板下一般较潮湿，板表面干燥，形成湿度坡差。当板的厚度较薄时，常产生盘形翘曲。这种盘形翘曲不仅使道面平整度变坏，而且增加了板的翘曲应力。

（三）土基不均匀冻胀与翻浆

我国东北、华北和西北地区为季节性冰冻地区。这些地区冬季土基都产生冰冻现象。对道面可能产生的危害表现在两个方面，即冰冻时可能产生过大的不均匀冻胀，使道面出现错台；融冻时可能因土基上部过湿而翻浆。

1. 冻胀机理

冬季，当气温降到 0℃以下时，土中自由水首先在接近 0℃时冻结。土基内出现小的冰晶，它与土颗粒之间由结合水膜隔开。结合水由于土颗粒分子引力的作用，只有在更低的温度时才能冻结。当温度继续降低时，土颗粒最外层的结合水开始冻结，它们参加到冰晶体中去，使冰晶逐渐变大。此时，冰晶周围土颗粒的结合水膜比别处薄，阳离子浓度也大。这就使冻结区与未冻结区的结合水之间产生不均衡，弱结合水就由水膜厚的地方向薄

的地方转移。倘若负温度下降较慢，而未冻区的水分补给又很充分的话，随着上层土壤的冻结将发生水流连续移动的现象。未冻区的弱结合水就不断地向冻结区转移，在上层中形成垂直于寒流方向的扁冰块（图 9－10），这就是聚冰层（冰夹层）。土壤中的毛细水在冷处比在热处具有更大的表面张力，气态水在冷处比热处压力力要低，这些都会促成毛细水、气态水由暖处向冷处移动。由试验得知，在温度下降到 3℃以下时，土中水分的移动实际上就停止了。因此，负温度区的水分移动一般发生在 0℃到－3℃等温线之间的土层中。如果入冬前土基含水量大，地下水位高（有充分的水源补给）；土质不良（例如粉砂、粉质土等）以及入冬后气候时寒时暖，地冻线长时间停留在某一深度处，这里就形成相当厚的冰夹层。据观测，辽宁省大致在道面下 0.35～0.85mm，黑龙江省在道面下 0.6～1.2m 左右，有一个显著的聚冰层。有时，在其下方还可能出现第二个、第三个聚冰层。水冻结后体积增大，使土基隆起而造成面层开裂或错台。通常，最大冻胀量发生右冻深最大（一月底二月初）的时候。土基在冻结期间，冻层土基含水量较冻前有很大增加。在聚冰层附近，其含水量增加尤为显著，分别可以达到液限的 1.2 倍及 1.5 倍。这样大的含水量，不但在冰冻时造成土基的冻胀，而且也易造成春融时土基过湿，使土基的承载强度下降，并且在机轮荷载的作用下形成唧泥和翻浆。

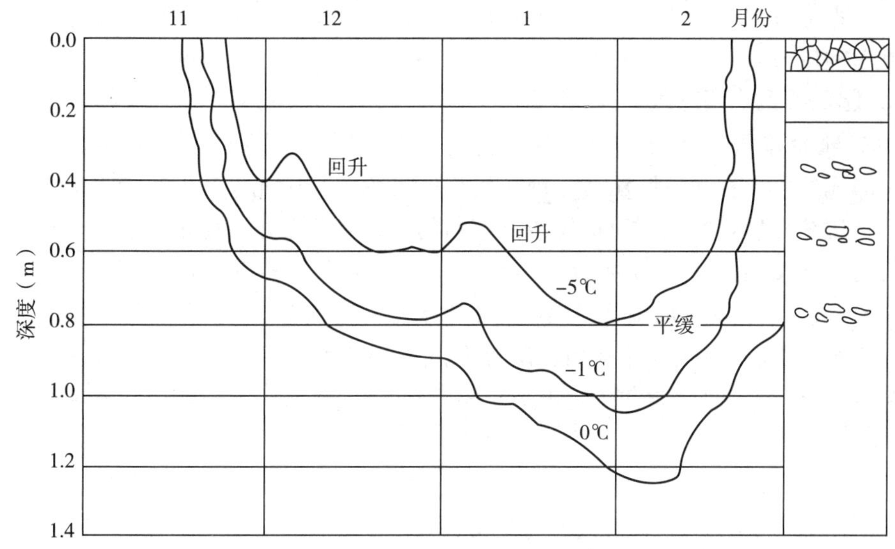

图 9－10　聚冰层与地温进程线的关系

2. 土基不均匀冻胀与翻浆的形成

季节性冰冻地区机场道面出现冻胀和翻浆现象通常需具备以下条件：

（1）土质条件：各类土的毛细特性和渗透性不同，在温度和湿度坡差下水分聚积的程度就不一样。最严重的冻胀通常发生在受到毛细作用的细料土壤中。含有高百分率粉土粒径颗粒的低塑性土壤对冰冻特别敏感。这些土壤的孔隙尺寸小到足以产生潜在毛细作用，又大到足以水能通达冻结区域。粉土、粉砂土和极细砂，具有较高的毛细力以提升水分，又有较强的通过孔隙输送水分的能力，是易于积聚水分造成土基冻胀和翻浆现象的几种土类，通常称冻胀土；粗颗粒土具有较高的流淌速率，但是没有吸升足够形成冻胀的水分的能力，如砂性土，虽具有较高的渗透性，但缺乏吸收水分的能力；较黏的土壤虽然能产生高度毛细作用，但其透水性，水分流动过慢，不会形成厚的冰夹层而导致危害。

(2) 水文条件：在地表排水困难或地下水位较高的地段，土基潮湿，为水分聚积提供充沛的水源；反之，水文条件好的地段，土基干燥、水分聚积量因水源不足减少。

(3) 气候条件：多雨的秋天，使冻前土基湿度较大；温和与寒暖反复交错的冬天，土基冻结缓慢，冻结线长时间徘徊在土基某深度处，使水分有充足的时间向该处聚积，并形成冰夹层；骤热的初春或春融期降雨、使土基上层的水分来不及排出。这些气候因素都将加剧土基的冻害和翻浆现象。

(4) 交通条件：在春融期间，当土基因过湿而强度大大降低时，繁重的交通会使唧泥和翻浆现象立即爆发。因此，在春融期间，适当限制交通是必要的。

(5) 养护条件：养护不好会使表面积水，春融期不及时养护会促成或加剧翻浆的出现。

二、飞机对机场道面的作用

飞机对机场道面的作用主要体现为飞机在停放、滑行、起飞和着陆等状态中，作用在道面上的荷载。停放时，飞机作用在道面上的是垂直静压力；滑行时，作用在道面上的有垂直压力、水平力和振动冲击力。当滑行速度增大到一定时，机翼就产生了升力，减小了飞机对道面的压力。

(一) 起落架型式和轮载

1. 机轮轮胎压力

轮胎的充气压力称为轮胎压力。现代飞机的机轮用高压充气轮胎。充气轮胎在荷载作用下会产生压缩变形，因此，由机轮传给道面的荷载是分布在一定的面积上，这个面积称为机轮与道面的接触面积，或称为轮印面积。轮印为近似椭圆形，其两半轴之比 a/b 为 1.25～2.0。随着机轮荷载的增加，接触面积也增大，接触面积上的荷载集度称为接触压力。计算中通常不计轮胎侧壁的约束作用，认为轮胎与道面之间的接触压力等于轮胎压力。但对于低压轮胎，轮壁之下的接触压力稍大于轮胎中心的接触压力；对于高压轮胎则反之。

2. 起落架型式和轮载

飞机的全部质量都是通过机轮传给道面的，飞机停放在道面上时，机轮传给道面的荷载是静荷载。静荷载的大小与飞机总质量及起落架的型式有关。一般情况下，飞机总质量越大，静荷载也越大。对同种飞机来讲，由于携带的油料、货物（弹药）和乘客人数的不同，其总质量是不断变化的。通常，起飞质量大于着陆质量。起飞质量又分为正常起飞质量和最大起飞质量。机场道面厚度确定中，通常以使用该机场的主要飞机的最大起飞质量作为计算依据。

(二) 作用在机场道面上的荷载

1. 作用在机场道面上的水平力

当飞机在道面上滑行时，除垂直荷载之外，作用在机场道面上的还有水平力。飞机运动时机轮与道面之间的摩擦力引起水平荷载；机轮经过道面不平整处因撞击也会引起水平荷载；飞机着陆时机轮制动过程中产生水平荷载；飞机滑行过程中急转弯时由于存在侧向摩擦力而产生水平荷载；等等。

作用在道面表面的水平荷载的作用时间是很短的。水中荷载引起的水平应力随深度的

增大而迅速减弱。水平荷载对机场刚性道面的影响可以忽略。但对于柔性道面，过大的水平应力能够引起道面面层产生波浪、拥包和剪切破坏等。因此，当柔性道面上层可能因水平力过大而引起破坏时，应对水平荷载进行验算，必要时设置保护层（磨耗层），以改善柔性道面上层的受力状态。

2. 作用在机场道面上的动载

飞机在道面上的一切活动，包括滑行、起飞、着陆和地面试车、都会对道面产生动效应。这种动效应还与道面结构的力学特性有关。柔性道面上飞机的动效应要比刚性道面小得多，可以不考虑飞机的动效应。

飞机在道面上滑行时，一方面，随着飞机滑行速度的增加，机翼产生的升力使机轮对道面的压力减小；另一方面，当机轮通过道面不平整处时将产生冲击作用，冲击作用增大了飞机荷载对道面的作用效果，同时冲击荷载本身对飞机也会产生影响，包括飞机颠簸和滑行安全。冲击作用的大小与道面的平整状况及飞机运动速度有关，图 9 - 11 为某一速度下的试验资料。由图可见，道面越不平整，冲击作用越大，因此，对机场道面的平整度应该有严格的要求。

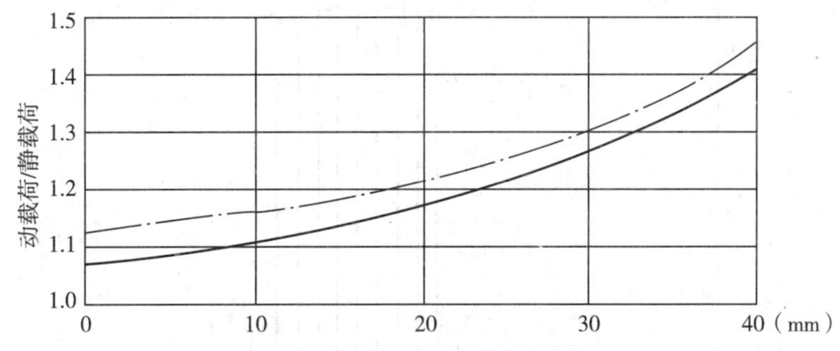

图 9 - 11　道面不平整高差对冲击作用的影响

另外，飞机着陆时，跑道端部的道面受到机轮的撞击，机轮的这种撞击作用，飞机的飘落高度有关。换句话说，它取决于飞行员的驾驶水平。通常规定，当飞机在离地面 0.5～1.0m 时开始飘落是正常着陆。如果飞机飘落高度超过规定，就是粗暴着陆。粗暴着陆不仅使道面受到巨大的冲击，而且容易引起机件的损坏，甚至造成安全事故。正常着陆机轮对道面的冲击荷载不超过静荷载，粗暴着陆时，道面受到的冲击荷载是静荷载的 3 倍。现代飞机起落架都有较好的缓冲装置，使飞机对道面的冲击力大为减小。

粗暴着陆虽然对机场道面危害很大，但因其违反操作规程，危及飞行安全，所以机场道面设计中一般不考虑粗暴着陆的影响，但对道面的动载响应仍予以考虑，通常是把动荷载转换为静荷载，按静力学分析方法进行道面结构的位移和应力计算。我国军用机场水泥混凝土道面设计规范中的动载系数（见表 9 - 7），考虑了飞机在道面上滑行时的动力和升力影响。

表 9 - 7　动载系数

道面地段	不同胎压下的动载系数	
	q≥1.08	q<1.08
滑行道，跑道端部、停机坪，联络道	1.25	1.20
跑道中部	1.0	1.0

三、轮迹横向分布与道面各地段受载情况

（一）轮迹横向分布

飞机在地道面上起飞、降落时，轮迹的横向分布是不均匀的，在跑道横断面的各部位，机轮荷载的分布是各不相同的。影响机轮轮迹横向分布规律的主要因素有飞机的类型、主起落架数量、主起落架间距及其机轮数量、轮胎宽度和训练科目等。当主起落架数最少、间距小，主轮数量少、轮胎宽度小时，则轮迹的横向分布就比较集中（即机轮出现在跑道中部的概率大），反之轮迹的横向分布不很集中（跑道横断面中部出现的概率偏小），图 9－12 为某机场实测的歼-6、歼-7 飞机单机起飞、着陆时的轮迹横向分布情况。由图可见，在跑道横断面中心 10m 宽（两侧各 5m）的范围内，轴迹分布概率为 91.76％。而在 22m 宽的范围轮迹分布概率为 99.99％。

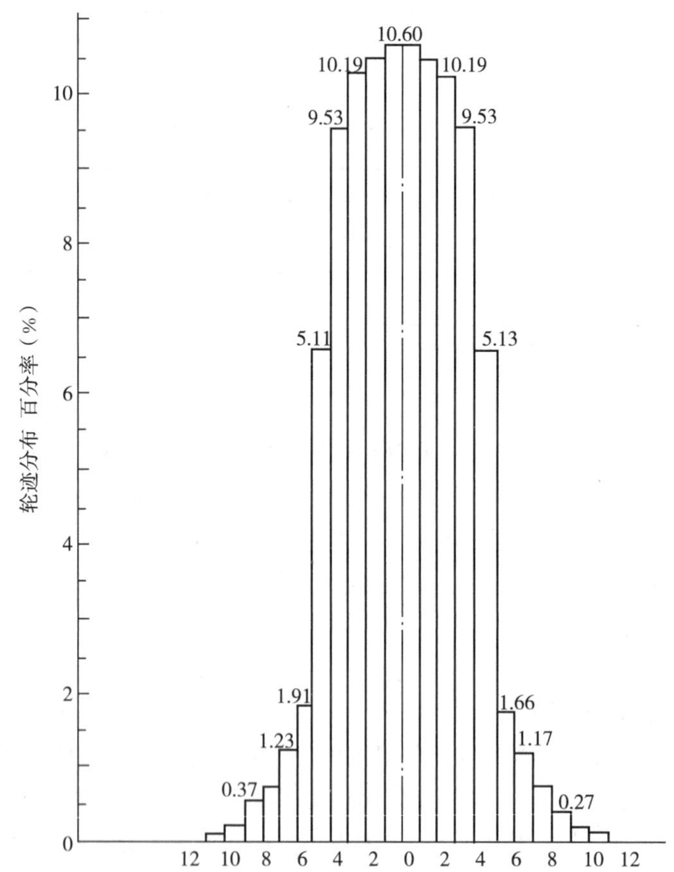

图 9－12　歼-6、歼-7 飞机单机起飞、着陆时轮迹横向分布情况

双机起飞情况下轮迹横向分布的规律与单机起不同，见图 9－13。所谓双机起飞，即同时起飞的两架飞机各自利用半个宽度的跑道（翼尖间距不大于 10m），进行起飞训练或执行任务，而着陆时单机着陆。

由图 9－13 可见，出现了三个峰值。在跑道中心 10m 宽的范围内有一个大的峰值，轮

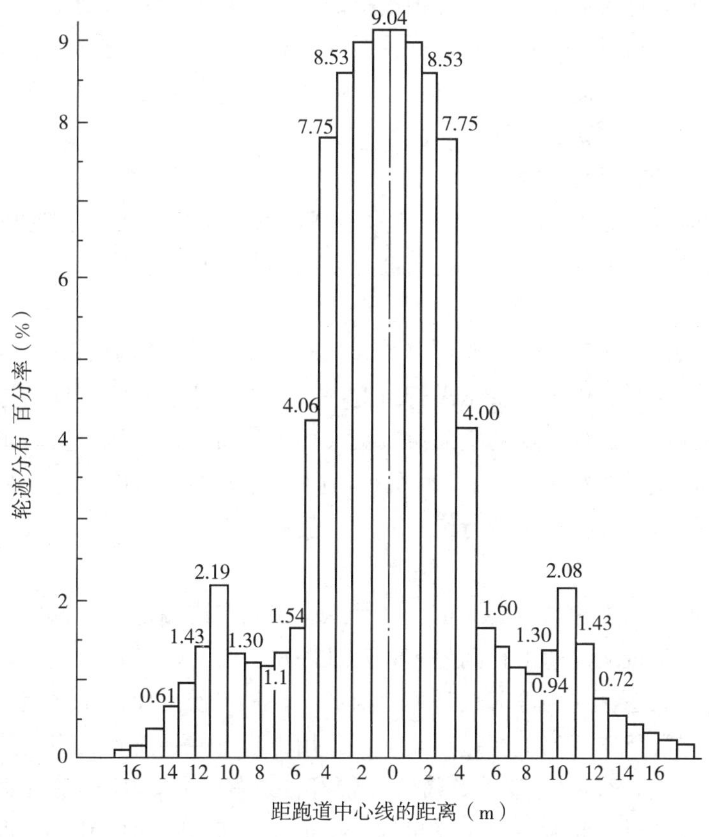

图 9－13　歼－6、歼－7 飞机双机起飞、着陆时的轮迹横向分布情况

迹分布概率占 77.12%；两侧出现两个较小的峰值。

由于绝大部分机轮荷载都集中在跑道横断面的中间 1/3 的宽度内，因此，就跑道横断面而言，中间部分可以认为是决定性的交通区域。与其他不太繁忙的区域相比，道面板应有较大的厚度。这样就有采用不等厚断面设计以降低工程造价的实例。在跑道横断面的中间部分，道面厚度按飞机的最大起飞质量计算；而跑道边部的道面厚度则技飞机的最大着陆质量计算。

（二）运行次数

机场道面所使用的飞机不仅有不同类型，而且不同飞机的起飞和着陆的次数也不相同。飞机的运行次数一般是指飞机起飞和着陆的次数。由于同一机型的飞机的起飞和着陆质量不同，一般起飞质量大于着陆质量。把起飞一次作为一次运行次数，而着陆一次则需要进行折减。折减系数随着道面所使用的机型的不同而不同，如军用机场水泥混凝土道面设计规范规定着陆次为 0.75 次运行次数。

不同质量的飞机对道面影响的差异是很大的。在机场道面应用时，不仅要考虑不同质量飞机对道面的影响，而且还要考虑不同飞机的运行次数对道面的影响。因为不同质量不同运行次数的飞机对道面的综合累计损伤是不同的。需要考虑在使用期内。所使用的飞机的类型和运行次数对机场道面的影响。

当一个机场使用不同质量的飞机时，各种飞机的运行次数不能简单地累加。借鉴机场道面设计中的处理，将不同质量飞机的年平均运行次数换算成设计飞机的年平均运行次

数，这就是所谓的运行次数的换算。各种飞机的运行次数换算的原则是，同一道面结构在不同飞机作用下达到相同的损伤程度，这种关系可以通过室内或现场试验建立起来。飞机运行次数的换算关系与道面结构类型有关，不同的道面结构类型（如水泥混凝土道面、沥青混凝土道面）其换算关系是不同的。

（三）道面不同地段受载分析

由于机场道面各部分的几何形状和尺寸不同，以及飞机在道面各地段的运动状态不同，所以，机场道面各地段的承受飞机荷载的状况是不一样的。

1. 滑行道

滑行道是飞机在地面滑行的主要通道。起飞时飞机经过滑行道而到达跑道端部，着陆时飞机经过滑行道到达停机坪。由于滑行道宽度小，机轮几乎是沿着同轨迹滑行的。这种渠化的交通使滑行道上机轮荷载的重复次数大大增加。另外，飞机在滑行道上的滑行速度一般为 20～30km/h。以这种速度滑行时机翼产生的升力很小，而驶经道面不平整处又足以产生冲击作用。这些都构成了滑行道上不利的受载条件。

2. 跑道

跑道是飞机升空和降落的主要通道。在其纵向上，跑道端部和中部的受载条件是不同的。在跑道端部，飞机从慢速滑行到停止，对准跑道后需提高发动机的转速。以发挥它的全推力并进入起飞状态。这种静荷载和振动荷载的叠加，使道面产生高度应力集中。但由于飞机在跑道端部滑行速度比滑行道小，冲击作用也小，并且跑道比滑行道宽，一般不会形成渠化交通，因此，跑道端部的受载条件较滑行道好一些。对于飞机着陆时的冲击作用，一般正常着陆考虑。此时，由于飞机的速度很大，机冀产生的升力也很大。

在跑道中部，无论是起飞或着陆，飞机都以较高的速度通过。此时机翼升力较大，抵消了飞机的部分质量，减小了机轮对道面的荷载。同时，高速滑行通过的飞机对道面某一断面的作用时间是短暂的，道面还来不及产生完全变形，飞机就通过了。

3. 停机坪

停机坪是供飞机停放、维护保养、加油、装卸货物和弹药的场所。由于飞机长时间停放和满载飞机的滑进滑出，其受载条件与跑道端部相近，道面厚度中等。

综上所述，滑行道受载条件最差，道面厚度最大；跑道中部受载条件好，道面厚度小；跑道端部和停机坪的受载条件介于上述两者之间，道面厚度中等。如图 9 - 14 所示。以上分析也是机场道面开展不等厚断面设计的重要依据。

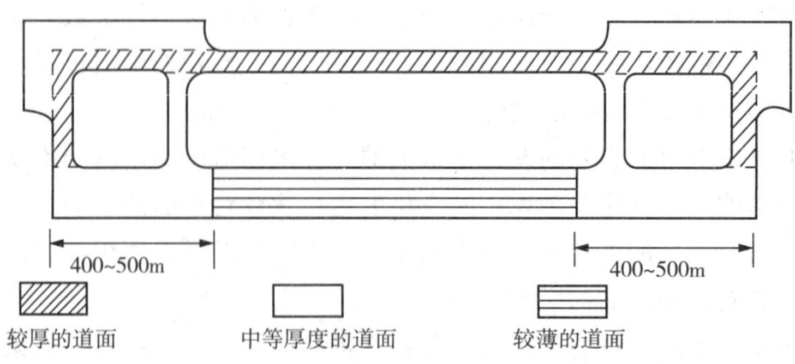

图 9 - 14　机场道面各地段厚度变化示意图

四、飞机尾喷气流对机场道面的作用

由于现代飞机绝大多数采用的是喷气式发动机，当飞机在道面上滑行时，会喷出高温高速气流，对道面（特别是沥青道面）都会产生一定的影响。这使得飞机对机场道面的面层结构提出了更高的要求，从而限制了用于道面表面的建筑材料的范围。

在螺旋桨飞机使用的机场上，特别是在停机坪和起飞地段，当发动机以最大转速运转时，受到气流集中作用的部位，松散材料会被吹起，从而既影响视线又容易造成飞机蒙皮和发动机的损坏。

喷气式飞机发动机喷出的高温、高速气流，在喷口附近的气流最高温度可达 850℃～900℃，气流速度可达 180m/s。喷气流呈椭圆形扩散到道面上，温度约为 150℃～200℃，速度约为 60m/s。在高温、高速喷气流的作用下，道面表面的温度会迅速上升。国际民航组织规定，当气流速度超过 15.6m/s 时，人员和车辆的活动应避开。喷气流与道面接触处的温度主要取决于发动机的类型、喷口高度、发动机轴线倾角、作用时间的长短和当时的道面温度，图 9－15 为某型飞机距尾喷口不同高度和不同距离时，尾喷气流的温度分布。从实测温度分布来看，道面表面处的温度在影响距喷口某一处达到最大值，这个距离大概为 10～20m。水泥混凝土材料可以承受 500℃的高温而不致发生破坏，因此，飞机的尾喷气流对水泥混凝土道面不会产生影响，沥青混凝土道面由于沥青材料的温度敏感性，在温度超过 60℃时，就会发软，影响沥青混凝土的强度，因此，飞机的尾喷气流对沥青道面会产生影响。飞机尾喷气流对道面温度的提高有一个加热过程，需要有一定的时间。经实测表明，只要飞机尾喷气流对道面某一处作用的时间不超过 2～3min，就不致引起沥青道面的损坏。飞机尾喷气流对沥青道面产生的破坏主要用两种方法控制，一是限制飞机在沥青道面的停留的时间；二是在某些飞机停留时间长的道面地段，如跑道端部、停机坪，采用水泥混凝土道面，即混合型道面。

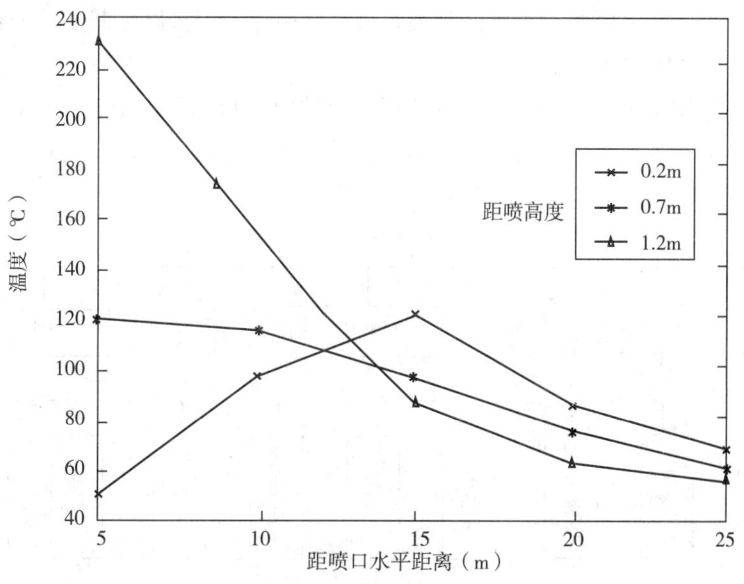

图 9－15　某型飞机距尾喷口不同高度和不同距离时尾喷气流的温度分布

沥青道面表面受航空油料腐蚀的问题必须予以重视。由于飞机发动机的停车后，油管内一部分油料会散落到道面上，在停机坪上沥青道面也会受到航油的侵蚀，导致沥青被溶解，混合料散碎，进而形成坑洞，使沥青道面破坏。油料对沥青道面的腐蚀问题，至今找不到既安全可靠又经济实用的防护方法。目前采用的方法是，在油料泄漏较多的部位修筑水泥混凝土道面，以抵抗油料的腐蚀。

第三节　机场道面基础

机场道面基础包括压实土基和垫层、基层。土基是道面结构的最下层，承受着由面层传下来的飞机荷载和上部结构的自重。实践证明，没有一个坚实、均匀、稳定的土基，即使采用很坚固的面层，道面结构在飞机的荷载作用下，也会很快发生破坏。实际工程中，无论是刚性道面还是柔性道面出现的损坏现象，大部分都是由于土基强度不足，稳定性变差，在外荷载作用下产生的过量变形所致。

土基变形包括塑性变形和弹性变形两部分。过大的塑性变形将导致各种柔性道面结构产生轮辙和道面不平整。对于刚性道面，土基的塑性变形将使板块特别是板边和板角产生局部脱空而引起断裂。弹性变形过大将使得沥青面层或水泥混凝土板产生疲劳开裂。在道面结构的总变形中，土基的变形占绝大部分。因此，道面体系中构筑一个坚实、均匀、稳定的土基，提高土基的抗变形能力，是保证机场道面结构具有良好使用品质的根本措施。

一、压实土基

在公路工程中，主要研究路基土的压实和水稳定性问题。因此，我国公路部门根据多年的工作实践，吸收国外“统一土壤分类法”中的体系和原则，结合土的基本工程属性及公路工程的特点，制定了公路路基土的分类方法，并依据土的颗粒组成特征、土的塑性指标和土中有机质存在的情况进行了分类。在机场工程中，道面结构下的土基与公路路基具有相似性，研究的问题也一样，因此对土基的分类，可直接引用我国公路路基土的分类标准。

（一）土的工程分类

我国公路路基用土依据土的颗粒组成特征、土的塑性指标和土中有机质存在的情况，分为巨粒土、粗粒土、细粒土、和特殊土 4 类，并进一步细分为 11 种土，如图 9－16 所示。

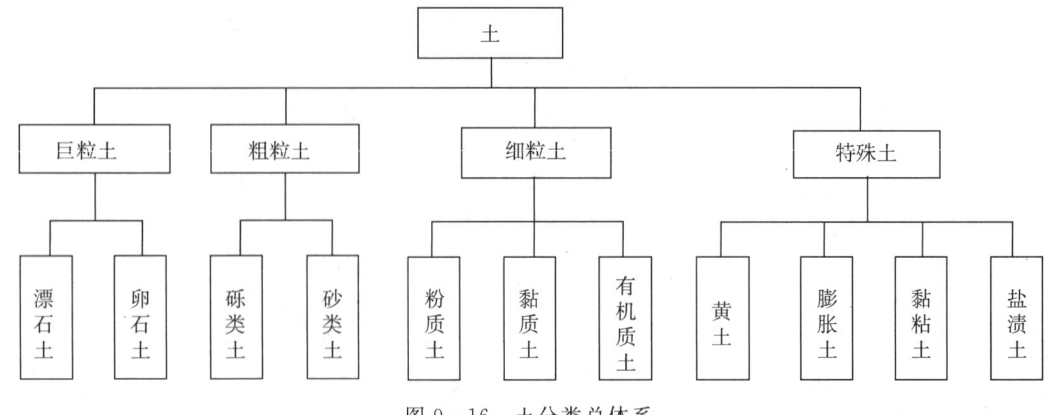

图 9－16　土分类总体系

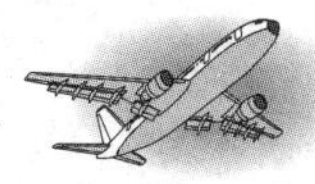

土的颗粒组成特征用不同粒径组在土中的百分含量标示，不同粒径组的划分界限与范围见表 9－8。

表 9－8　粒组划分类

<table>
<tr><td>粒径（mm）</td><td colspan="10">200　　60　　20　　5　　2　　0.5　　0.25　　0.074　　0.002</td></tr>
<tr><td>粒组</td><td colspan="2">巨粒土</td><td colspan="6">粗粒土</td><td colspan="2">细粒土</td></tr>
<tr><td rowspan="2">粒名</td><td>漂石</td><td>卵石</td><td colspan="3">砾（角砾）</td><td colspan="3">砂</td><td rowspan="2">粒</td><td rowspan="2">黏粒</td></tr>
<tr><td>（块石）</td><td>（小块石）</td><td>粗</td><td>中</td><td>细</td><td>粗</td><td>中</td><td>细</td></tr>
</table>

土的成分代号、级配代号、液限高低代号以及特殊土代号如表 9－9 所示。

表 9－9　土的基本代号表

<table>
<tr><td>特性
土类</td><td colspan="2">巨粒土</td><td>粗粒土</td><td colspan="2">细粒土</td><td>有机土</td></tr>
<tr><td>成分代号</td><td colspan="2">漂石 B
块石 B_a
卵石 Cb
小块石 Cb_a</td><td>砾 G
角砾 G_a
砂 S</td><td colspan="2">粉土 M
粉土 C
黏土 C
细粒土（C 和 M 合称）F
（混合）土（粗、细粒土合称）</td><td>有机质土 0</td></tr>
<tr><td>级配代号</td><td colspan="3">级配良好 W</td><td colspan="3">级配不良 P</td></tr>
<tr><td>液限高低代号</td><td colspan="3">高液限 H</td><td colspan="3">低液限 L</td></tr>
<tr><td>特殊土代号</td><td>黄土 Y</td><td colspan="2">膨胀土 E</td><td>红黏土 R</td><td colspan="2">盐渍土 St</td></tr>
</table>

注：① 土的名称可用一个基本代号表示。当由两个基本代号构成时，第一个代号代表土的主成分，第二个代号表示副成分（土的液限或级配）；当由 3 个基本代号构成时，第一个代号表示土的主要成分，第二个代号表示土的液限高低（或土的级配好坏），第三个代号表示土中所含的次要成分。如：级配良好的砾，GW；含砂低液限粉土，MLS。

② 液限的高低以 50 划分。土颗粒组成特征应以土的级配指标的不均匀系数 C_μ 和曲率系数 C_c 表示。

（二）各类土的工程性质

（1）漂石（块石）、卵石（碎石）：属于巨粒土，具有很高的强度和稳定性，用以填筑土基地很好的材料。

（2）砾石质土：属于粗粒土，由于粒径较大，因而强度和稳定性均能满足要求。级配良好的砾石混合料，密实程度好。对于级配不良的砾石混合料，填筑时应保证密实程度，防止由于空隙过大而造成土基积水、不均匀沉陷或表面松散等病害。对于浸水后易于软化的岩石，只能以石代土，不能做砾石使用。

（3）砂土：无塑性，透水性强，毛细上升高度小，具有较大的内摩擦系数，强度稳定性均较好。但由于黏性小，易于松散，压实困难，需用振动法或灌水法才能压实，经充分压实后的砂土其压缩变形小，在有条件时，可添加一些黏性大的土，以提高稳定性，改善土基使用质量。

(4) 砂性土：它既含有一定数量的粗粒，使土基具有足够的强度和水稳定性；又有一定数量的细颗粒，使其具有一定的黏结性，不致过分松散。例如亚砂土，其粒径组成接近最佳级配，遇水干得快、不膨胀、湿时不黏着，雨天不泥泞，晴天不扬尘，容易被压实而形成平整坚实的土基。因此，砂性土是修筑土基的理想材料。

(5) 粉性土：它含有较多的粉土颗粒，干时稍有黏性，飞尘大；浸水时很快被湿透，易成稀泥；粉土的毛细作用强烈，水分上升速度快，高度一般可达0.9～1.5mm；在季节性冻土地区，水分积聚现象严重，会引起土基冻胀，春融期间极易形成翻浆。粉性土是修筑土基最差的材料，一般属于有害的土基用土。如果必须用粉土修筑土基时，宜掺配其他材料，并加强排水以及采取设置隔离层等工程措施。

(6) 黏性土：细颗粒密度大，内摩擦角小，而黏结力大，透水性小，吸水能力强，吸水时膨胀，干燥时收缩，毛细现象也较显著。黏性土干燥时较坚硬，不易被水浸湿；但浸湿后难以干燥，而且潮湿时强度大大降低，比沙性土差。如能充分压实，并采取很好的排水措施，筑成的土基也能获得稳定。

(7) 重黏土：其工程性质与黏性土相似，但视其所含黏土矿物成分不同而有很大差异。黏土矿物主要包括蒙脱石、伊利石、高岭石。蒙脱石主要分布在东北地区，其塑性大，吸湿后膨胀强烈，干燥时收缩大，透水性极低，压缩性大，抗剪强度低。高岭土分布在南方地区，其塑性较低，有较高的抗剪强度和透水性，吸水和膨胀量较小。伊利土分布在华中和华北地区，其性质介于上述两者之间。

综合上述，沙性土是最好的修筑土基材料，黏性土次之，粉性土属不良材料，最容易引起路基病害。重黏土，特别是蒙脱土也是不良的路基土。土基遇到不良土质时，最好是挖除，换填质量好的土。如受条件限制，不能挖除时，必须采取相应的工程措施予以保护和加强，以保证土基的强度和稳定性。

除了前面几种具有一般工程性质的土类以外，机场工程中还会经常遇到一些特殊性质的土类，如软土、湿陷性黄土、膨胀土、红黏土、盐渍土、冻土、高填土、戈壁土等，这些土由于其历史成因特殊，土中含有不同的矿物成分，形成不同的土体结构，表现出特殊的工程性质。

(三) 土基的变形特性

土基的受力特性是由构成土基用的物理性质所决定的。土基用土的种类很多，但不论何种土都是由固态矿物颗粒、孔隙中的水以及气体三大部分组成的。因此，土是一种由固态颗粒、水和气体组成的三相体系。土作为一种工程材料，由于其内部结构上这种特殊性，使得它在工程力学性质上与其他工程材料，诸如钢材、水泥混凝土等，有较大差别。其中最突出的是受力时所表现出的非线性变形特性。

室内三轴试验表明，土的应力-应变关系曲线，一般没有直线段，应力消失后试件也恢复不到原来的形状。这是因为土在受力后，三相结构改变了原来的状态，作为土的骨架的矿物颗粒发生相对移动。而这种移动所引起的变形，有一部分是属于不可恢复的残余变形。由此说明，土除了具有非线性变形性质外，还有塑性变形性质。因此，土不是理想的弹性材料，土基也不是理想的弹性体。

土是具有流变性质的材料，在荷载作用下的变形不仅与荷载的大小有关，而且还与荷载

作用的持续时间有关。土颗粒之间力的传递以及土颗粒之间相对移动都有需要定的时间，通常在施加荷载的初始阶段，变形的大小随着荷载持续时间的延长而增大，以后逐渐趋于稳定。室内试验表明，回弹变形与荷我的持续时间关系不大，因而土的流变性质主要同塑性变形有关。图 9-17 表示荷载作用时间与土的回弹变形、塑性变形以及总变形的关系。

土基承受着机轮荷载的事次重复作用。每一次荷载作用时，土基产生的变形均可分为弹性变形和塑性变形。弹性变形部分随着荷载的消失立即恢复，而塑性变形部分因不能恢复而形成残余变形。这种残余变形会随着荷载重复作用次数的增加而累积。土基在荷载的重复作用下产生的变形累积，最终可导致两种不同的情况。一是土体逐渐压密，土的颗粒之间进一步靠拢，但是不会产生引起土体整体破坏的剪切面，土基被压密而稳定，这就是通常所说的土基压实；二是荷载的重复作用造成土体的剪切变形不断发展，形成整体破坏的剪切面，最后达到破坏阶段，土基失去支承荷载的能力。

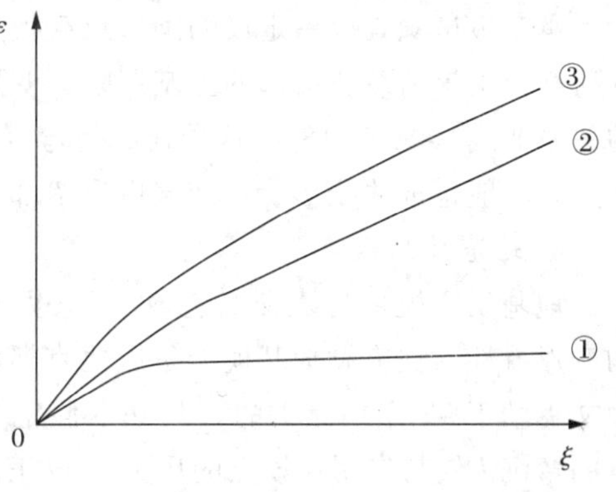

图 9-17　土的变形与卸载持续时间的关系

1—回弹变形；2—塑性变形；3—总变形

土基在荷载作用下的变形累积，将导致哪种最终结果，主要取决于：(1) 土的性质（类型）和状态（含水量、密实度、结构状态）；(2) 重复荷载的大小，通常以相对荷载，即重复荷载产生的应力与静载极限强度之比表示；(3) 荷载作用的速度、持续时间以及频率；(4) 土基中的侧向应力大小。

实验表明，较干的土（相对含水量小于 0.7），在相对荷载小于 0.45～0.55 的情况下，荷载的重复作用结果将使土固结硬化；而相对荷载大于此值时，土在荷载作用下，达到定次数后便产生破坏。通常称此相对荷载为临界相对荷载或安全荷载。当土很湿时（相对含水量大于 0.7～0.8），保持土在荷载重复作用下不发生破坏变形的安全相对荷载值急剧降低，对于黏性土小于 0.09，沙性土小于 0.12～0.15，粉性土不超过 0.10。

机场刚性道面在机轮荷载反复作用下，会产生不均匀的塑性变形累积（特别是在道面板的边角部位），导致板下局部脱空而产生附加应力，这是工程实践中水泥混凝土道面板的边、角部位断裂破坏较多的重要原因之一。柔性道面上常见的破坏，如产生轮辙、波浪等，也主要是由于土基及整个道面结构的塑性变形所引起的。

(四) 土基的强度指标

土基的力学表征取决于采用何种土基模型表示土基的受力状态和性质。土基是道面结构的最下层，对道面结构的支承起着决定性的作用。它抵抗荷载能力的大小，主要决定于土基顶面在一定应力作用下抵抗变形的能力。土基抵抗变形的能力可表示土基的强度的大小。即土基的强度可采用一定应力作用下抵抗变形能力来决定。目前用来表征土基强度的指标主要有土基回弹模量、土基反应模量和加州承载比（CBR）等。

1. 回弹模量

回弹模量能较好地反映土基具有的弹性性质，可以反映土基在瞬时荷载作用下的可恢

复变形性质，因而可以应用弹性理论公式描述荷载与变形之间的关系。以回弹模量作为表征土基强度的参数。可以在以弹性理论为基本体系的各种设计方法中得到应用。我国军用机场刚性道面和公路刚性、柔性路面都是以回弹模量作为土基的强度指标。为了模拟机轮（或车轮）印迹的作用，通常都以圆形承载板压入土基的方法测定回弹模量。

承载板试验是以一定尺的圆形承载板置于土基表面，逐级加载，记录施加在承载板上的荷载及由该荷载所引起的土基沉陷、变形。根据试验结果及可绘出土基顶面荷载与弯沉的关系曲线（图 9－18）。这种荷载与弯沉关系曲线，有与土的应力-应变关系曲线相似的特点，一般也成曲线形状，卸载后保留部分残余变形。

2. 地基反应模量 k

地基反应模量是表征文克勒（E. Winkler）地基的变形特性。文克勒地基模型是原捷克斯洛伐克工程师文克勒于 1876 年提出的，其基本假定是土基上任点的弯沉 l 仅与作用在该点的压力 p 成正比，而与相邻处的压力无关。根据该假定，可以把土基看作是无数彼此分开的小土柱组成的体系，或者是无数互不相连的弹簧体系。

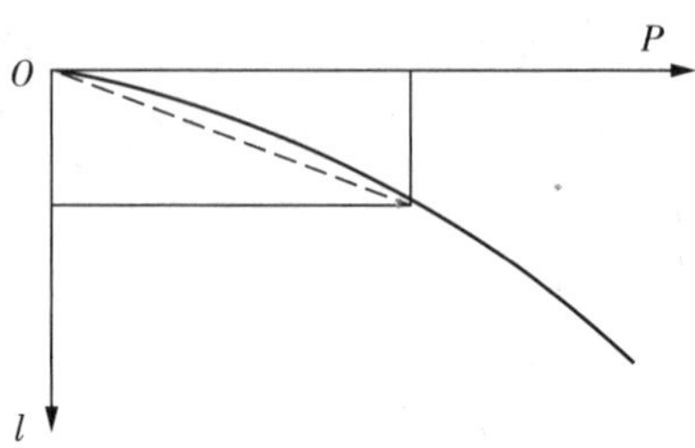

图 9－18　土基的荷载变形关系

反映压力与弯沉值关系的比例常数称为地基反应模量，即

$$k=\frac{P}{l} \tag{9-2}$$

式中，k 为地基反应模量，MPa/m 或 MN/m^3；p 为单位压力，MPa；l 为弯沉值，m。

文克勒地基又可称谓稠密液体地基，地基反应模量 k 相当于液体的密度，地基反力相当于液体的浮力。由于文克勒地基模型假设简单，测试方便，被广泛采用。但这种地基模型有明显的缺点，它忽略了地基中剪应力的存在。地基反应模量 k 值也用承载板试验测定。

3. 加州承载比 CBR

加州承载比 CBR 是美国加利福尼亚州 1928 年提出的一种评定基层材料承载能力的指标。承载能力以材料抵抗局部荷载压入变形的能力表征，并采用标准碎石的承载能力为标准，以相对值的百分数表示 CBR 值。这种方法后来也用于土基强度的评定。

影响土基 CBR 值的主要因素是土的类别、密实度和含水量。在狭长的公路路基上及面积较大的机场道面土基上，不同部位测得的 CBR 值一般是不相同的。使用中需测出有代表性的 CBR 值。

4. 土基的抗剪强度

土基的抗剪强度也是表征土基强度和抵抗变形能力的指标。在外荷载作用下土基内可能产生较大剪应力而使土体失去稳定时，就需要验证土基抗剪强度。

土基的抗剪强度通常以库仑公式表示，即

$$\tau=c+\sigma\tan\varphi \tag{9-3}$$

式中，τ 为个土基抗剪强度，MPa；c 为土的黏聚力，MPa；σ 为作用的正应力，MPa；φ 为土的内摩擦角，(°)。

5. 土基压实标准

土基承受道面结构（包括土基）的自重和飞机荷载的作用当荷载应力小于自重应力的1/5～1/10时，对土基的压缩作用已很微小可以忽略不计。把飞机荷载作用影响较大的土基范围，称为土基工作区。土基工作区范围的大小随飞机荷载的增加而增大，随道面结构强度和深度的增加而减小。常用的道面结构，歼击机的有效作用深度约为1.5m，轰炸机和大型飞机可达3m以上。

为了保证土基的强度和稳定性，对土基工作区范围内，特别是土基的上部，要进行适当的处理。对土基进行压实，是提高其强度和稳定性经济而有效的措施。因此，在《军用机场水泥混凝土道面设计规范》(GJB. 1278A—2009）中，规定了土基压实标准，见表9-10和表9-11。

表9-10　土基压实标准

填挖类别	土基顶面以下深度 mm	压实度（%）	
		细粒土	粗粒土
填　　方	0～800	≥96	≥98
	800以下	≥94	
挖方及零填	0～400	≥96	

注：① 表列压实度，系按重型压实试验法求得的最大干密度系数；

② 填方厚度小于40mm时，原地面压实度标准按“挖方及零填”一栏要求；

③ 当条件所限而必须采用湿黏土、红黏土、高液限土、胀土、盐渍土等特殊土作为填料时，应采取各种有效措施使达到要求。若达到要求十分困难而又不经济时，其压实度要求根据试验研究成果确定，或将表列要求降低1%～3%

表9-11　土质地区压实标准

部位填挖类别		土基顶面以下深度 mm	压实度（%）	
			细粒土	粗粒土
土跑道、端保险道、距跑道边缘20m以内的平地区	填　　方	全填深	≥90	≥93
	挖方及零填	0～200	≥90	
距跑道边缘20m以内的平地区、滑行道外侧	填　　方	全填深	≥87	≥90
	挖方及零填	0～200	≥87	

土基压实标准采用压实度k作为控制指标。所谓压实度是指压实后土的干密度与该种土在室内标准条件下的最大干密度之比，以百分数表示，即

$$k=\frac{\rho_d}{\rho_m}\times 100\% \tag{9-4}$$

式中，ρ_d 为现场测得的土基压实后的干密度（kg/m^3）；ρ_m 为与现场相同土质在室内标准条件下测得的最大干密度（kg/m^3）。

显然，压实度是一个以最大干密度（ρ_d）为标准的相对值，表示土基压实的程度。习惯上把压实度称为压实系数，这时以小数表示，即式（9－4）中不乘以100％。

二、垫层和基层

坚实、稳固和耐久性好的基层，能够提高道面结构的整体强度，保证道面具有良好的通行条件，延长道面的是使用寿命。

（一）基层的作用与分类

基层是道面结构的承重层。在刚性道面下修筑基层的主要作用是：

（1）提高结构承载力；（2）防止土基体积变化；（3）抵御自然因素对道面结构，特别是对土基的影响；（4）排水；（5）防止唧泥等；（6）便于面层施工。

为了提高结构承载力，基层材料应级配良好，并能抵抗荷载变形。而为了得到较大的变形抗力，往往需要各种结合料来稳定基层。为了能够排水基层不含或少含细料，具有较好的水稳定性和抗冲刷能力。为抵抗冰冻作用，基层应是排水流畅和非冻敏的。为防止唧泥，基层须是排水流畅，能够抵抗重复荷载产生的变形。

在柔性道面下设置基层，一方面增加道面结构的整体刚度和疲劳抗力，以高其承载能力；另一方面，增加道面结构的总厚度，以提抗自然因素对道面结构的作用力。当然，对柔性道面来说，基层和垫层也应具有排水作用。

机场道面的基层可按材料构成、修筑方式分为结合料稳定类整体型（也称半刚性型）、粒料嵌锁型和粒料级配型三大类。

1. 结合料稳定类基层

（1）水泥稳定类：包括水泥稳定砂砾、水泥稳定土、水泥稳定砾（碎）石土、水泥稳定未筛分碎石等。

（2）石灰稳定类：包括石灰稳定土（石灰土）、石灰稳定天然砂砾土（石灰砂砾土）、石灰稳定天然碎石土（石灰碎石土），以及石灰土稳定级配砂砾和石灰土稳定级配碎石等。

（3）石灰工业废渣类：这类又可分为：①石灰粉煤灰类，包括石灰粉煤灰（二灰）、石灰粉煤灰土（二灰土）、石灰粉煤灰砂（二灰砂）、石灰粉煤灰砂砾（二灰砂砾）、石灰粉煤碎石（二灰碎石）、石灰粉煤灰矿渣（二灰矿渣）等。②石灰媒渣类，包括石灰煤渣、石灰煤渣土、石灰煤渣碎石、石灰煤渣砂砾、石灰煤渣矿渣、石灰煤渣砾石等。

（4）有机结合料稳定类基层：系采用液体沥青、乳化沥青、煤沥青或黏稠沥青同土料拌和均匀，经压实后形成的结构层，称为沥青稳定土（沥青土）基层。

2. 粒料嵌锁型基层

粒料嵌锁型基层是将块状或粒状石料按定一定工艺要求铺筑碾压成型的结构层。结构层内粒料之间靠嵌挤（锁结）作用形成整体强度。这类基层包括：（1）碎石基层，包括干压碎石、水结碎石、泥结碎石和泥灰结碎石等。（2）块（片）、卵石基层。

3. 粒料级配型基层

它是用符合级配要求的材料，按一定的工艺要求铺筑碾压成型的结构层。这类基层包括：（1）级配碎石；（2）级配砾石、符合级配的天然砂砾；（3）用轧制砾石掺配而成的级配碎石、砾石；（4）土-集料混合料基层。

（二）垫层的作用与分类

在土基处于下列状况时应设置垫层：

（1）地下水位高，排水不良土基经常处于潮湿状态的地段；

（2）排水不良的挖方地段，有裂隙水、泉水等水温不良挖方地段；

（3）季节性冰冻地区可能产生冻胀的中湿、潮湿地段；

（4）基层可能受到污染的地段。垫层的材料应具有一定的强度和较好的水稳性，在季节性冰冻地区尚需具有较好的抗冻性。

按垫层的作用可分为排水垫层、隔离层、防冻胀层和承托层等。

（1）排水垫层。排除深入基层和垫层的水分，防止土基过湿而影响道面的整体强度。

（2）隔离层。隔断地下水对基层的影响，减少负温度下水分向道面结构层内移动。

（3）防冻胀层。在季节性冰冻地区，以垫层增加道面结构层的总厚度，以满足道面防冻害最小厚度的要求。

（4）承托层。用轻型材料铺筑在土基上，以承托上部结构的自重和机轮荷载，减轻道面结构的总重量。例如，在软基上铺筑泡沫塑料板然后再修筑道面各结构层，以减轻对软基的压力，减少固结沉陷。

（三）结合料稳定类基、垫层

掺加各种结合料，通过物理、化学作用，可以使各种土或工业废渣的工程性质得到改善，成为具有较高强度和稳定性的结构层。稳定土不仅可以作为机场道面的各类基、垫层，还可以作低等级机场道面面层。常用的稳定土基层有石灰土、水泥土、沥青土三种。与松散颗粒相比，稳定土基层具有一定的抗拉强度和良好的稳定性。

稳定土的方法很多（表 9-12）。对稳定土含义理解有两种：一是强调外掺剂与土相互作用形成新的筑路材料，着重其力学强度，习惯用加固土的名称：二是着眼于发挥土自身固有的强度，先稳定再提高，强度与稳定并重，习惯用稳定土。

表 9-12　稳定土的方法

稳定的方法	使用的稳定材料	适宜稳定的土	稳定土的主要技术性质
压实		各类土	强度与稳定性略有提高
掺加粒料	对黏性土用砂、砾、碎石、炉渣等，对砂性土用黏性土	黏土、亚黏土或砂、砾料	强度与稳定性有所提高
盐溶液	氯化钙、氯化镁、氯化钠等盐类	级配改善后的土	减少扬尘与磨耗
无机结合料	各类水泥、熟石灰粉与磨细生石灰、硅酸钠（水玻璃）	经级配改善或未改善的黏土类、亚黏土类、砂土类、粉土类	较高的强度、水稳性和一定程度的抗冻性，不耐磨，整体性强
有机结合料	黏稠或液体沥青、煤沥青、乳化沥青、沥青膏浆等。	经级配改善或未改善的亚黏土类、亚沙土类	不透水，一定的强度、水稳性和抗冻性，拌和稍困难些

（续表）

稳定的方法	使用的稳定材料	适宜稳定的土	稳定土的主要技术性质
综合法	以石灰、水泥、沥青中的一种为主，移入其他结合料	各类土	较高的强度与稳定性
工业废料	炉渣、矿渣和粉煤灰	黏土、亚枯土、粉土类	较高的强度与稳定性
高分子聚合物及合成树脂		各类土	较高的强度与稳定性

1. 无机结合料稳定类材料概述

在粉碎的土中掺入一定量的无机结合料（包括水泥、石灰、工业废渣等），加水拌和，并摊铺平整、碾压密实，其强度和稳定性符合规定要求的材料称为无机结合料稳定类材料，以此修筑的基（垫）层称为无机结合料稳定类基（垫）层。

无机结合料稳定类材料具有稳定性好、抗冻性强、结构自成板体等特点，但由于其耐磨性差，因此被广泛用于修筑道面结构的基层、垫层。

无机结合料稳定类材料在完工初期具有柔软的工作特征，随着时间的延长，其强度和刚度逐渐增高，板体性增加。结构成型后，其刚度介于柔性与刚性之间，故又称之为半刚性材料。表征半刚性材料力学强度的指标主要有抗拉、抗压强度和抗拉、抗压模量，抗弯拉强度和抗弯拉模量。

无机结合料稳定材料具有明显的干缩和温缩特性。

无机结合料稳定材料经拌和压实后，由于水分挥发和混合料内部的水化作用，混合料的水分会不断减少。由此发生的毛细管作用、吸附作用、分子间的作用、材料矿物晶体或凝胶体间层间水的作用和碳化收缩作用等会引起无机结合料稳定材料体积收缩。描述无机结合料稳定材料的干缩特性的主要指标是最大干缩应变、干缩量、失水量、失水率和平均干缩系数。

对于稳定粒料类，干缩特性的大小次序为：石灰稳定类大于水泥稳定类，水泥稳定类大于石灰粉煤灰稳定类。

对于稳定细粒土，干缩特性的大小次序为：石灰土大于水泥土和水泥石灰土，水泥土和水泥石灰土大于石灰粉煤灰土。

无机结合料稳定材料是由固相（组成其空间骨架的原材料的颗粒和其间的胶结物）、液相（存在于固相表面与空隙中的水和水溶液）和气相（存在于空隙中的气体）组成的。所以无机结合料稳定材料的外观胀缩性是三相不同温度收缩性综合效应的反映结果。一般情况下，气相大部分与大气贯通，在综合效应中影响最小，可以忽略不计。原材料中，砂粒以上颗粒的温度收缩系数较小，粉粒以下颗粒的温度收缩性较大。

无机结合料稳定材料温度收缩的大小与结合料的类别、剂量及被稳定材料的类别、粒料含量、龄期等因素有关。试验表明：对于半刚性材料的温缩系数，石灰砂砾＞悬浮式石灰粉煤灰粒料＞密实型石灰粉煤灰粒料。

无机结合料稳定材料一般在气温较高时修建。成型初期内部含水量较高，且未被面层封闭。由于基层内部水分的蒸发，从而产生了由表及里的干燥收缩，同时，环境温度也存

在昼夜差异。因此，修建初期的无机结合料料稳定材料同时受到干燥收缩和温度收缩的综合作用，如不注意养生保护，易形成早期裂缝。

经过一段龄期的养生，无机结合料稳定材料基层上铺筑面层后，基层内部相对湿度略有增大，而使材料的含水量趋于平衡，这时，无机结合料稳定材料的变形以温度收缩为主。

2. 石灰稳定土基（垫）层

将土粉碎并掺入一定剂量的消解石灰或生石灰，拌和均匀，在最佳含水量时压实后即形成石灰稳定土基（垫）层。土中掺加石灰，可以改变土的结构和颗粒组成，减小土的塑性，降低吸水量和膨胀量，增加上体的强度和耐久性；并且，石灰土的强度随着时间的增长而发展，因此，在工程上常用石灰处理湿软地基，改善其工程性质，或稳定各种土，以提高其强度。

石灰土具有明显的结构性，其黏结力可分为结构性黏结力与非结构性黏结力两部分。结构性黏结力主要取决于石灰土硬化作用的程度，它随时间而增长，半年龄期可达 0.2～0.35MPa，它使石灰土具有弹性、板体作用和较高的强度，但随着结构破坏而消失。非结构性黏结力在结构破坏时（冰冻或机械磨细等）依然存在，约为 0.05～0.1MPa。离子交换作用还使石灰土具有稳定的内摩阻角，约为 35°～45°。由于存在非结构性黏结力与稳定的内摩擦角，保证了石灰土具有一定的水稳定性。

（1）影响石灰土强度的因素

石灰土强度取决于土质、灰质、石灰剂量、含水量、密实度、时间、温度、环境湿度与荷载等因素。

土质：在宜采用塑性指数为 10～20 的黏性土和粉性土，塑性偏大的土，应加强粉碎，土中 15～20mm 的土块不宜超过 5%。对硫酸盐类含量超过 0.8%或腐殖质含量超过 10%的土，对强度有显著影响，不宜直接采用。

灰质：石灰应采用消石灰粉或生石灰粉。石灰土的强变随着石灰中有效钙与氧化镁的含量增多而提高。因此，石灰的分级主要取决于有效钙加氧化镁的含量（见表 9 - 13）。

表 9 - 13　石灰质量标准

类别与指标项目		钙质生石灰			镁质生石灰			钙质消石灰			镁质消石灰		
		等级											
		Ⅰ	Ⅱ	Ⅲ	Ⅰ	Ⅱ	Ⅲ	Ⅰ	Ⅱ	Ⅲ	Ⅰ	Ⅱ	Ⅲ
有效钙加氧化镁含量		85	80	70	80	75	65	65	60	55	60	55	50
未消化残渣含量（5mm 圆孔筛的筛余），不大于（%）		7	11	17	10	14	20	—	—	—	—	—	—
含水量不大于（%）		—	—	—	—	—	—	4	4	4	4	4	4
细度	0.71mm 方孔筛的筛余，不大于（%）	—	—	—	—	—	—	0	1	1	0	1	1
	0.125mm 方孔筛的累计筛余，不大于（%）	—	—	—	—	—	—	13	20		13	20	
钙镁石灰的分类界限，氧化镁含量（%）		≤5			>5			≤4			>4		

（2）石灰剂量着对石灰土强度影响显著。剂量小于3%～4%时，石灰对土主要起稳定作用。随有剂量的增加，石灰土的强度、水稳性、耐冻性显著提高，石灰主要起加固作用，超过一定剂量后，石灰土的强度反而下降的趋势，这表明存在一最佳剂量。

石灰土中的石灰的剂量范围，见表9-14。

表9-14 不同土及粒料石灰剂量（%）

层 次	土及粒料种类		
	砂砾土和碎石土	砂性土	粉性土和黏性土
基 层	3～7	10～16	1～14
垫 层		7～14	5～9

注：① 工地实际采用的石灰剂量、应较室内试验确定的剂量增加0.5%～1.0%；

② 石灰剂量为全部干土及粒料质（重）量的百分率；

③ 塑性指数小于12的土，不宜单用石灰稳定。

含水量与密实度。水分是石灰土的一个组成部分，最适宜的含水量应考虑：施工时要达到最佳含水量，以保证压实到最大密实度；石灰土硬化需要适宜的水分；施工时水分过多会造成日后的干缩裂缝；石灰土中水分超过起冻含水量时，在负温下使能结冰，产生冻胀，使石灰土的结构遭到破坏。

石灰的掺入使土的最佳含水量增加，最大密实度降低，见图9-19。这主要是由于土颗粒的凝聚及土中的水分有一部分消耗于石灰水化，因而不能减少土颗粒间的摩阻力。由此可以推知，石灰同土拌和后间隔段时间再压实，将使土的塑性变化较多，对压实是不利的。

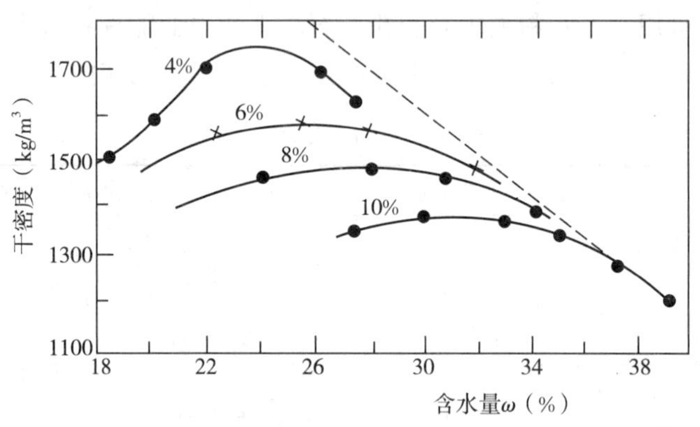

图9-19 石灰土的压实曲线（曲线上数值为石灰的剂量）

① 密实度。石灰土的强度随着密实度的增加而增长。因此，提高石灰土的压实度，有显著的技术、经济效果。压实不足不仅导致承载能力降低，而且使石灰土抗冻性、水稳性下降，收缩裂缝增多。

② 龄期。一般石灰土初期强度较低，前期（1～2个月）增长速率较后期为快，并随时间而增长，渐趋稳定。石灰土强度随时间增长，说明石灰与土相互作用缓慢。所以，施工程序的衔接允许有相当幅度的灵活，这是优点：但为防止冰冻作用，又要求有足够的冻

前龄期，故对工期要提出要求。

③ 温度、湿度条件。在湿度适宜的条件下，温度越高，强度形成越快。在负温下，石灰土强度基本停止发展。因此，要求施工期的最低温度应在5℃以上，并在第一次冰冻（－3℃～－5℃）到来之前一个月或一个半月完成。

如石灰土在空气中养生，任其水分蒸发，结果导致石灰土干缩，引起开裂。大量试验表明，在密封湿气中养生，石灰土强度高于在空气中养生的强度。对石灰土要强调进行保湿养生。

(3) 石灰土基层特点及强度要求

石灰土基层可用于刚性道面和柔性道面的基层。在冰冻地区的流星赶潮湿地段以及其他地区有过分潮湿地段，不宜采用石灰土做基层，石灰土主要有以下特点：

① 建筑生产的经济性。石灰土较水泥土、沥青土更具有施工简易，造价低廉，同时石灰生产简易，来源丰富，可就地供应等。

② 使用范围的广泛性。适用于各类气候区和各种土壤。即可作面层，又可作基层和垫层。

③ 施工技术与施工组织上的灵活性。石灰土施工技术比较简单，设备也不复杂，易于不同程度的机械化。

④ 石灰土结构的整体性与稳定性。石灰土具有较好的力学强度、水稳性和一定的抗冻性。与砂石基层相比，石灰土基层结构整体性强，在抵抗不均匀冻胀与不均匀沉陷方面有显著优点。

用于机场水泥混凝土道面基（垫）层的石灰土，其7d无侧限抗压强度应符合表9－15的技术要求。

表9－15　石灰土强度要求

层　次	7d无侧限抗压强调度（MPa）	
	军用二、三、四级机场	军用一级机场
基　层	≥0.8	≥0.7
垫　层	≥0.6	≥0.5

对于军用机场柔性道面，石灰稳定土可用于二、三、四级机场道面的底基层或一级机场道面的基层和底基层，其7d无侧限抗压强度，对于用于二、三、四级需大于0.8MPa；一级机场道面的底基层为0.5～0.7MPa。对于民航机场，石灰土只能作为机场柔性道面的底基层，并要求其7d无侧限抗压强度大于0.8MPa。

3. 水泥稳定类基（垫）层

将土（包括各种粗、中、细粒土）粉碎，掺入适量的水泥和水，使拌和均匀的混合料在最佳含水量时压实，经养护成型便成为水泥稳定基（垫）层。当用水泥稳定细粒土（沙性土、粉性土或黏性土）时，简称水泥土。

水泥稳定土适应各种不同的气候与水文地质条件，对绝大多数的土（含有机质较多和高塑性土除外）用水泥稳定都能显著地改善其物理力学特性，获得良好的整体性、足够的力学强度、水稳性和耐冻性。所以，水泥稳定土的应用范围很广。水泥稳定粒料类可作为水泥混凝土和沥青混凝土道面的基层。水泥土（即水泥稳定细粒土）只能作为机场道面的底基层。

（1）强度形成原理

在水泥加入土中，水泥、土和水之间发生了多种复杂的作用，从而使土的性能发生明显的变化。主要作用包括：水泥水化、离子交换、硬凝反应及碳酸化作用。

水泥水化反应，产生出具有胶结能力的水化产物（如硅酸三钙、硅酸二钙、铝酸三钙和铁铝酸四钙等），这是水泥稳定土强度的主要来源。水泥水化生成物，在土的孔隙中相互交织搭接，将土颗粒包覆连接起来，使土逐渐丧失原有的塑性等性质，并且随着水化产物的增加，混合料也逐渐坚固起来。

水泥稳定土的强度是水泥石的骨架作用与 $Ca(OH)_2$ 的物理化学反应共同作用的结果，$Ca(OH)_2$ 的物理化学反应形成稳定的团粒结构。而水泥石则将这些团粒包裹，并连接成坚实的整体。

（2）影响水泥稳定土强度的因素

① 土质。土的类别和性质是影响水泥稳定土强度的重要因素之一。除了有机质或硫酸盐含量较高的土以外，各种砂砾土、砂土、粉土和黏土均可用水泥稳定。试验和生产证明，用水泥稳定级配良好的碎（砾）石和砂砾，效果最好。不但强度高，而且水泥用量少；其次是沙性土；再次之是粉性土和黏性土，重黏土难于粉碎和拌和，不宜单独用水泥来稳定。因此，一般要求土的塑性指数不大于 17。

② 水泥成分和剂量。各种类型的水泥都可以用于稳定土。但试验研究证明，水泥的矿物成分和分散度对其稳定的效果有明显影响。对于同种土，通常情况下，硅酸盐水泥的稳定效果好，而铝酸盐水泥较差。在水泥硬化条件下，矿物成分相同时，随着水泥的分散度增加，其活性程度和硬化能力也有所增大，从而水泥稳定土的强度也大大提高。水泥稳定土的强度随着水泥剂量的增加而增长，但过多的水泥用量，虽然可提高水泥稳定土的强度，但会增加造价，且容易引起水泥稳定土的开裂。通常可参照表 9－16 选取水泥剂量。

表 9－16　水泥稳定土的水泥剂量

层次	粒料	砂土	其他细粒土
基层	3～7	6～12	8～16
垫层	2～6	4～8	6～12

水泥稳定土的施工与石灰稳定土相似。由于水泥稳定土的凝固与强度形成较短，要求各工序衔接紧凑，拌和好的混合料必须及时摊铺碾压。水泥稳定土的混合料从拌和到碾压终了的时间，应控制在 3～4h。碾压质量应符合规范要求，碾压终了应保湿养生。

③ 含水量。含水量对水泥稳定土强度影响很大，当含水量不足时，水泥不能在混合料中完全水化和水解，发挥不了水泥对土的稳定作用，影响强度形成。同时，含水量小，达不到最佳含水量会影响水泥稳定土的压实度。因此，使含水量达到最佳含水量的同时，也要满足水泥完全水化和水解作用的需要。水泥正常水化所需的含水量约为水泥质量的 20％，对于砂土，完全水化达到最高强度的含水量较最佳含水量小；而黏性土则相反。

（3）强度要求

刚性道面的水泥稳定土基（垫）层的 7d 无侧限抗压强度应符合表 9－17 的要求。

表 9－17　刚性道面的水泥稳定土基（垫）层强度要求

层　次	7d 无侧限抗压强调度（MPa）	
	军用二、三、四级机场	军用一级机场
基　层	2～38	1.7～2.5
垫　层	≥1.3	≥1.0

柔性道面的水泥稳定土基（垫）层的 7d 无侧限抗压强度应符合表 9－18 的要求。

表 9－18　柔性道面的水泥稳定土基（垫）层强度要求

层次	7d 无侧限抗压强调度（MPa）		
	军用机场		民用机场
	军用二、三、四级机场		军用一级机场
基　层	3～4	2～3	≥4.0（水泥稳定粒料类）
底基层	≥2.0	≥1.5	≥2.0（水泥稳定类）

4．工业废渣稳定类基（垫）层

一定数量的石灰和粉煤灰或石灰和煤渣与其他集料相配合，加入适量的水，经拌和、压实及养护后得到的结构层，叫作工业废渣稳定类基（垫）层。

用于机场道面工程的工业废渣主要有：煤炭工业废渣、电力工业废渣、钢铁工业废渣和化学工业废渣。

工业废渣材料主要用石灰与之综合稳定，即石灰工业废渣材料，主要有石灰粉煤灰类和石灰其他废渣类。

石灰稳定工业废渣基层具有水硬性、缓凝性、强度高、稳定性好，成板体且强度随龄期不断增加，抗水、抗冻、抗裂，而且收缩性小，适应各种气候环境和水文地质条件等特点。所以，近几年，在机场道面中得到广泛应用。

5．沥青稳定土基（垫）层

沥青稳定土基、垫层系由液体沥青、乳化沥青、煤沥青或黏稠沥青同土料拌和均匀，经压实后形成的结构层沥青在土中主要起两方面的作用：一是保护土粒免受水的危害；二是提供黏结力，把土粒黏结在一起。前一项作用主要发生在对水敏感的黏性土中，沥青被吸附在土颗粒表面，阻碍了水分同土粒直接接触；同时还填充土中部分孔隙，堵塞水分流动的通道。因而，采用沥青稳定黏性土可降低土的吸水能力（图 9－20），也即提高土的水稳定性。后项作用则是提高混合料的强度，它在无黏性

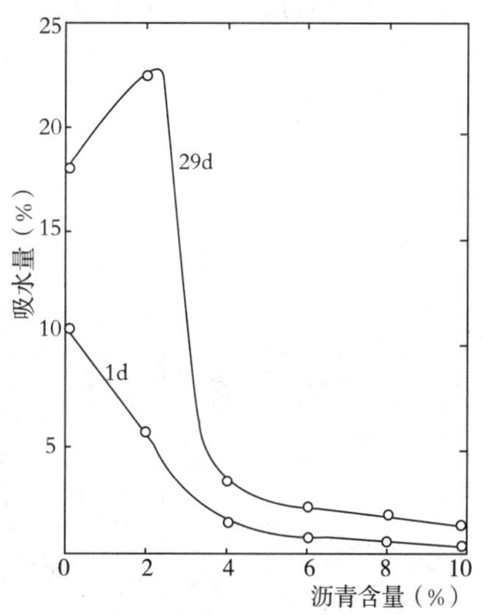

图 9－20　不同剂量沥青土的吸水量

的粒料中占主导地位。

影响沥青土稳定效果的因素主要有：土的类型和性质，沥青的性质和剂量，以及含水量和压实的质量。

虽然各种无机土均可用沥青稳定，但是符合下述要求的土类可以得到较好的稳定效果：最大颗粒的粒径不超过稳定土层压实厚度的 1/3；颗粒组成的分布曲线符合图 9－21 所示的范围；小于 0.42mm 颗粒的液限不大于 40，塑性指数不大于 18。

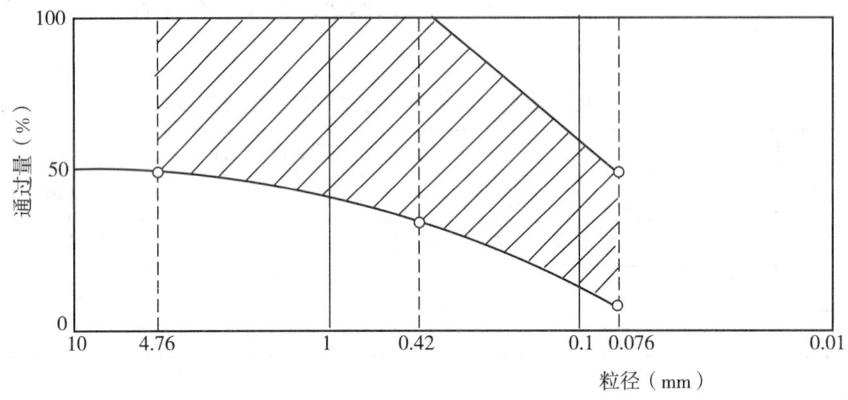

图 9－21　适于沥青稳定土的级配范围

土中含有酸性反应的有机质时，不能用沥青稳定。具有酸性反应（pH<6）的无机土，需先用石灰稳定，降水量少的干旱地区，黏土的 pH 值高，并含有许多可溶盐类，也不宜用沥青稳定，沥青土的强度随剂量而增加到一最大值，而后随着沥青膜变厚，强度反而下降（见图 9－22），有时甚至会低于素土的强度。强度下降同沥青含量增加引起土的最大干密度下降有关。另一方面，沥青剂量增多，可填充土中空隙，防止水分侵入，因而能降低吸水量。为此，宜综合考虑两方面的影响，选择适宜的沥青用量。表 9－19 给出了三类土的大致沥青用量，可供参考。

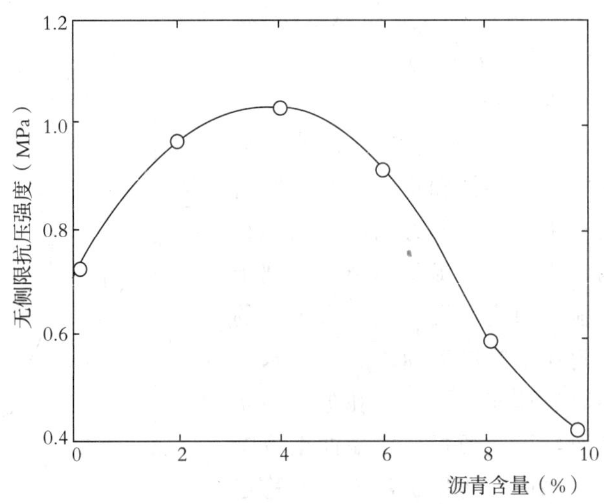

图 9－22　沥青土强度同沥青含量的关系

表 9-19　沥青土的最佳剂量和最佳含水量

土类	液体沥青最佳剂量（占土重%）	煤沥青最佳剂量（占土重%）	最佳含水量（占土重%）
亚砂土（塑性指数<10）	69	6.5～10.5	4～7
粉土（塑性指数<10）	9～12	10.5～14	5～8
亚黏土（塑性指数<14）	1～12	8～12	5～8

水分对沥青土具有重要作用，但对黏性土和低塑性土，水的作用是不同的。在黏性土中，使沥青土形成一个稳定的结构，提高了沥青土的水稳定性。同时，水分也起着利于土的粉碎与压实的作用。在砂性土中，水分主要起利于压实的润滑作用，对提高水稳定性的影响不大。

最常见的是采用慢凝液体石油沥青和低标号的煤沥青为沥青土的结合料。也有用汝化沥青作为结合料的。由于从乳液中分离出来的沥青薄膜与土颗粒黏结较好，且沥青黏度高，故沥青土具有较高的强度和水稳性。乳化沥青特别适用于干旱地区，此时乳化沥青中的水分可以为沥青土提供水分，以达到压实所需的最佳含水量。使用乳化沥青时要求较高的气温，这样，水分蒸发快，强度成型期短。还有一种沥青膏浆形式的结合料，适用于稳定砂性土，使其具有较好的整体性。

沥青稳定土对于提高土的强度的作用有限。为了使沥青稳定土较有成效，需把土压实到较高的密实度，使材料具有的潜在强度能充分实现，而掺加沥青的目的便是减少吸水率，使沥青土吸水后能保持其强度。因此，压实质量对于沥青土来说是至关重要的。

沥青土的施工操作比水泥土、石灰土都要困难些。在寒冷地区，如温度掌握不好，会严重影响沥青土的质量；在多雨地区，土中含水量较多，施工碾压比较困难。但炎热地区或干旱地区用沥青稳定非黏性土，非但效果好而且施工操作也不太困难；干旱的沙漠地带缺水严重，沥青土比水泥土、石灰土更显得优越。

6. 综合稳定土基（垫）层

用两种以上的结合料作为稳定剂构筑而成的稳定土结构层，称为综合稳定土基、垫层。综合稳定土往往以石灰、水泥或沥青为主要稳定剂，外掺少量活性物质、其他材料或采取相应的技术措施，发挥综合作用，以提高和改善土的工程性质。在水泥稳定土中，常用消石灰先处治，使土具有饱和的交换钙离子和碱性溶液以利水泥的硬化。一些不适合单独用水泥稳定的土，如酸性黏土、重亚黏土等，若先用石灰处理，可加速水泥土强度的形成。用水泥稳定含水量比最佳含水量高 4%～6%的过湿土时，先用 2%～3%的生石灰，能获得良好的效果。

在石灰稳定土中，常掺加一些火山灰物质，如粉煤灰、煤渣等来提高稳定效果。在石灰土中掺入氧化钙，可加速石灰土的硬化过程，使早期具有较高的强度。氧化钙还有吸湿和降低溶液冰点的作用。对石灰土的硬化起着良好的作用。氯化钙的用量一般为干土重的 0.5%，可提高石灰土强度 10%～20%。

沥青土中常用的添加剂为无机盐和表面活性物质两大类。

无机盐类有石灰、水泥、石膏及其他多价阳离子无机盐，如氯化铁、氯化钙、硫酸铁、硫酸铝等。其中石灰是最常用的一种，其稳定效果也最好。表面活性物质有阳离子（如有机碱）和阴离子（如有机酸、有机酸盐）两种，掺入土中后能与土粒发生作用，使土的极性降低，从而提高土与沥青的亲和性，增加沥青与土颗粒之间的吸附作用。

（四）粒料嵌锁型基、垫层

1. 碎石基层

碎石基层是用尺寸较均匀的轧制碎石作为基本材料，以石渣和石屑作为嵌缝料，或者以黏土或石灰灌缝，经压实而成的结构层。按施工方法和灌缝材料的不同，碎石基层可分为干压碎石、水结碎石、泥结碎石和泥灰结碎石等四种。

干压碎石是指将碎石材料摊铺后直接压实而成的结构层。由于这种基层的碾压工作量很大，影响施工进度。为了加快碾压进度，可在压实时适量洒水，以降低颗粒之间的摩阻力，这就是所谓水结碎石。水结碎石在压实过程中有部分磨碎的石粉可起黏结作用，其整体强度要高于干压碎石。采用黏土浆或石灰土浆作为灌缝材料，以利于施工碾压并提供黏结力的碎石层，便是泥结碎石或泥灰结碎石。泥灰结碎石的水稳性优于泥结碎石。

碎石基层是机场道面中应用较广泛的一种基层，其中以水结碎石居多。

碎石基层的结构强度，主要靠碎石颗粒之间通过压实而得到的嵌挤（锁结）作用，同时还部分依靠灌缝材料所提供的少量黏结作用。嵌挤作用的大小，主要取决于石料的强度、尺寸和形状，以及压实程度；黏结作用则取决于灌缝材料的黏结力及其与矿料之间的黏结力大小。因此，碎石应带有棱角，近于立方体，具有较高的强度和韧度。扁平石及条石含量不大于15%。石料应洁净不含泥土或其他杂质。石料应质地均匀，其饱水极限抗压强度应不小于30MPa，磨耗度（洛杉矶）应小于20%。在季节性冰冻地区石料应是耐冻的。

碎石颗粒的尺寸范围大致为5～75mm，通常可划分为6个不同等级，见表9-20。碎石的最大尺寸根据石料品质及碎石层的厚度来确定。最大粒径通常不大于压实厚度的1/2，强度大的碎石采用较小的尺寸，软质碎石可采用较大的尺寸。

表9-20　碎石颗粒粒径的技术规格

碎石名称	粒径范围	用途
粗粒碎石	75～50	骨料
中粒碎石	50～35	
细粒碎石	35～35	
石渣	25～15	嵌缝料
石屑	5～15	
石粉	0～5	封面料

作为碎石基层主体的骨料碎石，应占碎石用量的70%，嵌缝石渣约为主体碎石的1/3。每100m^2碎石基层需石渣约2m^3，石屑约1m^3。

水结碎石基层以碾压时产生的石粉作为黏结料，所以应采用类岩或石灰岩或白云岩等石粉具有黏性的碎石铺筑。其施工时可按下列工序来进行：①撒铺石料并摊平；②不洒水预碾压；③洒水碾压；④撒铺嵌缝料，并进行洒水碾压；⑤撒铺封面料（石粉或砂），并进行不洒水碾压。

2. 未筛分碎石基层

未筛分碎石系指由碎石机将坚硬石料轧制而成最大粒径满足要求的未经筛分的碎石料。将符合要求的未筛分碎石摊铺碾压成型达到质量标准后，成为未筛分碎石结构层。

用于基层的未筛分碎石料的压碎值：用于基层时，军用二、三四级机场不大于30%，一级机场不大于35%；用于垫层时可不作要求。未筛分碎石中的细长及扁平颗粒含量不应超过20%，不应含有土块、草根等杂物。

未筛分碎石由于石料加工成本低，比碎石基层的造价便宜。但由于其细料较多，其整体强度要低于碎石基层。在季节性冰冻地区，常用来作为防冻害层和加厚道面的找平层。

(五) 块（片）石、卵石基层

块（片）石基层采用锥形块石、片石或卵石手工摆砌，并用小碎石嵌缝压实而成。锥形块石应具有平整的底面，且底面积不小于100cm^2，其高度一般为14～18cm。片状、尖形石料应加工后再使用。开山石料大于15cm者一般不需加工即可用于块（片）石基层。

块石基层一般铺筑在砂、砂土或矿渣等垫层上，土基良好时也可直接铺设在土基上。铺砌时，应从道面边缘起逐渐向中心推进。块石大面朝下，所有石块应单独座立，排砌紧密。石料间的纵、横缝应错开，相邻石块的表面高差宜不大于2cm。

块（片）石摆砌2～3m长度后，即进行人工嵌缝。将楔形、片状碎石嵌入块石缝内，用手锤打入、挤紧。其上用5～15mm石屑进行找平嵌缝。然后按先轻后重和先边缘后中间的顺序进行洒水碾压，至无显著轮迹、碎石平整层无挤动推移现象为止。

块（片）石基层具有较高的强度和稳定性。由于摆砌费工，难以用机械铺筑，近年来已较少采用。

卵石基层系将大的卵石铺筑在砂垫层上，加砂砾料或碎石屑填缝找平。碾压密实而构成，卵石宜选长卵形状，错缝竖砌。卵石应楔入砂垫层中约1/4～1/5。铺好后用小卵石嵌缝挤紧，再加铺砂砾料或碎石层填缝找平，碾压达到质量标准后，即构成卵石基层。

我国西北戈壁地区有丰富的砂砾和卵石资源，这一带的机场道面多采用卵石和砂砾基层。由于卵石石料较杂，强度不均匀，所以卵石基层强度略低于块（片）石基层。但卵石可以就地取材，造价比较便宜。

(六) 粒料级配型基、垫层

1. 级配砾石基、垫层

粗、细砾石集料和砂按一定比例掺配后，其颗粒组成符合级配要求，经拌和、碾压成型达到质量标准，称为级配砾石结构层。用于基层时，砾石的最大粒径不应超过40mm（方孔筛，相当于圆孔筛50mm）；用于垫层时，砾石的最大粒径不应超过60mm（方孔筛，相当于圆孔筛80mm）。用于基层时，颗粒组成及塑性指数应符合表9-21的规定。其级配曲线应接近圆滑。当塑性指数偏大时，可筛除部分细料或掺配砂、石屑改善，使之符合规定，或控制塑性指数与0.5mm以下细料含量（以百分数计）的乘积，使之符合下列规定：

(1) 在降雨量小于600mm的干旱地区，地下水位对土基无影响时，乘积不大于150；

(2) 在潮湿多雨地区，乘积不大于100。

用级配砾石做垫层时，颗粒组成及塑性指数满足表9-22的规定即可。

表 9-21 级配砾石颗粒组成及塑性指数

编号	通过下列筛孔（mm）的质量百分比（%）										液限（%）	塑性指数
	60	50	40	30	20	10	5	2	0.5	0.075		
1	100	90～100	85～95		60～80	40～65	27～50	15～35	10～24	4～10	≤25	≤6
2		100	90～100		65～85	45～70	30～55	15～35	10～24	4～10	≤25	≤6
3			100	90～100	75～90	50～70	30～55	15～35	10～24	4～10	≤25	≤6
4			100		85～100	60～80	30～50	15～30	10～20	2～8	≤25	≤6

注：① 用圆孔筛时，可用 1～4 号级配；用方孔筛时，只用 2～4 号级配。

② 潮湿多雨地区的基层，塑性指数不大于 4。

③ 对于无塑性的混合料，小于 0.075mm 的颗粒含量应接近高限。

表 9-22 级配砾石垫层颗粒组成及塑性指数

通过下列筛孔（mm）质量百分比（%）						液限	塑性
60	40	10	10	0.5	0.075	（%）	指数
100	80～100	40～100	25～85	8.45	0～1	≤25	≤6

石料的集料压碎值，用于基层时，军用二、三、四级机场不大于 30%，一级机场不大于 35%；用于垫层时可不作要求。

砾石应洁净，无土块、草根等杂物。砾石中的细长、扁平颗粒含量不应超过 20%。级配砾石基层的摊铺作业可由人工或机械进行。人工摊铺时松铺系数为 1.45～1.60；平地机摊铺时为 1.30～1.35。

采用两种集料掺配时，应先运铺主要集料，然后及时运铺另一种集料。铺好后的集料应及时洒水润湿。通常采用多锋犁或其他机械搅和，搅和均匀为止。含水量最佳且含水量大于 1%左右时，先用 6～8t 压路机碾压 1～2 遍，然后再用 12～15t 压路机碾压至符合压实度标准。

2. 天然级配砂跞基、垫层

符合级配要求的天然级配砂砾混合料，经碾压成型达到质量标准后，称为天然级配砂砾结构层。

天然级配砂砾中，砂石的最大粒径和集料压碎值、颗粒组成和塑性指数、细长扁平颗粒含量以及清净等方面的要求，均与级配沙砾石相同，施工与质量标准也基本相同。

3. 砂基、垫层

采用洁净的粗砂或中砂，摊铺压实成型达到质量标准后，成为砂基、垫层。在石料缺乏而砂料丰富的地区，由于可以就地取材，强度均匀，水稳性好，施工容易，是机场道面中常用的基层、垫层之一砂内不得含有土块、杂草和其他有机杂质，其渗透系数应不小于 10/24h。级配和含泥量应符合表 9-23 的要求（表中湿度系指水文情况）。

用砂作基层时厚度一般为 15～20cm；用作垫层时厚度不小于 10cm。大面积铺筑砂基时，常用履带式拖拉机压实，压实厚度为 16～20cm。

表 9-23 对砂基、垫属材料的要求

种类	回弹模量（MPa）	不同孔径（mm）的筛余量（%）				黏土及粉砂土含量（%）	
		2.0	1.0	0.5	0.25	普通湿度	特殊湿度
粗砂	80～90	≤35	＞50		＞90	≤7	≤6
细砂	70～80	≤20		＞50	＞75	≤5	≤4

4. 级配碎石基、垫层

细碎石集料和石屑按一定比例掺配后，其颗粒组成符合组配要求，经拌和、碾压成型达到质量标准，称为级配碎石结构层。用于基层时，颗粒组成及塑性指数应符合表 9-21 的规定。用于垫层时其颗粒组成及塑性指数应符合表 9-23 的规定。碎石的最大粒径、集料压碎值、细长及扁平颗粒含量，对土块、草根等杂物的要求，与级配砾石相同。

混合料掺配时应拌和均匀，人工摊铺时松铺系数通常为 1.40～1.45；平地机摊铺时通常为 1.3～1.35。同碎石基、垫层一样，应按先轻后重和先边缘后中间的顺序进行洒水碾压，至无明显轮迹，达到规定的密实度为止。

（七）基、垫层结构层最小厚度及压实标准

1. 结构层最小厚度

前面叙述的各种类型的基层和垫层，按所用材料的规格和施工工艺的要求，有一最小厚度的规定，低于此厚度就不能形成稳定的结构层次。在机场道面中常用的结构层最小厚度列于表 9-24。当根据需要采用较厚的基（垫）层时，结构层的厚度应考虑分层铺筑时碾压机械的最大压实厚度。

表 9-24 常用材料结构层最小厚度（cm）

材料名称	最小厚度	附注
天然砂砾，级配砾、碎石，泥结碎、砾石，水结、干结碎石	6.0	
石灰稳定土类	10.0	
水泥稳定土类	10.0	
石灰工业废渣类	10.0	工业废渣必须是性能稳定和无侵蚀性的

2. 各类基层的压实度要求

各类基层的压实度应符合表 9-25 的规定。垫层的压实度可按低于 1%～2%的要求执行。

表 9-25 基层压实度标准

材料类别	压实度%	
	二、三、四级机场	Ⅲ级机场
级配碎石	≥98	≥96
未筛分碎石	≥97	≥95

（续表）

材料类别	压实度%	
	二、三、四级机场	Ⅲ级机场
粗配砾石	≥98	≥96
天然砾石	≥98	≥96
石灰稳定中、粗粒土（含石灰稳定砂砾土、碎石土）	≥97	≥95
石灰稳定细粒土	≥95	≥93
水泥稳定中、粗粒土（含水泥稳定碎石、碎石土、石渣、石屑、砂砾、砂砾土）	≥97	≥95
水泥稳定细粒土	≥95	≥93
石灰、粉煤灰稳定中、粗粒土	≥97	≥95
石灰、粉煤灰稳定细粒土	≥95	≥93

第四节　水泥混凝土道面

一、水泥混凝土道面的分块

所谓素水泥混凝土道面，是指除在接缝区（有时设置传力杆或拉杆）和局部需用钢筋加强的部位外，均不配置钢筋的水泥混凝土道面。

最初采用水泥混凝土修筑路面时，并不做分块，除施工缝外，也不做任何接缝，面板浇筑的很长。到 20 世纪 20 年代，发现早期建造的混凝土路面，冬天发生断裂，夏天则容易引起拱胀和挤碎破坏。于是，在这一时期修建的混凝土路面，每隔 9～12m（30～40ft）设置一条胀缩缝，缝宽 10～15mm（0.4～0.6in），缝中填沥青类材料。到 30 年代，发现这种长板最后总是每隔 3～4m 产生横向裂缝，并且在胀缩缝处容易造成错台和唧泥等病害。经过近 20 年的摸索之后人们认识到，水泥混凝土板的平面尺寸不能太大。胀缝设置也不能过多。目前趋向于不设或少设胀缝，减小缩缝间距。板的长度在公路上素混凝土板取 4～6m，在机场道面取为 4m×4m、4m×5m、5m×5m、5m×6m 等。配有钢筋的板的平面尺寸可大些。

（一）混凝土板的分块原则

机场道面一般采用矩形板，因矩形板平整性好，便于施工。在进行分块时，通常遵循下列原则：

（1）尽可能将板划分为正方形或接近正方形，这样板的受力性能好，强度高。计算表明，在相同条件下，令圆板的强度为 1，则六角形板的强度为 0.86，正方形板为 0.76. 矩形板为 $0.76\times\frac{a}{b}$（a 为短边，b 上为长边）。矩形板的长宽之比采用 1.25：1～1：1 为宜。

（2）同一机场道面板的平面尺寸种类不宜过多，以减少模板种类，便于施工。数量较多的规格板的尺寸，应与机械作业宽度相一致，常用宽度为 4～5m。在机械化程度低或手

工操作的情况下，板的尺寸不宜过大，以免块板的摊铺时间过长，影响混凝土质量。

（3）规格板的尺寸应与跑道、滑行道、集体停机坪等道坪的外廓尺寸相协调。最好只用一种基本尺寸，并成倍数关系。尽量减少非规格的数目，以简化施工。规格板最小边长为 3m，最大边长为 6m；非规格板最短边长不小于 1m。板角应避免有小于 90°的锐角，防止因受力条件差而产生板角撕裂。

（4）双面坡跑道的中心线应与纵缝重合，切忌将跑道中心线位于板中（该板能筑成“人”字形折线板）。

（5）滑行道、联络道上的板，分块设计应保证使用该机场主要机种飞机的主轮位于板的中部，使板处于最佳受力状态。

（6）分块接缝宜采用“井”字形即道面板间应通缝连接，不宜错缝连接（经验证明，错缝布置道面易产生延伸裂缝）。

错缝布置引起延伸裂缝的主要原因，不外乎下列几种：

① 在纵横缝交点处，表面水易渗入基层，使基层强度降低，面板受挠折而撕裂。

② 当轮载分别通过纵横两侧的面板时，由于板角侧刚度较小，发生较大弯沉，结果发生轮载重分配。无缝一侧的板承受较大的轮载，产生较大的应力。这样，经过多次重复超载之后，板即断裂。

③ 当气温降低时，在纵缝两侧的面板即沿纵向朝当中收缩。由于纵缝一般做成企口缝或平缝，相邻的板块相互牵连摩擦，使板中部产生较大拉应力而断裂。

（二）矩形板的分块

矩形板的分块，通常分为规则部分道面（跑道、滑行道、联络道和停机坪等）和不规则部分（弯道、接合部等）道面两种情况。

规则部分道面的分块通常按大区独立进行。大区之间以胀缝分开。跑道中心线与纵缝重合，以此为起点向两侧以规格板尺寸推移，使非规格板位于两侧边缘，并使其最短边尺寸不小于 1m。跑道与联络道相接处的分块，可以采用通缝连核，也可以采用错缝连接。错缝连接的优点是保证跑道上的规格板尺寸一致，简化了施工。缺点是带来错缝可能产生的危害。通缝连接避免了错缝的危害，但不得不在跑道上设置数块过渡板。

在滑行道上，为了保证使主要机种的主轮位于板中，通常是根据主轮间距调整滑行道中心线两侧的板。图 9－23 所示为按轰－6 飞机使用面设计的主滑行道分块图。显然，方案（b）最好，主轮位于板中；方案（a）板的受力状态次于方案（b），但板块一致是其优点；方案（c）则不可取。

停机坪上板的分块与跑道大同小异。由于形状规则，通常只采用规格板即可。若有非规格板，一般布置在外侧边缘。

不规则部分道面的分块，通常是从两相邻区推向交接处，以胀缝马开。注意尽量减少非规格板的数量，使最短边尺寸不小于 1m，使接缝垂直弯道外廓线的自由边，以避免产生锐角板块。

（三）六角形板分块

六角形板是我国 20 世纪 70 年代曾推广采用的道面板。由于其受力条件较矩形板好、板体不易断裂，能有效地消除温度和干湿应力的影响。同时，由于六角形板体积小，平缝

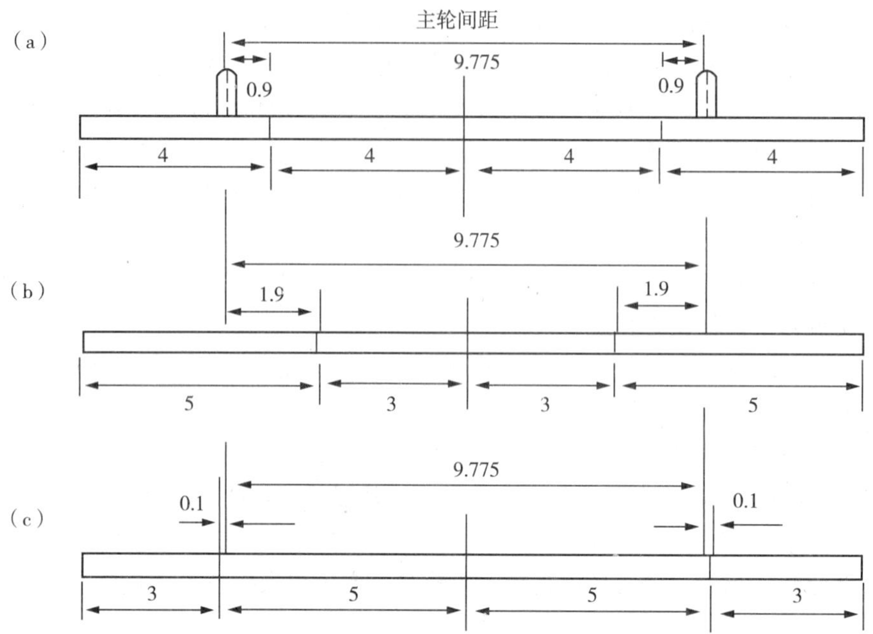

图 9 - 23　滑行道分块方案（尺寸单位：m）

连接，战时受敌轰炸不会成片拱起，便于局部抢修。

六角形板的缺点也是明显的。如板块小，接缝数量多，施工复杂，平整度较矩形板差，接缝为平缝，表面水沿缝下渗，土基强度降低，使板在轮载作用下易失稳，“错台”及“翘翘板”现象时有发生，不便于机械化施工等。

常用的六角形的基本尺寸为边长 1.20m、1.25m、1.33m、1.50m 和 2.0m 的六边形。机轮荷载大及土基体积变化大时（软弱地基和不均匀冻胀），采用较大尺寸。地基强度高、机轮荷载小时，可选用较小边长。

在跑道上六角形板的分仓线应与跑道中心线致，跑道端部的零碎板尺寸要适当，以便于凑整桩号，方便施工放线。零碎板的最短边尺寸应不小于 1m（图 9 - 24）。

跑道与其他部位道面的相互连接有两种处理办法。一是平推法，即以跑道分块为基础，一块一块地向联络道、滑行道及停机坪平推过去。这种方法适用于跑道与联络道互直的“目”字形跑道。二是分片独立进行分块。即将跑道、滑行道、联络道及集体停机坪等用胀缝分隔开，在区内使飞机滑行方向与六角板的分仓线一致。由于有胀缝分开，大区之间可以错缝。这种方法适用于“棱”形跑道和有斜交部位的道面。

在拖机道的转弯处，也可以采用辐射式分块。图 9 - 25 所示为 14m 宽拖机道在弯道的分块方案。这里曲线部分和直线部分是连在一起的，外观美观，主滑行方向与中心线一致，使用方便。缺点是靠内侧的板块尺寸偏小，使用中易失去稳定。

（四）道肩的分块

用水泥混凝土作道肩面层时，其分块应视板的厚度和相邻板的尺寸而定。通常道肩分块采用与邻板通缝连接。为避免道肩块过于狭长，可将长条板块一分为二。

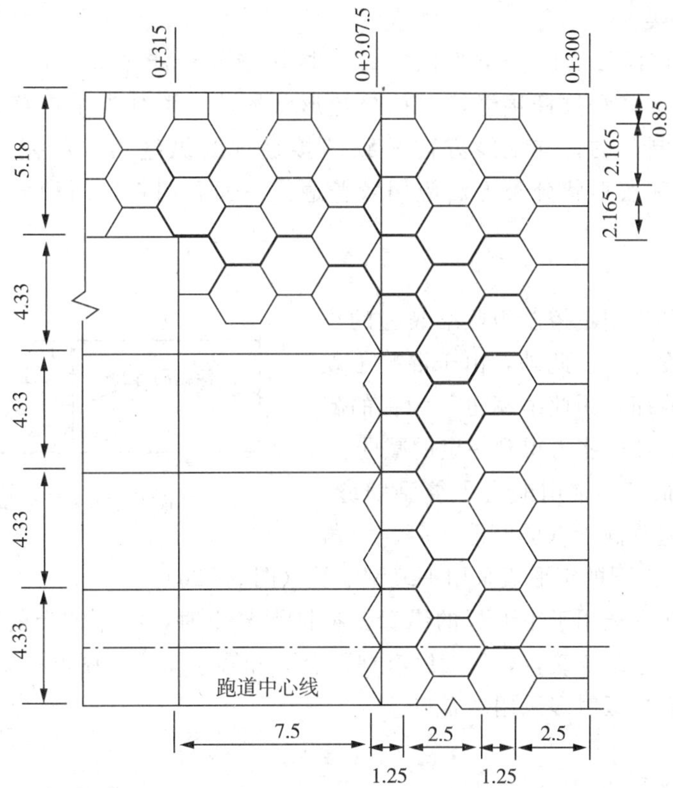

图 9-24　跑道端部六角形板分块（尺寸单位：m）

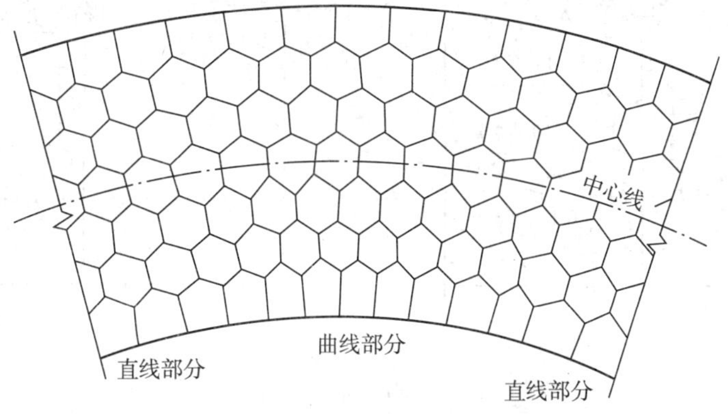

图 9-25　六角形板教弯道处的分块

二、水泥混凝土道面的接缝

将水泥混凝土道面板分为独立的板块，一方面是施工的需要，另一方面也是为了控制板内的收缩应力和翘曲应力引起的裂缝。道面分块必然导致接缝的出现，接缝处理是把独立的板块用适当形式的接缝联结为一个整体，提供板间足够的传递荷载的能力，提高道面的整体强度。同时，接缝应能防止表面水沿缝下渗，影响土基稳定防止杂物落入缝内；避免使板体受热膨胀时产生过量挤压应力，引起板的边角损坏。因此，接缝处理是项不容忽视的工作，其性能的好坏直接影响道面的使用品质、整体强度和使用寿命。

(一) 接缝分类

水泥混凝土道面接缝的分类方法很多。按接缝的功能划分，可分为缩缝、胀缝、施工缝、传力杆接缝和拉杆接缝等：按接缝形状划分，可分为企口缝、平缝及波纹缝等；也有按方向制分的，与轴线方向一致的接缝称为纵缝与轴线垂直的接缝称为横缝。按功能分类和按形状分类方法应用较普遍。下面我们将这两种分类方法结合起来进行分类。

1. 缩缝

即收缩缝，其作用是控制板收缩裂缝的位置，减小板内温度应力。此外，由于混凝土硬化后板都要发生收缩，因此缩缝也可为板的膨胀提供一些空间，使膨胀力得到一定的减弱。

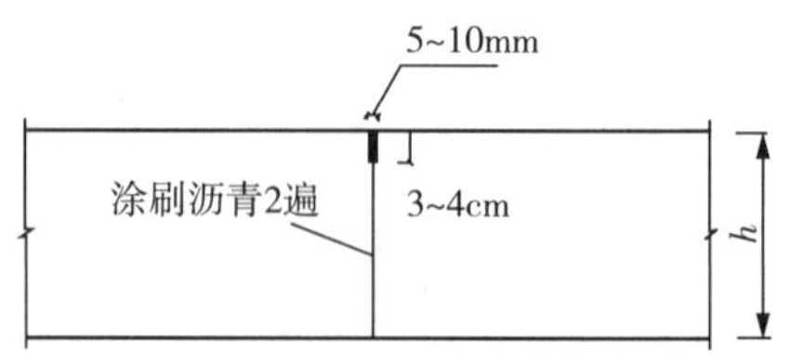

图 9-26　平缝型缩缝

缩缝的型式很多，常用的有平缝型缩缝、企口缩缝、波纹缝及假缝（弱断缝）等。六角形板或厚度 20cm 以下的矩形板采用平缝型缩缝（图 9-26)。

企口缩缝般用一般用于矩形板的纵缝。摊铺混凝土时，沿摊铺带的两侧设置企口模板，沿摊铺带方向连续浇筑，企口缩缝有梯形企口和圆企口（见图 9-27)。用木模板时，用梯形企口，用钢模板时多采用圆企口。

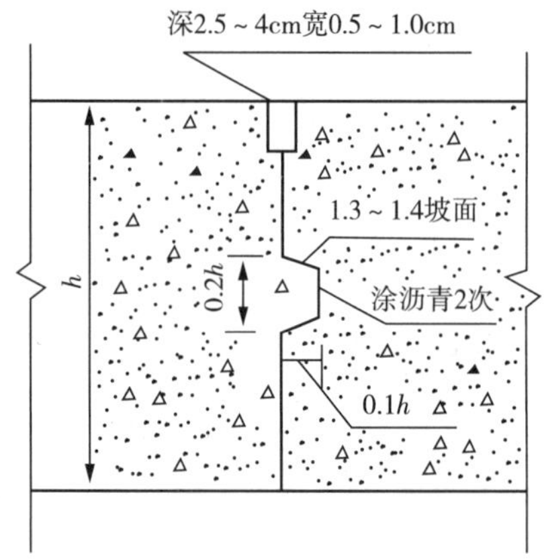

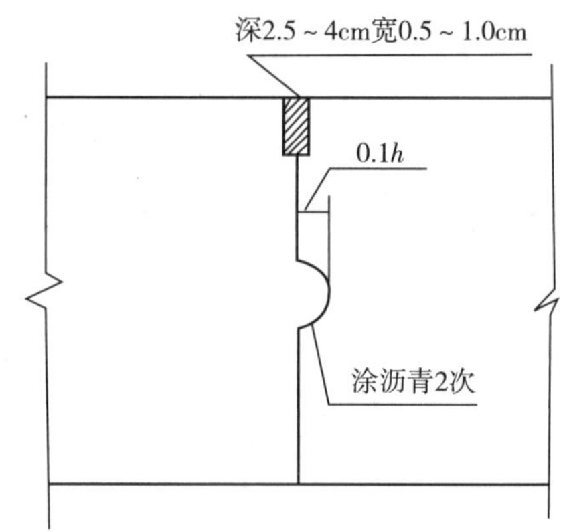

图 9-27　企口缩缝

波纹缩缝的构造如图 9-28 所示。其下部设置波纹油毡，高度为板厚的三分之一。上部锯缝。这种缩缝有一定的传荷能力。但由于施工麻烦，有时波纹油毡位置不稳定（施工时移位)，锯缝位置发生偏斜，影响传荷效果。

假缝（弱断缝）是近年来采用较多一种缩缝形式，其构造如图 9-29 所示。分两次锯缝：第一次缝宽 0.3cm，深 $h/3$；第二次缝宽 0.8～1.0cm，深度为 4cm。由于板在切缝断面受到削弱，当受到温度应力作用时，板就在此处断裂，形成不规则贯通断裂面，依靠嵌锁作用传递荷载。此种缩缝施工简单，道面整齐美观，有定传荷能力，在机场道面中广泛应用。

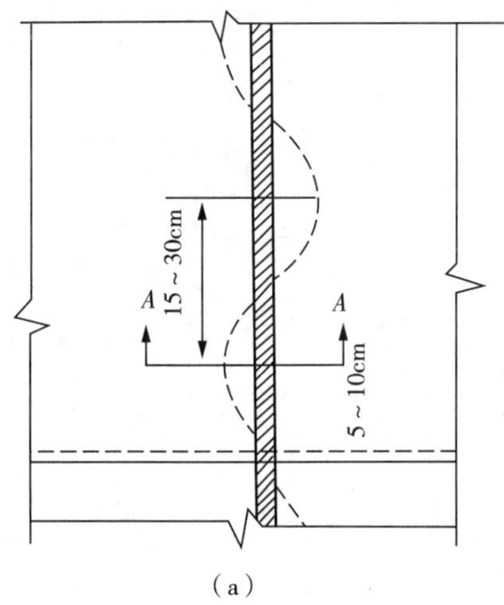

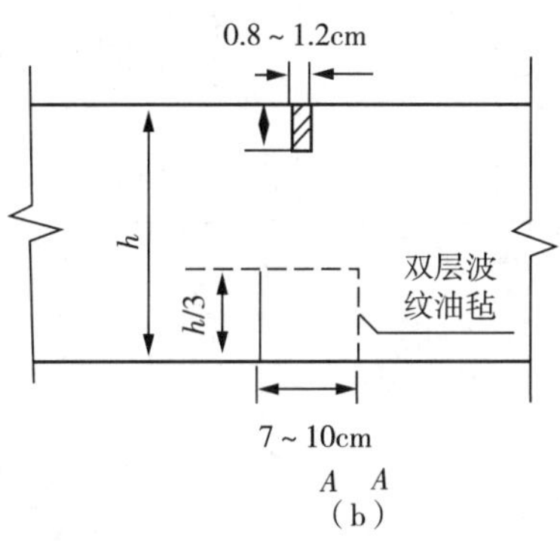

图 9－28　波纹油毡假缝

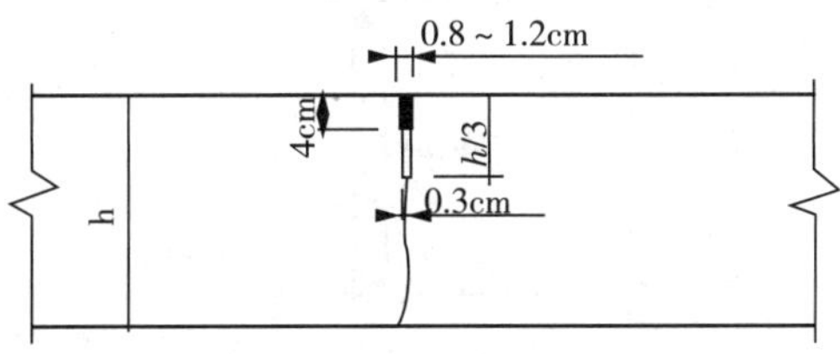

图 9－29　假缝（弱断缝）

2. 胀缝

胀缝的设置是为道面板的受热膨胀提供一定的空间，防止造成过大的挤压应力，引起板边角碎裂。因为胀缝也能起缩缝的作用，有的文献中称为伸缩缝。

胀缝的型式有平缝型胀缝、企口胀缝及传力杆胀缝等。由于胀缝施工复杂，维护困难，在胀缝处道面板错台、碎裂和拱起等病害常有发生，影响道面的使用品质和飞行安全。因此，规范规定宜尽量少设或不设胀缝。但在邻近固定构筑物处，在跑道、滑行和联络道分块分区的交接处，均应设置胀缝。

上述位置以外的胀缝，可根据板厚、当地最高气温、施工时气温、混凝土集料的膨胀性和当地经验确定。夏季施工，板厚不小于 20cm 时，可不设胀缝：其他季节施工或采用膨胀性大的集料（如砂岩或硅酸质集料）时宜设置胀缝，其间距一般为 100～200m。平缝型胀缝多用于六角形道面或厚度小于 20cm 的矩形分块道面。其构造如图 9－30 所示。由于这种接缝基本上不能传递荷载，所以不能用于飞机活动频繁的部位。

企口胀缝用于厚度 20cm 以上的矩形板。通常用于条形摊铺的纵缝上。传递荷载性能较好。因其施工复杂，维护困难，企口损坏现象很多。其构造如图 9－31 所示。

传力杆胀缝是在平缝型胀缝的基础上改进的。这种接缝的传荷能力强，应用广泛。但传力杆胀缝施工复杂，传力杆难以摆平放直。位置和施工质量不符合要求的传力杆不仅起不到传递荷载的作用，还会引起胀缝处板边角的过早损坏。传力杆胀缝的构造见图 9－32。

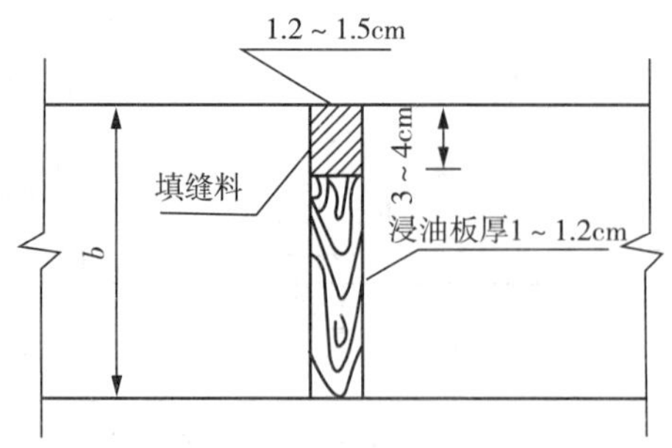

图 9-30　平缝型胀缝

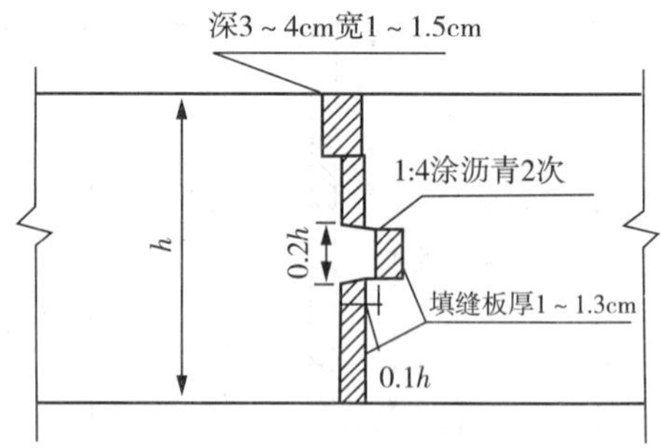

图 9-31　企口胀缝

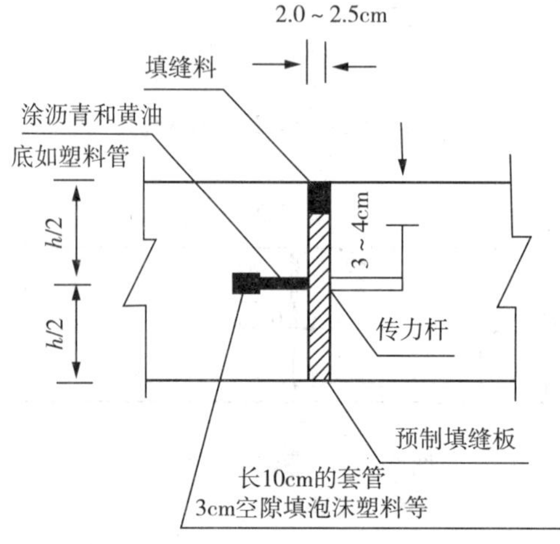

图 9-32　传力杆胀缝

与已有构筑物相接处的平缝型胀缝，无法加设传力杆。为保证临近胀缝处道面的承载强度，可采用边缘钢筋加强［图 9-33（a）］或厚边型板［图 9-33（b）］.

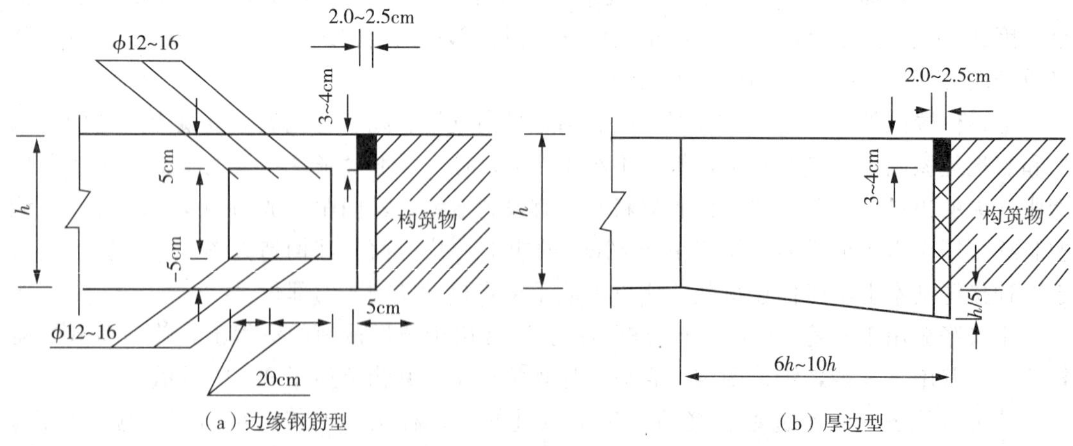

图 9-33　道面与其他构造物相接处的胀缝形式

工程实践表明，胀缝给道面带来的病害是很多的，主要有：

（1）胀缝宽度一般为2.0～2.5cm，表面水很容易沿缝下渗，在轮载作用下，造成唧泥、错台等病害，严重时使道面脱空，进而使板边角断裂。

（2）胀缝过多为道面板的推移提供条件。推移过大，使缩缝张开量过大。当假缝的张开量超过1mm时，靠骨料嵌锁作用的板间传荷能力即丧失，增大了板边角部位的应力。雨水的渗入使土基湿软，又加速了板的损坏，砂石等杂物进入缝中，道面板膨胀时产生局部挤压应力，造成挤碎破坏。

（3）胀缝施工复杂，施工质量往往达不到设计要求，常见新建机场胀缝处常有错台及掉边掉块现象。使用一年后在胀缝处发生碎裂的现象到处可见，影响了飞行安全，给道面维护工作造成困难。

3. 施工缝

施工缝亦称工作缝，是根据施工需要而设置的接缝。通常分为纵向和横向施工缝。纵向施工缝是按设计要求和施工需要而设置的分条（摊铺道）接缝。板厚不大于20cm的一般采用平缝，大于20cm的一般采用企口缝。三、四级机场跑道面中部的纵向施工缝宜在板厚中央设置拉杆，防止纵缝拉开。纵向施工缝的类型主要有平缝型、企口缝型、平缝加拉杆型和企口缝加拉杆型等。其构造如图9-34所示。

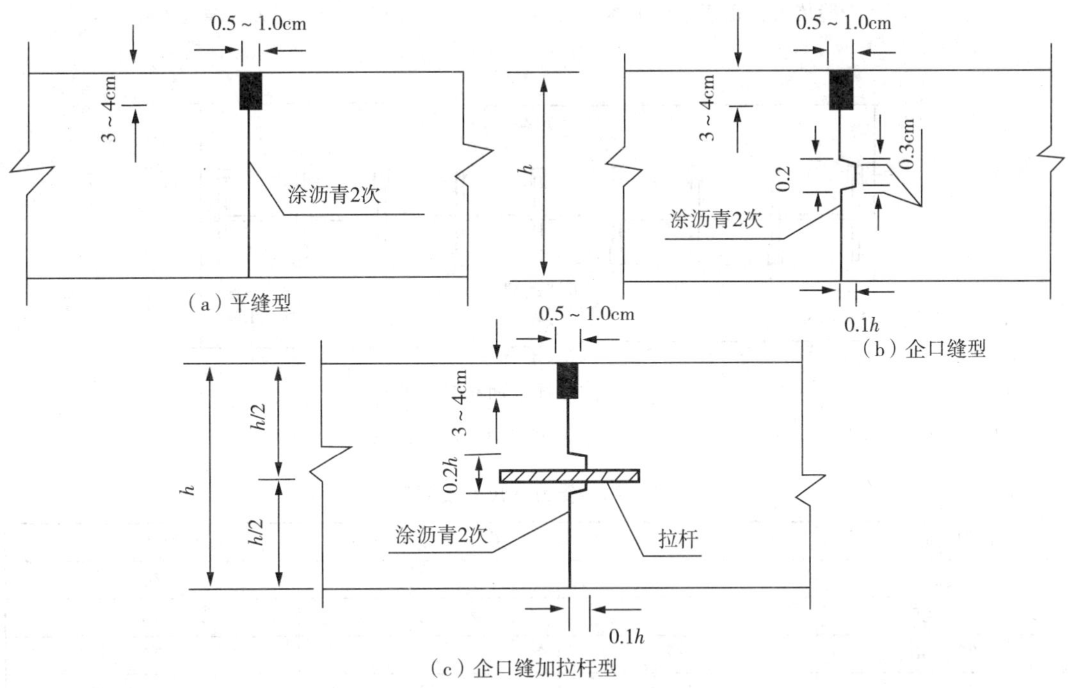

图9-34　纵向施工缝构造

横向施工缝是根据施工情况设置的分段接缝。当每个作业班工作结束或混凝土浇筑工作中断时间较长时，都要设置横向施工缝。其位置应设在胀、缩缝处。一般采用平缝加传力杆型接缝。平胀缝型传力杆横向施工缝的构造如图9-32所示。平缩缝传力杆型横向施工缝的构造如图9-35所示。

4. 传力杆缝

无论是缩缝，胀缝和施工缝，为了提高相邻板间传荷能力，都可以在板中设置传力杆，作为传递荷载的装置。传力杆缩缝的构造如图 9－36 所示。

传力杆应采用光圆钢筋。其长度的一半以上涂以沥青，使此端可以滑动。胀缝处的传力杆，尚应在涂沥青的一端加一套筒，内留空隙，填以泡沫塑料、橡胶粉等弹性材料，使此端可以胀缩滑动。套筒可用硬聚氯乙烯管制做，其内径应比传力杆大 4～6mm。为使传力杆接缝两侧的道面板受力均匀，传力杆的固定端与滑动端应交错布置，如图 9－37 所示。靠板边的传力杆距板边应有 10～15cm 的距离，以保证传力杆与混凝土的黏结及有适当的保护层。

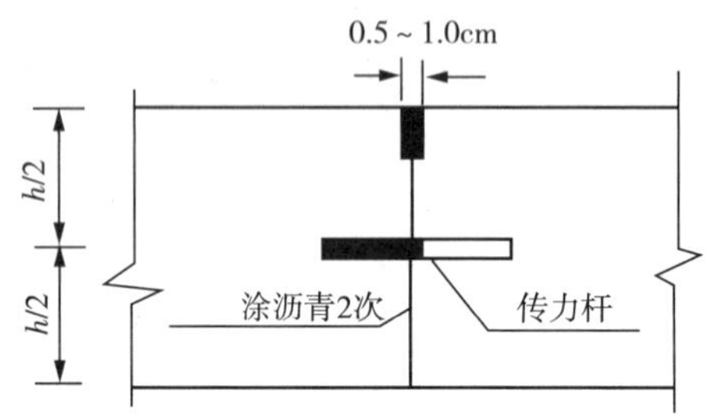

图 9－35　平缝传力杆型横向施工缝

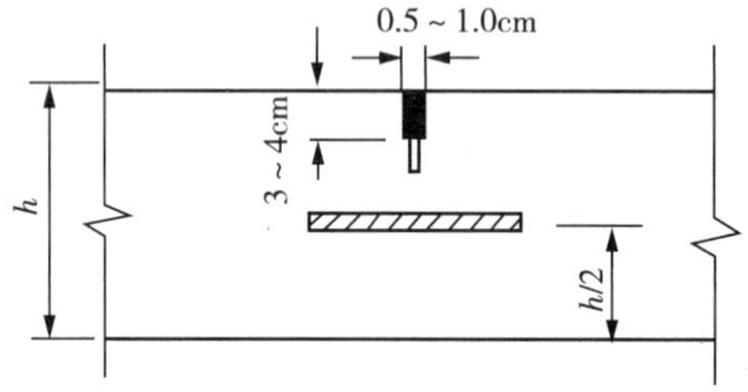

0.5 ~ 1.0cm
3 ~ 4cm
h
h/2

图 9－36　传力杆缩缝

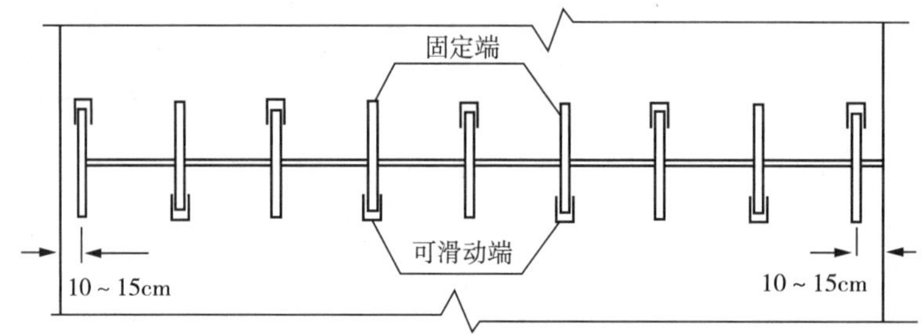

图 9－37　传力杆平面布置示意图

目前，我国常用的传力杆尺寸和间距，可按表 9－26 选用。

表 9－26　传力杆尺寸及间距

板厚（cm）	传力杆直径（mm）	最小长度（cm）	最大间距（cm）
≤20	20	40	30
21～25	25	45	30
26～30	30	50	30
31～35	32	50	35
36～40	35	50	35
41～45	38	55	40
46～50	40	60	40

5. 拉杆缝

企口缝和假缝的传荷作用都依靠板间的紧密接触。当接缝拉开时，企口缝的传荷效能

降低，在轮载作用下甚至可能发生企口断裂破坏；假缝则会完全失去传荷能力。因此，为使板间保持紧密接触，需在相邻板间埋设螺纹钢筋。将两板紧紧拉束在一起，这就是拉杆接缝。

拉杆的作用仅是拉束相邻板使之不过分张开，并不起传递荷载的作用。因此拉杆直径比传力杆小，两端均固定在相邻板中。为防止因板缝张开，雨水的浸入，导致拉杆的锈蚀，应对拉杆中部1cm范围内进行防锈螺纹钢筋处理，如涂刷沥青等。企口拉杆接缝的构造［见图9－34（c）］。

拉杆应采用螺纹钢筋并设在板厚的中央。接杆尺寸及间距可按表9－27选用。

表9－27　拉杆尺寸及间距

板宽（cm）	板厚（cm）	直径（mm）	最小长度（cm）	最大间距（cm）
4.00	≤20	12/14	60/70	65/85
	21～35	14/16	70/80	70/90
	26～30	16/18	80/90	75/100
	31～35	18/20	90/100	80/100
	36～40	20/22	100/100	85/100
4.50	≤20	12/14	60/70	55/75
	21～35	14/16	70/80	60/80
	26～30	16/18	80/90	65/90
	31～35	18/20	90/100	70/95
	36～40	20/22	100/110	75/100
5.00	≤20	12/14	60/70	50/65
	21～25	14/16	70/80	55/70
	26～30	16/18	80/90	60/80
	31～35	18/20	90/100	65/85
	36～40	20/22	100/110	70/90

注：拉杆尺寸建议值，采用钢筋容许应力σ_a＝160MPa、钢筋混凝土容许黏结应力Z_a＝1.8MPa计算而得。

（二）填缝

由于温度的作用，水泥混凝土道面必须分块，道面分块导致了各种接缝。任何形式的接缝如不采取措施，则会导致道面表面水的渗入，使土基湿软，导致道面结构强度的降低，引起板角、边的损坏。另外，接缝处落入砂、石等硬物，当混凝土板膨胀时，接缝处易于挤坏，引起掉边、掉角等损坏现象。所以，在接缝内需填入防水且耐久的材料将其密封，以减少其病害。

填缝材料按其使用性能可分为填缝板和填缝料两大类。

1. 填缝板

填缝板主要用于胀缝，设置在胀缝的下部。填缝板应具有一定的压缩及回弹变形性能，要求能适应混凝土面板的膨胀与收缩，且施工时不变形，耐久性好。常用填缝板有木板、纤维板、塑料、泡沫树脂板等，填缝木板应采用无节疤的软质木材制作。目前，机场水泥混凝土道面尚无相应的技术标准，可参考采用公路水泥混凝土对填缝板的技术要求（表 9－28）

表 9－28　胀缝板的技术要求

试验项目	胀缝板种类			备注
	木材类	塑料、橡胶泡沫类	纤维类	
压缩应力（MPa）	5.0～20.0	0.2～0.6	5.0～10.0	
弹性复原率（%）	≥55	≥90	≥65	
挤出量（mm）	<5.5	<5.0	<3.0	
弯曲荷载（N）	100～400	0～50	5～40	

2. 填缝料

各种接缝均需用填缝料填封，以防水分沿缝下渗及砂石杂物进入。理想的填缝料应当坚韧而富有弹性，接缝缩小时能被压缩而不挤出，扩大时又能充分恢复形状填满缝隙。因此，要求填缝料与混凝土黏结力强，回弹性好，能适应混凝土道面板的胀缩，不溶于水和不透水，高温时不溢出，低温时不发脆，耐冲击，耐磨耗，耐老化等。此外，应取材方便，价格适宜。填缝料按施工方法分可分为加热施工式填缝料和常温施工式填缝料。其技术要求可参考采用公路水泥混凝土路面对填缝料的技术要求（表 9－29 和表 9－30）。加热施工式填缝料主要有沥青玛蹄脂类、聚氯乙烯胶泥类、改性沥青类等。常温施工式填缝料主要有聚（氨）酯、硅树酯类、氯丁橡胶、沥青橡胶类等。

表 9－29　加热施工式填缝料技术要求

试验项目	低弹性型	高弹性型
针入度（0.01mm）	<50	<90
弹性复原率（%）	≥30	≥60
流动度（mm）	<5	<2
（－10℃）拉伸率（mm）	≥10	≥15

表 9－30　常温施工式填缝技术要求

试验项目	低弹性型	高弹性型
失黏（固化）时间（h）	6～24	3～16
弹性复原率（%）	≥75	≥90
流动度（mm）	0	0
（－10℃）拉伸率（mm）	≥15	≥25
与混凝土黏结强度（MPa）	≥0.2	≥0.4
黏结延伸率（%）	≥200	≥400

三、木泥混凝土道面常见损坏现象分析

对于机场水泥混凝土道面板尺寸影响较大的则是温度应力，道面板分块带来的直接问题就是接缝的危害。随着温度和湿度的反复变化，接缝缝隙相应地张开和闭合，使道面水渗入缝内而引起唧泥、错台、板底脱空和开裂等病害；或者使坚硬杂物落入而阻碍膨胀，引起接缝碎裂等病害。而作用在板边缘和角隅处的荷载所产生的挠度和应力要比作用在板中的大许多，这就加剧了上述病害的出现。接缝成为机场水泥混凝土道面结构缺陷的根源，严重影响混凝土道面的耐久性以及行车平稳和舒适性。下面对水泥混凝土道面常见损坏现象及原因进行阐述。

水泥混凝土道面的使用性能在机轮荷载和环境因素的不断作用下逐渐变坏，以至于面层板出现损坏现象，影响道面的使用，最终导致道面结构的完全损坏，不能满足飞机的使用要求。其损坏形态主要有下述几种。

1. 断裂

面层板由于板内应力超过了混凝土的强度而出现横向或纵向断裂裂缝，或者在角隅处发生折断断裂。过量应力产生的原因是多方面的：板太薄或轮载过重；板的平面尺寸太大使温度翘曲应力过大；地基的过量塑性变形使板底失去支承；养生期间收缩应力过大等。断裂的出现破坏了板的结构整体性，使板丧失大部分甚至全部承载能力。因而，通常把断裂看作是混凝土面层结构的极限状态。

2. 碎裂

碎裂多出现于横向接缝（主要是胀缝）两侧数十厘米宽的范围内由于胀缝内的滑动传力杆排列不正或不能滑动，或者由于维护不当缝内落入坚硬的碎屑，阻碍了板的伸长，使混凝土在膨胀时受到较高的挤压应力而裂成碎块；水分从缝隙渗入，使得接缝附近基础和地基松动，导致接缝两侧板底脱空，失去支撑；当板下土基强度不足时，在机轮反复作用下也会出现板的碎裂。

道面板的碎裂使平坦度降低，影响滑行舒适性。碎块飞起打坏飞机蒙皮的事故常有发生，甚至吸入进气道而打坏发动机，造成飞行事故。因此，道面接缝处理必须慎重，严格按照要求加强维护管理，及时灌缝，防止杂物进入。

3. 错台

错台系指接缝两侧面层板端部出现的竖向相对位移。当接缝仅有部分传荷能力时，在轮载作用下相邻板的端部出现挠度差，把板下的泥浆及碎屑挤向邻板与基层界面的空隙内，从而使板端抬起。另外，沿接缝下渗的水，会使道面板与基层之间出现塑性变形；由于相邻道面板的传荷能力较差，在机轮作用下相邻板的沉陷不一致时，也会产生错台现象。错台现象取决于接缝的传荷能力、缝和空隙内的碎屑数量，以及沿接缝下渗的水分等三方面因素。因此，在结构设计时应保证接缝有较好的传荷能力，减少沿缝下渗的水分，选用稳定性好的基层。此外，季节性冰冻地区冬季道面产生不均匀冻胀时，通常也发生错台现象。道面出现错台，使平整度急剧恶化，降低了运行的平稳性和舒适性，加速了轮胎和起落架的损坏，影响飞行安全。

4. 拱起

混凝土面层板在受热膨胀受到约束时，某一接缝两侧的数块板块突然出现的向上拱起的屈曲失稳现象。板收缩时接缝缝隙张开，填缝材料失效，坚硬的碎屑落入缝内。致使板在受热膨胀时产生较大的热压应力，将板向阻力较小的一侧推移，在失稳部位发生拱起。道面板的拱起在气温变化比较大的西北戈壁滩等地区较易发生。在道面结构设计时通常合理设置胀缝，加强缝的维护，防止杂物落入缝内，及时清理灌缝，以减少改损坏现象发生。

5. 唧泥

所谓唧泥是指道面板在飞机荷载作用下向下运动，使得水和泥浆通过接缝（裂缝），或沿着道面边缘向外挤出的现象。产生唧泥的条件有：一是混凝土板下的材料处于自由水饱和状态，如果基层材料排水良好，则不会产生唧泥；二是飞机荷载频繁通过，使得道面板产生大幅度的沉降；三是混凝土板下的材料容易受冲刷侵蚀。图 9－38 展示了唧泥产生的过程。

6. 剥落

剥落系指道面板表面产生起皮、松动，在轮载和自然因素反复作用下表层剥落、露石，有的露石脱落而形成坑洞的现象。产生剥落的原因主要是施工质量不好、反复冻融、化学腐蚀及水平力的作用等。

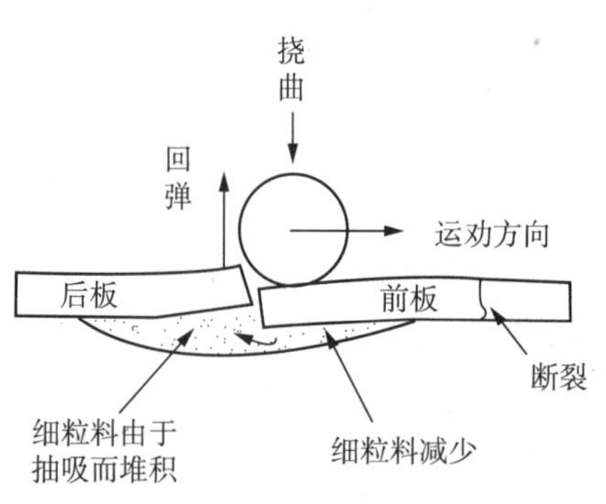

图 9－38　唧泥产生的过程

在板的边角部位也常见掉边掉角，称为边角剥落。产生的原因多因施工质量差，传力杆失效，以及养护不当，杂物进入接缝，造成挤压损坏等。

剥落属板的功能性损坏，其损坏深度不大，一般仅为 2～3cm，对板的承载力影响不大。但剥落对道面外观影响极大，平整度恶化，碎屑对飞机蒙皮和发动机危害不容忽视。

7. 松动

我们把板块虽无结构性损坏，但当轮载作用于板端时，另一端会翘起，荷载卸除后又复原位的现象称为板块松动，俗称“翘翘板”。产生松动的原因是面层板与基层脱空，通常是由于土基和基层的塑性变形累积所致。松动虽对板的承载力无大的影响，但轮载作用易发生断裂，影响使用性能。在进行道面结构设计时，通常针对土基情况采取相应的技术施工，提高其稳定性，减少日后可能产生的塑性变形。对于基层，应选择稳定性好、整体强度高的材料，同时注意接缝处理，防止雨水下渗，影响土基的稳定。

由上面列举的主要损坏现象可以看出，影响混凝土道面使用特性的因素是多方面的，轮载、温度、水分、基层和土基、接缝构造和面层厚度，以及施工质量和维护管理等。所以，机场水泥混凝土道面应用时，必须多方面采取措施来保证它的使用品质和寿命。

四、道肩、防吹屏与系机环

（一）道肩

跑道、滑行道、联络道和停机坪等水泥混凝土道面的边缘，通常都铺筑道肩。军用机

场跑道的道肩宽度为2.0～2.5m，其余部分道面的道肩宽度一般为1m。民航机场道面的道肩要宽得多。例如，大型飞机使用的跑道，其两侧道肩宽度为7.5m。

道肩是道面与土质部分的过渡带，对道面的侧面起支护作用。防止道面上排出的水冲刷土质表面，冲刷或渗入道基。此外，道肩增加了道面的有效宽度。防止飞机万冲出跑道发生事故：改善了道面的受力状态，减少道面边板的损坏。

道肩的厚度通常按道面设计荷载的50%进行计算。对土道肩则要碾压密实并种植草皮。道肩坡度与坡向与道面一致。道肩外侧的土质表面高程应比道肩低3～5cm，防止植草后土质表面高出道肩，影响道肩排水。道肩可以是水泥和混凝土道面，也可采用沥青类道面，当采用混凝土道肩时，其板厚一般为120～220mm（寒冷、温差变化大的地区取高值），道肩板厚也可按道面板厚度的0.75倍设计，道肩水泥混凝土强度等级可按C20来进行材料组成设计和检验。当道肩与道面板等厚度设置时，水泥混凝土强度等级按C15来进行材料组成设计和检验。若采用柔性面层，二级以上机场宜选用沥青混凝土、热拌沥青碎石或沥青贯入式，不宜选用其他中、低级柔性面层。道肩也可采用预制水泥混凝土块。

道肩的土基、基层应是道面的土基。基层延伸部分（图9－39）在季节性冰冻地区，道肩结构层要满足最小防冻害层要求。

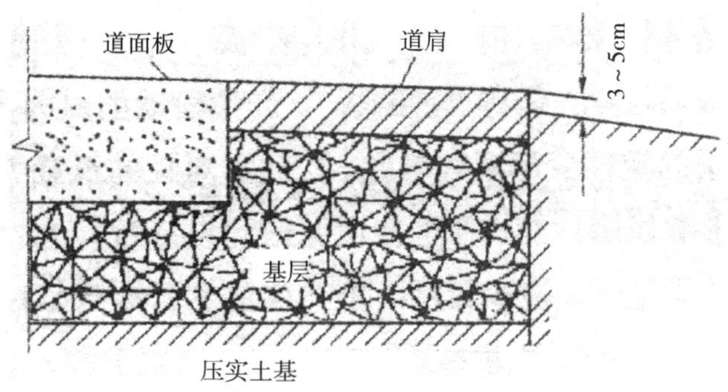

图6－39　混凝土道面道肩

（二）防吹屏

防吹屏又称导流屏，是用人工构筑物将喷气流按一定方向和角度导出，防止或减轻喷气流对未铺道面的地区的侵蚀；在停机坪和维修坪等拥挤地区，减轻喷气流对人员和设施可能造成的危害。国际民航规定，喷气流速度超过15m/s时，人员和车辆运行应当避免。

为提高大型航空港的工作效率，充分利用有限的道面面积。各国都在港内设置了高效能的防吹导流设施，以适应不断增大的航站设施业务工作的密度，充分利用有限的地域，减少占地，降低工作造价。

1. 防吹坪

防吹坪是防吹屏的一种最简单的形式。在停机坪的外侧，铺筑一定宽度的人工道面，使喷流不致吹坏道坪以外的土质表面。防吹坪的宽度为12～15m。一般做成一个坡段。靠近停机坪的第一坡段，坡向与道坪坡度方向相同，坡度0.015～0.020，长度为4～6m；第二坡段坡向与第一坡段方向相反。坡度为0.020～0.150，长度为8～9m。图9－40所示的防吹坪是为歼击机设计的，使用效果尚好。

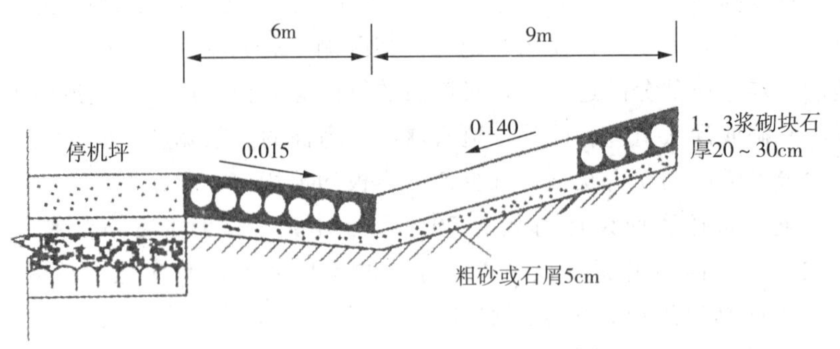

图 9-40　防吹坪构造

图 9-41 所示为改进的防吹坪，其正面宽度为 8～10m，能将喷气流导向后上方约 45°角，防吹效果较好。

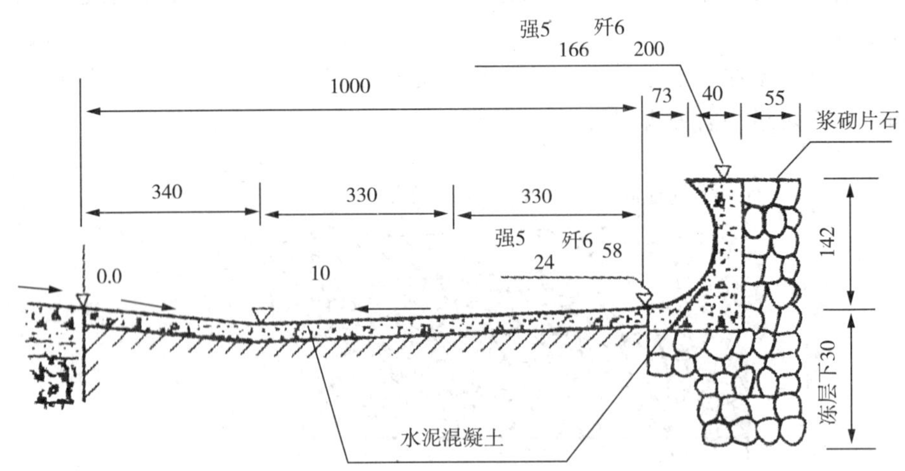

图 9-41　弧形防吹坪结构图（尺寸单位 cm）

图 9-42 所示的防吹坪是在坡顶上面加装导流屏。导流屏墙体为现浇水泥混凝土，百叶窗式导流板为预制的钢丝网细石混凝土板。一端固定在墙体内，另一端涂刷沥青，可以滑动。这种形式的防吹坪防吹效果好。

2. 防吹栅

上述形式的防吹坪，结构简单，施工容易，造价低廉，在军用机场中应用比较普遍。其缺点是：防吹效果不够理想，固定式使用不方便，占地较多等。

防吹栅亦称导流栅，是利用金属材料制成的百叶窗式防吹导流装置。一般为移动式，组装拆卸方便，防吹效能很高。在许多国家的大型机场上广泛应用。

导流栅的高度一般为 1.7～2.5m，B747 型飞机的导流栅高度为 3.5～4.5m。东京城田国际机场在飞机试车区域安装了高度为 9m 的超大型导流栅。

这种百叶窗式弧形叶片导流栅，每个长 2.5m 左右，可灵活拼装。移动方便，不阻挡视线，现场工作人员便于观察；提高有限地域的利用率，在欧、美、日等国应用广泛。

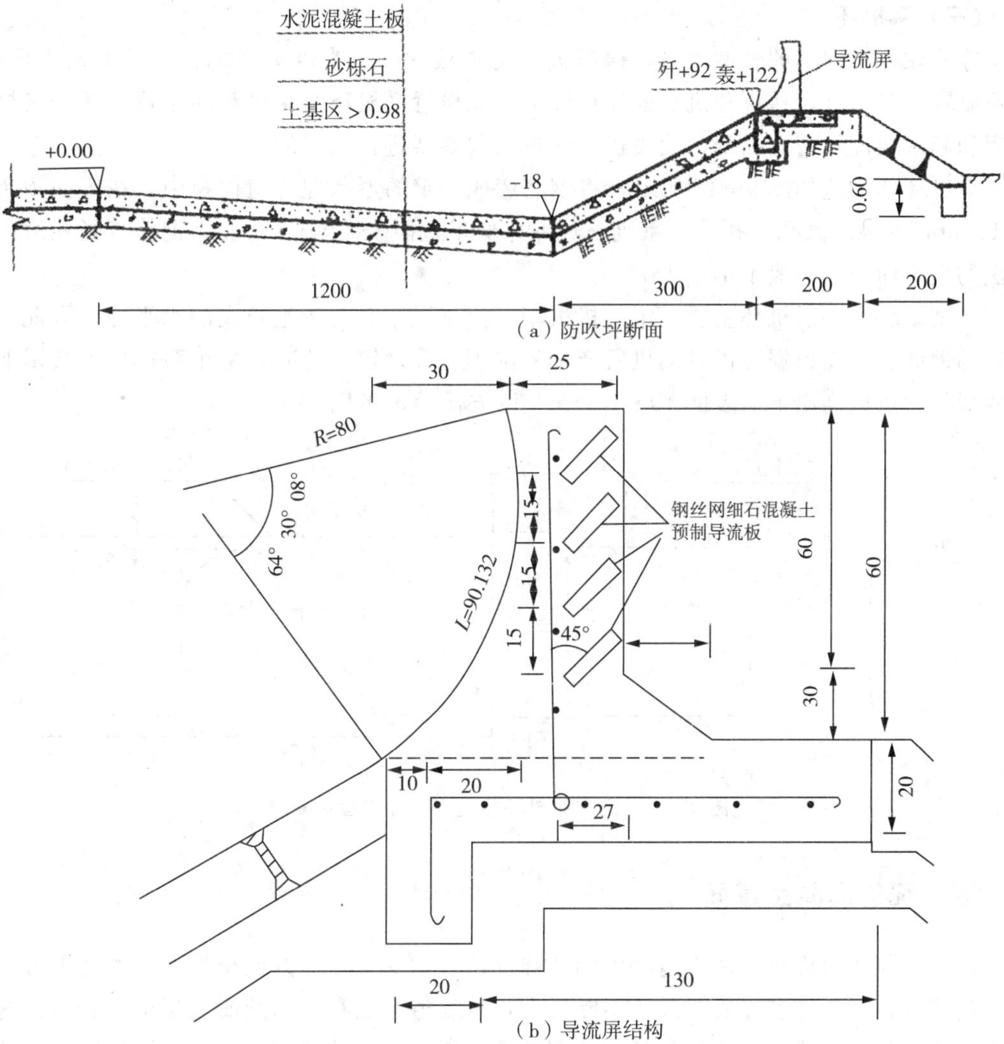

（a）防吹坪断面

（b）导流屏结构

图 9-42　百叶窗式导流屏结构图（尺寸单位：cm）

图 9-43 所示为 3.5m 导流栅的构造图。每个栅的宽度为 2.5m，长度为 2.0m。

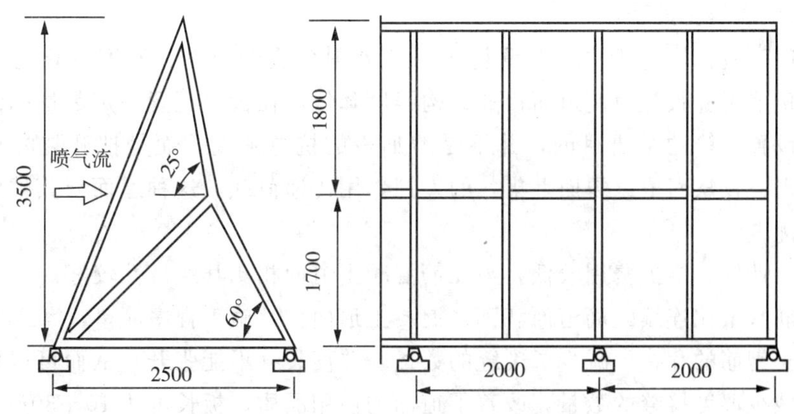

图 9-43　3.5m 型导流栅构造（尺寸单位：cm）

（三）系机环

停放在停机坪上的轻型飞机，遇有大风可能被吹动。为避免飞机相互碰撞发生损坏，在停放轻型飞机（包括直升机）的停机坪上，应设置系机环。系机环的位置通常按飞机的类型和起落架配置情况确定，因飞机是通过其起落架进行固定的。

系机环的构造如图 9－44 所示。将钢筋弯成一定的形状埋入道面板中，在表面预留直径 150mm 的半球圆孔，孔中的系机环顶部应低于道面表面 5～10mm。钢筋直径视所固定飞机的大小而定，一般不小于 18mm。

在试车坪上，系机环主要固定飞机试车。由于试车时会产生很大的水平力，因此，系机环的钢筋直径应根据飞机发动机所产生的推理验算确定。此时，由于系机环不会影响飞机的滑行，可以高出道面表面 10～15mm，以方便固定飞机。

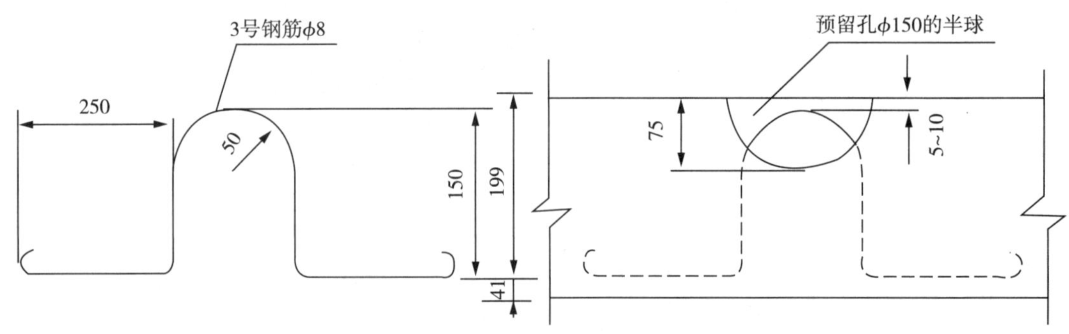

图 9－44　道坪系机环构造（尺寸单位：cm）

五、配筋混凝土道面

配筋混凝土道面主要用于道坪中的特殊部位，如挖方与填方区交界处、道坪下方有管涵穿越等部位。但随着飞机荷载的不断增大，机场道面也有采用配筋混凝土的趋势。这样做虽然最初的造价增高了，但从长期使用来看，因其耐久性提高、维护费用低廉，仍然是可取的。这里我们主要介绍预应力钢筋混凝土道面，这类道面按其构造的不同可分为加筋混凝土道面、连续配筋混凝土道面和钢筋混凝土道面几种类型。

（一）加筋混凝土道面

混凝土道面板在轮荷载的多次重复作用和周围介质的温度、湿度变化时，将产生裂缝。为了防止因裂缝张开而使道面板的结构强度降低，在板内配置一定数量的纵横向钢筋或钢丝网。设置钢筋的主要目的，并不是增加板的抗弯强度，而是把开裂的板拉束在一起，使裂缝密合，从而依靠裂面上集料的嵌锁作用传递荷载。这种道面与其他混凝土道面相比有如下优点：

（1）耐久性好，维护费用较低，与无筋混凝土道面相比其经济性较好；

（2）配筋数量比连续配筋道面和钢筋混凝土道面少，施工程序简单；

（3）由于钢筋的存在，减少了裂缝的数量，并使裂缝不能张开，从而可以增大板的长度和相应地减少温度接缝的数量，改善了道面的使用品质。板长可达 10～30m。

加筋混凝土道面板的厚度与无筋混凝土板相同。而配筋数量按混凝土收缩时将板块拉

结在一起所需的拉力确定。最大拉力出现于开裂发生在板中央时，它等于由该处到最近的板边缘范围内板与基层之间的摩阻力。

加筋混凝土道面中的纵、横向钢筋宜采用相同直径，若取不同直径时相差一般不大于4mm。并且钢筋直径应尽量取小值，使板的内力得以分散。钢筋的最小直径和最大间距规定见表9-31钢筋的最小间距为集料最大粒径的2倍。钢筋应有足够的搭接长度。螺纹钢筋纵向搭接长度不小于30倍直径，横向搭接长度不小于15倍直径；光圆钢筋在纵、横方向的搭接长度均不得小于30倍直径。

表9-31 钢筋最小直径和最大间距

钢筋类型	光圆钢筋	螺纹钢筋
最小直径（mm）	8	12
纵向最大间距（cm）	15	35
横向最大间距（cm）	30	75

加筋混凝土板的钢筋含量，一般为0.1%～0.2%。最低为0.05%，最高达0.25%。由于钢筋的主要作用是使板的裂缝密合，因此它在板中的垂直位置并不太重要，只要有足够的保护层以防锈蚀即可。通常设在板顶面以下1/3～1/2板厚的范围内。外侧钢筋中心距接缝或自由边的距离一般为10cm。钢筋保护层的最小厚度应不小于5cm。

加筋混凝土板的构造见图9-45所示。

加筋混凝土道面板的尺寸一般较大，板的宽度应与施工机械的作业宽度相适应。板长依据板厚和气候区域变化为10～30m。这种道面缩缝缝隙的张开宽度较无筋混凝土大，假缝断裂面上集料的嵌锁作用极微弱。因而，为保证接缝具有传荷能力，所有缩缝均需设置滑动传力杆。其他接缝设计，与无筋混凝土道面的情形一样。

加筋混凝土道面存在的问题是，水易从接缝和裂缝处渗入板内，使钢筋和传力杆锈蚀，发生断裂破坏，而且水也可能渗入基层为害。与无筋混凝土板相比，耗用钢材多、造价高，对减薄板厚，以及减少接缝和裂缝均无显著效果。故近年来采用加筋混凝土道面的国家越来越少。

（二）连续配筋混凝土道面

连续配筋混凝土道面，是除了在与其他铺筑面交接处或靠近结构物处设置胀缝，在施工需要时设置施工缝以外，不设横缝的一种面层。这种道面板在温度和湿度变化引起的内应力作用下，会产生许多横向裂缝。裂缝的平均间距为0.5～3.0m左右，裂缝宽度不大于0.5mm。连续配置的纵向钢筋使横向裂缝不至于张开而使杂物进入，并且也不会使板的结构达到破坏的程度。

控制纵向钢筋用量的因素是裂缝的间距和缝隙的宽度。缝隙过宽而使杂物和水侵入，配筋量多，可使缝隙宽度减小，裂缝间距也减小。由于裂缝间距与缝隙宽度直接关联，而且便于观察，因此，连续配筋道面的钢筋用量，可按希望得到的裂缝间距来确定。虽然有好几种理论公式可用以计算钢筋用量，但通常都是根据试验路段上和正在使用的道面所取得的经验数据来确定的。美国采用的配筋率约为混凝土板截面0.6%～0.7%，苏联为

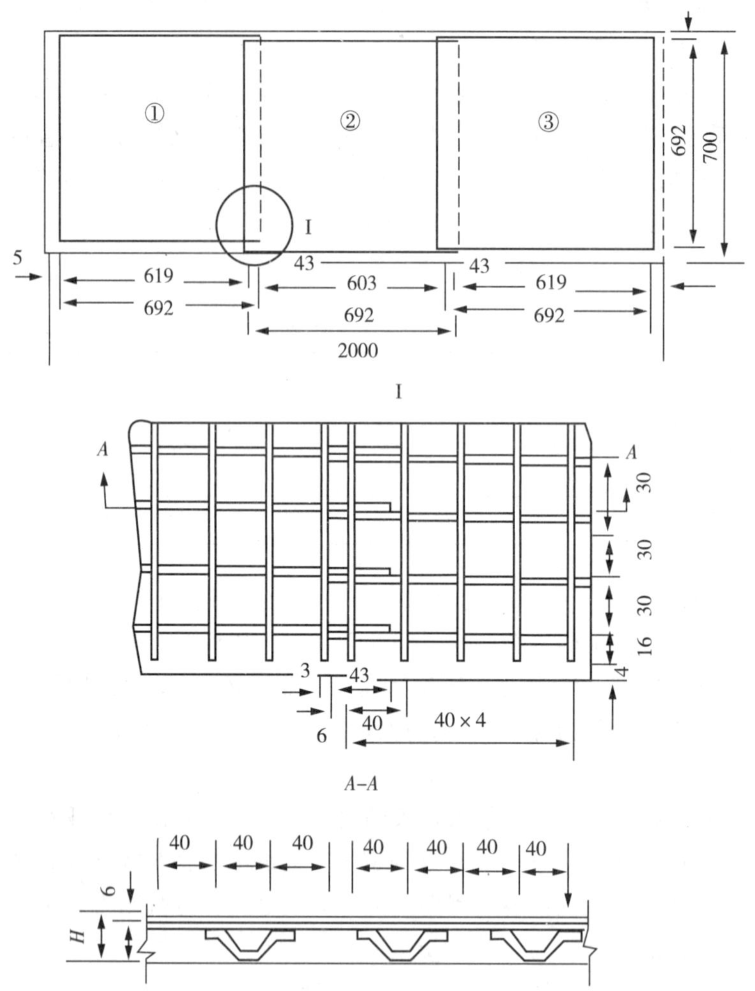

图 9-45　加筋混凝土板钢筋构造及铺设程序（尺寸单位：m）

0.4%～0.7%，日本新东京国际机场为 0.6%。

横向钢筋的用量很小，主要目的是保持纵向钢筋的间距，可按构造配置。钢筋的埋置位置和间距要求，与加筋混凝土道面相同。

由于板的配筋不是按承受荷载应力进行设计的，因此，连续配筋混凝土道面板的厚度仍采用无筋混凝土的计算方法确定。这样设计虽然增加了最初造价，但因其耐久性好，维护费用低，仍然是合算的。美国的使用情况表明，25cm 厚的连续配筋混凝土道面，比起同一厚度的无筋混凝土，能耐用 4 倍的时间。

连续配筋混凝土道面在浇筑中断时需设置施工缝。施工缝一般采用贯通纵向钢筋的平缝形式，并用数量为纵向钢筋 1/3 的拉杆增强。拉杆的直径和间距与纵向钢筋相同，长度为 100cm。

由于连续配筋混凝土道面没有横向接缝，从而减小了轮载在接缝处的冲击作用，道面使用品质量好；其施工程序与无筋混凝土和加筋混凝土基本一样，所以不仅在重型飞机的机场道面中应用，而且在高速公路中也应用较多。特别是用于加厚原有道面，效果更好。

（三）钢筋混凝土道面

钢筋混凝土道面中的钢筋，是按受力条件设计的，因此这种道面具有很高的强度和耐久性。由于这种道面钢筋用量大，钢筋网的制造又较复杂，在机场道面中应用的不多。

在设计钢筋混凝土板时，假定在使用荷载作用下，通常在受拉区开裂。在开裂截面，由钢筋承受拉力，混凝土仅承受压应力。上层和下层钢筋的布置应与计算弯矩相适应，大量的钢筋应布置在板中那些产生最大拉应力的截面上。

钢筋混凝土道面板的长度依据板厚约为20～30m，厚度为18～28cm。钢筋用量可达0.7%～1.0%。由于钢筋太多使施工增加困难，应尽可能采用最低值。钢筋直径一般为12～16mm，钢筋间距以及接头搭接长度都应符合构造要求。

第五节　沥青混凝土道面

沥青道面是当前机场道面主要结构形式之一，也是公路工程目前最重要的道面结构形式。由于它具有较好的弹性和韧性，无接缝，平整度好，噪声低，行车舒适，所以，世界各国高级和次高级公路道面铺装中，沥青道面占有的比重达70%～80%。我国军用机场多采用水泥混凝土道面，沥青道面仅占约5%。但国外机场沥青道面多于水泥混凝土道面，并且仍将有保持较大比重的发展趋势。

一、沥青混凝土道面应用与发展概述

（一）沥青道面的分类

目前，应用在机场道面和各种道路上的沥青面层主要有四种类型，即沥青表面处治、沥青贯入式（碎石）、沥青碎石（混合料）和沥青混凝土。

1. 沥青表面处治

沥青表面处治是用沥青和集料按层铺法或拌和法施工的厚度不大于3cm的一种薄层面层，通常有两种施工方法，即层铺法和拌和法。层铺法又称喷撒法，在国外广泛使用，这种表面处治除在轻交通道路上用作沥青面层以外，还可在旧沥青面层或水泥混凝土道面上用作封层，以封闭旧面层的裂缝和改善旧面层的抗滑性等表面性能，其突出的优点是摩擦系数和表面构造深度大，有利于行车安全，此外，它还具有良好的抗温度裂缝性能。一些国家在老道面上用聚合物改性沥青做封层，实际上也是单层或双层表面处治，大大提高了道面的使用性能，并延长了使用寿命。

2. 沥青贯入式

沥青贯入式是在初步压实的碎石或碎砾石上分层浇洒沥青，撒布嵌缝料，或在上部铺筑热拌沥青混合料封层，经压实而形成的沥青面层。它是靠矿料颗粒间的锁结作用以及沥青的黏结作用获得所需的强度和稳定性，沥青既是黏结剂又是防水剂。沥青贯入式面层具有较高的强度和较大的荷载分布能力，这种道面在道路上的应用已有数十年的历史。

沥青贯入式碎石是一种多空隙结构，特别是下部和碎石之间的空隙很大，因此，作为面层，沥青贯入碎石必须有封面料以密闭其表面空隙，减少表面水透入道面结构层，并提高贯入式面层本身的耐用性。贯入式面层的最上一层应该做成封层，它类似于沥青表面处治。

由于沥青贯入式碎石面层的沥青用量较多，且其下部的石料粒径大，用贯入式碎石灰防止旧沥青道面或基层上的裂缝反射到面层来是特别有用。沥青贯入式碎石结构层施 工要求的机械设备较少，也较简单，施工进度较快，在我国20世纪80年代一般道路的建设中被广泛采用。但在高等级道路上一般很少采用贯入式碎石做底面层或面层，一些发达国家的道路已不再采用沥青贯入式碎石这种结构层，而改用沥青碎石混合料。

3. 沥青碎石混合料

沥青碎石混合料是用粗、细集料与沥青按一定的配合比例均匀拌和形成的。它是一种空隙率较大的沥青混合料，具有较高的强度和稳定性，是高级沥青面层之一，它可以在中等交通道路上用作面层或底面层（即面层的下层）。

沥青碎石通常含有较多的碎石颗粒（粒径2.5mm或5mm以上的颗粒），而且对它的级配要求较松，即级配范围较宽，其空隙率为6%～15%。根据其最大粒径，沥青碎石可分为特粗式、粗粒式、中粒式和细粒式四种规格。根据铺筑和压实时沥青混合料的温度，沥青碎石可分为热铺、温铺和冷铺三种。热铺混合料采用较稠的沥青，冷铺混合料采用较稀的沥青，温铺混合料所用的沥青介于两者之间。冷铺沥青碎石的强度和稳定性较热铺的差，可以在中等交通和轻交通道路上用作面层，用砾石制备的沥青碎石混合料只能在轻交通道路上用作面层。冷铺沥青混合料也用于机场道面抢修时坑槽的修补，但已逐渐趋于淘汰。

沥青碎石面层具有下列特点：①由于沥青碎石的强度主要靠石料颗粒间的嵌锁力，受沥青软化影响较小，因此，其热稳定性能较好；②沥青碎石的沥青用量较沥青贯入式碎石和沥青混凝土少，其工程造价较低；③沥青碎石混合料可以在拌和厂内集中拌制，质量容易得到保证。由于采用了具有较好级配的碎石，压实后密实度较大，稳定性较沥青贯入式为好，但其施工期比沥青贯入式面层长。

沥青碎石的主要缺点是空隙率较大，空气和表面水易透入其结构内部。空气的进入会促使沥青老化；水易透入，对沥青与砂料的黏结有害，使沥青易从石料上剥离。特别在夏季高温时期，雨水进入沥青碎石层后在重车作用下容易产生沥青剥落、道面变形，甚至松散和坑洞等病害，因此，应选用与沥青黏附性好的石料，而不宜直接采用与沥青黏附性不好的石料，应采用活性添加剂如石灰、水泥、聚酰胺等，以改善沥青与石料的黏结力。在潮湿多雨地区，使用单层式沥青碎石面层时，为克服沥青碎石透水性大的缺点，可采用最大粒粒径为20～25mm且空隙率接近低限的矿料，并应在其上加做封层。

4. 沥青混凝土

沥青混凝土是采用不同粒级的碎石、天然砂或破碎砂、矿粉和沥青，按一定比例在拌和机中拌和所得到的混合料，它经压实后达到规定的强度和空隙率，可作为道面的面层材料。

沥青混凝土具有很高的强度和密实度，并且在常温下具有一定的塑性。它的强度和密实度是各种沥青料混合料中最高的。密实沥青混凝土的透水性小、水稳性好，有较大的抵抗自然因素和行车作用的能力，因此，它的使用寿命长、耐久性好。沥青混凝土面层是适合现代高速汽车行驶的一种优质高级柔性面层，铺筑在坚实基层上的优质沥青混凝土面层的使用寿命一般10年以上，最高可达20年，是机场道面、重交通道路和高速公路主要采用的面层形式。

就材料组成、制备及铺筑工艺而言，沥青混凝土与沥青碎石有很多相似之处，只是沥

青混凝土对矿料级配要求更严格，粒径 4.75mm（方孔筛）或 5mm（圆孔筛）以上的碎石含量较沥青碎石少，同时必须采用填料。

在机场道面中，热铺沥青混凝土应用最广。用它铺筑的面层在机轮荷载和大气因素作用下最稳定，在任何交通量的道路上都可以应用。我国主要采用热铺沥青混凝土，其重要特点是形成期短，沥青混凝土铺筑后几小时就可以开放交通。

粗粒式沥青混凝土通常用铺筑面层的下层，也可用于铺筑基层，它的粗糙表面使它与上层能良好黏结。从提高沥青面层的抗弯疲劳寿命出发，采用粗粒式沥青混凝土做底面层明显优于采用沥青碎石。

中粒式沥青混凝土主要用于铺筑面层的上层，或用于铺筑单层面层。II 型中粒式沥青混凝土虽能使表面有较大的粗糙度，在环境不良路段可保证轮胎与面层有适当的附着力，或在高速滑行时可使面层表面的摩擦系数降低的幅度小，有利于飞行安全，但其空隙率和透水性较大。因此耐久性较差，不是用作表面层的理想材料。I 型中粒式沥青混凝土可具有良好的摩擦系数，耐久性较好，但表面构造深度一般都不大。

砂质沥青混凝土的塑性较碎石沥青混凝土大，因此，在砂质沥青混凝土面层上容易产生波浪和剪切变形。为了克服这一缺点，要求更细致地选配其组成，严格遵循选配最密实矿料的原则，使沥青用量减少到最低限度，从而减少砂质沥青混凝土的塑性，提高面层的稳定性。

要想使沥青混凝土面层充分发挥其优点，必须具有专用的先进的沥青混凝土拌和机，才能保证矿料配比和沥青含量正确，必须用摊铺机摊铺并及时碾压密实才能保证其平整度和压实度。

5. 抗滑表面层

当前国际上用作表面层或磨耗层的沥青混凝土有如下四种：

(1) 传统的密级配沥青混凝土。它是数十年来各国习惯采用的连续级配沥青混合料，如前述的空隙率（或称空气率）2%～5%或 3%～6%的沥青混凝土。

(2) 多孔隙沥青混凝土。用作排水磨耗层、吸音磨耗层，也称开级配磨耗层。这种沥青混凝土的空隙率常在 20%以上，甚至达 30%。由于其空隙率大，雨水可以在其内部流通而减少表面溅水和喷射现象，并且具有吸音效果，因此近十多年来很多国家都用它作为磨耗层。它是一种粗碎石间断级配沥青混凝土，通常铺成厚 35～40mm，也可铺成 20mm 的超薄面层。

(3) 碎石沥青砂胶混凝土（沥青玛蹄脂碎石混合料）。常简称其为 SMA。它是有沥青玛蹄脂填充碎石骨架组成的嵌挤型密实结构混合料，SMA 的典型矿料组成为 70%碎石、20%砂和 10%填料（即矿粉）。这些矿料与 7%左右沥青和沥青砂胶稳定剂（如木质素纤维等）拌和在一起形成空隙率为 2%～4%的混凝土。

SMA 的结构与沥青混凝土混合料有根本差别。SMA 是一种粗集料断级配密实热拌沥青混合料，它仅包括碎石和沥青砂胶（砂、矿粉、沥青和稳定添加剂）。SMA 的碎石骨架结构被富沥青砂胶（充分填充）结合在一起，由粗集料承担机轮和机轮荷载。SMA 由于其碎石骨架具有抗辙槽能力，其中的富沥青砂胶提供良好的工作性、柔性和抗松散性。后一个特性使得 SMA 特别适合于会产生高摩擦力的地方。由于 SMA 的沥青含量高以及空隙结构不同，它具有很好的耐久性。集料级配的变化对 SMA 性质的影响比其他沥青混凝土更显著，因此，要求混合料生产过程中配料更准确。

（4）热压式沥青混凝土。它也是一种断级配沥青混合料。这种热压式沥青混凝土（HRA）广泛用于英国的高速公路和重交通道路上，在欧洲的部分国家和南非也应用。HRA 既用作表面层也用作底面层或联结层。HRA 的矿料组成正好与 SMA 相反，HRA 是以细集料为主，细集料、填料（即通过 0.075mm 筛的材料）和硬沥青（针入度 40～60）组成沥青砂胶，再在沥青砂胶中加 30%～35%的粗集料。HRA 用作磨耗层时，沥青含量至少是混合料总质量的 7%，小于 0.075mm 颗粒的含量为 8%～12%（混合料总质量的百分率）。由于 HRA 是高细集料含量、高填料含量和高沥青含量的混合料，因此它是不透水的。HRA 用作磨耗层时，常在其表面嵌入一层标称尺寸为 20mm 或 14mm 的预拌沥青碎石。HRA 的使用寿命较传统沥青混凝土长 50%～100%，但 HRA 的抗永久形变能力较差。

上述四种常用作表面层的沥青混凝土归纳起来可以说是两大类，一类是空隙率小于 5%的透水性小的沥青混凝土；另一类是空隙率大于 20%的多孔隙沥青混凝土。也就是说前类基本上不透水，能进入沥青混凝土内部的水也很少；后类是排水，即进入沥青混凝土内部的水能较快排出，而不会滞留在沥青混凝土层内。那种既不密实或既能透水又不能排水的孔隙沥青混凝土在国外是不用作磨耗层的。

（二）沥青道面研究和发展趋势

随着机轮荷载、交通荷载的增大，对沥青道面强度、耐久性等提出了更高的要求，沥青混合料是一种黏弹性材料，其道面性能受诸多因素的影响，尤其是气候因素的影响显著，夏季高温、冬季气温骤降以及渗入沥青道面内部的水分，加上重载的作用给沥青道面造成损坏，主要的损坏形式有：

（1）高温车辙及变形问题。沥青混合料的强度和模量随温度升高而急剧下降。在高温条件下，车轮反复碾压作用，荷载应力超过沥青混合料的稳定度极限时，使流动变形不断积累形成车辙，这种车辙即为沥青混合料的流动性车辙或失稳性车辙。一方面是车轮作用部位下凹；另一方面是车轮作用甚少的部位反而向上隆起，在弯道处还明显向外推挤。根据统计资料，夏季高温地区、大型车辆及重载和超载车行驶较多的路段，车辙已成为沥青道面的主要破坏形式。

（2）沥青道面温缩和反射裂缝。沥青混合料的应力松地赶不上温度应力的增长，便会产生开裂。这种情况在沥青面层与基层的结合不够好，可允许有一定自由收缩时更易发生。另一种情况是，温度反复升降导致温度应力疲劳，使混合料的极限拉伸应变（或劲度模量）变小，加上沥青的老化使沥青劲度增高，应力松弛性能降低，故可能在比一次性降温开裂温度更高的温度下就已开裂，同时裂缝是随着路龄的增加而不断增加。这一类温度裂缝实际上包含了温度应力疲劳的因素在内，因而也叫作温度疲劳裂缝。这些温缩裂缝是横向裂缝的主要形式。

另一类横向裂缝是反射性裂缝，反射源包括沥青道面以下的水泥混凝土道面接缝、旧道面的原有裂缝以及水泥、石灰等无机结合料稳定材料的半刚性基层的收缩裂缝，这些裂缝在交通荷载或温度作用下，由下层逐渐反射到表面。它既可能是由于裂缝处应力集中使

裂缝逐步发展到表面，但大多数则表现为从表面首先产生，向下延伸，也可能是由于车轮荷载使下层开裂处产生过大的弯沉，引起面层应力超过道面强度而成为裂缝的发展源。

（3）水损害破坏。沥青道面的水损害破坏，是指在沥青道面内部存在水的条件下，经受反复交通荷载和温度胀缩的作用，一方面水分逐步侵入沥青与集料的界面上，同时由于动力水的作用，沥青膜逐渐从集料表面剥离，并导致集料之间的黏结丧失而使道面发生破坏。目前在我国很多沥青道面空隙率大，透水和蓄水情况较普遍，水损害破坏问题相当严重，在多雨及季节性冻胀地区，雨季或春融季节道面唧浆、松散、坑槽成为最严重的破坏形式。

（4）道面表面功能不良。沥青道面的主要表面力能是平整度和抗滑性能，要求表面不仅平整，而且要粗糙，即较大的宏观粗糙度和微观粗糙度。其中微观粗糙度取决于粗集料的耐磨光性能，宏观粗糙度取决于道面构造深度，这些均与沥青混合料的材料和级配直接相关。很多沥青道面由于矿料级配不良，面层空隙率大，道面透水及沥青老化快，从而导致抗滑性能不足和耐久性差。

二、沥青混凝土道面使用性能及评价

概括地讲，沥青道面的使用性能是指：高温稳定性低温抗裂性、耐久性、抗滑性、防渗性和平整性。

（1）高温稳定性。沥青道面的强度与刚度，随温度升高而显著下降，在高温季节和机轮荷载的反复作用下，为了保证沥青道面不致产生诸如波浪、推移、车辙、泛油、黏轮等病害，沥青道面应具有良好的高温稳定性，即在高温时具有足够的强度与刚度。

为了提高沥青道面的高温稳定性，可采用在混合料中增加粗集料含量；或控制剩余空隙率，使粗集料形成空间骨架结构，以提高沥青混合料的内摩阻力；适当地提高沥青材料的稠度，控制沥青与矿粉的比例，严格控制沥青用量，采用活性较高的矿粉，以改善沥青与矿料之间的相互作用，从而提高沥青混合料的黏聚力。此外，在沥青中掺入聚合物改善沥青性能，亦可取得较为满意的结果。

（2）低温抗裂性。裂缝是沥青道面的一种主要破坏形式，且裂缝的出现往往是道面损坏急剧增加的开始。沥青道面的裂缝可归为两种类型：一种是在交通荷载反复作用下的疲劳开裂，另一种是由于降温而产生的温度收缩裂缝，或由于半刚性基层开裂而引起的反射裂缝。

由于沥青道面在高温时变形能力较强，而低温时较差，故不论哪种裂缝，以在低温时发生的居多。从低温抗裂性的要求出发，沥青道面在低温时应具有较低的劲度和较大的抗变形能力，且在机轮荷载和其他因素的反复作用下不致产生疲劳开裂。使用稠度较低及温度敏感性低的沥青，可提高沥青道面的低温抗裂性能。沥青材料的老化会使其低温抗裂性能恶化，故为了提高沥青道面的低温抗裂性能，应选用抗老化能力较强的沥青。在沥青中掺加橡胶类高分子聚合物，对提高沥青道面的低温抗裂性能具有较为明显的效果。在沥青道面结构层中铺设沥青橡胶、土工布或塑料格栅等应力吸收薄膜，对防止沥青道面的低温开裂具有显著的作用。

（3）耐久性。沥青道面具有抵抗温度、阳光、空气、水等各种大气因素作用的能力。

即在这一因素的作用下，沥青道面的性质不致很快恶化，失去黏性、性质变脆，以致在机轮荷载和其他因素的作用下发生脆裂，乃至沥青与矿料脱离，使道面松散破坏。研究表明，沥青道面的使用寿命与沥青混合料中的沥青含量有很大关系。当沥青用量不足时，则沥青膜变薄，沥青道面的延伸能力降低，脆性增加，且沥青道面的空隙率增大，使沥青暴露增多，从而促进了老化作用。此外，空隙率增大也会使混合料的渗水率增加，从而加剧了水对沥青胶的剥落作用。

(4) 抗滑能力。沥青道面应具有足够的抗滑能力以保证在最不利的情况下（当道面潮湿时）飞机运行安全，而且在外界因素作用下其抗滑能力不致很快降低。沥青道面的粗糙度与矿质集料的微表面性质、混合料的级配组成以及沥青用量等因素有关。为保证沥青道面的粗糙度不致很快降低，应选择硬质有棱角的石料。研究表明，沥青用量对抗滑性的影响相当敏感，当沥青用量超过最佳用量 0.5%时就会导致抗滑系数的明显降低。

(5) 防渗能力。当沥青道面防渗能较差时，不仅影响道面本身的稳定性，而且还会影响到基层的稳定性。因此，沥青道面必须具有较好的抗渗能力。在潮湿多雨地区尤为重要。沥青道面的抗渗能力主要取决于沥青道面的空隙率。空隙率越大，其抗渗能力越差。

(6) 平整性。主要是指沥青道面的平整度，它直接影响着车辆在道面上的行驶质量和高速公路基本功能的充分发挥，道面的平整度是一项综合性指标，涉及施工过程各个环节的许多因素，它是路基、道面施工全过程各个环节质量的最终体现。

以上性能中，除平整性与沥青混合料本身关系较小外，其他性能都是由沥青混合料自身决定的。

当前军用机场沥青道面评定主要参照《公路养护技术规范》（JTG. H10—2009）进行。现行的《公路养护技术规范》规定，沥青道面的使用性能（也称使用质量）主要由破损、强度、平整度、抗滑系数 4 项指标来衡量。为了准确掌握沥青道面的使用性能，应定期进行路况调查，分项计算其技术指标数据，用规定的临界标准衡量、评定沥青道面的使用性能，据此来确定道面需要进行养护、修理或改善的对策，并为建立沥青道面养护管理系统积累数据，以便进行科学的管理。

一般来说，沥青道面使用性能调查应选择在道面使用的最不利季节进行。具体调查方法，一是定期检查。周期是每年一次。在调查前除掌握路况检查资料外，应参考道面技术档案及设计、施工时的资料作综合判断。对于自然条件、道面结构、交通条件相同的路段，可选定其中有代表性的一段进行调查。二是随时调查。当沥青道面发生异常现象要随时进行调查查其调查内容和方法，视其现状而定，以便采取相应措施。沥青道面使用性能调查的频率为：凡高速公路和一、二级公路，其破损状况和平整度每年必须进行 1 次调查；强度和抗滑能力可 1～3 年进行一次调查；凡三、四级公路，每年选择重头路段进行调查，其余项目根据需要，必要时再做调查。

道面破损的调查指标为综合破损率（DR），用来确定具体养护对策。高速公路和一级公路道面破损数据的调查，宜采用先进、快速的调查方法。其他等级公路。可采用人工调查的方法。道面各种破损的损坏范围按实测损坏面积计算，不规则形状的损坏面积按当量矩形面积估算。调查结果应按破损类型、破损范围及其严重程度，记入记录表。道面强度的调查指标道面弯沉值，用于评价道面的承载能力。调查设备可采用贝克曼梁或自动弯沉

仪。如采用自动弯沉仪测定时，应建立与贝克曼梁测定结果的对比关系。道面强度测定应在气候最不利的季节进行，并注意温度修正。在非不利季节测定时，应作季节修正。

道面平整度用来评价道面的表面服务功能。其调查指标为国际平整度指数（IRD）。路网的全面调查，宜采用车载式颠簸累积仪快速检测：小范围的抽样调查，可采用连续式平整度仪或3m直尺检测。各种方法的测定结果应建立其与国际平整度指数之间的关系。

道面抗滑能力的调查指标为轮胎与道面的摩擦系数，也用来确定具体养护对策。调查设备可采用摆式摩擦系数（BPN）仪和横向力系数（SFC）测定仪。高速公路和一级公路，宜采用横向力系数测定仪。摆式摩擦系数的调查应在每个评价路段选5个测点，每个测点重复测定5次，取其平均值作为该测点的测量值，5个测点的平均值作为该路段的实测值。

三、沥青混凝土道面典型损坏修补

（一）沥青道面裂缝的维修

沥青道面裂缝产生后，及时进行维修，控制裂缝的进一步发展，可以防止道面早期破坏。选用适宜、经济可行的维修方法，严格工艺操作是维修裂缝的关键。

1. 常用的维修方法

（1）灌油修补法。将纵横裂缝处清扫干净，直接用油壶灌入加热的沥青，是一种使用多年的方法。但常出现浇灌的沥青晾干后进入不到缝纹深处，在与冷的旧油面黏结前就轻易被车轮带走。因此，开发出用乳化沥青进行灌缝处理，效果较理想。有的在灌油前，用液化气将缝壁加热至黏性状态后，再把沥青或沥青砂浆喷抹到缝中，最后在缝口表面撒布热砂或石屑加以保护。细小成熟的裂缝，则要用盘式铣刀进行扩宽，再做处理。

（2）乳化沥青稀浆封层。沥青、水和化学物质（乳化剂，分为阴、阳离子两大类）的混合物，在强力机械剪力作用下，形成悬浮液，即用胶体磨使其变成的黑色流体，形成乳化沥青，其中沥青的含量为50%～70%（乳化沥青可直接用来灌油缝，刷油边等），用50%石屑、30%粗砂、20%细砂混合成符合级配要求的骨料，按油石比8%～12%掺入乳化沥青，2%普通水泥作填充料，形成稀浆，由专用的封层机铺在旧油路上，厚度为0.5～0.6cm。在铺筑过程中，乳化沥青将渗入裂缝中，待其破乳水分蒸发，达到修补裂缝的目的，还可使道面平整。

（3）沥青混合料罩面法。这是一种根据道面裂缝严重情况、结合路段使用间隔年限、交通量较大而选用的一种方法。常用标准的中粒式、细粒式沥青混凝土做罩面材料，一般厚度在1.5～4.0cm，施铺前原路喷洒黏层沥青。目前已开始应用土工布、土工格栅和喷撒橡胶沥青作为应力吸收层，以提高防裂效果。

2. 现场再生维修法

封层、罩面法虽可利用机械化施工，但对开裂处的沥青混合料未能触动，性能得不到改观，加之覆盖层的厚度有限，裂缝在封层、罩面后常会在表层复出。对此，采用沥青道面再生利用的原理，应用于裂缝的维修上来，即现场再生维修法。

（1）裂缝处的再生。沥青道面再生利用技术，目前已普通应用。就现场再生利用来

讲，首先是再生系列设备，将旧油面加热至混凝土融化松散，加入再生剂、一定数量的沥青骨料，就地拌和成新的沥青混合料，经摊铺碾压成性能较好的道面。裂缝的再生维修是先用已研制成的轻便型道面加热器，在裂缝处宽 5～10cm 范围内，加热数分钟后。约 1m 长的裂缝处混凝土使可变软，缝深则加热时间长，此时，用油壶倒入适量热沥青，掺入少量砂或石屑，人工就地热拌，使裂缝处自上到下左右两边形成含油量较大的新混合料，找平撒砂养护，这样处理过后的裂缝含油量大而且柔，可吸收各种因素引起的应力。试验证明，这种方法可消除裂缝。人工操作，无须大型设备，是代替传统灌油缝的好方法。

(2) 大面积裂缝油面的再生。对于裂缝多的路段，用加热车对旧油面实施两次加热，使表面裂缝深处全部融化变软，喷洒一定数量的再生剂和稀沥青后与掺入的适量骨料实施就地拌和，然后再进行碾压成型。有的是将松散裂缝的旧油面，趁夏季高温刨出，堆成小堆或加热融化或人工破碎或利用溶化剂粉碎，重新加沥青、骨料拌和后，就近摊铺碾压，由于改变了裂缝处的沥青混凝土性能，从而达到消除裂缝的目的。

(二) 沥青道面坑槽的修补

道面坑槽类损坏大多出现在雨后，这主要是由于水降低沥青的黏附性并阻断与石料的相互黏结所致。道面坑槽修补习惯的做法是把坑槽四周修成垂直面，然后用集中拌和好的热沥青混凝土填充碾平。在施工方法上，也可把坑槽四周铲为 45°角，据资料介绍这样的接缝效果会更好些。在修补材料上应尝试袋装改性乳化沥青混合料或其他的冷铺混合料，为了提高沥青道面坑槽修补质量（指道面基层完好，道面层有坑槽），坑槽的修补应按以下七个基本步骤进行：

(1) 测定道面损坏部分的深度和范围。划出开槽修补的作业轮廓线，其纵横边线应与路中线平行或垂直，沿标记线开凿已损坏的道面部分，这样可保证充填材料有良好的黏结面。

(2) 切削或破碎坑槽。为了提供良好的黏结表面，保证压实过程中充填料的完全结合，坑槽的槽壁应该垂直切屑或破碎。

(3) 清理坑槽。这一步作业，最好采用压缩空气装置。若坑槽到达底层或路基，必须进行压实，而保证填充料今后不沉陷。如果坑槽内有水，应尽可能采用压缩空气、火焰、破布，从扫帚弄干，以促进混合料的黏结，材料必须从坑槽周围清除。

(4) 撒布沥青黏结层。适当的黏结层可以在坑槽新旧表面之间提供良好的结合条件。但黏结层过厚会导致车辙。热拌混合料、再生混合料或常温混合料可以作为黏结层。撒布黏结层应该薄一些，不宜使用扫帚或者浇注。

(5) 坑槽填料的摊铺。坑槽应用混合料填满，并充分压实，其遍数不少于 2 次。用锹摊铺时应一层层地进行，从修补的一侧到另一侧进行作业。为了防止分离，材料应该摊铺，不要扔撒或刮耙。坑槽内填料经最后压实后，允许其表面超高 0.32mm，以待日后自然碾压，从而避免凹面。

(6) 坑槽填料的压实。压实方法应与修补坑槽的大小相匹配。中小型振动板或静碾压路基可用小型坑槽的修补。压实机械操作人员，应该确保压实力直接作用在摊铺后的沥青混合料上，而不是围绕着坑槽碾压。

(7) 密封坑槽边缘。密封坑槽边缘是为了防止道面和坑槽之间进水。只要不引起过多的沥青在坑槽填充料周围泛油，任何材料都能用于这种密封，然后撒一层细砂以吸去密封料。

第六节　机场道面使用质量评定与补强

机场道面在使用过程中受飞机载荷作用、自然环境和材料耐久性等因素的影响，使用质量将逐渐降低，寿命也随之减少。为了掌握机场道面的变化情况，需要定期对机场道面进行技术测试与评定，对损坏部分要及时进行维修，以更好地适应飞机使用要求：控制超载运行，以利延长道面使用寿命。

由于我军用机场当前主要采用水泥混凝土道面，因此，本节重点介绍机场水泥混凝土道面质量测试评定的内容、方法和步骤，同时介绍机场道面承载强度的通报方法、道面超载使用控制和旧道面加固补强方法。

一、水泥混凝土道面质量评定

机场水泥混凝土道面的测试与评定按《军用机场水泥混凝土道面使用质量评定标准》(以后简称《道面使用质量评定标准》) 进行。其主要内容是：(1) 机场道面外观质量，即机场道面破损情况的检测与评定；(2) 机场道面平整度的测试与评定；(3) 机场道面防滑性能的测试与评定；(4) 机场道面承载强度的测试与评定。

(一) 水泥混凝土道面外观质量评定

1. 评定内容及要求

道面外观质量评定主要通过外观检测，对道面损坏现象进行描述和统计分析，求出道面损坏的量化值，评定道面外观质量等级，并分析其损坏原因，提出维修意见。

道面外现质量评定通常分区段进行。根据道面功能和使用要求，可分为跑道、滑行道停机坪。一般情况下，需对各区段所有道面板块进行全面检查，并将每块板的损坏类型和程度标注在相应的分块图上。

2. 评定依据

(1) 水泥混凝土道面损坏程度的划分。《道面使用质量评定标准》将水泥混凝土道面板的损坏类型分为十类，每种类型又分为轻度、中等、严重三种损坏程度。

① 板块碎裂。指板块在非角隅处产生贯穿板厚的裂缝或交叉裂缝，形成四个以上破碎块，板块已完全丧失了原有的承载能力。板块碎裂主要原因是道面板超收过多或基础软弱，道面板在飞机荷载作用下发生断裂，断裂的道面板没有及时采取措施，因而发展成板块碎裂。

损坏程度区分：

轻度——板被断裂为 4 块，裂缝未产生剥落；

中等——板被断裂为 4～5 块，有部分裂缝产生轻度剥落；

严重——板被断裂为 5 块以上，裂缝普遍发生剥落。

② 板块断裂。板块在非角隅处产生贯穿板厚的纵向、横向或斜向裂缝致使板体开裂，

通常出现的裂缝为1～2条，将板分割为2～3块，使板块承载力明显下降。出现这种情况，多数是超载过多或基础软弱所致。也有的是因道面使用年限已久，发生疲劳而破坏。如果个别板块发生断裂，可进行裂缝修补，如果出现连续几块板断裂的情况，则很可能是基础软弱所致，应详细分析其发生的原因，采取适当措施，必要时更换新板，并对基础进行加强处理。

损坏程度区分：

轻度——裂缝宽度在1mm以下，裂缝无剥落或只有轻微剥落；

中等——裂缝宽度在1～3mm以内，裂缝有中等程度的剥落；

严重——裂缝宽度在3mm以上，裂缝有严重剥落。

③ 板角断裂。板块角隅处产生贯穿板厚的裂缝，板角断开，断角边长不大于1/2板长，板角断裂是矩形板常见的破坏形式之一，在滑行道，跑道端和转弯部位出现较多，常形成错台。板角断裂的主要原因是由边角处基础刚度不足或边角处基础因持续水分渗入冲走部分砂石，而使混凝土板块边角处于悬空状态，在机轮荷载的作用下，致使板角断裂。当混凝土强度不足或施工不当时，也会引起板角断裂。

损坏程度区分：

轻度——裂缝宽度小于3mm，裂缝无剥落；

中等——裂缝宽度在3～10mm，裂缝有轻度剥落；

严重——裂缝宽度大于10mm，裂缝有严重剥落。

④ 板块松动。板块虽无结构性损坏，但有脱空、松动或接缝处有唧泥现象，或敲击板块有空洞声。这类板块在荷载作用下容易发展成下沉、裂缝、破碎等损坏。

损坏程度区分：

严重——脱空范围大，有明显的板块松动和唧泥现象发生；

轻度——无明显的松动、唧泥现象；

中等——介于两者之间。

⑤ 板间错台。在相邻板接缝处发生不等的垂直位移，而出现高差，形成相邻的错台，多冻胀、热胀或土基和基层下沉所致。错台损坏程度划分见表9-32。

表9-32 错台损坏程度划分

损坏程度	高差（mm）	
	跑道、滑行道	停机坪
轻度	<10	<10
中等	10～15	10～20
严重	>15	>20

⑥ 道面变形。板块虽无结构性损坏，但由于基础较弱而出现不均匀下沉，或在重复荷载作用下出现渠化现象，或由于基础冻胀使板块隆起。一般来说，当板块间的相对变形值（下沉及翘、隆、胀起的高差）大于3cm时，就形成对飞行使用的障碍，应进行处理。道面变形多发生在日温差大、风沙大、干旱少雨的西北地区，在较薄的板块中发生较多。

损坏程度区分：

轻度——相对变形值小于 30mm；

中等——相对变形值在 30～50mm；

严重——相对变形值大于 50mm。

⑦ 边角剥落。板块在边角部位产生不贯穿板厚而以斜角切割板厚的损坏，在板边和板角隅表面产生局部剥落，一般多在板厚的 2/3 以下，损坏处断面呈三角形，近接缝处最厚，往里还渐减薄。破坏面边缘距板边 10～30cm，深约 3～5cm。如掉边掉角、企口断裂和传力杆失效等。道面板产生边角剥落的原因是多方面的，施工质量不好，造成板边角的早期裂缝，或嵌缝板安装不符合要求，造成角隅邻板“粘连”，在温度应力作用下产生破坏。另外。维护时灌缝不及时，砂石等坚硬物体进入缝槽，也会引起局部挤压破坏。不灌缝的缩缝最易发生这类损坏，沿板边间断分布。

损坏程度区分：

轻度——周边损坏长度不大于 1/6 板周长，剥落破损中等以下；

中等——周边损坏长度为 1/6～1/4 板周长，剥落破损中等；

严重——周边损坏长度大于 1/4 板周长，剥落严重。

⑧ 表面剥落。合板块表面产生起皮，剥落、露石、或出现坑洞，以及因化学腐蚀而出现的斑痕、剥蚀等损坏。这些均属于不影响板块承载力的表面损坏。造成道面表层起皮剥落的原因，有的是施工质量不好，表层没有形成一定厚度的砂浆保护层；有的是初用养生不好，形成早期网状裂缝，后在机轮荷载与自然因素（特别是冻融）作用下发生起皮剥落，有的是由于化学腐蚀引起的起皮剥落。

损坏程度区分：

轻度——损坏的面积不超过板面的 1/3；

中度——损坏的面积在板面的 1/3～2/3；

严重——损坏的面积占板面的 2/3 以上，或起皮、剥落深度大于 15cm。

⑨ 表面裂缝。板块表面产生细微的、不贯穿板厚的浅裂缝，裂缝比较短，走向或间距不规则，这种裂缝不影响大板块承载能力。表面裂缝是由自然因素和用料、施工不当引起。表面裂缝中最常见的是干燥收缩裂缝，其原因是在高温、低温、高风速条件下施工或养护不及时，致使水分蒸发过快。

损坏程度区分：

轻度——裂缝出现的面积不超过板面的 1/3；

中等——裂缝出现的面积占板面的 1/3～2/3；

严重——裂缝出现的面积占板面的 2/3 以上。

⑩ 补丁补块。补丁是指板块损坏的部位用与原道面材料相同或不同的材料修补的局部道面；补块是指因设置地下管线、电缆等而开挖原道面后修补的道面板块。

损坏程度区分：

轻度——补丁或补块没有或稍有损坏，使用性能良好；

中等——补丁或补块出现损坏，其边缘有中等的剥落；

严重——补丁或补块已损坏，其周边严重剥落，补丁或补块内产生裂缝，必须重新修补。

以上 10 种类型可归纳为三类：第一类为板块结构性损坏，包括板角断裂、板块断裂和板块碎裂等三种形式，这类损坏是明显的，板块丧失了原有的结构完整性和承载能力，是直接影响飞行使用和道面寿命的损坏现象。第二类为非结构性的表面功能损坏，包括表面裂缝、剥落和边角剥落三种形式。这类损坏的板块尚未丧失承载能力，但已影响表面的完整性，有的可能影响平整度和抗滑能力，也有的剥落碎块影响了飞行使用，甚至造成碎块打坏喷气发动机、螺旋桨等事故。第三类板块虽无结构性损坏但基础恶化，包括板间错台、板块松动和道面变形等。这类损坏是基础结构性损坏，因而是不容忽视的。此外，板块经过修补，由于修补后的板块很难与原道面板块完全一样，因而补丁补块也被视作一种损坏现象。

（2）道面外观质量评定标准

① 破损度。破损度是表征板块破损程度的一个量化数值，其范围为 0.0～1.0。

道面外观质量评定以板块为单位，板块的损坏状况用破损度表示：完好板的破损度为 0.0；完全丧失使用功能板的破损度为 1.0；其他损坏板的破损度为 0.0～1.0。

当一块板有多种损坏类型时，按其中破损度最大的一种计。各种损坏类型及其破损度划分见表 9－33。

表 9－33　道面板块损坏类型的破损度划分

序号		1	2	3	4	5	6	7	8	9	10
损坏类型		板块碎裂	板块断裂	板角断裂	板块松动	板间错台	道面变形	边角剥落	表面剥落	表面裂缝	补丁补块
破损度	严重	1.0	1.0	0.9	0.8	0.7	0.7	0.5	0.3	0.3	0.3
	中等	1.0	0.9	0.8	0.6	0.5	0.5	0.3	0.2	0.2	0.2
	轻度	0.9	0.8	0.7	0.4	0.3	0.3	0.1	0.1	0.1	0.1

② 破损指数。调查区段内所有板块破损度之和与本区段总板数之比的百分数，称为该区段道面的破损指数，按式（9－5）计算。

$$L=\frac{\sum_{i=1}^{2} d_i}{N}\times 100\% \tag{9-5}$$

式中，L 为破损指数；n 为损坏板块总数；d_i 为第 i 块损坏板的破损度；N 为总板块数。

③ 道面外观质量分级。道面的外观质量根据破损指数分为五个等级，见表 9－34。

表 9－34　道面外观质量分级标准

道面外观质量等级	优	良	中	可	差
破损指数（%）	<2.0	2.0～5.0	5.1～15.0	15.1～20.0	>20

道面外观质量等级的含义规定如下：

优——道面结构完整性很好，只需正常维护；

良——道面结构完整性较好，需正常维护或修补个别板块；

中——道面外观质量一般，应进行局部维修；

可——道面外观质量不好，已暴露出多种问题，需加强维修，可维持使用；

差——道面外观质量恶化，已不堪使用，一般需大修或翻修。

(3) 道面外观质量评定的实施步骤和方法

道面外观质量评定按以下步骤进行：

① 资料准备。收集有关机场道面设计、施工的资料；调查使用和维护管理情况。绘制（或复制）道面分块图。

② 现场检测。

A. 检查区段的划分，其原则是，同一个区段的道面具有相同的结构厚度和建筑材料。同一修建时期，位于同运行区城。一般分为跑道（分为端部和中部）、滑行道和联络道、停机坪。

B. 用目测方法按划分的区段逐个板块进行检测。检查时根据划分区段的大小分配检查人员，不得漏检。检测人员应在现场边检测边记录。将板块的损坏类型、程度和损坏范围、形状标注在预先准备好的记录单上（图 9-46），标示要清楚准确。对于严重的损坏和典型的损坏要进行拍摄，以便分析道面损坏状况。

机　场:　　　　　　部　位:
日　期:　　　　　　板尺寸:
调查人:

N									
⋮			10L				10L		
⋮									
⋮					3M				
⋮		6L		1H			6L		
9									
8			10L						
7		2L			10L				
6									
5				2L			10L		
4									
3			2L		3M				
2									
1			6L		6L				
	1	2	3	4	5	6	7	8	9

1.板块碎裂 2.板块断裂 3.板角断裂
4.板块松动 5.板间错台 6.道面变形
7.边角剥落 8.表面剥落 9.表面裂缝
10.补丁补块

破损类型	程　度	板　数	破损度
2	L	3	
3	M	2	
6	L	4	
1	H	1	
10	L	5	

累计破损度=

破损指数=

评价=

图 9-46　水泥混凝土道面状况现场调查记录单

③ 计算破损指数。根据检测的结果，按表 9-36 破损度的划分，分别列表计算出各区段内的总板块数、每种损坏类型板块数、总损坏板数和破损度累计值，并用式 (9-5) 计算各区段的破损指数。

④ 确定道面外观质量等级。按照表 9-34 道面外观质量分级标准。分别确定各区段道

面和整个机场道面的外观质量等级。

⑤ 撰写评定意见。根格现场检制情况。写出道面外观质量评定意见，分析损坏原因，提出道面使用维护建议。应当注意，道面破损指数只是表征检查区段内道面总的损坏程度的一个指数，并没有考虑损坏密度和道面部位的重要性的差别而加权或折减，因此还应对各检查区段内道面损坏密度、典型损坏类型、局部损坏程度等情况进行描述；除此之外，还应当对道面填缝料、道面排水情况进行描述，以便为制定机场道面管理维修措施提供详细的资料。

（二）水泥混凝土道面平整度测试与评定

1. 测试与评定要求

道面平整度评定一般只对跑道进行，沿飞机运行方向选定平整度测试线。测线一般为一条，选在距跑道中线 30～50cm 的位置并与跑道中线平行，在有特殊要求时，还可在其他位置增加与中线平行的测试线。

2. 水泥混凝土道面平整度评定标准

水泥混凝土道面平整度评定应按照《道面使用质量评定标准》进行。该标准规定用了 3m 直尺法和高程变量均方差法测试评定道面平整度，并将道面平整度分为“优”“良”“中”“可”“差”五个等级。“优”表示很平整，“良”表示基本平整，“中”表示稍不平数。可表示不平整，“差”表示极不平整。具体分级标准见表 9 - 35。同时，还规定按表 9 - 35评定平整度等级时应符合下列要求：

8 - 35　表中水泥混凝土道面平整度评定与分级标准

方法 / 指标 / 等级	3m 直尺法						高程变量均方差法
	间　隙			邻板差			跑道纵剖面高程的均方差（mm）
	平均值 $\delta_{\varepsilon\rho}$（mm）	大于 5mm（%）	极大值 δ_{max}（mm）	平均值 $K_{\varepsilon\rho}$（mm）	大于 5mm（%）	极大值 K_{max}（mm）	
优	＜3.0	＜10	12	＜2.0	＜5	12	＜3.0
良	3.0～3.5	10～15	15	2.0～2.5	5～10	12	3.1～5.0
中	3.6～4.0	16～20	20	2.6～3.0	11～15	20	5.1～7.0
可	4.1～4.5	21～25	25	3.1～3.5	16～20	25	7.1～10.0
差	＞4.4	＞25	30	＞3.5	＞20	30	＞10.0

（1）3m 直尺法有六项指标，属于“优”等必须六项全合格、“可”等级允许有一项指标超过表列规定值，但超过值不得大于该指标最大值的 10%，若超过 10%则应判属下一等级。

（2）当“可”等级的极大值（δ_{max}或 K_{max}）等于或大于 25mm 并有两个以上时，两个极大值的间距必须大于 45m，不满足此指标应判为“差”等级。

（三）道面平整度测试方法

如前所述，道面平整度测试方法较多，但在我国目前常用的测试方法主要有 3m 直尺

法和高程变量均方差法。

（1）3m 直尺法

我国机场和公路上都是使用无支脚的 3m 长直尺。直尺用手工操作，使用方便，造价低廉。

① 从跑道端部第一块道面板起，沿测线连续测量。在每块道面板上量出 3m 直尺两端及中间两点（间隔 1m）处，直尺与道面间的间隙值，同时量出邻板差。读数读至毫米整数，记录于表格中。记录表格如表 9－36。

② 根据测试记录逐页统计整理，分别算出间隙读数平均值 δ_{ep}、大于 5cm 间隙读数的百分数和极大值 δ_{max}：同样求出邻板差的平均数 K_{ep}、大于 5cm 的百分数和极大值 δ_{max}。

③ 汇总各页的测量整理结果，按表 9－36 的评定与分级标准，确定道面的平整度等级。

表 9－36　3m 直尺法平整度测试记录

机场名称：　　　　测试人员：　　　　测试日期：　　　　第　页　共　页

板号	间隙（mm）	邻板差（mm）	板号	间隙（mm）	邻板差（mm）
小结					

（2）高程变量均方差法

直尺法虽然简单易行。但它在反映作为随机变量的道面不平整度有局限的，它不能反映长板的不平整度，山于随机变量的分布函数可以比较完整地描述随机变量的统计特性，为了研究不平整度的随机变量引起飞机的振动问题，人们采用功率频谱密度函数（或简称功率谱函数）来加以描述。高程变量均方差法，就是用以跑道纵剖面高程作为随机变量的功率谱函数，计算出高程变量的均方差，由此对道面的平整状况作出科学的评定。具体方法如下。

① 在跑道两端先定出方向点，以其一端为零点，置经纬仪，另一端立标丈量，丈量时每 48m 为一测尺（50m 长钢尺）。为保证各传递点在一直线上，在 24m 处用经纬仪加测方向控制点。在两方向控制点间，每 0.6m 间距用油漆标出各测点位置。为防止差错，可先丈量出 48m 长段距离，二次读数在不差 5mm 的情况下，标出点位并固定住钢尺两端点，然后每隔 0.6m 标出其中 79 个测点。一尺段标完后，经检查无误后进行下

一尺段。

② 水准测量精度按四等水准测量要求。为计算方便，可假设一个起始点的高度。一般取整数，如 5m。

③ 测量记录表格如表 9－37。

④ 借助功率谱函数，用计算机程序计算道面高程变量均方差，具体步骤为：将随机变量进行移动平均；进行零均值化；作自相关的数变换；功率谱函数初始计算；功率谱函数计算的平滑处理；求出均方差值。

表 9－37　均方差法平整度测试记录日期

机场名称：　　日期：　　观测：　　第　页

仪器型号：　　天气：　　记录：　　共　页

测点	后视读数	前视读数	高差		高程（m）	备注
			正	负		

3m 直尺法和高程变量均方差法均可用来评定道面的平整度，可根据需要选用两种方法之一。高程变量均方差法能反映长板的不平整度的作用，而 3m 直尺法则无此功能。高程变量均方差法中的采样间距为 0.6m，比 3m 直尺法的 1.0m 还小，这样在反映短板不平整度方面也比 3m 直尺法更能反映出使飞机产生高频振动的短波影响。3m 直尺法所测出的高差是每个 3m 长的标准线与道面的高程差，高程变量均方差法所测出的高程差是每个测点与同一基准平面的高程差，因此，高程变量均方差法较为准确，当用两种方法评定同一跑道有差异时，应以高程变量均方差法为准。但高程变量均方差法实施起来有一定难度，需要专业人员测量，并且数据处理也比较复杂。由于 3m 直尺法简单易行，场务连便可独立完成，故通常可采用 3m 直尺法进行跑道的平整度测量。

（三）水泥混凝土道面防滑性能测试与评定

1. 道面防滑性能评定标准

《道面使用质量评定标准》规定，机场道面防滑性能用粗糙度和摩擦系数两个指标分别评定，并以道面有水膜状态下的摩擦系数来通报。

（1）粗糙度评定标准

道面粗糙度用平均纹理深度来衡量，平均纹理深度用填砂法测定，跑道道面粗糙度评定与分类标准见表 9－38。

表 9-38　跑道道面粗糙度评定标准

道面粗糙度分类	用填砂法测定的平均纹理深度（mm）		评定意见（道面有水膜状态下）
	一、二级机场	三、四级机场	
很细纹理	≤0.20	≤0.25	制动有困难，宜采取措施改进
细纹理	0.21～2.39	0.26～0.49	制动有困难，易产生滑溜
中等纹理	0.40～0.65	0.50～0.80	能正常制动
粗纹理	0.66～1.10	0.81～1.20	制动作用好

（2）摩擦系数评定标准

道面有水膜状态下的摩擦系系数的测试设备有很多，国际上一般采用具有自湿系统的连续测试装置，我国现行标准仍采用摆式摩擦仪。因此当用其他设备测试时，应与摆式摩擦仪进行对比试验。

跑道道面有水膜状态下的摩擦系数评定与分级标准见表 9-39。按表 9-39 评定跑道道面防滑性能时，各测区的摩擦系数值中不得有三分之一的数值小于该级摩擦系数的低限值，否则应评定为下一级。

表 9-39　跑道道面摩擦系数评定标准

防滑性能分级	摆式摩擦仪测定道面有水膜状态下的摩擦系数	评定意见
良	≥0.61	制动作用好
中	0.51～0.60	能正常制动
可	0.45～0.50	制动有困难
差	≤0.44	制动困难

2. 防滑性能测试方法

（1）测点布置

跑道道面平均纹理深度与摩擦系数测试应分区进行。一般沿跑道纵向每 200m 为一个测区，每个测区选两条与中线垂直的测试线，两条测试线的间距不得小于 50m。在每条测试线上布置有代表性的 3 点进行平均纹理深度和摩擦系数测试。

滑行道应每间隔 200m 选一个点进行测试。测点应选在飞机主轮通过的部位。每个停机坪的测点不应少于 6 个且具代表性。

（2）粗糙度测试方法

道面粗糙度用平均纹理深度表示。道面平均纹理深度测试采用填砂法（表 9-40）

表 9-40　道面平均纹理深度测试记录

机场名称：　　　　　　　　测试日期：　　　　　　　　测试人员：

测试地段编号	填砂圆直径 D（mm）			平均纹理深度 H_s	备注
	读数		平均值		

（续表）

测试地段编号	填砂圆直径 D（mm）			平均纹理深度 H_s	备注
	读数		平均值		

（3）摩擦系数测试方法

机场道面摩擦系数测试采用的是摆式摩擦系数测定仪（摆式仪）。该仪器是一种可携带的室内仪器。其摆锤底面装有专用的橡胶滑块，测试时摆锤从一定高度自由下落经道面时因摩擦而损失部分能量，由回摆高度可知损失能量的大小。根据功能原理确定道面的抗滑性能（用摆值或摩擦系数表示）。试验条件大致相当于以 50km/h 速度滑跑时的摩擦情况（表 9－41）.

表 9－41　道面摩擦系数测试记录

机场名称：　　　　　　　　日期：　　　　　　　　测试人员：

气温：　　　　　　　　道面温度：

测试地段编号	干燥状态				湿润状态				备注
				平均值				平均值	

跑道上所测得的数据应分区段整理，算出道面干燥和湿润两种状态的摩擦系数。每个区段内用各测点的算术平均值代表该区段的摩擦系数；用各区段摩擦系数的算术平均值代表全跑道的摩擦系数。

滑行道、停机坪的摩擦系数分别用其区域内所测各点数据的算术平均值表示。

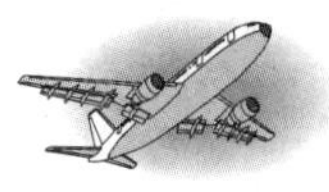

（四）水泥混凝土道面承载强度测试与评定

1. 概述

道面承载强度测试与评定的目的是用技术方法通报道面的承载强度，通报方法采用国际上通用的 ACN—PCN 法。

道面承载强度测试宜选在当地不利季节进行，测试的项目有：道面板弯沉曲线；道面结构参数：道面混凝土强度参数：土基强度参数等。

道面承载强度评定的内容包括：评定道面强度：预测道面剩余寿命：评定道面对特定机型的适应能力：提出对道面使用与维护的建议。

道面承载强度应按不同板厚和使用功能对道面进行分区测试，一般分为跑道端、跑道中、滑行道（含联络道）和停机坪。测试中应在道面上随机选取测点，每个区段的代表测点不应少于一组（每组三个测点）。

2. 道面板弯沉曲线测试

道面板弯沉曲线测试的目的是求得基层顶面的计算反应模量，以评定道面的承载强度。可采用承载板法或 JG一道面弯沉测试车测试道面板的弯沉曲线。现场测试前应收集道面设计和竣工验收资料、图纸及试验数据。调查机场排水、道面使用维护状况。所选取的道面板应结构完整且具有代表性。

3. 道面结构参数和混凝土强度参数确定

道面结构参数测定包括道面板厚度及基础的型和厚度。混凝土强度参数测定包括混凝土抗弯拉强度和抗弯拉弹性模量。

（1）道面板厚度测定。一般采用钻孔法测定道面板的厚度。在道面上用混凝土钻孔取芯机将道面钻透。取出芯样，量取芯样的最高、居中、最低三个尺寸。取平均值作为该测点的道面厚度值。芯样的直径为 150mm 以便进行混凝土劈裂抗拉试验。若钻孔取芯仅仅只是为了测定厚度，不做其他试验，也可用径 100mm 或 50mm 的钻头。

对于单层道面，所钻取的全厚度芯样的高度，经按道面状况确定的折减系数 C（表9-42）后计算出道面板的厚度。

表 9-42　旧水泥混凝土板厚折减系数 C 建议值

道面外观质量等级	优	良	中	可	差
厚度折减系 C	1.0～0.95	0.95～0.90	0.90～0.85	0.85～0.75	0.75～0.65

对于双层道面，应将上、下层道面全部钻透并分别量取每层的厚度，确定双层道面结合形式，然后将双层板厚度折算成当量单层板厚度。

（2）基础厚度测定。一般情况下，基础的材料和厚度可以从设计资料或竣工资料中查获，以设计厚度作为计算厚度。当查不到原设计厚度时，可用钻探法进行测量，记录基础材料及厚度。

（3）混凝土抗弯拉强度 R_w 的测定。对于混凝土抗弯拉强度可采用钻孔法，用测量道面板厚度所钻取的直径为 150mm 的芯样，进行劈裂抗拉试验，得到混凝土的劈裂抗拉强度，再用试验公式计算出道面混凝土的抗弯拉强度和抗弯拉弹性模量。具体做法如下：

① 将钻取的混凝土芯样加工成 150mm 高的圆柱试件，如道面厚度不足或芯样有缺

陷，应加工成105～120mm高的试件。

② 按照《普通混凝土力学性能试验方法标准》(GB/T 50081－2002) 的要求，对试件做劈裂抗拉试验，按照式 (9-6) 计算劈裂抗拉强度 R_P。对于高度小于150mm的试件，劈裂抗拉强度应乘以修正系数1.3。

$$R_p=\frac{2P}{\pi A}\ (\mathrm{MPa}) \tag{9-6}$$

式中，P 为试验时的极限荷载 (MN)；A 为圆柱体劈裂面面积 (m^2)。

③ 根据试验得到的道面混凝土劈裂抗拉强度 R_P，按照式 (9-7) 计算出道面混凝土的抗弯拉强度 R_w。式 (9-7) 是空军工程设计研究局通过大量试验所得到的道面混凝土抗弯拉强度与劈裂抗拉强度之间的关系，已列入空军标中，被广泛使用。

$$R_w=0.621R_P+2.64\ (\mathrm{MPa}) \tag{9-7}$$

(4) 混凝土抗弯拉弹性模量 E 的确定。混凝土抗弯拉弹性模量 E_c 按照式 (9-8) 进行计算。表9-43和表9-44分别是军用和民用机场道面设计规范中给出的混凝土抗弯拉弹性模量 E_c 的建议值。

$$E_c=\frac{1\times10^4}{0.0915+\frac{0.9634}{R_w}}\ (\mathrm{MPa}) \tag{9-8}$$

表9-43　军用机场道面混凝土抗弯拉弹性模量建议值

抗弯拉强度 R_w (MPa)	4.5	5.0	5.5	6.0	6.5
抗弯拉弹性模量 E_c (10^4 MPa)	3.3	3.5	3.8	4.0	4.2

表9-44　民用机场道面混凝土抗弯拉弹性模量建议值

抗弯拉强度 f_{cm}	4.5	5.0	5.5
抗弯拉弹性模量 E_c (MPa)	35000	36000	37000

(5) 场区土基强度参数的测定。在有特殊要求时，如道面扩建、改建等，应对场区的土基强度参数用承载板法进行测定。在场区选择压实良好、有代表性的土质地段，测定3～5个土基回弹模量 E_0 或地基反应模量 K，同时测定土的含水量和密实度。

4. 道面承载强度计算

在获得了道面厚度混凝土抗弯拉强度、混凝土抗弯拉弹性模里弄和基层顶面的计算反应模量等参数后，计算出PCN值作为道面的承载强度。道面PCN值用威斯特卡德板中心受荷情况的公式计算。

二、道面强度通报

世界各国在报告机场道面承载强度上曾推出过许多方法，如用允许飞机全质量报告道面强度、用飞机一个主起落架允许荷载报告道面强度、用荷载等级号码法 (LCN) 报告道

面强度、用飞机分类等级法报告道面强度、用荷载分类等级法（LCG）报告道面强度，由于各国通报机场道面强度的方法不统，不便于国际间的交流。为此国际民用航空组织的一个专门研究小组提出了 ACN—PCN 法。国际民用航空组织批准了这个方法，并要求各会员国从 1983 年起在航行资料中，一律用 ACN—PCN 法通报机场道面的强度和核准使用机型。

（一）ACN－PCN 概念

ACN（*Aircraft. Classification. Number*）飞机等级号，是表示飞机对具有一定强度的地基上的道面的作用的一个数字。这个数字规定为该飞机作用于道面的推导单轮质量（以 t 计）的两倍。

PgY（*Pavement. Classfication. Number*）道面等级号，是表示道面承载强度的一个数字，这个数字是道面可以安全承受的推导单轮质量（以 t 计）的两倍。轮胎压力规定为 1.25MPa。对刚性道面，规定混凝土的弯拉强度为 2.75MPa。如果飞机的 ACN 小于或等于道面的 PCN，则表示该飞机可以不受限制地使用该道面，如果 ACN 大于 PCN，即表示超载，这时要视超载多少予以限制（减载或限制运行次数）或禁止使用。

国际民用航空组织已将常用飞机的 ACN 值在《国际民用航空公约》附件十四中公布。ACN—PCN 法通报机场道面强度的格式

（二）报机场道面的强度

除报出 raN 值外，还要用代码报出道面发想、地基的强度、允许的轮胎压力和评定的方法。其通报格式为：

PCN 值/道面类型/地基强度类型允许胎压/评定方法，这些代码的表示方法如下：

道面类型：

R——刚性道面；

F——柔性道面。

地基强度：

A——高强度。刚性道面以 K＝150MN/m^3 为代表，代表所有大于 120MN/m^3 的 K 值；柔性道面以 CR－15 为代表，代表所有大于 13 的 CBR。

B——中强度。刚性道面以 K＝80MN/m^3 为代表，代表所有大于 60～120MN/m^3 的 K 值；柔性道面以 CR＝10 为代表，代表所有大于 8～13 的 CBR。

C——低强度。刚性道面以 K＝40MN/m^3 为代表，代表所有大于 20～60MN/m^3 的 K 值；柔性道面以 CR＝6 为代表，代表所有大于 4～8 的 CBR。

D——极低强度。刚性道面以 K＝20MN/m^3 为代表，代表所有大于 25MN/m^3 的 K 值；柔性道面以 CR＝3 为代表，代表所有大于 4 的 CBR。

最大允许胎压：

W——高，不限制胎压；

X——中，胎压为 1.01～1.5MPa；

Y——低，胎压为 0.51～1.0MPa；

Z——极低，胎压不高于 0.5MPa。

评定方法：

T——技术评定；

U——经验评定，即凭使用飞机的经验来确定。

例如中等品度地基上的刚性道面，无胎压限制。用技术评定方法确定的道面等级号为50，则道面强度报告为：

PCN50/R/B/W/T

对于质量小于5700kg的飞机，不采用ACN—PCN法规定的格式通报。而是只通报两个因素：即最大允许飞机质量和最大允许轮胎压力。如某机场道面强度通报为400kg/0.5MPa，表示该机场道面允许的最大飞机质量为400kg，最大允许轮胎压力为0.5MPa。

表9－45为PCN的四个要素编码汇总。

表9－45　PCN要素编码汇总

PCN	道面类型	地基强度			轮胎压力		评定方法
		代码	地基反应模量K（刚性道面）MN/m^3	CBR（柔性道面）	代码	MPa	
数值	R—刚性 F—柔性	A—高 B—中 C—低 D—极低	高于120 120—60 60—25 低于25	高于13 13—8 8—4 低于4	W—高 X—中 Y—低 Z—极低	无限制 1.5—1.01 1.0—0.51 低于0.50	T—技术的 U—经验的

（三）确定道面PCN的方法

飞机起飞和着陆时，在跑道中部快速滑跑，由于升力的作用，飞机作用于道面上的荷载在跑道中部比在跑道端部约小20%，通常跑道端部的道面厚度要大于跑道中部，跑道端部和中部的PCN也是不一样的。因此，机场道面的PCN一般应以跑道端部的PCN通报，并且通报的PON不得大于跑道中部的1.2倍。各分级道面的PCN的代表值取该区段内各测点的算术平均值，在计算平均值时应去掉明显的奇异点。

例9－1　某机场水泥混凝土土道面，经测试评定，基础综合反应模量K平均为78MN/m³，跑道端部的6个测点分别为32、33、31、33、31、32，跑道中部6个测点的PCN值分别为25、27、26、26、25、26。

解：（1）确定通报的PCN值

跑道端部PCN中均值：$PCN_d=(32+33+31+33+31+32)/6=33$

跑道中部PON平均值：$PCN_z=(25+27+26+26+25+26)/6=25.8\approx26$

$$PCN_d=32>1.2\times PCN_z=1.2\times26=31.2$$

因此，确定通报的PCN值为31。

（2）基础计算反应模量K——78MN/m³，属于中强度，代码为B。

（3）刚性道面，不限胎压，代码为W。

（4）技术评定，代码为T。

（5）该机场道面承载强度通报为：PCN31/R/B/W/T。

（四）超载使用控制

1. 超载使用的可行性

超载是飞机的荷载在道面内产生的最大弯拉应力超过了道面板的允许应力，即飞机的荷载超过了道面的承载能力，或者飞机的使用次数超过了道面允许使用次数。超载的形成一般由机轮荷载太大或明显增加使用次数造成的。但偶尔不太大的超载对机场道面的损伤是有限的，对机场道面的使用寿命只是有限的损失，对道面的破损只是少量的加速。考虑到机场使用的灵活性，还是可以允许的，这种超载称为允许超载，但必须严格控制超载机型的使用次数。当飞机的超载超过允许范围，道面将会产生明显的破坏，严重影响道面的使用品质，或大大缩短道面的使用寿命，这种超载是不允许的。

为了便于快速确定道面是否超载，采用ACN和PCN进行超载的判断。当飞机的ACN小于或等于道面的PCN时，则表示该道面完全能承受该飞机的质量，否则视为超载，这是要视超载的多少予以限制使用次数或禁止使用。

2. 超载使用的规定和控制

为了保证道面超载使用不会对道面产生过早的损坏，需要对超载的使用做出限制。《军用机场水泥混凝土道面超载使用标准》（GJB2587—1996）做出了如下规定。

当ACN/PCN<1.0时，可以不加限制使用。

当ACN/PCN=1.0时，每周允许使用2500次。

当ACN/PCN为1.0～1.5时，各种飞机每周允许使用次数按表9-46换算成当量使用次数，其总和不能超过2500次。

表9-46 各种飞机当量换算次数及超载使用跟踪检查

ACN/PCN	1.00	>1.00 ≤1.10	>1.10 ≤1.20	>1.20 ≤1.30	>1.30 ≤1.40	>1.40 ≤1.50
换算次数	1	4	13	70	250	1000
对道面超载使用跟踪检查			每使用100次检查一次	每使用20次检查一次	每使用5次检查一次	每使用1次检查一次

当ACN—PCN>1.5时，一般不允许使用，特殊情况下使用时，必须经主管部门批准。当量使用次数是指某种飞机使用次数换算为ACN等于PCN的使用次数。

当机场跑道主要部位呈现结构性损坏时或道面经评定外观质量等级处于“中”以下水平时，一般不容许超载，季节性冰冻地区冻融期和雨季土基过湿时，不应超载使用。

机场道面经超载使用后，应对道面进行跟踪检查，当发现道面有加速损坏的征候时。应减少或停止超载使用。

三、水泥混凝土道面加固补强

当旧水泥混凝土道面的使用寿命已到，道面发生严重损坏，或者由于机型变化使用荷

载增大，原有道面已不适应新机种的使用要求时，就需要对道面进行加厚。加厚道面由于材料的不同可分为素混凝土加厚层、钢筋混凝土加厚层和沥青混凝土加厚层等。本节主要介绍应用最广泛的素混凝土加厚层情况。

（一）旧水泥混凝土道面参数

在对旧水泥混凝土道面进行全面评定的基础上，确定旧道面的状况分级，提供板厚、弯拉强度和弯拉弹性模量、基层顶面的当量回弹模量，以及用道面板接缝类型、构造和传荷系数等。

（二）加厚层结构

按照加厚层与旧水泥混凝土道面之间结合程度的不同，加厚层可分为隔离式、直接式（部分结合式）和结合式三种结构。

1. 隔离式加厚层

在旧水泥混凝土道面铺设隔离层后再铺筑加厚道面。

如果旧道面板结构损坏比较严重，道面的状况分级为“可”“差”时，或者旧道面接缝布置不规则，分块不合理时，或者新旧道面坡度线不致需要进行调整时，均采用隔离式加厚层。

隔离层材料主要采用油毡、沥青砂、细粒式沥青混凝土等劲度系数大、稳定性较高的沥青类材料，不宜采用砂、石屑等松散的粒状材料作隔离层。

规范规定隔离式加厚层的最小厚度为 16cm。

2. 直接式（部分结合式）加厚层

当旧水泥混凝土道面的状况分级为“良”“中”时，且存在的结构缺陷可以修复，旧水泥混凝土板分块尺寸和接缝布置合理，新旧水泥混凝土道面的坡度一致，宜采用直接式（部分结合式）加厚层。加厚层铺筑前应对旧水泥混凝土道面进行仔细清洗，清除旧水泥混凝土板上的油污、橡胶污染物和边角剥落碎块，清除接缝内的杂物并予以封缝。新旧水泥混凝土板的分块尺寸、接缝位置应完全一致。直接式（部分结合式）加厚层的最小厚度为 12cm。

3. 结合式加厚层

当旧水泥混凝土道面的状况分级为“优”时，且存在的结构缺陷可以修复，新旧水泥混凝土道面的坡度一致，旧水泥混凝土板分块尺寸和接缝布置合理，宜采用结合式加厚层。为保证充分黏结，应对旧水泥混凝土道面表面进行凿毛并仔细清洗，修复边角剥落碎块，清除接缝内的杂物并予以封缝。宜在洁净的旧水泥混凝土板表面涂以水泥净浆或水泥胶浆或环氧树脂水泥净浆等。新旧水泥混凝土板的分块尺寸接缝位置应完全一致。

附　录

附录 A　目前世界上主要民航运输机的基本参数

序号	机型	翼展（m）	飞机长度（m）	飞机高度（m）	最大起飞重量（t）	最大着陆重量（t）	最大客座数（个）	发动机数量及类型	进近速度（km/h）	基准飞行场地长度（m）	主起落架外轮距（m）	所需飞行区等级
1	AN24（安 24）	29.2	23.5	8.3	21.0	21.0	47	2 涡桨	220	1600	8.8	3C
2	Y7－200A（运 7－200A）	29.2	24.7	8.9	21.8	21.2	60	2 涡桨	220		8.8	3C
3	Yak42（雅克 42）	34.9	36.4	9.8	56.5	50.0	120	3 涡扇	237			4C
4	B737－300（波音 737－300）	28.9	33.4	11.1	61.5	51.7	145	2 涡扇	254	2749	6.4	4C
5	B737－500（波音 737－500）	28.9	31.0	11.1	60.6	51.7	132	2 涡扇	259		6.4	4C
6	MD82（麦道 82）	32.9	45.1	9.2	68.3	59.0	155	2 涡扇	250		6.2	4C
7	MD90（麦道 90）	32.9	46.5	9.3	73.0	63.6	165	2 涡扇	254		6.2	4C
8	A320－200（空客 320－200）	33.9	37.6	11.8	73.5	64.5	179	2 涡扇	256	2480	8.7	4C
9	TU154M（图 154M）	37.6	47.9	11.4	100.0	80.0	164	3 涡扇	269	2160	12.4	4D
10	B757－200（波音 757－200）	38.1	47.3	13.5	108.8	89.8	200	2 涡扇	250	2057	8.7	4D
11	B767－300（波音 767－300）	47.6	54.9	15.9	156.5	136.1	260	2 涡扇	241		10.8	4D
12	A310－300（空客 310－300）	43.9	46.7	15.8	153.0	124.0	204	2 涡扇	232	1845	10.9	4D
13	A300－600（空客 300－600）	44.8	54.1	16.6	170.5	138.0	278	2 涡扇	250	2332	10.9	4D
14	IL86（伊尔 86）	48.6	60.2	15.5	210.0	175.0	350	4 涡扇	261			4D
15	MD11（麦道 11）	51.7	61.2	17.6	280.3	207.7	340	3 涡扇	287	2926	12.5	4D

（续表）

序号	机型	翼展（m）	飞机长度（m）	飞机高度（m）	最大起飞重量（t）	最大着陆重量（t）	最大客座数（个）	发动机数量及类型	进近速度（km/h）	基准飞行场地长度（m）	主起落架外轮距（m）	所需飞行区等级
16	A340－200（空客 340－200）	60.3	59.4	16.7	253.5	281.0	375	4 涡扇				4E
17	B747－SP（波音 747－SP）	59.6	56.3	20.1	315.7	204.1	291	4 涡扇	261	2710	12.4	4E
18	B777－200	60.9	63.7	18.4	267.6	206.0	380	2 涡扇			12.4	4E
19	B747－400	64.9	70.7	19.6	385.6	285.8	400	4 涡扇	285	3383	12.4	4E
20	A380－841	79.8	72.7	24.2	560.0	386.0	555	4 涡扇	261	2750	13.8	4F

附录 B　重交通道路石油沥青技术要求

试验项目		AH－130	AH－110	AH－90	AH－70	AH－50
针入度（25℃，100g，5s）（0.1mm）		120～140	100～120	80～100	60～80	40～60
延度（5cm/min，15℃）不小于（cm）		100	100	100	100	80
软化法（环球法）（℃）		40～50	41～51	42～52	44～54	45～55
闪点（COC）不小于（℃）		230				
含蜡量（蒸馏法）不大于（%）		3				
密度（15℃）（g/cm³）		实测				
溶解度（三氯乙烯）不小于（%）		99.0				
薄膜加热试验 160℃5h	质量损失　不大于（%）	1.3	1.2	1.0	0.8	0.6
	针入度比　不小于（%）	45	48	50	55	58
	延度（25℃）不小于（cm）	75	75	75	50	40
	延度（15℃）不小于（cm）	实测				

参考文献

[1] 翟晓静，赵毅．道路建筑材料［M］．武汉：武汉理工大学出版社，2014.
[2] 张振营．岩土力学［M］．北京：中国水利水电出版社，2000.
[3] 李立寒，张南鹭．道路建筑材料（第五版）［M］．北京：人民交通出版社，2010.
[4] 严家伋．道路建筑材料（第三版）［M］．北京：人民交通出版社，1996.
[5] 韩雪．土力学［M］．北京：科学出版社，2012.
[6] 李崇智，周文娟，王林．建筑材料［M］．北京：清华大学出版社，2014.
[7] 吴永根，于洪江，刘庆涛．机场道面新材料［M］．北京：人民交通出版社，2017.
[8] 王维．机场飞行区管理与场道施工［M］．北京：人民交通出版社，2007.
[9] 王维．机场场道维护管理［M］．北京：中国民航出版社，2008.
[10] 彭余华．机场道面施工与维护［M］．北京：人民交通出版社，2015.
[11] 冷培义，翁兴中，蔡良才．机场道面设计［M］．北京：人民交通出版社，1995.
[12] 姜昌山．机场水泥混凝土道面设计方法［J］．中国民航机场建设总公司，1996.
[13] 李满仓．场道维护与养护［M］．北京：中国民航出版社，2006..
[14] 上海机场集团，等．上海机场道面管理技术规程［S］，2002.
[15] 杨太东，张积洪．机场运行指挥［M］．北京：中国民航出版社，2008.
[16] 邱团结．基于道面表层构造特征的抗滑性能研究［J］．2015.
[17] 李荣波，施泽荣，白文娟，等．飞行区维护与保障［M］．合肥：合肥工业大学出版社，2018.
[18] 姚祖康．铺面工程［M］．上海：同济大学出版社，2001.
[19] 张振营．岩土力学［M］．北京：中国水利水电出版社，2000.
[20] 吴科如，张雄．建筑材料（第二版［M］）．上海：同济大学出版社，1999.
[21] 林绣贤．高性能沥青混合料设计方法的应用［J］．华东公路，1998，114（5）：58－63.
[22] 张德勤，范耀华，师洪俊．石油沥青的生产与应用［M］．北京：中国石化出版社，2001.
[23] 陈惠敏．石油沥青产品手册［M］．北京：石油出版社，2001.
[24] 吕伟民，李立寒．几种聚合物改性沥青的性能评价［J］．石油沥青 1998，12（3）：7－10.
[25] 严家伋．沥青材料性能学［M］．北京，人民交通出版社，1990.
[26] 李红娟，翟宝亮．关于在混凝土中掺外加剂的选择和应用［J］．群文天地，2013（3）．
[27] 民航教程编委会．民航概论［M］．北京：经济日报出版社，2015.

[28] 黄晓奇，李兵，李闯民．不同级配对沥青混合料矿料间隙率的影响［J］．铁道建筑技术，2008（3）．
[29] 蒋应学，陈忠达著．密实骨架结构水泥稳定路面配合比设计方法及抗裂性能［N］．长安大学学报，2002.4.
[30] 罗勰．绿色高性能混凝土原材料的选用与质量剖析［J］．交通世界，2018（18）．
[31] 刘晓．高性能混凝土配合比设计及施工技术研究［J］．华东公路，2018（3）．
[32] 李腊梅，李默涵．探究高性能混凝土的特性和发展现状［J］．建筑施工安全，2018（6）．
[33] 安振楠．纤维混凝土的分类以及应用［J］．案例，2017.
[34] 刘国忠．高性能混凝土的应用与发展［J］．河南建材，2007.
[35] 丁大钧．高性能混凝土及其在工程中的应用［M］．北京：机械工业出版社，2007.
[36] 王亮．钢纤维混凝土分析［D］.2017.
[37] 董祥，沈正．机场道面纤维混凝土的抗冻性试验［J］．混凝土与水泥制品，2010（4）．
[38] 许宇斌．浅析绿色高性能混凝土耐久性［J］．节能环保，2018.
[39] 史华．高性能混凝土在桥梁工程中的应用［J］．技术平台，2018（5）．
[40] 陈华鑫，张争奇，张登良．改性沥青种类和使用性能比较［J］．西安，2016.
[41] 沈金安．道路沥青的当量软化点及当量脆点指标［J］．公路交通科技，1997.
[42] 吴方贵，邓茂萍，胡庆军．混凝土外加剂的选用与调配方法［J］.2005（9）．
[43] 高国成，高前前，孙茂元，等．特别策划：如何正确选择和科学使用外加剂．商品混凝土［J］.2015（9）．
[44] 田培．我国混凝土外加剂现状和展望［J］．北京，2000.
[45] 田培，王玲．我国混凝土外加剂现状及发展趋势［J］．北京：施工技术，2009.
[46] 中华人民共和国民用行业标准．民用机场飞行区技术标准（MH/T5001—2013）［S］．
[47] 中华人民共和国行业标准．民用机场水泥混凝土道面设计规范（MH/T5004—2010）［S］．
[48] 中华人民共和国行业标准．民用机场沥青混凝土道面设计规范（MH/T5010—2017）［S］．
[49] 中华人民共和国行业标准．民用机场飞行区水泥混凝土道面面层施工技术规范（MH/T5006—2015）［S］．
[50] 中华人民共和国行业标准．民用机场飞行区沥青混凝土道面施工技术规范（MH/T5011—1999）［S］．
[51] 中华人民共和国行业标准．民用机场飞行区土石方与道面基础施工技术规范（MH/T5014—2012）［S］．
[52] 中华人民共和国行业标准．民用机场飞行区工程竣工验收质量检验评定标准（MH/T5007—2000）［S］．
[53] 中华人民共和国行业标准．公路土工试验规程（JTGE40—2007）.2007［S］．
[54] 中华人民共和国行业标准．民用机场道面评价管理技术规范（MH/T5024—2009）［S］．

[55] 中华人民共和国行业标准. 民用机场岩土工程设计规范 (MH/T5027—2013) [S].
[56] 中华人民共和国行业标准. 公路工程集料试验规程 (JTGE42-2005) [S]. 北京: 人民交通出版社, 2005.
[57] 中华人民共和国行业标准. 公路工程岩石试验规程 (JTGE41-2005) [S]. 北京: 人民交通出版社, 2005.
[58] 中华人民共和国国家标准. 建筑用砂 (GB/T 14584-2001) [S]. 北京: 中国建筑工业出版, 2001.
[59] 中华人民共和国国家标准. 建筑用卵石、碎石 (GB/T 14585-2001) [S]. 北京: 中国建筑工业出版社, 2001.
[60] 中华人民共和国行业标准. 公路工程集料试验规程 (JTG E42-2005) [S]. 北京: 人民交通出版社, 2005.
[61] 中华人民共和国行业标准. 公路工程无机结合料稳定材料试验规程 (JTG E51-2009) [S]. 2009.
[62] 中华人民共和国行业标准. 普通混凝土用秒、石质量及检验方法标准 (JGJ 52-2006) [S]. 北京: 中国建筑工业出版社, 2006.
[63] 中华人民共和国行业标准. 公路路面基层施工技术规范 (JTJ 034-2000) [S]. 北京: 人民交通出版社, 2000.
[64] 中华人民共和国行业标准. 通用硅酸盐水泥 (GB175-2007) [S]. 北京: 中国标准出版社, 2007.
[65] 中华人民共和国行业标准. 公路工程无机结合料稳定材料试验规程 (JTGE51-2009) [S]. 北京: 人民交通出版社, 2009.
[66] 中华人民共和国行业标准. 普通混凝土配合比设计规程 (JGJ55-2011) [S]. 北京: 中国建筑工业出版社, 2011.
[67] 中华人民共和国行业标准. 公路工程水泥及水泥混凝土试验规程 (JTGE30-2005) [S]. 北京: 人民交通出版社, 2005.
[68] 中华人民共和国行业标准. 公路水泥混凝土路面施工技术规范 (JTG F30-2003) [S]. 北京: 人民交通出版社, 2003.
[69] 中华人民共和国行业标准. 公路水泥混凝土路面设计规范 (JTGD40-2011) [S]. 北京: 人民交通出版社, 2011.
[70] 中华人民共和国行业标准. 公路沥青路面施工技术规范 (JTGF40—2004) [S]. 北京: 人民交通出版, 2004.
[71] 严家汲. 道路建筑材料 [M]. 北京: 人民交通出版社, 2006.
[72] 申爱琴. 水泥与水泥混凝土 [M]. 北京: 人民交通出版社, 2000.
[73] 吴初航, 等, 水泥混凝土路面施工及新技术 [M]. 北京: 人民交通出版社, 2000.
[74] 姚燕, 王玲, 田培. 高性能混凝土 [M]. 北京: 化学工业出版社, 2006.
[75] 冯乃谦. 高性能混凝土结构 [M]. 北京: 机械工业出版社, 2004.
[76] 蒲心诚. 超高强高性能混凝土 [M]. 重庆: 重庆大学出版社, 2004.
[77] 刘平波. 建筑工程材料员 [M]. 南京: 江苏科学技术出版社, 2012.

图书在版编目(CIP)数据

机场场道工程材料与管理/李荣波,施泽荣等编著.—合肥:合肥工业大学出版社,2018.8
ISBN 978-7-5650-4118-1

Ⅰ.①机… Ⅱ.①李…②施… Ⅲ.①飞机跑道—地面材料—基本知识 Ⅳ.①V351.11

中国版本图书馆 CIP 数据核字(2018)第 201291 号

机场场道工程材料与管理

李荣波 施泽荣 等编著　　　　责任编辑 权 怡

出 版	合肥工业大学出版社	版 次	2018 年 8 月第 1 版
地 址	合肥市屯溪路 193 号	印 次	2018 年 8 月第 1 次印刷
邮 编	230009	开 本	787 毫米×1092 毫米 1/16
电 话	编 校 中 心:0551-62903210	印 张	20.5
	市场营销部:0551-62903198	字 数	480 千字
网 址	www.hfutpress.com.cn	印 刷	安徽联众印刷有限公司
E-mail	hfutpress@163.com	发 行	全国新华书店

ISBN 978-7-5650-4118-1　　　　定价:56.00 元